마음의 연금술사

마음의 연금술사

An Alchemy of Mind

다이앤 애커먼 지음
김승욱 옮김

뇌는 어떻게
인간의
감정, 자아, 의식을
만드는가

21세기북스

이 책에 쏟아진 찬사

아름다운 책이다. 애커먼은 난해하고 복잡한 뇌에 관한 과학적 내용을 이해하기 쉽게 풀어낸다. 명확하고 정직하며 감동적인 그녀의 글을 읽다 보면 뇌에 대해 밝혀진 사실들이 마치 나의 이야기인 듯 생생하게 다가온다.

–마이클 가자니가(다트머스대학교 인지신경과학센터장)

우아하고도 섬세하다. 애커먼은 수십억 개의 뉴런이 뒤엉켜 있는 회색 물질인 뇌가 어떻게 우리를 독특하면서도 보편적인 존재로 만드는지를 흥미진진하게 탐구한다.

–〈포스트 앤 커리어〉

뛰어난 스타일리스트인 다이앤 애커먼은 이 책에서 과학과 개인적인 경험을 결합하여 인간의 생각, 감정, 기억, 언어, 성별 차이에 대한 놀라운 이야기를 유려한 문체로 풀어낸다. 신경세포가 어떻게 서로 소통하는지에 대해 이 책만큼 서정적이고 아름답게 묘사한 책은 없을 것이다.

–〈애리조나 리퍼블릭〉

밀도 높은 관찰과 넘치는 상상력으로 그려낸 인간의 뇌와 마음에 찬사를 읽다 보면 우리 뇌가 얼마나 아름답고 섬세하며 보석 같은 것인지를 깨닫게 된다.

–〈뉴욕타임스〉

마음을 울리는 강렬한 글과 탁월한 통찰력이 돋보이는 독보적인 책이다.

–〈애틀랜타 저널 컨스티튜션〉

우리의 뇌와 마음에 대한 흥미로운 연구 결과를 자신의 개인적인 경험 속에 생동감 있게 녹여냈다. 인간과 인간의 뇌 그리고 자연에 대한 그녀의 열정은 놀라운 전염성으로 수많은 독자들을 사로잡는다. 뇌의 물리적인 작용과 인간 감정의 상호작용에 대한 그녀의 유쾌한 여정은 충분히 동행할 가치가 있다.

–〈커커스 리뷰〉

심리학, 신경과학, 철학, 형이상학과 물리학의 시각으로 뇌와 마음이 교차하는 신비로운 지점에 대해 그 핵심을 아름답고 감동적인 글로 그려냈다.

–〈엘르〉

애커먼은 자연과 예술, 초기 인류와 그 문화에 대해 끊임없이 열정을 가지고 탐구하며 그 과정에서 다른 책에서는 찾아볼 수 없는 완전히 새로운 해석을 해낸다.

–〈샌프란시스코 클로니클〉

애커먼은 지식의 최전선에서 그 모든 이야기를 종합해서 감각적인 언어로 우리에게 전해주는 박식하고 위대한 작가다. 뇌와 마음, 의식에 관한 많은 책들이 독자들의 관심을 끌기 위해 경쟁하고 있지만, 애커먼의 책은 생동감 넘치는 글과 도발적인 시각으로 이 분야를 전체적으로 바라볼 수 있게 해준다.

–플로이드 스클루트, 〈뉴스데이〉

우리의 삶과 직접적으로 관련되어 있는 뇌와 마음이라는 분야에 대해 폭넓고 독특한 시각으로 생생하게 써내려간다. 언제나 그렇듯이 애커먼의 세심한 관찰, 자연현상과 과학에 대한 풍부한 상상력, 화려한 문체가 섬광처럼 번득인다. 누구든 그녀의 박식하면서도 장난기 넘치는 글에 빠져들 수밖에 없을 것이다.

–〈북리스트〉

시인이자 동식물 연구가인 다이앤 애커먼은 흥미로운 뇌를 여행하며 인간의 가장 중요한 특징이라고 할 수 있는 자아, 성격, 감정, 언어에 대해 깊이 있는 성찰을 보여준다. 동시에 시적인 언어와 섬세한 묘사로 우리를 움직이게 하는 뇌라는 주름진 회백색의 물질과 그 작용을 독자들에게 이해시킨다.

–〈피플〉

애커먼은 우리에게 두뇌에 대한 매혹적인 여행을 선사한다. 그 과정에서 만나는 눈부시게 아름답고 통찰력 있는 그녀의 글은 다시 한 번 우리를 매혹시킨다.

–앨런 프린스, 〈북페이지〉

놀랍다. 마치 명상을 하듯이 인간의 생각에 대한 생각을 그려낸다.

–〈샌 호제 머큐리 뉴스〉

뇌라는 신비한 과학의 영역을 문학과 절묘하게 융합해냈다.

–엘리사 샤펠, 〈배니티 페어〉

애커먼은 자신의 경험을 바탕으로 인간의 뇌에 대한 과학적 정보를 그녀만의 독특한 관점으로 독자들에게 설득력 있게 전달하고 있다.

–〈퍼블리셔스 위클리〉

애커먼의 글은 거부할 수 없을 만큼 사람들의 마음을 사로잡는다.

–〈데일리 캘리포니언〉

내 마음은

촉감과 미각과 후각과 청각과 시각이

날카롭고 치명적인 도구들로 계속 두드리며 조각내고 있는

도저히 돌이킬 수 없는 무無의 커다란 덩어리

관능적인 끌의 고통 속에서 나는 크롬의 꿈틀거림을 수행하고

코발트의 씩씩한 걸음걸이를 실행한다

그럼에도

내가 영리하게 변해서 조금 다른

것으로 변해가고 있는 것 같다. 나 자신으로

그래서 무기력한 나는 라일락의 비명과 진홍의 울부짖음을 내뱉는다.

E. E. 커밍스, 〈초상화〉, VII

차례

이 책에 쏟아진 찬사 4

PART 1 뇌를 여행하다 15

1 뉴런이라는 정글 속의 뇌 17
2 진화의 과정에서 얻은 것과 잃은 것 23
3 과묵한 우뇌, 수다스러운 좌뇌 31
4 의식이 부리는 마술 41
5 의식과 무의식의 협동 56

PART 2 이성이라는 달콤한 꿈 65

6 뉴런들의 대화법 67
7 뉴런의 운명을 결정하는 신호들 74
8 기억을 저장하는 최선의 방법 83
9 패턴을 향한 열정 95
10 뇌 속에 자리 잡은 종교 105
11 아인슈타인의 뇌 109
12 뇌, 보이지 않는 것을 상상하다 113

PART 3 **기억, 인간 정체성의 근원** 123

13 기억은 어떻게 만들어지는가? 125
14 뇌가 펼치는 화려한 카드섹션 132
15 망각하는 뇌, 노화하는 뇌 139
16 꿈과 기억의 수수께끼 159
17 왜곡되는 기억들 163
18 감정이 기억에 미치는 영향 172
19 냄새, 기억 그리고 에로스 182

PART 4 **자아, 마음이 만들어낸 마법** 195

20 자아를 만드는 것들 197
21 면역체계가 만드는 또 다른 자아 206
22 성격은 만들어지는가, 태어나는가? 212
23 남자의 뇌와 여자의 뇌 244
24 창조적 정신의 탄생 256

PART 5 감정, 이성의 또 다른 얼굴 275

25 감정은 이성보다 빠르다 277
26 낙관적인 뇌와 비관적인 뇌 301

PART 6 언어, 세상을 인식하는 가장 강력한 도구 319

27 언어 없이도 생각할 수 있는가? 321
28 은유가 만들어낸 세계 335
29 언어도 진화한다 347
30 셰익스피어의 뇌는 어떻게 다른가 352

PART 7 다시, 뇌라는 미지의 세계를 향해 365

31 뇌는 어떻게 생겨났는가? 367
32 인간의 마음에 대한 이론들 374
33 동물에게도 의식이 있는가? 383
34 인간의 독특한 뇌에 바치는 찬사 398

감사의 말 412
더 읽어야 할 것들 414

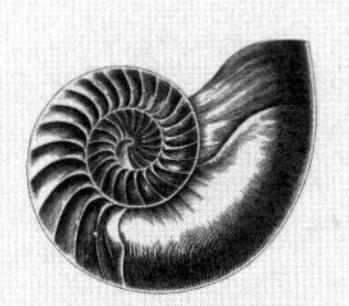

PART

1

뇌를 여행하다

뇌는 분석하고 사랑한다. 뇌는 소나무의 향내를 감지해서 어린 시절 어느 여름에 포코노스에서 열렸던 걸스카우트 캠프를 떠올린다. 깃털이 피부를 간질이면 뇌는 설렘을 느낀다. 그러나 뇌는 말이 없고 어둡다. 뇌는 아무것도 느끼지 못한다. 아무것도 보지 못한다. 이 엄청난 장벽을 넘어 세상을 돌아다니는 것이 뇌의 능력이다. 뇌는 저기 산 너머나 우주 공간으로 스스로를 쏘아 보낼 수 있다.

I 뉴런이라는 정글 속의 뇌

… 마법에 걸린 베틀에서 한없이 많은 북들이 번개처럼 오가며 녹듯이 사라지는 무늬를 짠다. 그 무늬에는 항상 의미가 있지만, 영원히 남는 무늬는 하나도 없다. 무늬 속의 무늬들이 계속 변화하며 조화를 이룬다.

- 찰스 셰링턴 경,《인간의 본질에 관하여》

뇌. 반짝이는 존재의 둔덕, 쥐색 세포들의 의회, 꿈의 공장, 공 모양의 뼛속에 들어 있는 작은 폭군, 모든 것을 지휘하는 뉴런들의 밀담, 어디에나 있는 그 작은 것들, 그 변덕스러운 쾌락의 극장, 운동 가방에 옷을 너무 많이 쑤셔 넣었을 때처럼 두개골 속에 자아들이 가득 들어 있는 주름진 옷장. 이 뇌를 상상해본다. 신피질에는 능선, 계곡, 주름이 있다. 협소한 공간임에도 뇌가 끊임없이 스스로를 개조하기 때문이다. 우스꽝스럽게 들리지만 부인할 수 없는 사실, 즉 사람들이 각자 자기 몸 꼭대기에 완벽한 우주를 하나씩 얹어가지고 다니고 있으며, 그 우주 속에서 헤아릴 수 없이 많은 느낌, 생각, 욕망이 개울처럼 흐른다는 사실을 우리는 당연한 듯이 받아들인다. 그들은 은밀하게, 조용히 뒤섞이면서 많은 것들을 들쑤신다. 하지만 우리는 그것들을 모두 인식하지는 못한다. 얼마나 다행인지. 만약 휭휭 바람소리를 내는 허파와 커다란 뱀처럼 꿈틀거리는 소화기관을 움직이는 법까지 기억해야 한다면, 우리는 이미 형성된 기억과 형성되고 있는 기억 속에 빠져 허우적거릴 것이고 예쁜 양말을 사러 다닐 시간조차 남지 않을 것이다. 내 뇌는 예쁜 양말을 좋아한다. 하지만 키스도 좋아한다. 아스파라거스도. 긴꼬리검은찌르레기붙이를 관찰하는 것도. 자전거를 타는 것도. 장미 정원에서 일본산 녹차를 마시는 것도. 바로 이것이 중요하다. 뇌는 성격의 집이라는 것. 뇌는 또한 엄격한 감시인이기도 하고, 때로는 스스로를 괴롭히기도 한다. 잘 잊히지 않는 노랫가락이 머무는 곳도, 갈망이 계속 옆구리를 찔러대는 곳도 그곳이다. 프랑스의 시골 사람들이 먹는 빵 덩어리와 약간 비슷하게 생긴 뇌는 신경들이 잠시도 쉬지 않고 분주하게 대화를 나누는 복잡한 화학공장이다. 뇌는 또한 자그마한 번개들이 여기저기서 번쩍이는 무정한 공간이기도 하다. 뇌는 거울의 방처럼 겨우 몇 초 사이에 실존주의를 생각할 수도 있고, 염소의 섬세한 발굽을 생각할 수도 있고, 자신의 탄생과 죽음을 생각할 수도 있다. 뇌는 스컹크처럼 퉁명스럽고 진정한 잡담 광狂이지만 육감적이고, 영리하고, 장난스럽고, 너그럽기도 하다.

성찰은 뇌의 천재적인 능력이다. 우리는 태어나서부터 죽을 때까지 우리 자신과 얼마나 이상하고 소란스러운 대화를 나누는지 모른다. 그 대화를 통해 우리는 성찰을 하고, 때로는 그 대화를 우리 스스로 방해하기도 한다. 이 독백은 마치 우리와 이웃들과 우리가 사랑하는 사람들을 갈라놓는 장벽처럼 보이지만, 사실은 저 깊은 곳에서 우리를 하나로 결합시킨다. 다른 어떤 것도 우리를 이처럼 결합시키지 못한다. 우리의 대화는 여러 가지 형태를 띤다. 아무 관계도 없어 보이는 것들 사이에서 비슷한 점들을 찾아내기, 갖가지 걱정거리들을 헝클어진 실타래처럼 뭉쳐서 논리라는 창으로도 뚫을 수 없는 집착의 뭉치를 만들어내기, 우리가 주인공으로 등장하는 신분상승의 꿈이나 로맨스를 정교하게 만들어내기, 다른 시대 다른 곳에서 살아가는 자신의 모습을 그려보기. 우리 몸 밖에서 얻은 정보들을 기꺼이 저장하는 뇌는 망원경이나 전화처럼 감각의 범위를 넓혀주는 도구를 만들어 시간과 공간을 뛰어넘는다. 기억이나 감정을 불러내는 뇌의 능력이 향수를 불러일으키는 라벨의 곡 〈죽은 왕녀를 위한 파반느〉에서 소리로 변하는 것, 먼 옛날의 공주를 위한 애처로운 춤곡이 되는 것도 뇌의 재주 중 하나다. 다른 사람들의 삶은 물론 다른 동물들의 삶까지도 다양하고 화려하게 상상해보는 것도 마찬가지다.

뇌의 모든 것이 처음부터 완벽하게 정해져 있는 것은 아니다. 비록 가끔은 그렇게 보이기도 하지만. 언젠가 누군가가 현명한 말을 했다. 사람이 가진 도구가 열쇠뿐이라면 문제는 모두 자물쇠 때문에 생기는 것처럼 보일 것이라고. 따라서 뇌는 서구 문화권의 삶의 방식을 따라 분석을 하고, 모순을 혐오하고, 질서정연한 논리를 존중하고, 많은 규칙들을 지킨다. 우리는 그것을 이성적인 판단이라고 부른다. 마치 양념의 이름을 부르는 것처럼. 요리는 유행을 잘 따르고 순응성이 있는 뇌의 좋은 은유인 것 같기도 하다. 서구 문화권이 아닌 일부 지역에서 뇌는 이성적인 판단을 내릴 때 논리 대신 사물을 주위 환경과 연결시키는 방법을 사용한다. 그리고 이 과정에는 모순, 갈등, 느닷없이 등장하는 임의적인 힘과 사건들이 포함된다. 생물학자인 알렉산드르 루리야Alexander Luria는 1931년에 러시아의 유목민들을 인터뷰하면서 이 점 때문에 깜짝 놀랐다. "저 위 북쪽에 있는 곰들은 모두 하얀색입니다. 거기 살고 있는 내 친구가 곰을 본 적이 있는데, 그 곰은 무슨 색이었을까요?" 그가 말했다. 유목민은 어리둥절한 얼굴로 그를 빤히 바라보았다. "그걸 내가 어떻게 알겠어요? 선생님 친구한테 물어보세요!" 지금까지 이야기한 것은 뇌의 재주 중 극히 일부에 불과하다. 사람들은 모두 서로 인간임을 알아볼 수 있을 만큼 비슷하게 행동한다. 때로는 상대의 행동을 미리 예측할 수 있는 경우도 있다. 그런데도 모두들 조금씩 다른 마음의 정취를 갖고 있다. 문화도 마찬가지다. 상대가 흥미로워 보일 만큼, 아니면 관점에 따라 무서워 보일 만큼, 딱 그만큼만 서로 다르다.

뇌는 분석하고 사랑한다. 뇌는 소나무의 향내를 감지해서 어린 시절 어느 여름에 포코노스에서 열렸던 걸스카우트 캠프를 떠올린다. 깃털이 피부를 간질이면 뇌는 설렘을 느낀다. 그러나 뇌는 말이 없고 어둡다. 뇌는 아무것도 느끼지 못한다. 아무것도 보지 못한다. 이 엄청난 장벽을 넘어 세상을 돌아다니는 것이 뇌의 능력이다. 뇌는 저기 산 너머나 우주 공간으로 스스로를 쏘아 보낼 수 있다. 사과를 상상하며 마치 진짜 사과를 보는 듯한 느낌을 경험할 수 있다. 사실 뇌는 상상 속의 사과와 진짜 사과의 차이점을 거의 알지 못한다. 그래서 운동선수들은 완벽한 자세를 머릿속에 그려보는 방식으로 성공을 거둘 수 있고, 작가들은 생생하게 묘사된 상상 속의 세계로 독자를 불러들일 수 있다. 뇌는 스스로 신이 되어 세상을 지배하다가도 순식간에 무기력과 절망에 굴복해버릴 수 있다.

지금까지 나는 우리가 당연하게 받아들이는 단어 '뇌'를 이야기했지만, 사실 내가 말하고자 한 것은 우리가 '마음'이라고 부르는 환상적인 자아의 세계였다. 뇌는 마음이 아니다. 마음이 뇌 안에 살고 있을 뿐이다. 어떤 사람들은 마음이 기계 속에 깃든 유령과 비슷하다고 말한다. 마음은 물리적인 뇌의 편안한 신기루다. 마음은 경험일 뿐 존재가 아니다. 하느님이 한 장소에 살고 있거나 한 가지 모습으로만 존재하는 것이 아니라 우주 전체에 존재하는 빛과 같다는 성 아우구스티누스의 생각을 마음에도 적용할 수 있을지 모른다. 요체일 뿐 실체가 아니라는 것. 물론 마음이 뇌 안에만 있는 것은 아니다. 마음은 몸이 느끼는 것을 반영하고, 수많은 호르몬과 효소의 영향을 받는다. 마음은 자신이 만든 자기만의 우주에 살고 있으며, 그 우주는 약물 복용, 강렬한 감정, 공해, 유전자 등 헤아릴 수 없이 많은 개인적 차원의 격변으로 인해 매일 변화한다. 카프카의 소설에 등장하는 한 인물은 "안녕하십니까?"라는 질문에 대답하지 못한다. 우리는 매일 감각기관을 통해 들어오는 자잘한 정보들을 대충대충 처리한다. 그렇게 하지 않으면 너무 힘들어서 살아갈 수 없을 것이다. 뇌는 필요할 때 빈둥거리는 방법을 알고 있지만, 곰이 발톱으로 바위를 긁는 소리가 들리거나 수학 선생님이 내 이름을 부르는 순간 즉시 활동을 개시할 준비가 되어 있다.

진화의 못된 장난을 몇 가지 꼽아보자. 1) 우리는 도달할 수 없는 완벽함을 꿈꿀 수 있는 뇌를 갖고 있다. 2) 우리는 우리의 내면과 다른 사람들의 외면을 비교할 수 있는 뇌를 갖고 있다. 3) 우리는 필사적으로 살아남으려고 애쓰는 뇌를 갖고 있지만, 언젠가 죽을 수밖에 없는 유한한 존재다. 물론 진화의 못된 장난은 이것 말고도 많다.

때로는 뇌의 아름다움과 재주를 상상하기 어렵다. 빽빽한 뉴런의 정글 속에 숨어 있는 뇌가 너무 추상적으로 보이기 때문이다. 의사가 그 속으로 손을 뻗어 뇌가 걸어갈 길을 바꿔놓는 모습을 생각해보면, 마치 시한폭탄의 뚜껑을 열어 수없이 많은 전선과 마주했을 때처럼 위험하다는 생각이 든다. 과연 어떤 전선이 시한장치를 통제하고 있을까? 자칫 잘못했다가는 치명적인 결과를 초래할 수도 있다. 그러나 폭탄을 처리하는 사람들이 있듯이, 뇌를 다루는 신경외과 의사들이 있다. 뇌는 사물을 비유하고 학습하며, 절대 수수께끼를 마다하지 않고, 자신을 포함한 모든 것에 의문을 품는다.

2 진화의 과정에서 얻은 것과 잃은 것

삶이 너무 놀라워서 다른 것을 할 시간이 별로 없다.
- 에밀리 디킨슨

오늘 아침 나는 새로운 종류의 도마뱀붙이가 발견되었다는 글을 읽고 있었다. 기껏해야 페소화 동전만 한 크기인 이 녀석은 지상에서 가장 작은 파충류다. 도미니카공화국의 남서쪽 해상에 있는 카리브해의 외딴 섬 베아타의 하라과국립공원에서 점점 벌거숭이가 되어가고 있는 지역에 위치한 동굴과 하수구에서 발견된 녀석, 스페로닥틸루스 아리아자에(도미니카공화국의 열렬한 자연보호주의자인 이본 아리아스의 이름에서 따온 학명)가 몸을 웅크리면 10센트짜리 동전 위에 올려놓을 수 있는 크기가 된다. 그러고도 나무를 베어내는 사람의 심장과 아스피린 한 알을 놓을 공간이 남을 정도다. 길이가 16밀리미터인 이 녀석은 세상에서 가장 작은 파충류일 뿐만 아니라, 녀석을 발견한 생물학자 블레어 헤지스Blair Hedges의 말처럼 "2만 3,000종에 달하는 파충류, 조류, 포유류를 통틀어 가장 작은 동물"이기도 하다. 이 도마뱀붙이의 암컷은 아주 연약한 알을 한 번에 하나씩 낳는데, 아마존보다 더 위험에 처해 있는 그곳 베아타섬의 정글에서 동물들의 발이나 사람들의 신발에 쉽게 부서져버린다.

헤지스가 동료 리처드 토머스Richard Thomas와 함께 발견한 이 도마뱀붙이는 겨우 여덟 마리밖에 되지 않는다. 두 사람은 그렇게 자그마한 녀석들을 발견했다는 사실에 기뻐하고 있다. 놀라지는 않았다. 그들은 그 섬에서 서식지가 제한되어 있고 지금까지 발견되지 않은 자그마한 파충류들을 찾아다니고 있었다. 아주 작은 생물들은 대개 섬에 사는 경우가 많기 때문이다. 오랫동안 육지와 떨어져 있던 섬에 사는 동물들은 육지에 사는 동물들이 약삭빠르게 차지해버린 생태계의 빈틈을 메워줄지도 모른다. 스페로닥틸루스 아리아자에는 예를 들어 다른 지역의 거미와 견줄 수 있을 만큼 자그마하다. 카리브 지역에는 이처럼 멸종위기에 처해 있는 생물이 많이 살고 있으며, 아마 그중 많은 생물들이 사람이 발견하거나 이름을 지어주기도 전에 사라져버릴 것이다. 이 지구에서 힘겨운 생존경쟁을 이기고 살아남아 독특한 모양과 재주를 갖게 된 동물들이 인간들의 어리석음 때문에 이름도 없이 기록에도 남지 못한 채 사라져버릴 것을 생각하면 얼마나 슬픈지 모른다. 어떤 생명체를 발견해서 그 녀석만의 독특하고 놀라운 특징에 찬사를 보내는 것이 내게 왜 그렇게 중요한 일인지 모르겠지만, 어쨌든 그렇다. 그냥 다른 사람들 같으면 기도로 메울 수 있는 감정의 한구석이 내 경우에는 그런 생물들의 차지가 되었다고 해두자. 나처럼 이런 구석을 갖고 있는 사람들은 시인 라이너 마리아 릴케를 비롯해서 많이 있다. 세상을 떠나기 1년 전에 쓴 편지에서 릴케는 인간적인 의욕과 통찰력을 총동원해서 지구의 여러 현상들에 열중하는 것이 우리의 운명이라고 말했다.

> 언젠가 사라져버릴 이 한시적인 지구를 우리의 머릿속에 아주 깊게, 고통스러울 만큼 열정적으로 각인해서 지구의 요체가 언젠가 다시 몸을 일으킬 수 있게 해주는 것이 우리의 임무입니다. … 우리는 보이지 않는 것들의 일꾼입니다. … 우리가 사랑하고, 보고, 만질 수 있는 이 세상을 눈에 보이지 않는 우리 본성의 떨림과 진동으로 끊임없이 변화시키는 것[이 우리가 할 일입니다].

'보이지 않는 것들의 일꾼'인 생물학자들은 옛날부터 베아타섬을 세심하게 조사했지만 스페로닥틸루스 아리아자에는 수백 년 동안 발견되지 않았다. 지구상에 그보다 더 작은 파충류가 존재할 수 있을까? 아마 없을 것이다. 생물학의 기본적인 법칙들과 중력 때문에 생명체의 크기에는 한계가 있으니 말이다. 하지만 외딴 섬에서는 항상 뜻밖의 일들을 보게 될 각오를 해야 한다. 1세기 전에 다윈은 고립과 동종번식이 어떤 영향을 미치는지, 섬에 사는 생물들이 얼마나 쉽게 주류 생물들로부터 멀어져 자기들만의 유전적 특징을 갖게 되는지 설명했다. (비록 다른 곳에도 많은 유대류가 살고 있지만) 캥거루가 오스트레일리아에만 사는 이유, 벌새가 남북아메리카에만 사는 이유(아메리카의 매발톱꽃이 유럽의 매발톱꽃과 달리 가시를 갖게 된 것은 벌새 때문이다)가 바로 그것이다.

우리가 지구를 떠나 다른 행성으로 갈 수 있는 시대가 되면 우리도 같은 운명을 맞게 될 것이다. 많은 사람들이 우주여행을 이겨내지 못할 테니 더 강한 사람, 더 전문화된 사람, 또는 더 극단적인 사람들이 차지할 수 있는 틈새가 생길 것이다. 섬은 독특한 생명체들이 진화할 수 있는 독특한 유전자 풀이 된다. 다른 행성의 지구인 정착지는 물론 여러 세대에 걸쳐 우주여행을 계속할 수 있는 우주선들도 외부에서 다른 유전자를 공급받지 못한다면 마치 섬 같은 효과를 낼 것이다. 어쩌면 우리가 공상과학 영화에 나오는 괴상한 외계인처럼 변할지도 모른다.

비록 지금까지 호모사피엔스의 많은 친척들이 사라져갔지만, 우주의 다른 곳에서 더 많은 호모사피엔스의 친척들이 진화할 것이다. 시간의 탄력성과 인간들의 넘치는 호기심을 생각하면 그렇다는 얘기다. 엄청난 탐험 욕구를 지닌 우리가 언젠가 우주에 수많은 전진기지들을 세우게 될까? 그래서 그 전진기지들이 우주의 밤하늘에 연못의 수초처럼 수없이 자리 잡게 될까? 그럴 것 같지는 않다. 하지만 우리가 지금과는 다른 감각을 지닌 이방인이 되거나, 파충류 같은 피부를 갖게 되거나, 우리에게 두려움을 안겨주는 외계인으로 진화하게 될지도 모른다. 새로운 거주지에서는 새로운 것들이 필요해지고, 이곳에서와는 다른 것들이 희귀해진다. 정치와 가치관도 변할 것이다. 작은 사회집단 속에서는 다른 종류의 역학이 작동한다.

이 지구라는 섬에서도 과거에 그런 일들이 일어났으며, 우리 뇌에 그 과정이 반영되어 있다. 상상하기도 어려울 만큼 먼 과거인 5억 년도 더 전에 주위 환경으로 인한 스트레스와 성공적인 번식과정이 우리 뇌의 기초를 형성했다. 임의적인 유전적 변이도 여기에 한몫을 했다.

뇌가 커지면서 여성의 골반과 다리뼈가 넓어졌다(그래서 여자들

특유의 엉덩이를 실룩거리는 걸음걸이가 생겨났다). 그러나 두개골이 커지는 데는 한계가 있다. 또한 사람의 머리는 태어날 때 산도産道를 통과할 수 있어야 한다. 뇌가 이리저리 겹쳐져서 수많은 주름이 만들어진 후에도 여전히 중요한 기능들이 들어갈 공간이 모자랐다. 유일한 해결책은 더 중요한 기능들이 들어갈 공간을 마련하기 위해 몇 가지 기능을 포기하는 것이었다. 이때 틀림없이 환상적인 기능과 재주들이 사라져버렸을 것이다. 우리도 (박쥐나 고래처럼) 자기磁氣나 음파를 이용해 방향을 알아내는 정교한 시스템을 가질 수 있었을지 모른다. 아니면 (개처럼) 거리를 걷기만 해도 신문의 가십난을 읽은 것처럼 온갖 정보를 알아낼 수 있는 뛰어난 후각을 가질 수 있었을지도 모른다. 사마귀처럼 초음파를 낼 수 있는 능력이나 코끼리처럼 낮게 울리는 초저주파를 낼 수 있는 능력을 갖게 됐을지도 모른다. 오리너구리처럼 작은 물고기들의 근육에서 나오는 전기신호를 감지하는 능력이나 거미, 물고기, 벌 등 여러 동물들에게서 고도로 발달한 진동 감각을 갖게 됐을지도 모른다.

그러나 모든 능력 중에서 생존에 가장 이로운 것은 바로 언어였다. 언어는 뇌의 넓은 영역을 할애할 만한 가치가 있는 기능이었다. 어쩌면 옛날에는 그 자리에 초감각적 지각을 무색하게 만들 만큼 상대의 마음을 읽어내는 능력이 있었는지도 모르지만, 그것마저 희생할 만한 가치가 있었다. 남들과 달리 초감각적 지각이라는 축복을 갖고 태어난 사람들은 그 능력이 완전히 사라져버리지 않은 행운아들인지도 모른다.

뇌에 절실히 필요한 것은 부피가 필요하지 않은 공간이었다. 그래서 뇌는 지구상의 생명 역사상 유례를 찾아볼 수 없는 급진적인 도약을 했다. 외부에 즉, 돌, 파피루스, 종이, 컴퓨터 칩, 필름 등에 정보와 기억을 저장하기 시작한 것이다. 이 놀라운 재주가 지금은 우리 삶에서 너무나 친숙한 일부가 되었기 때문에 우리는 이 점에 대해 딱히 생각하지 않는다. 그러나 그것은 기본적으로 수납 문제라고 할 수 있는 문제의 해결책으로서 놀랍고도 신기한 방법이었다. 집이 어지러워지는 것을 피하기 위해 중요한 것들을 다른 곳에 보관하는 방법이라니. 이에 못지않게 놀라운 것은 자연의 한계를 뛰어넘어 감각의 범위를 넓히는 데 성공한 굳은 의지와 뛰어난 재주다. 우리는 먼 곳의 일을 보게 해주는 텔레비전에서부터 전파망원경에 이르기까지 온갖 물건을 만들어냈다. 두개골이 다 감당할 수 없을 만큼 우리가 너무 자라버린 것이다. 한때 초자연적인 힘을 지닌 신들을 상상하던 우리는 순식간에 그들을 흉내 내기 시작했다. 날개를 만들어 나는 법을 배우고, 무기를 만들어 적에게 벼락을 내렸다. 약으로 환자를 치료했다. 고대의 조상들이 우리를 본다면 우리가 신인 줄 알 것이다.

우리는 가끔 이런 말을 한다. "너 정신 나갔니?" 대답은 '그렇다'이다. 우리는 모두 우리 정신으로부터 벗어나 있다. 오래전 뇌에 더 많은 공간이 필요해졌을 때 우리는 우리의 머릿속을 벗어났다. 개조 능력을 타고난 뇌는 가능한 한 많은 능력들을 확보한 다음, 공간이 부족해지자 두 종류의 저장용기를 만들어냈다. 손에 쥐면 기분이 좋아지는 책에, 전파와 인터넷처럼 눈에 보이지 않는 매체들에 정보를 저장할 수 있게 된 것이다. "오, 멋진 신세계. 놀라운 사람들이 사는 곳."《템페스트》에서 바다의 아이 미란다는 이렇게 외친다. 상식적으로 생각해봤을 때, 만약 우주의 다른 곳에 생명체가 존재한다면 그들이 기술적인 면에서 우리보다 훨씬 앞서 있을 것이다. 그러나 우리의 진화과정은 정신이 아찔해질 정도로 기발했고, 그 결과 기괴한 특징과 성격을 지닌 존재가 만들어졌다. 성격이라는 개념도 마찬가지다. 다른 행성의 생명체들 중에서 자신의 존재를 그토록 정교하게 기록해서 공유하려 하는 생명체가 얼마나 될지 모르겠다.

해양생물학자인 앨리스터 하디Alister Hardy와 인류학자인 일레인 모건Elaine Morgan은 인류 역사상 어느 시점에서 우리가 저 자그마한 도마뱀붙이처럼 섬에 고립되어 있었는지도 모른다는 가설을 세웠다. 어쩌면 대홍수 때문에 고립되어서 다른 영장류들과 멀어져 잠은 땅에서 자지만 낮 동안에는 대부분 물속을 돌아다니거나 헤엄을 치며 시간을 보내는 반수생半水生 포유류가 되었을지도 모른다는 것이다. 두 사람은 우리 몸에서 털이 사라진 것, 소금기 있는 눈물, 피하지방(오리에서부터 돌고래에 이르기까지 물속에 사는 온혈동물들은 피하지방을 갖고 있지만, 침팬지에게는 피하지방이 없다), 유연한 척추, 유선형 몸매, 물이 허파로 들어가는 것을 막아주는 콧속의 막, 후두의 위치가 낮아지는 것(공기를 크게 들이마실 수 있다), 고개를 똑바로 드는 자세, 여자의 긴 머리(아기들이 매달릴 수 있도록), 소금물이 주성분인 피, 수영과 다이빙 능력, 말을 하는 데 매우 중요한 자발적인 호흡조절 능력을 지적한다. 참으로 매혹적인 가설이다. 그럴듯하기도 하고. 하지만 이 가설이 맞는지 확인할 수 있을 것 같지는 않다. 인류의 유아시절을 찍어놓은 비디오가 있으면 좋으련만.

우리는 '인간'이 다른 생물과 분명히 구분되는 존재며, 인간의 삶이 복잡하다고 생각한다. 그래서 다음과 같은 말들로 인생을 표현한다. "두 영원 사이에서 반짝이는 작은 시간의 빛", "찬란한 우연", "소리와 분노로 가득 차 있지만 의미는 하나도 없는, 바보가 들려주는 이야기", "인과응보에 관한 영원한 가르침", "항상 스스로를 태워 없애버리는 불꽃", "색색가지 유리로 만들어진 돔", "겸손을 가르치는 긴 수업", "모순으로 구성된 허구", "치명적인 불평. 그것도 전염성이 엄청 높은 것", "열정의 드라마", "생각하는 사람에게는 희극이요, 느끼는 사람에게는 비극."* 하지만 우리가 지금과는 다른 정신, 다른 관심사, 다른 정신적 버릇을 지닌 아주 다른 동물이 될 수도 있었다. 우리는 수많은 취사선택 과정을 거친 후에야 비로소 지금의 모습이 되었다. 그렇다면 우리는 무엇을 버리고 무엇을 취한 것일까? 이 질문에 대답하려면 정신을 둘로 나눠야 한다.

---

* 각각 토머스 칼라일, 스티븐 제이 굴드, 윌리엄 셰익스피어, 랠프 월도 에머슨, 버나드 쇼, 퍼시 셸리, 제임스 배리, 윌리엄 블레이크, 올리버 웬들 홈스, 월터 롤리 경, 호러스 월폴의 글을 인용한 것이다.

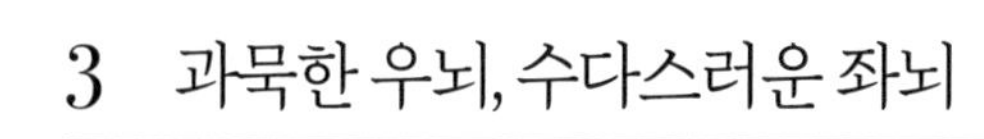

3 과묵한 우뇌, 수다스러운 좌뇌

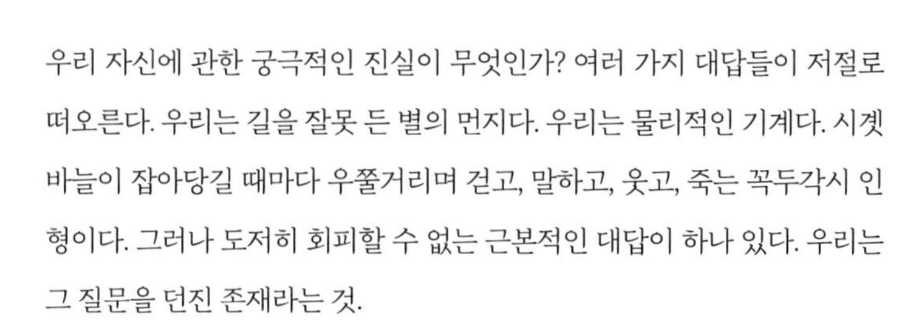

우리 자신에 관한 궁극적인 진실이 무엇인가? 여러 가지 대답들이 저절로 떠오른다. 우리는 길을 잘못 든 별의 먼지다. 우리는 물리적인 기계다. 시곗바늘이 잡아당길 때마다 우쭐거리며 걷고, 말하고, 웃고, 죽는 꼭두각시 인형이다. 그러나 도저히 회피할 수 없는 근본적인 대답이 하나 있다. 우리는 그 질문을 던진 존재라는 것.

- 아서 에딩턴 경

잠이라는 안개가 걷힐 때, 정신이 내부에서 오가는 정보의 흐름을 인식할 때가 가끔 있다. 차를 몰고 출근하는 사람들처럼 여러 가지 메시지들이 뇌량을 휙휙 건너간다. 뇌량은 뇌의 두 반구를 이어주는 굵은 다리로서 2억~2억 5천만 개의 신경섬유로 이루어져 있다. 더 많은 메시지들이 계속 소란스럽게 양쪽을 오간다. 뇌는 행동과 교감이 뒤섞여 있지만 항상 동적으로 움직이는 하나의 경험을 만들어내는 2인조 전문가다.

우뇌는 강하고 조용하다. 우뇌는 사물을 볼 수 있고 행동할 수 있지만 그 결과를 보고하지는 않는다. 말을 할 수 있는 것은 좌뇌뿐이다. 좌뇌는 하루 종일 재잘거린다. 그것은 좌뇌가 혼자 만들어낸 독백이며 세상에 대한 실시간 논평이다. 똑같이 수다스러운 좌뇌라는 축복(또는 저주)을 받은 다른 사람들과의 대화가 이 독백 사이에 간혹 끼어든다. 좌뇌와 우뇌는 서로 정신의 다른 측면을 담당하고 있다. 좌뇌는 말과 언어에 뛰어나고, 우뇌는 시각 인식과 운동을 더 잘한다. 우뇌는 무거운 물건을 드는 것쯤 얼마든지 감당할 수 있지만 복잡하게 뒤얽힌 언어 문제를 해결하지는 못한다. 우뇌가 언어를 처리하지 않는다는 뜻은 아니다. 하지만 좌뇌의 유창한 언변에 비하면 능력이 미약하다. 좌뇌가 손상을 입으면 언어 능력이 악몽처럼 변한다. 특히 남자들이 그렇다(여자들은 일반적으로 좌뇌 손상에서 비교적 쉽게 회복한다). 그러나 사람마다 커다란 차이가 있고 뇌는 적응력이 뛰어나므로 좌뇌가 손상된 환자들 중 일부는 다행히 언어 능력을 회복한다. 그렇다고 해서 반드시 글을 쓰는 능력까지 회복되는 것은 아니다. 공교롭게도 글쓰기는 말하기와 별로 밀접하게 관련되어 있지 않다. 비교적 최근에 개발된 능력인 글쓰기는 우리가 진화과정에서 물려받은 유산이라기보다는 도구와 규칙이 끊임없이 바뀌는 정교한 팀 스포츠에 더 가깝다.

요즘은 자신이 '우뇌형 인간'이라거나 '좌뇌형 인간'이라고 말하는 것이 유행이다. 대개 예술가연하는 행동이나 예술적 재능의 부족을 변명하는 말이다. 좌뇌형 인간은 언변이 좋고, 분석적이고, 내성적이고, 세세한 점들을 잘 알아차리고, 논리적이고, 문제해결 능력이 뛰어나고, 이야기를 잘한다고 알려져 있다. 물론 알리바이도 잘 만들어낸다. 그러나 좌뇌형 인간은 전체적인 틀을 보지 못하고, 수학에 서투르며, 창의적이지 못하고, 공간 감각이 부족하다. 조각그림 맞추기는 아예 생각도 하지 말아야 한다. 좌뇌형 인간은 나처럼 주유소에서 기름을 넣은 뒤 원래 가던 방향이 아니라 엉뚱한 방향으로 차를 몰게 될 가능성이 높다.

우뇌형 인간은 직관적이고, 예술적이고, 음악적이며, 부분을 보고 전체를 파악하고, 공간 감각이 뛰어나고, 사람의 얼굴을 잘 알아보고, 잠재의식을 꿈으로 변환시키는 일과 자유연상에 뛰어나고, 수학을 잘하고, 온갖 감정을 잘 읽어낸다고 알려져 있다. 나는 오른손잡이지만 전화를 받을 때는 수화기를 왼쪽 귀에 갖다 댄다(왼쪽 귀는 우뇌의 통제를 받는다). 아마 전화를 걸어온 사람의 목소리에서 감정을 읽어내기가 더 쉽기 때문일 것이다.

물론 좌뇌와 우뇌의 구분이 실제로 이렇게 엄격하지는 않다. 사물의 세세한 부분을 좌뇌가 더 잘 보는 경우가 많고, 운율을 맞춰 천천히 하는 말은 우뇌가 더 잘 알아듣는다. 대부분의 사람들은 좌뇌와 우뇌의 기능을 훌륭하게 섞어서 사용하기 때문에 뇌가 둘로 나뉘어 있다는 사실을 인식하지 못한다. 또한 한쪽 뇌는 말없이 맡은 일을 수행하고, 다른 쪽 뇌는 끊임없이 질문을 던지고 있다는 사실도 인식하지 못한다. 양쪽 뇌를 똑같이 사용하는 사람도 있고, 한쪽 뇌가 지배적인 위치를 차지하는 사람도 있다. 그런가 하면 뇌의 활동이 어느 한쪽에만 지나치게 편중되어 있어서 혹시 인조인간이거나 파충류가 아닐까 싶은 사람들도 있다. 하지만 그런 사람들의 경우에도 정신은 좌뇌와 우뇌 사이의 줄다리기가 아니라 양쪽 뇌의 정보교환과 협동을 통해 기능을 발휘한다.

이보다는 양쪽 뇌가 인생을 바라보는 시각이 다를 수 있다는 점이 어쩌면 더 놀라운 것 같다. 자신에 관한 느낌, 미래에 대한 생각, 다른 사람들에게서 기대하는 태도에 대해 양쪽 뇌의 시각이 엇갈릴 수 있다. 우뇌는 부정적인 감정을 관장하고 좌뇌는 긍정적인 감정을 관장한다. 위스콘신대학에서 실시된 실험에서 좌뇌의 활동이 지배적인 사람들은 자신을 더 긍정적으로 생각하는 경향이 있음이 드러났다. 그들은 자신이 낙천적이고, 행복하고, 자신감이 있고, 삶에 열정을 보이며, 별로 스트레스를 받지 않는다고 생각했다. 그들도 가끔 우울해지기는 하지만 우울한 기분을 쉽게 털어버렸다. 우뇌의 활동이 지배적인 사람들은 자신을 부정적으로 생각하며, 더 불안해하고, 더 비관적이었다. 또한 우울증에 쉽게 무릎을 꿇었다. 그러니 우울증 치료제와 심리치료가 좌뇌를 활성화하는 것이 그리 놀랍지 않다. 인간의 감정은 양쪽 뇌 사이에서 줄타기를 하며 어느 한쪽으로 살짝 기울어지기도 하지만 어쨌든 균형을 찾는다. 아니, 어느 한쪽으로 살짝 기울어지는 덕분에 균형을 찾을 수 있다고 말하는 편이 옳을 것이다. 양쪽 뇌는 서로의 감정을 희석하는 데 중요한 역할을 하는 것 같다. 한쪽 뇌만 손상된 사람을 보면 이 점이 특히 극명하게 드러난다. 이런 경우 손상되지 않은 뇌가 제멋대로 날뛸 수 있기 때문이다. 만약 손상되지 않은 쪽이 우뇌라면, 환자는 평소와 달리 갑작스러운 슬픔에 빠지거나, 심한 불안감을 느끼거나, 부정적인 감정에 시달릴 수 있다.

좌뇌와 우뇌가 각각 다른 기능을 수행하는 경우는 동물들의 세계에서도 찾아볼 수 있지만, 이상한 사례이긴 하다. 동물들은 좌우대칭형인 경우가 많으며 짝을 고를 때도 외모의 좌우대칭(유전적 변이가 없다는 뜻)을 기준으로 삼는다. 또한 만일의 경우를 대비한 여벌 시스템이 생존을 돕는다. 그러나 인간의 좌뇌와 우뇌는 복제인간이라기보다 이란성 쌍둥이에 더 가까운 방식으로 서로를 보완한다. 몇몇 능력을 왜 굳이 한쪽 반구에만 할당했을까?

다트머스대학의 인지신경과학센터 소장인 마이클 가자니가

Michael S. Gazzaniga는 수십 년 전부터 양쪽 뇌가 분리된 사람들, 즉 간질 발작이 확산되는 것을 막기 위해 수술로 뇌량을 절단한 사람들을 대상으로 독창적인 실험을 하고 있다. 우리는 이런 연구들을 통해 양쪽 뇌의 분업 시스템을 들여다볼 수 있다. 예를 들어, 양쪽 뇌가 분리된 사람은 오른쪽 눈(좌뇌의 통제를 받는다)으로만 사물을 보았을 때 그 사물의 이름을 말할 수 있다. 그러나 같은 물체를 왼쪽 눈(우뇌)에만 보여주면 그는 아무것도 보지 못한다. 이 현상은 루이스 캐럴의《이상한 나라의 앨리스》에 등장하는 고양이의 이름을 따서 '체셔 고양이 효과Cheshire cat effect'라고 불린다. 우뇌에게 그 '눈에 보이지 않는' 물체를 가리켜보라고 하면 아무 문제없이 지시를 수행한다. 오랫동안 병으로 고통받던 자원자들을 대상으로 실시된 수많은 실험에서 좌뇌는 수다스럽고 우뇌는 말이 없음이 드러났다.

가자니가는 내가 개인적으로 제일 좋아하는 또 다른 실험에서 실험 대상자들의 양쪽 반구에 각각 커다란 그림 한 장과 작은 그림 네 장을 보여준 다음 큰 그림과 관련되어 있는 작은 그림 한 장을 지적해보라고 했다. 양쪽 반구 모두 반대쪽 반구가 무엇을 보고 있는지 모르는 상태였다. 가자니가는 눈보라가 치는 장면이 그려져 있는 큰 그림을 보여주고, 실험 대상자의 우뇌에게 삽, 잔디 깎는 기계, 갈퀴, 도끼가 각각 그려진 네 장의 그림 중 하나를 고르라고 했다. 또한 새의 발이 그려져 있는 큰 그림을 보여준 다음 실험 대상자의 좌뇌에게 토스터, 닭, 사과, 망치가 그려진 네 장의 그림 중 하나를 고르라고 했다. 눈보라 그림을 본 우뇌는 당연히 삽 그림을 정확하게 골라냈고, 새의 발 그림을 본 좌뇌는 닭 그림을 정확하게 골라냈다.

하지만 여기서부터 이야기가 재미있어지기 시작한다. 가자니가가 실험 대상자에게 우뇌가 왜 삽을 골랐느냐고 물어보자 수다스러운 좌뇌가 대답을 하기 시작했지만, 양쪽 반구가 분리되어 있어서 서로 정보를 교환할 수 없었으므로 좌뇌는 눈보라 그림에 대해 알지 못했다. 따라서 삽을 고른 이유를 대답할 수 없었던 좌뇌는 자신이 갖고 있는 유일한 정보, 즉 닭이 이 이야기에 어떻게든 관련되어 있을 것이라는 판단을 기초로 재빨리 그럴듯한 이야기를 지어냈다. "닭발은 닭에게 달린 것이니까, 닭장을 청소하는 데는 삽이 필요하다." 틀리기는 했지만 훌륭한 대답이었다. 가자니가는 해석자 역할을 하는 좌뇌가 "여러 사건들과 감정적인 경험에 대한 설명을 찾아 헤매는 도구"라고 보고 있다. 뭔가 나쁜 일이나 자신에게 이로운 일이 일어났을 때 우리는 반드시 그 이유를 알아야 한다. 그래야 앞으로 일어날 일을 미리 예측하고 준비할 수 있기 때문이다. 답을 알 수 없는 수수께끼는 정신을 불안하게 만들고, 그러면 뇌가 나서서 합리적인 이야기를 지어내 정신을 위로한다. 물론 이때 나서는 것은 좌뇌다. 우뇌는 대개 말없이 바라보기만 한다.

우리는 모두 타고난 이야기꾼이므로 원인과 설명을 찾아 헤맨다. 만약 원인과 설명을 쉽게 찾을 수 없는 경우에는 지어내기도 한다. 아예 답이 없는 것보다는 틀린 답이라도 내놓는 편이 낫기 때문이다. 또한 재빨리 그럴듯한 대답을 내놓는 편이 천천히 완벽한 대답을 내놓는 것보다 낫다. 우리는 육감, 추정, 최선의 추측에 푹 빠져 있다. 나는 데이비드 린치 감독의 〈멀홀랜드 드라이브〉 같은 영화를 보며 어떻게든 그 의미를 알아내려고 애쓴다. 애쓰지 않는 편이 더 힘들기 때문이다. 이 영화에서는 중간까지 자유연상 같은 영상들이 파편처럼 등장한다. 비평가들은 "도대체 그것이 무슨 뜻이냐?"면서 린치를 괴롭혔다. 놀랍고, 아름답고, 예술적인 것만으로는 충분하지 않다. 반드시 뭔가 의미가 있어야 한다. 삶의 많은 부분이 아무 의미 없이 그냥 그렇게 된 것이라 해도. 나의 좌뇌는 이것을 알면서도 즐겁게 감각을 받아들이는 것에 만족하지 않고 고집스레 '왜?'라는 질문을 던진다. 아이도 어른도 끊임없이 이 '왜'라는 단어를 사용한다. 우리는 이렇게 인생을 보낸다. 뭔가 의미를 알아내려고 애쓰면서. 그렇게 해서 만들어진 것이 무의미한 헛소리뿐이라 해도. 물론 우리는 무의미한 헛소리를 결코 내뱉지 않는다. 정신적으로 우리보다 떨어지는 다른 사람들이 그런 소리를 할 뿐이다. 이런 식으로 생각하지 않는다면 우리는 마치 바다에 나와 있는 것 같은 기분이 될 것이다. 그리고 철학자 윌리엄 개스William Gass가 어떤 글에서 말했듯이, "인생은 목적으로 가득 차 있지만 아무 목적도 없고, 인생의 모든 것이 징조지만 인생 그 자체는 어떻게든 의미 없는 것이 되어버린다"는 고통스러운 확신을 얻게 될 것이다.

좌뇌, 우뇌, 갈라진 뇌. 이것이 10센트 동전 크기의 도마뱀붙이와 무슨 상관이 있는가? 이 도마뱀붙이는 우리 뇌의 진화과정과 양쪽 뇌가 같지 않은 이유에 관한 단서를 갖고 있다. 어쩌면 우리가 진화과정에서 얻은 능력이 아니라 잃어버린 능력이 원인인지도 모른다. 당혹스러울 정도로 많은 능력들 앞에서 우리 뇌는 모든 능력을 양쪽에 똑같이 복사할 수 있는 공간을 만들어내지 못했다. 양쪽 뇌에 능력들을 조금씩 나눠주는 방법이 구원이었다. 가자니가는 양쪽 뇌가 분리된 환자들을 대상으로 한 또 다른 실험에서 사물을 시각적으로 분류하는 뇌의 능력을 시험해본 결과, 인간에게는 없는 간단한 구분 능력이 생쥐에게 있음을 발견했다. 그는 이렇게 말했다. "하찮은 생쥐가 감각기관의 정보를 분류할 수 있는 반면 인간의 좌뇌는 그렇게 하지 못한다는 사실은 우리가 어떤 능력을 잃어버렸음을 시사한다." 뇌에서 엄청난 공간을 필요로 하는 언어의 등장 때문에 그런 분류 능력이 강제로 밀려난 걸까? 만약 그렇다면 우리는 이야기꾼 하나를 머릿속에 들여놓기 위해 또 어떤 능력들을 희생한 걸까?

우뇌의 마법 지팡이인 왼손을 움직이다가 나는 손목에서 소리굽쇠 모양으로 갈라져 평행선을 그리고 있는 파란 정맥 두 가닥을 발견한다. 손등의 모양도 지문처럼 사람마다 다른 것인지 궁금하다. 나는 머릿속으로 지문을 생각하며 여러 개의 선들이 구불구불하게 그려진 기상도를 떠올린다. 지문을 기상도에 비유하다니. 빙긋 웃음이 난다. 윌리엄 새파이어William Safire의 멋진 책 제목이 생각난다.《비유를 우산으로 삼아라》. 내 손이 허공으로 올라오고 내 눈이 그것을 지켜본다. 내 손은 어디를 가든 내 주의를 끈다. 우리가 설계한 컴퓨터 프로그램들은 우리의 그림자 같다. 화살표나 손 모양을 화면의 어떤 지점으로 움직이다 보면 마치 이제 걸음마를 시작한 아이가 손이 닿지 않는 그릇을 시선으로 움켜쥔 채 손으로 그 그릇을 가리키는 것 같다. 우리가 손으로 뭔가를 가리키기만 하면 모든 사람의 시선이 그리로 향한다. 손가락으로 가리키는 것과 욕망은 그렇게 항상 함께 다닌다. 우리는 사물을 손가락으로 가리키며 이름을 지어주는 동물이다. 내 손을 컴퓨터로 가져가며 나는 달력을 본다. 오늘이 토요일이구나. 저 아래 호숫가에서 열리는 농산물 시장에 가면 친구들과 왠지 친숙해 보이는 낯선 사람들이 있을 것이다. 그 시장이 내게 손짓한다. 친구한테 거기서 만나자고 할까? 지난번에 보니까 그 친구 목소리가 곤두서 있던데. 무슨 이유 때문인지는 모르겠지만 나한테 화가 난 걸까? 시장에 가면 도자기에서부터 갖가지 색깔의 천과 그림을 그려놓은 티셔츠형 원피스(그림을 그린 사람은 자기 조카가 바로 얼마 전에 간호사로서 첫 직장을 구했다는 사실을 알고 있을까?)에 이르기까지 여러 가지 수공예품이 있을 것이다. 이 지방에서 자라는 꽃과 제철 농산물도. 물론 향기 좋은 소형 장미를 묶어놓은 자그마한 꽃다발도 있겠지. 노점에서는 태국 음식에서부터 건강식품에 이르기까지 다양한 음식들을 팔고 있을 것이다. 유어 데일리 수프의 로버트가 국자로 퍼주는 신선한 버섯과 보리로 만든 수프를 먹으면 훌륭한 점심식사가 될 텐데. 미끌미끌한 버섯과 씹히는 맛이 있는 보리를 넣은 수프. 달력에 갈겨 써놓은 글자를 보니 지금은 미리 세금을 내야 할 시기다. 저걸 잊으면 안 되지. 내 손이 접시 위에 놓인 컵을 향한다. 집게손가락이 둥글게 구부러진 손잡이를 잡는 순간 차가운 도자기의 감촉이 갑작스레 느껴진다. 나는 이파리 속에 파란 나비가 날아다니는 모양이 띠처럼 컵을 둘러싼 가운데 스코틀랜드 금작화가 그려진 컵의 디자인을 감탄하며 바라본다. 컵 안쪽에 모카 거품이 남아 있는 것이 보인다. 컵이 접시에서 들어올려지면서 접시와 살짝 부딪혀 가볍게 챙챙 소리를 낸다.

내 자유연상을 기록한 앞 문단의 내용 중 대부분은 주로 내 우뇌와 관련되어 있었다. 왼손을 움직이는 것에서부터 농산물 시장의 모습을 그려보는 것과 친구의 목소리에서 느낀 감정을 다시 생각해보는 것에 이르기까지. 그리고 자유연상이라는 행위 자체도. 내가 내 인생과 주위 환경에 관한 이야기를 하면서 세세한 점들을 그토록 많이 엮어 넣을 수 있는 것은 좌뇌 덕분이다. 그것들을 기억해준 좌뇌에게 고맙다고 해야 할지도 모른다. 감각기관의 정보는 피드백 현상 덕분에 양쪽 뇌에 모두 전달되었다. 그리고 나는 세금을 내지 않았을 때의 결과를 예상할 때 양쪽 뇌를 모두 사용했다. 그러나 나처럼 이렇게 할 수 있는 생물은 인간이라는 원숭이뿐이다. 우리는 진화과정에서 뇌 조직을 한 겹 더 갖게 됐고, 그것을 독특한 방식으로 이용해서 더 많은 능력을 만들어내 독특한 정신세계와 생각이라는 성벽을 갖게 되었다.

현재 우리 뇌의 신피질에는 두 개의 반구가 있고, 각각의 반구에는 네 개의 엽이 있다. 신체적인 감각은 두정엽이 담당한다. 우리가 사물을 볼 수 있는 것은 후두엽 덕분이다. 소리를 들을 때는 측두엽을 이용한다. 전두엽은 근육을 움직인다. 그러나 이런 기능들에는 뇌세포가 그리 많이 동원되지 않는다. 각 엽의 대부분은 사건, 아이디어, 개인적인 경험, 전략, 사람들을 서로 연결시키는 위대하고 인간적인 작업에 몰두하고 있다. 온갖 일들을 하나로 묶어버리는 것이 터무니없는 일처럼 보이지만, 우리는 실제로 그렇게 하고 있다. 그것이 바로 '생각'이다. 생각thought이라는 단어를 들으면 굵은 매듭thick knot이 생각난다. 생각은 실을 꼬았다가 풀기를 한없이 반복하며 색색의 실을 합쳐 매순간에 옷을 입힌다.

4 의식이 부리는 마술

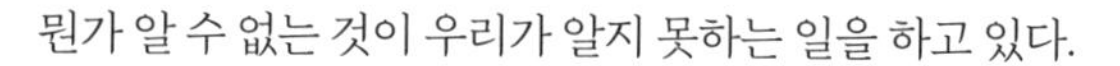

뭔가 알 수 없는 것이 우리가 알지 못하는 일을 하고 있다.

- 아서 에딩턴 경

의식은 물질의 위대한 시詩다. 그러나 의식은 정확히 말해서 세상을 향한 대답은 아니다. 세상에 관한 의견에 더 가깝다. 우리 뇌는 여러 가지 영역으로 잡다하게 나뉘어 있지만, 우리는 지속적인 하나의 정신, 하나의 삶을 경험한다. 뇌가 전문가들의 집합이라면서 어떻게 그런 일이 가능한 걸까? 뇌는 환상을 만들어내는 데 뛰어난 재주를 발휘한다. 뇌가 가장 잘 부리는 술수를 하나 살펴보자. 오늘은 겨울 숲의 모습이 아주 작은 것까지 세세하게 내 눈에 들어오는 것 같다. 내가 시선을 주는 모든 것들이 내 의식 속에 거대한 모습으로 등장해서 맹렬한 존재감을 내뿜으며 내 의식을 가득 채우기 때문이다. 진눈깨비 때문에 일본 단풍나무가 유리 조각상처럼 변했다. 내가 그 나무를 눈으로 쓰다듬는 동안 다른 것들은 흐릿하게 보인다. 그러다 내가 다른 것을 향해 시선을 돌리면 이번에는 그 새로운 대상이 갑자기 시야에 들어온다. 별처럼 반짝이는 울타리 꼭대기에 앉아 있는 홍관조 암컷이다. 녀석의 가슴털은 회색이고, 부리는 오렌지색이다. 잠망경으로 밖을 내다보는 것 같은 느낌이라기보다는 원형무대에서 바깥의 자연을 힐끔거리고 있는 것 같다. 내 시선에서 벗어나 있는 풍경 속의 모든 것들이 어렴풋이 느껴지면서 마음이 가라앉아 한눈에 뜰 전체가 눈에 들어오는 것 같은 느낌이 든다. 그러다 보니 풍경의 풍요로움이 느껴지지만, 정확하게 말하면 내 의식이 파노라마처럼 모든 것을 인식하는 것은 아니다. 우리는 다리가 달린 쌍안경과 비슷하다. 많은 것들이 기억이라는 하숙집에 이름을 올린다. 내가 그것들을 받아들이든 받아들이지 않든 상관없이. 내일이 되면 하늘을 배경으로 뻗어 있던 앙상한 나뭇가지들의 기억이 떠오를지도 모른다. 내가 그 나뭇가지들에 시선을 주지 않았더라도 … 지금까지는.

의식의 흐름도 정신이 부리는 술수 중 하나다. 이미 이루어진 일과 아직 이루어지지 않은 일 사이의 어느 지점에서 표류하고 있는 우리는 순간마다 현재라는 물 위를 떠간다. 삶이 바로 우리 앞에서 계속 이어지면서 펼쳐지는 것 같다. 하지만 사실 우리는 항상 현장에 늦게 도착한다. 우리가 뭔가를 지각해서 의식할 때까지는 0.5초가 걸린다. 뇌가 너무 뜨겁다는 경고를 발하기도 전에 난로에서 급히 손을 떼게 만드는 반사작용만 그런 것이 아니다. 우리가 의식적으로 하는 행동은 모두 한 박자씩 늦는다. 뇌는 이처럼 지연되는 시간 중 일부를 사건의 순서를 정리하는 데 사용한다. 세상이 논리적인 곳처럼 느껴지도록. 세상사가 감각기관의 신경을 거스르지 않도록. 지각이 뇌에 도달하는 데에도, 뇌가 그 정보를 퍼뜨리는 데에도, 어떤 광경이나 감촉이 의식에 가 닿는 데에도 시간이 걸린다. 느낌상으로는 마치 어떤 대상을 지각하는 즉시 그것에 대해 알게 되는 것 같지만 사실은 그렇지 않다. 머릿속의 시간은 세상의 시간과 다르다. 원래부터 약간씩 박자가 어긋나도록 설계되어 있는 우리는 자발적인 바보들이다. 이렇게 바보가 되지 않는다면 우리는 인생과의 데이트 약속에 지각하게 될 것이다. 세상의 속도를 따라가지 못하고 항상 0.5초씩 뒤처지고 있는 것 같은 느낌이 들 것이다. 그래서 우리 뇌에는 사건이 일어난 시간을 조금씩 늦춰주는 집사가 존재한다. 신경과학자인 벤저민 리벳Benjamin Libet은 유명한 실험(더 읽어야 할 것들에서 이 실험에 대해 자세히 설명해놓았다)에서 사람이 어떤 행동을 하기로 결정을 내리기 전에 뇌가 먼저 그 행동을 처리한다는 사실을 발견했다. 만약 우리에게 정말로 자유의지가 있다면, 행동보다 결정이 앞서야 하는 것 아닌가?

리벳의 실험은 오랫동안 많은 논란을 불러일으켰다. 우리의 사법체계는 성인들이 자신의 행동을 스스로 선택할 수 있다고 보지만, 과연 그것이 사실일까? 뇌가 우리를 속여 우리가 자유의지로 행동하고 있다고 믿게 만들어 자신의 선택을 정당화하는 것이 아닐까? 우리는 하루 종일 수많은 선택을 실행에 옮기거나, 퇴짜를 놓거나, 뒤로 미룬다. 결정을 내리기 전에 생각에 생각을 거듭해야 하는 경우도 있다. 어쨌든 우리가 느끼기로는 그렇다. 뇌가 만들어낸 환상처럼 느껴지지는 않는다. 뇌는 효율을 위해 또는 우리의 반란을 진압하기 위해 마치 우리가 주도권을 쥐고 있는 것처럼 믿게 만든다. 결정의 종류에 따라 누가 주도권을 쥘 것인지가 결정된다. 결정을 내릴 때마다 항상 왕이 필요한 것은 아니니까. 때로는 가게 주인이나 커다란 소리로 거부의사를 밝히는 사람만으로도 충분하다. 경우에 따라, 그 결정에 달린 것이 무엇인가에 따라 자유의지가 약해질 수도 있고 강해질 수도 있다. 윌리엄 제임스William James(미국의 심리학자이자 철학자-옮긴이)는 우리가 자유의지로 하는 최초의 행동은 바로 자유의지를 믿기로 결정하는 것이라고 말했다. 우리는 앞일을 예측할 수 있는 삶을 좋아하기 때문에 우리 뇌도 예측이 가능한 행동을 할 것이라고 생각해버린다. 그렇지 않을지도 모르는데. 뇌가 우리 생각보다 훨씬 더 유연하게 움직이며 문제의 심각성이나 절박성에 따라 갖가지 방법으로 문제를 처리하는지도 모르는데.

이 모든 일은 무대 뒤에서 일어난다. 이것이 너무나 까다롭고 혼란스러운 일이기 때문에 의식의 무대로 올릴 수가 없다. 의식은 또 나름대로 달리 할 일이 있다. 우리는 뭔가 행동을 하거나 반응을 보여야 하는 경우가 아니라면 잠꾸러기 정신을 깨우려 하지 않는다. 양말을 신는 데는 판단력이 별로 필요하지 않다. 하지만 직장상사를 "굼뜨고 비열한 먼지 반 줌밖에 안 되는 자식"이라고 욕할 때는 판단력이 필요해질지도 모른다. 그런데도 우리는 인생의 여러 골짜기를 지나며 편안한 곳을 물색하고, 위험 부담을 가늠해보고, 아이디어를 생각해내고, 여러 가지 감정을 불러일으키고, 우리 삶에 새로운 반전과 인물들을 덧붙이면서 크고 작은 결정들을 자기가 직접 내리는 줄 안다.

정신은 이 밖에도 감각기관들을 동원해서 많은 술수를 부릴 줄 안다. 뇌 과학자와 마술사가 모두 좋아하는 시각적 환상이 좋은 예다. 우리 몸은 항상 갖가지 흥미로운 방법으로 우리를 속인다. 예를 하나 들어보자. 심장이나 다른 장기의 통증이 다른 곳에서 느껴진다. 장기들과 뇌를 직접적으로 연결해주는 신경이 없기 때문이다. 따라서 우리는 자신의 장기에 대해 추상적인 이미지만을 갖고 있으며, 자아에 대해서는 커다란 확신을 갖고 있다. 그러나 사실 우리가 확신하는 자아는 하나의 가능성에 불과하다. 우리가 느끼는 팔다리는 환상이고, 우리가 몸에 대해 갖고 있는 이미지에도 상상이 일부 섞여 있다. 그리고 우리는 대개 이 이미지에 자기 가족, 자기 차, 자신이 살고 있는 집을 포함시킨다.

이런 생각을 하면서 나는 오른손에 펜을 들고 펜에서 잉크가 배어 나오는 부분을 바라본다. 그리고 허공에 원과 비뚤비뚤한 선을 그린다. 그것들은 한동안 허공에 머물며 뭔가 의미를 갖는다. 그동안 내내 나는 내 생각을 귀로 듣는다. 마치 내 상상 속의 두개골 안에서 누군가가 그 생각을 큰 소리로 말하고 있는 것 같다. 손의 움직임, 잉크의 흐름, 펜의 기계적 원리, 펜의 작은 움직임을 따라가는 눈, 정신이 스스로와 교감하는 방법, 정신이 교감하는 이유 등을 말로 설명하려면 종이page가 여러 장 필요할 것이다. 그림을 그릴 수 있는 종이? 아니 다른 종류다. 상원의원의 비서들이나 경찰관 같은 것(page에는 사환이나 시종이라는 뜻이 있다-옮긴이). 그들이 우리의 경험을 하나도 빠뜨리지 않고 자세히 기록하려면 오랜 세월이 걸릴 것이다. 나는 급히 미끄러지듯 생각의 방향을 바꾼다. 중세에는 현명한 시종들이 여러모로 날뛰었지(In the Middle Ages, the sage pages rampaged in stages. '~age'로 운을 맞춘 문장 – 옮긴이) … 슬기로운 바닷가에서. 그러나 나는 이 말 대신 대신instead이라는 단어를 쓰며 순간적으로 침대틀bedstead을 떠올린다. inbedstead. 하지만 이 단어가 생뚱맞고, 왠지 에로틱한 느낌이 나는 것 같아서 이 단어를 머릿속에서 지워버리고 다시 instead에 초점을 맞춘다.

우리는 머릿속에서 일어나는 이런 망설임과 방황을 대개 인식하지 못한다. 정신은 투명하게 느껴진다. 자신이 주도권을 쥐고 행동하는 것처럼 느끼게 만드는 환상이다. 무대 위에서 펼쳐지는 일들이 진짜라고 생각하려면, 무대 뒤에서 벌어지는 일들이 가능한 한 무대 위의 이야기에 끼어들지 말아야 한다. 생각은 물에 거품이 생기듯이 자연스럽게 생겨나는 것처럼 보인다. 우리가 근육의 움직임을 일일이 감독하고, 기억을 일일이 들추어내고, 떠올랐다 사라지는 모든 생각과 정보를 승인하지 않아도 되니 천만다행이다. 우리가 말을 할 때 목, 얼굴, 몸통에서 함께 움직이는 100여 개의 근육을 일일이 조종하지 않아도 되니 천만다행이다. (체내에서 산소가 세포에 에너지를 주는 과정인) 크렙스 사이클을 몸속의 전문가들에게 맡겨둘 수 있으니 천만다행이다. 이 과정을 우리가 직접 감독해야 한다면, 아마 하루 종일 안절부절못하다가 결국 긴장과 불안이 지나쳐 숨도 제대로 못 쉬게 될 것이다. 우리는 자신이 자발적으로 움직이고 있다는 환상, 우리 몸이 왠지 인과의 법칙을 벗어나 마법처럼 움직이고 있다는 환상 위에서 번성하고 있다. 진실을 밝히는 데는 시간이 너무 많이 든다. 복잡하게 분석하고, 설명하고, 확인할 것이 너무 많다. 우리 몸은 효율을 위해 우리를 속이고 자기 할 일을 한다. 그리고 우리는 그 진실을 가끔 언뜻 본다. 뼈와 살로 이루어진 물리세계에서 우리는 모두 헤아릴 수 없이 많은 거짓말들 위를 비행하고, 기만 속에서 헤엄치며, 도덕을 무시한 채 비용과 효율만을 생각해서 내려진 결정들 덕분에 번성한다. 하지만 우리의 전체, 우리의 자아는 다른 사람들의 거짓말을 싫어하고, 기만을 벌하고, 연민을 얻으려 애쓰며, 속는 것을 좋아하지 않는다. 이상한 일이다.

의식을 완전히 만족스럽게 정의한 사람은 아직 아무도 없다. 많은 사람이 이 주제를 다룬 매혹적인 책을 썼는데도 그렇다. 성 아우구스티누스는 5세기에 이렇게 썼다. "그것이 내 본성의 일부인데도 나는 나라는 존재 전체를 이해할 수 없다. 그렇다면 이것은 정신이 너무 편협해서 자신을 완전히 담을 수 없다는 뜻이다. 그러나 정신이 끌어안지 못한 정신의 일부는 어디 있는가? 정신의 안이 아니라 바깥 어딘가에 있는 것인가? 만약 그것이 정신 안에 담겨 있지 않다면 어떻게 정신의 일부가 될 수 있는가?" 우리는 지금도 이것을 궁금해한다. 철학자도, 과학자도, 심리학자도, 시인도 모두 의식을 설명하고 정의하는 데 평생을 바쳤다. 의식에 관한 과거의 이론들을 훌륭하게 설명한 책들도 있다. 그래서 나는 현재의 논의로 곧장 넘어가려 한다.

의식에 관한 이론들은 몇 가지 주요 진영으로 나뉜다. 어떤 사람들은 신이 인간에게 준 인간의 요체가 바로 의식이며, 영혼이라는 초자연적인 존재가 의식 안에 포함되어 있다고 믿는다. 그렇다면 의식은 물리적인 것이 아니기 때문에 과학으로 이해할 수 없다. 하지만 의식이 완전히 물리적인 것이라고 믿는 사람들도 있다. 의식은 뉴런에서 만들어진 정신상태라는 것이다. 그들은 생물학적인 시스템이 왜, 어떻게 의식이라는 경험을 만들어내는지 궁금해한다. 이 두 번째 부류에는 뇌 안에서 각각 분리되어 있는 수많은 시스템들(시각, 미각, 청각 등)이 의식에 관한 우리의 감각을 하나씩 차곡차곡 구축해나간다고 믿는 사람, 동기화되어서 하나가 된 듯 똑같이 움직이는 뉴런들이 충분히 늘어나면 의식이 생긴다고 믿는 사람, 의식이 뇌 안의 여러 영역이 아니라 하나의 특정한 영역(전두엽?)에서 생겨난다고 믿는 사람, 그리고 이런 이론들을 한데 섞어서 조화시킨 사람 등이 포함된다. 어떤 사람들은 우리의 뇌가 필연적으로 의식이라는 정신상태를 만들어낼 수밖에 없다고 믿는다. 역설이 지배하는 아원자 입자 수준에서 뉴런의 구조가 양자적 변화를 겪으면서 의식이 생겨난다고 믿는 사람도 있다. 의식이 물리적인 것이지만 그 어떤 시스템도 스스로를 관찰할 수 없으므로(주관에 대해 어떻게 객관적인 태도를 유지할 수 있겠는가? 또한 어떤 신경활동이 주관적인 경험을 만들어내는가?) 우리는 결코 의식을 이해할 수 없다고 믿는 사람도 있다. 의식이 물리적인 것이고 의식을 이해할 수도 있지만, 우리는 뇌의 실체를 밝혀낼 수 있을 만큼 똑똑하지 않다고 믿는 사람도 있다. 우리보다 더 똑똑한 존재가 있다면 의식을 이해할 수 있을지도 모른다는 것이다. 각자 입장에 따라 철학, 심리학, 과학 또는 문학을 각각 통해야만 의식을 가장 잘 이해할 수 있다고 주장하는 사람들도 있다. 의식이 물리적인 것이지만 우리가 예술 같은 주관적인 경험과 과학, 심리학, 철학의 진리를 조화시킬 수 있는 방법을 찾지 못한다면 의식을 이해할 수 없을 것이라고 믿는 사람도 있다.

내가 미처 언급하지 못한 주장들이 있을지도 모른다. 의식에 관한 이론을 주장하는 사람들 중에는 개방적인 사람도 있고, 시끄러운 사람도 있다. 그리고 이 분야는 문학비평의 신新사조처럼 추상적이고, 폐쇄적이고, 논쟁적이며, 알 수 없는 전문용어들로 가득 찬 곳으로 빠르게 변해가고 있다. 모두 남들이 얼마나 멍청한지 지적하면서 자기만의 용어를 만들어내려고 하는 것 같다. 생리학자인 버나드 카츠Bernard Katz의 표현이 아주 적합하다. "다른 사람의 칫솔을 쓰기 싫어하는 것처럼 다른 사람의 용어를 쓰기 싫어하는 학자들이 있다." 의식을 정의하는 것이 수수께끼의 일부이기 때문에 이론가들은 의식에 대해 쉽사리 공감대를 형성하지 못한다. 아마 의식이 뇌의 후원을 받고 있다는 점만이 예외일 것이다. 그러나 대체적으로 분류해보면, 의식이 실체라고 주장하는 축, 의식이 유령과 같다는 축, 의식이 신성한 것이라고 주장하는 축이 있다. 의식에 관한 주장이 이처럼 다양한 것은 아마 어느 정도 진실이 포함되어 있는 주장들이 많기 때문일 것이다.

어쩌면 우리는 결코 풀 수 없는 수수께끼가 존재한다는 사실을 받아들여야 할지도 모른다. 우리 뇌가 자신의 활동을 감추는 방향으로 진화해왔기 때문이다. 어쨌든 우리는 우리의 주관을 완전히 접어놓지 못한다. 주관은 평생 동안 우리를 기쁘게 하고, 우리에 관해 중요한 정의를 내리고, 우리가 객관성을 유지하려고 노력할 때마다 거기에 자기만의 색깔을 입힌다. 우리에게는 신경과학의 연구 결과뿐만 아니라 심리학, 철학, 예술도 필요하다. 이들은 우리 뇌가 만들어내는 주관적인 경험에 대해 많은 것을 가르쳐준다. 우리는 머릿속에서 항상 급박하게 진행되는 회의를 의식하지 못한다. 이 회의는 세상과 몸으로부터 정보를 수집하고, 많은 세포들을 동원해 비용과 이득을 분석해서 그 결과를 꾸준히 뇌에 알려준다. 그런데도 우리는 오로지 자신만이 자신의 운명과 영혼을 좌우하며 갖가지 훈계와 시를 만들어내는 줄 안다.

의식에 관한 몇몇 이론에서 나는 한 가지 문제를 발견했다. 의식이 활기찬 물질세계를 뛰어넘어 아주 멀리까지 흘러가기 때문에 뇌에서 일어나는 일과 현실적인 경험을 이어주는 빛나는 다리가 반드시 있을 것이라는 믿음이다. 그들은 우리가 아직 이 다리를 발견하지 못했을 뿐이라고 생각한다. 이건 물질을 낮잡아 보는 생각 같다. 우리는 오만하며 자아도취에 빠져 있다. 또한 아무리 그렇지 않다고 주장하더라도 자신이 지상의 생명체들 중 정점에 있다고 믿는다. 모든 부모가 자기 자식이 세상에서 가장 아름답다고 생각하듯이, 우리도 우리 뇌가 세상에서 가장 눈부신 능력을 갖고 있다고 생각한다. 의식만큼 굉장한 것이 또 있을까? 의식이 단순히 뇌의 일부일 리가 없지 않은가? 하지만 물질이 어쩌면 우리 생각만큼 단순한 것이 아닐지도 모른다. 우리는 소란스럽고 역동적인 우주에서 살고 있다. 마치 마법처럼 보이는 이 우주에는 재결합이 가능한 물질들이 가득하다. 의식은 물질이 만들어낼 수 있는 장난 중 하나일 뿐이다. 석영도 마찬가지다. 목성, 선인장, 딱정벌레, 대학생도 마찬가지다. 물질에는 다리가 달려 있고, 가만히 있을 때도 눈부시다. 언젠가 우리가 태양계 너머까지 가게 된다면 물질의 또 다른 재치와 술수를 발견하게 될지도 모른다.

인간과 동물의 감각기관에 대해 조금 공부한 적이 있는 나는 우리가 자신을 돌아보는 정신을 갖고 있다는 이유만으로 식물이나 동물을 우리보다 못한 존재로 보아야 한다고는 생각하지 않는다. 우리가 느끼는 감정 중에 우리의 마음을 어지럽히는 것이 있듯이, 장미에 꽃이 피게 하는 메커니즘이 때로는 장미를 놀리고 괴롭히는 것일 수 있다. 새까만 눈의 악어가 호수 바닥에 누워 있을 때, 녀석의 뇌가 죽은 듯 숨죽이고 있다 해도 녀석은 틀림없이 몸속 호르몬의 작용을 느끼고 있을 것이다. 물질이 만들어낸 호르몬이 틀림없이 녀석의 기분을 바꿔놓을 것이다. 악어는 그것을 어떻게 느낄까? 아마 우리는 결코 알아내지 못할 것이다. 우리와 악어가 모두 갖고 있는 뇌의 원시적인 부분과 우리의 비교능력을 이용해서 아무리 추측해보더라도. 파충류처럼 냉혈동물로 살아가는 것은 어떤 기분일까? 나는 악어가 햇빛이 내리쬐는 진흙 속에 누워 꼬리와 한쪽 다리를 물에 담그거나, 물 위에 버캐처럼 피어 있는 자그마한 꽃들 아래에서 헤엄치며 체온을 조절하는 것을 본 적이 있다. 그것은 우리 같은 온혈동물이 장갑과 모자를 벗고 가벼운 재킷을 걸치는 것과 같은 행동일 것이다. 냉혈동물과 온혈동물은 모두 이런 식으로 체온을 조절할 뿐만 아니라 다른 공통점도 갖고 있다. 그러나 사람은 다른 감각기관과 본능을 지닌 다른 동물은 고사하고 다른 사람의 주관적인 경험 속으로 완전히 빠져 들어가는 것조차 불가능하다.

나는 우리 정신의 유연성과 민첩성을 대단히 높게 평가하지만, 그것이 다른 동물들의 경험과 근본적으로 크게 다르다고는 생각하지 않는다. 서로 사는 곳이 너무나 다르고, 우리에게는 그런 주제를 즐겨 곱씹는 신피질이 있고, 날 때부터 죽을 때까지 우리가 아는 것을 모두 뇌가 제공해주기 때문에 서로의 경험이 판이하게 달라 보일 뿐이다. 우리의 정신은 단순히 더 복잡하게 보일 뿐만 아니라 실제로도 복잡하다. 우리가 정교한 존재이기 때문이다. 하지만 이것은 그저 우리 뇌가 더 복잡하다는 뜻일 뿐이다. 뉴런들이 어떤 경계선을 넘어서면 뭔가 초자연적인 것을 만들어낼 수 있다는 뜻은 아니다. 단순한 물질적 차이가 총명한 존재 또는 음탕한 존재를 만들어낸다. 모든 동물은 서로 다른 우주에 살고 있다. 감각은 자기만의 독특한 생활방식에 맞게 조절되어 생존에 필요한 것만을 지각한다. 인간이라서 짜릿한 점 중 하나는 우리가 독특하게 평범하다는 것이다. 우리의 과거와 생물학적 구조 중 대부분은 지구상의 다른 동물들과 같다. 아원자 입자 수준에서 보면 우리는 우주 전체의 물질, 별의 부화장, 우주 거품 등과 기본적인 것들을 공유하고 있다.

그러나 우리는 또한 그들과 근본적으로 다르다.

따라서 수컷 악어들이 음악에 정서적인 반응을 보이는 데에는 다 그들만의 이유가 있다. 예를 들어, 1944년의 어느 날 저녁에 과학자들이 프랑스의 호른 연주자를 초대해 오스카라는 악어를 위해 세레나데를 연주하게 했다. 오스카는 B플랫 음이 나올 때마다 큰 소리로 울부짖었다. 이것은 수컷 악어들이 짝짓기를 위해 자신을 과시하는 방법 중 하나다. 오스카는 첼리스트가 B플랫 음을 연주할 때도 똑같은 반응을 보였다. 오스카 주위에서 물이 춤을 췄다는 보고는 없지만 아마 그런 현상이 일어났을 것이다. 수컷 악어의 울부짖음 중 일부가 아음속(음속보다 약간 느린 속도. 초음속의 반대로 비행기 등의 속도가 여기 속한다-옮긴이)이라서 물방울이 튀어 오르게 만들기 때문이다. 마치 기름에 튀겨지는 다이아몬드처럼.

그날 밤 오스카의 뇌에서 어떤 일이 벌어졌는지는 알 수 없다. 그러나 우리 머릿속의 파충류 뇌도 오스카의 뇌처럼 신비롭게 움직이며 주로 의식의 수면 밑을 헤엄친다. 그러다가 딱 맞는 음을 만나면 우리로 하여금 이유도 모른 채 울부짖게 만든다. 그러면 이야기꾼인 고등한 뇌가 설명을 만들어낸다. 정확한 설명일 때도 있고, 그냥 편리한 설명일 때도 있다. 아이들이 스스로를 어른으로 생각하거나 동생들보다 자신이 더 성숙하다고 생각하며 좋아하는 것처럼, 우리도 자신이 이제는 파충류가 아니라고 생각하며 좋아한다. 그래서 파충류와 관련된 단어들을 상대를 모욕하는 말로만 사용한다. '냉혈한', '소름끼치는 놈creepy(이 단어에는 '느릿느릿 움직이는'이라는 뜻이 있다-옮긴이)', '얼굴에 철판을 깐 놈thick-skinned(파충류들의 피부가 두꺼운 것을 가리키는 말-옮긴이)'처럼.

내 친구는 옛날에 데이트 상대가 어떤 사람인지 설명하면서 "완전히 파충류 같은 놈"이라고 말한 적이 있다. 그놈 때문에 "소름이 돋았다"면서. 우리의 뇌 중 가장 오래전에 생겨난 수렁 같은 부분에는 수천 년 동안 간직해온 파충류의 사고방식이 있다. 아주 훌륭하게 기능하는 부분을 버릴 이유가 없지 않은가? 다른 부분이 필요해지자 우리는 파충류 뇌 위에 다른 부분들을 덧붙였다. 그러나 뇌간 안쪽에 있는 파충류 뇌는 결코 사라지지 않았다. 파충류 뇌는 현실이든 상상이든 위협을 받았을 때 재빨리 적의에 찬 반응을 보인다. 파충류 뇌는 섬세하거나 정중하지 않으며 항상 옳은 것도 아니다. 그럴 필요도 없다. 파충류 뇌의 임무는 우리가 유전자를 후손에게 전해줄 수 있을 때까지 목숨을 부지하게 해주는 것, 그것뿐이다. 파충류 뇌는 사납고 멋없게 이 임무를 수행한다. 심리학자인 내 친구가 언젠가 한 말이 파충류 뇌를 아주 잘 표현하고 있는 것 같다. "우리가 길들여진 개처럼 변했을지 몰라도, 여전히 개야."

자의식이 처음으로 꿈틀거리기 시작한 곳은 작업기억working memory(정보를 단기적으로 기억하며 능동적으로 이해하고 조작하는 과정-옮긴이)이었을 가능성이 있다. 이곳에는 지금 당장 사용할 수 있는 정보가 담겨 있다. 비교적 나중에 전두엽에서 발달한 작업기억은 아마 단순히 뭔가 친숙하다는 느낌에서부터 시작되었을 것이다. 어떤 여자가 전에 본 적이 있는 이파리나 열매를 본다. 그녀의 감각기관들은 그것의 색깔, 모양, 위치를 여자에게 보고한다. 신경구조 덕분에 그녀는 자극을 인식했을 때 그것이 친숙하다는 사실을 느낄 수 있다. 그녀는 '전에 그것을 본 적이 있다'는 느낌을 경험한다. 모든 것이 똑같아 보인다. 이것은 반드시 시험을 해보아야 하는 새로운 식량원이 아니다. 달라진 부분이 없기 때문에 특별히 새로 평가해야 할 것이 없다. 이것을 출발점으로 삼아 의식이라는 개념을 조금 더 발전시킨다면, 인간과 매우 고등한 영장류에게만 존재한다고 짐작되는 자의식을 만날 수 있다. 자의식에는 아마 과거를 되돌아보며 자기성찰을 할 수 있는 능력이 관련되어 있을 것이다. 우리의 조상인 그 여자는 이제 자의식을 느낄 뿐만 아니라, 과거로 훌쩍 거슬러 올라가서 기억을 되살릴 수도 있게 되었다.

의식에 관한 논란은 대개 의식에 관한 각자의 정의를 축으로 움직인다. 물론 인간들은 정의 내리기를 몹시 좋아한다. 그래서 많은 정의들이 재정의되거나, 방향이 바뀌거나, 보조적인 정의의 반박을 받는다. 때로는 다른 동물들이 도달할 수 없는 곳까지 인간을 끌어올리는 것이 정의 내리기의 숨은 목적인 것처럼 보이기도 한다. 만약 우리의 본성 중에서 마음에 들지 않는 부분이 있다면, 우리는 그것을 그냥 동물적인 것, 과거의 유적으로 치부해서 의절해버릴 수 있다. 나는 32장에서 다른 동물들도 우리처럼 화려한 정신적 퍼레이드를 펼치는지 살펴볼 때 정의의 문제를 다시 이야기할 것이다.

뇌 안의 발전기는 갖가지 화학물질, 진동, 동기화된 리듬 등 우리가 미처 다 알 수도 없는 수많은 것들을 한데 섞어서 수많은 일들을 수행한다. 마치 모자이크나 점묘화가 살아 움직이는 모습을 보는 것 같다. 전체에 주의를 집중하면 부분이 사라지고, 부분에 주의를 집중하면 전체가 사라진다. 언젠가 우리 뇌가 지금보다 더 유능해진다면 이 문제를 해결할 수 있을지도 모른다. 나는 의식이 뻔뻔스러울 정도로 물리적이며, 뇌가 우리의 생존을 돕기 위해 만들어낸 무질서한 신기루라고 생각한다. 하지만 우주가 마법과 같은 곳이며, 부분의 합보다 더 위대한 곳이라는 느낌도 있다. 나는 우주가 이렇게 위대해진 것은 우주를 다스리는 신이 있기 때문이 아니라, 우리 모두가 알고 있는 현실, 놀랍고 황홀하고 무서운 매일의 현실 때문이라고 생각한다. 마지막으로 의식은 물질이 맞닥뜨릴 수 있는 매혹적인 곤경인 듯하다.

5 의식과 무의식의 협동

무의식 속에서는 어느 것도 끝낼 수 없고, 어느 것도 지난 일이 되거나 잊힐 수 없다.

- 지크문트 프로이트, 《꿈의 해석》

서랍 속의 자잘한 것들을 정리하고, 청구서 몇 장을 처리하고, 〈대뇌〉 최신호를 읽은 나는 약간 배가 고프다. 내면의 모닥불에 연료가 더 필요한 모양이다. 잠자리에서 일어난 지 여러 시간이 되었으므로 내 몸의 핵심적인 에너지원인 포도당이 다 떨어져버렸다. 불평을 늘어놓는 소화기관들 때문에 배고프다는 느낌이 생겨난다. 내 감정이 언어로 변환되고, 어떻게 몸을 움직이는 것이 올바른 반응인지 결정이 내려진다. 내 뇌는 부엌 조리대의 돌 항아리에 들어 있는 코코아 함량 77퍼센트의 달콤씁쓸한 초콜릿 웨이퍼 두 개를 먹을지, 냉장고 안에 있는 호두 한 줌과 유기농 사과를 먹을지 고민한다. 선택을 위해 위험분석을 할 필요는 없다. 성난 너구리가 집 안으로 몰래 들어왔을 리도 없다. 응급상황도 아니다. 조금 더 나중에 음식을 먹는다고 해서 내가 기절하는 일이 생기지는 않을 것이다. 차분한 오전 시간에 내가 복도를 따라 내려가 몸속 화로의 불꽃을 조금 더 키운다고 해서 위험할 것은 하나도 없다. 게다가 그 과정에서 나는 맛있는 것을 맛보는 즐거움도 누릴 수 있다.

부엌에 도착한 나는 사과, 호두, 초콜릿 세 가지를 모두 선택해서 작은 접시에 담고 단백질(호두)을 먼저 먹기 시작한다. 호두가 들어가면 위장이 바쁘게 움직이기 시작할 테니, 나머지 음식이 소화되는 데 시간이 조금 더 걸릴 것이다. 그러면 체내 포도당 수치가 일정하게 유지되어서 나는 한동안 배고픔을 느끼지 않을 것이다(그러기를 바란다). '건강에 좋은 음식을 먹고 살을 좀 빼는 건 내 계획의 일부야.' 나는 속으로 이렇게 다짐한다. 그러나 내가 쉽게 접근할 수 없는 내 뇌의 일부에는 살을 빼려는 또 다른 이유가 담겨 있다. 거기에 몸매를 예쁘게 가꾸고 싶다는 생각이 포함되어 있음은 물론이다.

뇌는 연못 위의 버캐 같은 의식의 수면 위와 아래에서 매끄럽게 움직이며 수많은 메시지, 계산, 평가, 최신 정보를 통합한다. 존 던John Donne(영국의 시인 겸 성직자-옮긴이)이라면 이것들이 우리가 상상하는 둥근 몸의 구석구석에서, 거울이 달린 몸속의 벌집과 눈에 보이지 않는 벌들에게서 온다고 말했을 것이다. 뇌는 자신의 주인에게 의식의 흐름, 이미지, 말대꾸를 통해 말을 건다. 줄리언 제인스Julian Jaynes(미국의 심리학자-옮긴이)는《의식의 기원》에서 옛날 우리 머릿속에서 목소리가 들려오던 시절이 있었다고 말했다. 그때 우리는 그 목소리가 친숙한 뇌의 말대꾸가 아니라 다른 세상의 존재들이 우리에게 내리는 명령이라고 생각했다. 요즘 우리는 자신감이 넘치기 때문에 일부러 목소리를 듣기 위해 헤드폰을 끼고, 그것이 다른 사람의 목소리라는 올바른 판단을 내린다. 그러나 제인스는 성찰이 시작되기 전의 과거에는 우리의 본능이 생존을 위해 우리에게 명령을 내렸을 것이라고 추측한다. 우리는 그것이 신의 목소리라고 믿었다. 그들이 현명하지만 눈에는 보이지 않고, 우리 머릿속으로 멋대로 비집고 들어오기 때문이었다.

우리의 마음은 꾸준한 빛을 받아 촛불처럼 깜박인다. 우리가 생각하는 것보다 깜박이는 속도가 빠르지만, 그 모습은 친숙하다. 아니 우리는 틀림없이 그렇다고 생각한다. 하루에 기분이 몇 번이나 바뀔까? 열 번? 마흔 번? 하지만 1분 동안 기분이 몇 번이나 바뀌는지 셀 수 있는 사람이 있을까? 열정처럼 크고, 확실하고, 말로 표현할 수 있는 감정이 몸에 자기만의 색깔을 입히는 것인지도 모른다. 향수鄕愁나 죄책감 같은 무의식적인 염료에 물들어서. 위대한 예술작품은 이 소동을 일부 잡아낸다. 마치 뇌가 하숙집인 것 같다. 분주히 움직이는 하숙생들이 계단에서 마주칠 때마다 서로를 알아보지만 대화를 나누는 경우는 거의 없는 하숙집. 문이 잠겨 있는 몇몇 방에는 그림자처럼 초자연적이고, 아무 색깔도 없고, 소문처럼 희미한 하숙생들이 숨어 있다.

뇌 전체가 같은 속도로 움직이는 것은 아니다. 맹렬한 속도로 반사작용이 일어날 때도 있고, 뇌가 주의를 집중해서 분석에 몰두할 때도 있고, 성급한 생각을 할 때도 있고, 몽상에 빠질 때도 있고, 명상을 할 때도 있고, 직관적인 생각이 떠오를 때도 있다. 그리고 많은 비판을 받고 있는 무의식의 느리고 정처 없는 생각들도 있다. 통찰력은 네스호의 괴물처럼 무의식의 바다를 돌아다닌다. 녀석이 지나간 자리가 가끔 눈에 보인다는 소문이 돌기도 하지만, 그래도 녀석의 존재는 여전히 신비에 가려져 있어서 믿는 사람이 거의 없다.

뭔가에 대해서 생각하는 것은 뇌의 작용 중 하나에 불과하며, 우리는 이를 통해 몇 가지 문제를 해결할 수 있다. 다른 문제들을 해결하려면 다른 전술이 필요하며 서두르지 말아야 한다. 어쩌면 몇 년이 걸릴지도 모른다. 석탄을 아주 오랫동안 내버려두면 다이아몬드로 변할 수 있다. 하지만 모든 석탄이 다이아몬드로 변하는 것은 아니다. 또한 느린 속도로 꾸준히 압력이 작용해야 한다. 시인 에이미 로웰Amy Lowell은 어느 날 말에 관한 시를 써야겠다고 생각했지만, 그 후로는 그 시에 대해 별로 생각해보지 않았다. 그녀는 이렇게 설명했다. "사실 나는 그 주제를 잠재의식 속으로 떨어뜨린 셈이었다. 편지를 우편함 속에 떨어뜨리듯이. 여섯 달 후 시어들이 내 머릿속에 떠오르기 시작했다. … "

뭔가를 의식적으로 추구하지 않으면서 약간의 시간이 경과할 때까지 가만히 내버려두면, 뇌는 마땅찮은 아이디어들을 버리고 습관적인 추론방식에서 자유로워져서 새로운 시각을 시도해보며 참을성 있게 기다릴 수 있는 기회를 얻는다. 뭔가 관련된 것이 새로 나타나기를 기다리고, 새로운 연결고리가 만들어지기를 기다린다. 어쩌면 아주 오랫동안 의식 속으로 떠오르는 것이 하나도 없을지도 모른다. 그러다가 가이 클랙스턴Guy Claxton이 《거북이 마음이다》에서 설명한 것처럼 "뭔가 일상적인 일이 그 단어나 개념을 잠재의식적으로나마 다시 생각나게 만든다." 그리고 "그것만으로도 결정적인 변화가 일어날 수 있다. 그러면 사람들이 창조적인 순간을 이야기할 때 흔히 언급하는 통찰력이 갑작스레 느닷없이 생겨나는 경험을 하게 된다." 문명의 진보는 삶의 필수 요소들이 점점 더 많이 무의식에 흡수되면서 가능해진다. 냉장고 불은 냉장고 문이 열릴 때만 들어오면 된다. 그렇지 않다면 에너지를 낭비하게 될 것이다. 에너지는 생명이다. 우리는 뭔가를 더 열심히 추구할 때 에너지를 조금 잃어버린다. 에너지를 너무 많이 잃어버리면 우리는 죽을 것이다. "생각의 움직임은 전투에서 기병대의 돌격과 비슷하다." 앨프리드 노스 화이트헤드Alfred North Whitehead는 이렇게 썼다. "숫자가 엄격하게 제한되어 있으며, 새로운 말馬이 필요하고, 반드시 결정적인 순간에만 움직임이 이루어져야 한다."

어린 시절의 뚜렷한 특징 중 하나는 자신과 외부세계의 경계를 점점 더 의식하게 된다는 점이다. 여기저기서 자주 인용되는 거울 실험은 어린이와 다른 짐승들이 거울 속에 비친 자신의 모습을 자신이 아닌 다른 존재로 보는지 시험해본 것이다. 자아와 외부세계의 경계는 어디인가? 몸의 경계선과 한계는 자주 탐구의 대상이 된다. 우리는 외부와 내부를 일찍부터 구분할 수 있게 된다. 우리가 숨 쉬는 공기, 우리가 걸어다니는 땅, 우리가 사랑하는 사람들과 우리가 별도의 존재라는 것을 터득하는 것이다. 우리는 아주 드문 경우에만 다른 사람의 몸속으로 들어갈 수 있음을 알게 된다. 연인, 의사, 간호사, 주술사, 장의사, 태아가 그런 경우다. 우리는 다른 개체와 접합하거나 뒤섞이지 않는다. 서로 사귀고 교제할 뿐이다. 그렇게 보인다. 사실은 우리가 눈치챌 수 없을 만큼 아주 미세한 차원에서 여러 가지 요소와 다른 생명체들이 항상 우리와 뒤섞이고 있다. 그러나 세상은 미묘하고 작으며, 아주 자잘한 것들로 가득 차 있는 반면, 우리는 커다란 몸집으로 무겁게 쿵쿵 움직인다. 우리의 감각기관은 자신에게 필요한 것에만 주의를 집중하고 나머지는 무시해버린다. 우리는 포괄적이 아니라 선택적이다. 우리는 모든 진실을 감당할 수 없다.

우리는 사회적 동물이기 때문에 다른 사람들의 성격, 그들이 보일 법한 반응, 그 반응에 우리가 보일 법한 반응(우리가 자신에 대해 기억하고 있는 지식을 바탕으로 추측한 것), 거기서 나올 수 있는 결과(우리에게 이로운 것일 수도 있고 그렇지 않은 것일 수도 있다)를 무의식적으로 평가한다. 건강, 재산, 변덕스러운 세상사도 평가 대상이다. 뇌가 주먹다짐을 피해야겠다는 결정을 내리거나 누군가에게 뭔가를 약속하기로 결정하는 짧은 몇 초 동안에 이 모든 것을 다 인식할 수는 없다. 그랬다가는 우리가 당황해서 알 수 없는 말을 지껄이며 서 있게 될 것이다. 따라서 우리가 내리는 결정들은 대개 우리 몰래 이루어진다. 청록색 조류藻類, 도롱뇽, 벌새, 악어의 경우와 마찬가지다. 때로 우리는 자신의 선택과 그로 인한 결과, 풍요와 기근을 잔인할 정도로 인식하고, 급류처럼 모든 것을 휩쓸어버리는 전쟁을 피하기 위해 허풍에서부터 타협에 이르기까지 갖은 노력을 기울인다.

무의식의 임무 중 하나는 대략적인 아이디어를 만들어내고, 새로 등장한 부품과 도구에 맞는 개념들을 만들어내고, 뭔가 관련된 현상이 눈에 띌 때까지 관찰 결과를 저장해두는 작업장 역할을 하는 것이다. 전체적으로 말해서 아이디어를 물에 넣고 뭉근히 끓이면서 배양하는 역할이라고 할 수 있다. 무의식은 자신의 창고를 뒤지면서 하나의 패턴을 이루는 여러 조각들을 하나씩 찾아낸다. 그리고 이 패턴에 관한 지식을 어느 날 갑자기 의식에게 살짝 흘려준다. 마치 문 아래로 전보를 밀어 넣는 것처럼. 우리는 그 패턴을 의식적으로 찾아 헤매지 않았고, 그런 패턴이 있다는 것도 모르고 있었다. 그런데 그것이 어디서 나온 걸까?

어느 날 갑자기 하늘에서 뚝 떨어졌다. 이성적인 추론을 거치지 않은 그 해법을 우리는 직관이나 통찰력으로 받아들인다. 그 해법이 틀린 것일 수도 있다. 때로 직관이 틀리는 경우가 있으니까. 직관이 우리에게 구체적인 해법을 제시해주기보다는 도움이 되는 방향을 가리켜주기만 하는 경우도 있다. 갑자기 떠오르는 직관('순간적인 판단')도 있고, 자잘한 것들이 천천히 장난처럼 축적되어서 점진적으로 떠오르는 직관도 있다. 아인슈타인은 이처럼 언어와 상관없이 머릿속 깊은 곳에서 이루어지는 일 덕분에 자신이 성공을 거둘 수 있었다고 말했다. 이 머릿속의 연극에서 이미지들이 저절로 결합되거나, 자신의 명령에 따라 결합되었다면서. 이것은 정확히 말하자면 의식적인 과정이 아니기 때문에 말로 전달할 수 없다. 그러나 아인슈타인은 마음의 눈으로 이것을 볼 수 있었다고 말했다.

어떤 감각이 형태를 갖춰가는 것이 부드럽게 느껴진다. 모래알 몇 개가 바람에 날려 내 팔 위에 쌓인다. 내 팔은 이제 막 떠오르기 시작한 태양의 따뜻한 첫 햇살을 느끼고 있다. 내가 이것을 인식할 수 있었던 것은 내 인식의 틈을 평소보다 조금 더 넓게 열고, 내 감각들을 자유롭게 풀어놓아 방황하게 했기 때문이다. 태양이 가볍게 붓질을 하듯이 내 피부 위에 따스함을 겹겹이 쌓고 있다. 그림자의 능선인 뼈를 따라 선명한 경계선이 생긴다. 몸과 마주보는 팔 안쪽은 더 시원하고 더 어둡지만, 바깥쪽을 향하고 있어서 피부가 선명한 빛 속에서 빛나고 있는 부분은 따뜻하다. 우리는 감각의 법칙을 알고 있다. 안쪽과 바깥쪽이 너무 오래 맞닿아 있으면 불행한 일이 생긴다. 햇빛에 구워질 수도 있고, 탈수현상이 일어날 수도 있고, 화상을 입을 수도 있다. 나는 이런 현상을 설명하는 빈약한 말 몇 마디를 생각해내기도 전에 이 법칙을 알고 있었다. 그리고 내 몸은 햇빛이 자신을 핥기 시작했을 때 이미 이 법칙을 알고 있었다. 처음에는 내 뇌가 햇빛에 신경 쓸 필요가 없었지만, 시간이 흐르면서 점차 햇빛이 자잘한 걱정거리들 속에 포함되기 시작했다. 혹시 우리 몸에 해를 입힐 수도 있으므로 계속 감시해야 하는 것 중 하나가 된 것이다. 햇빛이 해로워지기 훨씬 전에 내 뇌는 주인인 내게 말할 것이다. 조금 있으면 내 몸을 괴롭히기 시작할 아열대의 햇빛을 피해 실내에서 몸을 식히라고. 뇌는 지독한 더위와 꽃잎처럼 얇은 피부에 대해 알고 있다. 피부에 내장된 냉각 시스템, 햇빛 차단 기능, 피해복구 능력에는 한계가 있다. 그런데도 나는 아직 움직이지 않았다. 내 뇌가 불편한 느낌을 전달한다. 만약 이 방법이 효과가 없으면 통증이 시작될 것이다. 대개는 그것이 효과를 발휘한다. 뇌가 처음부터 통증을 주지는 않는다. 통증을 일으키려면 추가로 에너지를 쏟으며 주의를 집중해야 하기 때문에 뇌는 더 심각한 위협이 있을 때에만 통증을 이용한다. 뇌는 바쁜 부모 같다. 감각이 하는 말에 모두 귀를 기울일 필요 없이 중요한 것에만 반응을 보이면 된다는 점에서. 때로는 뇌가 한참 동안 잔소리를 들은 후에야 비로소 중요한 것이 무엇인지 깨닫기도 한다.

감각기관의 잔소리는 효과가 아주 좋기 때문에 나는 점점 글쓰기에 집중할 수 없게 된다. 내가 마지막 몇 쪽을 쓰기 시작한 이후로, 지구의 움직임을 놓고 우리가 정한 단위(인간들이 '분分'이라고 부르는 것) 30개가 흘렀을 뿐이다. 하얀 종이 위에 펠트펜으로 그 글을 쓰는 데는 시간이 그리 오래 걸리지 않았다. 나는 감각기관들이 생각의 방해를 받지 않고 혼자 놀도록 잠시 내버려둔다. 내가 앞에서 말하지는 않았지만,

꼬리에 점박이 무늬가 찍힌 아름다운 새 한 마리가 근처에 자리를 잡고 짹짹거리며 너무나 아름다운 노래를 불렀기 때문에 나는 즐거운 마음으로 몇 분 동안이나 그 노래에 귀를 기울였다. 그런데 그 새가 내 존재를 알아차리고 난간에서 뛰어내려 몇 미터 아래로 무겁게 떨어지더니 날개를 퍼덕거리기 시작했다. 나는 한가로이 앉아 녀석이 왜 그렇게 한참 있다가 비로소 날아갈 생각을 했는지 궁금하다는 생각을 했다. 바로 그때 내 팔의 세포들이 모래와 열기에 대해 투덜거리기 시작했다. 그 감각이 불쑥 모습을 드러내서 내 의식을 점령해 내 상념이 흐트러지는 것이 싫었다. 하지만 뇌는 먼저 처리해야 하는 일이 무엇인지 알고 있다. 느낌이 먼저, 생각은 나중에. 이제 햇빛이 내 피부에 화상을 입히겠다고 위협하고 있다. 뇌는 전에 이런 일을 본 적이 있었다. 뇌는 열기가 어느 정도인지 판단을 내리고 결과를 예상한 다음, 내가 실내로 자리를 옮길 때까지 나를 계속 찔러댄다.

PART

2

이성이라는 달콤한 꿈

우리 뇌의 세포들을 연결해주는 회로는 우주에 있는 별들보다도 많다. 우리 눈에 보이는 우주만 따지면 그렇다는 얘기다. 하지만 우리가 측정할 수 있는 우주의 96퍼센트는 적어도 우리 눈에는 보이지 않는다. 이 우주를 한번 상상해보자. 무한한 공간. 칠흑처럼 어두운 밤하늘에 헤아릴 수 없이 많은 별들이 떠 있는 모습. 이제 현미경으로나 보일 만큼 미세한 움직임들이 분주히 벌어지고 있는 뇌의 모습을 상상해보자.

6 뉴런들의 대화법

뉴런 하나가 멍청할 수는 있지만, 그래도 여러 면에서 미묘하게 멍청하다.
- 프랜시스 크릭

오리건에는 지상에서 가장 큰 유기체라고 알려진 사시나무포플러 뿌리가 있다. 지하에 묻혀 있는 이 뿌리에서 10만 그루가 넘는 나무들이 솟아 있다. 따로 떨어진 나무들이 숲을 이루며 야산을 넘어 계곡을 따라 뻗어 있는 것처럼 보이지만, 그들은 서로를 모두 합한 것보다 더 힘찬 네트워크로 연결되어 있다. 시간과 공간을 지배하는 유기체다. 식물의 가장 큰 약점인 이동성 부족을 극복한 이 뿌리는 공간을 가로지르며 움직인다. 나무들 사이에 작은 공간이 있는데도 나무들은 마치 하나처럼 움직인다. 어떤 나무들은 자신의 기분과 새로운 소식을 전하기도 한다. 공격을 받으면 그들은 이웃들에게 화학적인 메시지를 보내 위험이 다가오고 있으니 대비하라고 경고한다. 10만 개의 팔다리가 달린 하나의 생명체인 이 거대한 유기체도 뉴런이 수십억 개의 가지처럼 뻗어 있는 뇌에 비하면 아무것도 아니다. 뉴런 역시 각각 떨어져 있지만 눈에 보이지 않는 한 생명체의 일부다.

뉴런은 정신이라는 숲속의 사시나무포플러처럼 눈에 보이지 않는 하나의 뿌리에서 솟아나와 자란다. 숨겨진 숲이다. 다른 세포들과 달리 뉴런은 움직이지도 않고 분열하지도 않는다. 뉴런은 나뭇가지처럼 뻗어나가며 피라미드에서부터 별 모양에 이르기까지 다양한 모양을 만든다. 무엇보다 좋은 점은 그들이 서로 이야기를 나누기도 하고, 다른 뉴런의 이야기를 엿듣기도 하고, 급히 메시지를 전달하기도 한다는 점이다. 이를 위해서 뉴런은 두 종류의 가지를 갖고 있다. 수상돌기와 축삭돌기. 수상돌기는 듣는 역할을, 축삭돌기는 말하는 역할을 담당한다. 작은 주머니처럼 생긴 뉴런의 몸통에 매달린 수상돌기는 이웃 뉴런들이 축삭돌기를 통해 내보내는 신호를 듣는다. 우아한 숙녀들이 화장을 망치지 않으려고 허공에서 키스를 보내는 시늉을 하는 것처럼 수상돌기와 축삭돌기는 사실상 서로의 몸에 닿지 않는다. 접촉은 1,000분의 1초도 안 되는 짧은 시간 안에 일어난다. 운명처럼 강렬한 순간의 일이다.

어떤 뉴런에는 수상돌기가 몇 개밖에 안 되지만, 거대하고 복잡한 정글처럼 수상돌기가 많이 달린 뉴런도 있다. 그들은 궁극적으로 10만 개나 되는 다른 뉴런들과 대화를 나눌 수 있다. 뉴런 중에는 새로운 소식을 널리 알리는 녀석들도 있고, 그냥 자기들끼리 수다만 떠는 녀석들도 있다. 뉴런들 사이의 접촉이 직접적으로 이루어지는 경우도 있고, 정보가 여러 뉴런을 거쳐 중계되는 경우도 있다. 또한 유전적으로 연결된 뉴런도 있고, 경험이 쌓이면서 새로 연결된 뉴런도 있다. 만약 이렇게 연결된 뉴런들을 모두 세어보려면, 하나를 세는 데 1초밖에 걸리지 않는다 해도 약 3,200만 년이 걸릴 것이다. 만약 뉴런을 세는 사람이 자주 환생한다 해도 나쁜 업 때문에 지금의 상태에서 조금도 진화하지 못한다면 4만 4,000번이나 환생해야 한다.

충격을 받았거나, 기분전환을 하거나, 뭔가를 배울 때 뉴런은 새로운 수상돌기를 만들어 자신이 닿을 수 있는 범위와 영향력을 크게 늘린다. 마치 뉴런이 소식을 모으기 위해 여러 전초기지로 정찰병을 보내는 것과 같다. 정찰병들도 자기들끼리 이런저런 이야기를 주고받는다. 뉴런은 그들의 보고를 바탕으로 다른 뉴런들에게 메시지를 전달하는데, 여기에는 축삭돌기가 이용된다. 섬세한 가지 모양의 축삭돌기는 겨우 몇 밀리미터에서 1미터까지 길이가 다양하다. 축삭돌기의 끝부분은 점점 성장하면서 주위 환경을 살피며 어느 방향으로 뻗어나가야 할지 감을 잡는다. 그리고 축삭돌기가 이처럼 사방을 탐색하며 다른 뉴런들과 접촉해 네트워크를 형성함으로써 사람의 성격이 생겨나고 성격적인 특징들이 다듬어진다.

뉴런은 뛰어난 혼합어를 사용한다. 화학적인 특징과 전기적인 특징이 한데 섞인 언어로 바쁘게 윙윙거리는 것이다. 이것은 그들만의 전기화학적인 언어다. 말을 할 때 뉴런은 나트륨 이온과 칼륨 이온이 번갈아 들락거리는 과정에서 만들어진 파동에 전기적인 떨림을 실어 축삭돌기를 통해 전달한다. 뉴런에 흐르는 전기는 램프의 전선에 흐르는 전기와는 다르다. 전선에서는 전류가 전자의 구름을 타고 흐르기 때문이다. 뉴런에 흐르는 전기는 지직거리며 흐르는 전기와도 다르다. 양손바닥으로 막대기를 비벼 불꽃이 생기게 만들 때의 전기와 비슷하다. 8만분의 1볼트밖에 안 되는 펄스가 시속 수백 킬로미터나 되는 속도로 가장 굵은 조직들을 통과하다가 얇은 조직에 이르면 마치 기어가는 것처럼 속도가 느려진다. 1초에 수백 번이나 신호를 내보낼 수 있는 뇌세포는 수많은 뇌세포들을 불러 모아 마침내 신경망 전체가 특정한 단어, 감정, 사건 등을 전달할 수 있게 만든다.

매년 한 해의 마지막 날이 되면 이타카칼리지의 기숙사생들은 자기 방의 불을 끄거나 켜고, 창의 블라인드를 열어 환하게 빛나는 거대한 숫자를 기숙사 벽에 그려낸다. 그리고 자정이 되면 정해진 신호에 따라 다시 불을 끄거나 켜서 숫자를 바꾼다. 몇 킬로미터나 떨어진 곳에 사는 사람들도 이것을 지켜보며 그 의미를 이해할 수 있다. 세상 속의 세상이며 시스템 속의 시스템인 신경망은 우리가 키스를 할 때마다, 화가 나서 날뛸 때마다, 장난을 칠 때마다, 기도할 때마다 여러 가지 정보를 조직하고 통합해서 그 행동에 해당하는 신호를 만든다.

뇌에 염분이 얼마나 중요한 걸까? 어느 봄날, 나는 플로리다주 들레이 해변에 있는 일본식 정원 모리카미에서 구불구불한 산책로를 따라 겨우 40분 동안 산책을 한 뒤 더위로 인한 심한 탈진 증세에 시달렸다. 등뼈가 금방이라도 주저앉아버릴 것처럼 온몸에 힘이 없었고, 짜증이 났으며, 숨도 가쁘고, 오한이 났다. 내 의식은 텅 빈 서랍 같았다. 이 서랍의 나무가 뒤틀리면 머리가 아프다. 그때 내 뇌는 전부 다른 곳에 가 있는 것 같았다. 창조적인 아이디어처럼 수준 높은 생각들은 도저히 내 손이 닿지 않는 곳에 있었다. 사람들의 말을 기본적으로 이해하고 그들의 질문에 대답도 할 수 있었지만 모든 것이 느리고 흐릿하게만 느껴졌다. 짜증도 났다. 너무 지쳐서 아예 말을 하고 싶지도 않았다. 탈수 증상에 시달리는 내 뇌가 전기신호를 보내는 데도 애를 먹고 있었기 때문에 몸이 아주 느려진 것 같았다. 음식은 생각만 해도 속이 메스꺼웠다. 나는 꾸벅꾸벅 졸다가 중간중간 깨어나 잠을 푹 잤으면 좋겠다는 생각을 했다. 내 몸이 심하게 지쳐서 섬세한 염분 균형이 무너져버렸다. 이틀 동안 쉬면서 병원에 가서 의사의 진찰을 받고, 물과 이온음료를 잔뜩 마신 후에야 몸이 다시 정상으로 돌아왔다. 그러나 이 일로 인해 나는 칼륨, 나트륨, 마그네슘 등 뇌의 전기활동에 필수적인 염분들이 얼마나 아슬아슬한 균형을 이루고 있으며, 얼마나 강력한 힘을 발휘할 수 있는지 절실히 깨달았다. 물이 없으면 염분이 용해될 수 없다. 따라서 물을 조금만 잃어버려도, 그러니까 수분을 약 2퍼센트만 잃어버려도 염분의 균형이 깨진다.

뇌세포들은 시냅스라고 불리는 수천억 개의 작은 접촉점들을 통해 마치 악수를 하듯 의사소통을 한다(시냅스는 그리스어로 '한데 맞잡는다'는 뜻이다). 시냅스는 뉴런들 사이의 가느다란 통로다. 돌기가 끝나는 지점에서 뉴런은 특수한 분자를 방출해 이웃에게 말을 건다. 100종이 넘는 이 분자들, 즉 신경전달물질은 돌기와 돌기 사이의 자그마한 틈새를 뛰어넘어 상대편 수용체에 달라붙는다. 때로 사람들은 이 분자들을 열쇠로, 수용체를 자물쇠로 표현하기도 한다. 집안의 모든 열쇠가 전자식으로 바뀐다면 자물쇠와 열쇠라는 고전적인 비유도 변하겠지만, 지금은 이 비유가 여전히 매력적이고 섹시하다. 하나가 다른 하나의 내부에 꼭 들어맞도록 다듬어져 있다니.* 전통적인 자물쇠와 열쇠는 절대 구부러지지 않는 금속이기 때문에 악당들만 억지로 자물쇠를 딸 수 있다. 우리는 영화에서 이런 장면을 워낙 많이 보았기 때문에 특수하게 설계된 부드러운 열쇠로 열리는 부드러운 자물쇠를 쉽게 상상하지 못한다. 우리는 각이 있고 가장자리가 있는 딱딱한 물체를 즐겨 만든다. 시계가 녹아내리는 살바도르 달리의 초현실적인 꿈이 그토록 우리의 시선을 끄는 이유가 바로 이것이다. 그러나 세포막 표면에는 특수한 모양의 부드러운 자물쇠처럼 수용체가 자리 잡고 있다. 이 자물쇠는 똑같은 모양의 부드러운 열쇠로 열린다. 열쇠는 신경전달물질일 수도 있고, 수용체를 속이는 데 이용되는 비슷한 모양의 약물일 수도 있다. 이 약물은 악당의 손을 빌리지 않고도 자물쇠를 열고 안으로 들어갈 수 있다. 화학적인 열쇠들이 잔뜩 매달려서 딸랑거리는 열쇠고리가 있다면 좋을 것이다. 수용체는 옆의 세포를 활성화하는 스위치와 같다. 그리고 열쇠는 시동을 켜거나 끄는 자동차 열쇠와 같다.

분자 하나로는 아무 소용이 없다. 많은 분자들이 정확한 시간에 각각 자신에게 할당된 수용체에 달라붙어야 한다. 문이 열리면 칼륨 이온들이 쏟아져 나오고 나트륨 이온들이 쏟아져 들어간다. 이렇게 해서 다시 전하가 형성된다. 다만 이번에는 신호를 받아들이는 뉴런에 전하가 형성된다는 점이 다를 뿐이다. 신호를 받은 뉴런은 화학물질을 방출해서 다시 또 다른 이웃 뉴런에게 정보를 전달하고, 그 이웃 뉴런은 반짝이며 그 정보를 또 다른 이웃 뉴런에게 전달한다. 이렇게 해서 주위

——— 배관공과 공학자는 기계들이 서로 접합하는 부분을 암수로 구분한다. 오래전에 우주정거장 도킹을 계획하던 러시아와 미국의 과학자들이 한자리에 모여 재료 보급 문제를 논의한 적이 있다. 그 과학자들 중 한 명이 내게 해준 이야기에 의하면, 두 나라 모두 도킹에서 여성에 해당하는 역할을 맞지 않겠다고 고집을 부리는 바람에 오랫동안 갑론을박이 벌어졌다고 한다!

의 모든 뉴런들에게 메시지가 빠르게 전달된다. 이 한 가지 반응(시냅스 전달synaptic transmission)이 뇌가 하는 모든 활동, 우리의 모든 지식, 의욕, 변덕, 욕망의 기초가 된다. 《뇌 건강을 위한 데이나 안내서》에 적혀 있는 것처럼 "결국 우리의 모든 것, 즉 모든 기억과 희망과 감정은 이온들 몇 개가 뇌세포의 세포막을 통과해 자리를 옮기는 평범한 현상에 지나지 않는다고 할 수 있다." 이 점을 귀한 물건처럼 반드시 명심해야 한다.

7 뉴런의 운명을 결정하는 신호들

… 인생을 얼마나 참을 수 있는지는 우리가 인생을 얼마나 신비화하는가에 달려 있다.

- 에밀 시오랑, 《타락의 짧은 역사》

말도 안 되는 소리로 들리겠지만, 우리 뇌의 세포들을 연결해주는 회로는 우주에 있는 별들보다도 많다. 우리 눈에 보이는 우주만 따지면 그렇다는 얘기다. 하지만 우리가 측정할 수 있는 우주의 96퍼센트는 적어도 우리 눈에는 보이지 않는다. 이 우주를 한번 상상해보자. 무한한 공간. 칠흑처럼 어두운 밤하늘에 헤아릴 수 없이 많은 별들이 떠 있는 모습. 이제 현미경으로나 보일 만큼 미세한 움직임들이 분주히 벌어지고 있는 뇌의 모습을 상상해보자. 일반적으로 뇌에는 약 1,000억 개의 뉴런이 있으며, 뇌가 소비하는 산소량은 체내에 존재하는 산소량의 4분의 1이나 된다. 뇌는 무게가 약 1.4킬로그램 정도밖에 되지 않지만 체내의 칼로리 중 대부분을 소비한다. 뇌가 사용하는 에너지의 양은 10와트짜리 전구가 사용하는 전기에너지의 양과 같다. 모래 한 알 크기밖에 되지 않는 뇌의 작은 점 위에서는 10만 개의 뉴런들이 10억 개의 시냅스를 통해 각자 자신의 일을 하고 있다. 대뇌피질에서만도 300억 개의 뉴런들이 10억분의 1인치 크기인 60조 개의 시냅스를 만난다. 불가능과 가능을 결정하는 것은 작은 번개 같은 전기신호와 뉴런들 사이의 공간이다.

그 공간을 건널 것인가, 건너지 않을 것인가. 때로는 한가로이 빈둥거리는 정신을 깨우기 위해 신호를 한 번 이상 보내야 할 필요가 있다. 그래서 뇌는 같은 신호를 자꾸만 보내면서 자신에게 잔소리를 한다. 뉴런의 주의를 끄는 것은 쉬운 일이 아니다. 혹시 신호가 거짓이 아닐까 하는 의심 때문이다. 그러니 견딜 수 없을 만큼 잔소리가 심해질 때까지 그냥 꾸벅꾸벅 조는 편이 더 낫다. 그러다 마침내 뉴런이 '설득'을 당한다. 뉴런은 흥분해서 신호에 동참해 소식을 널리 퍼뜨린다. 일군의 신경전달물질들이 이때 중개인 역할을 한다. 나는 러시아워에 차들이 꽉 들어찬 맨해튼의 거리를 상상해본다. 승용차, 트럭, 리무진, 택시, 버스, 사람들이 잔뜩 모여서 그저 서로 충돌하지 않기를 바란다. 하지만 죽음도 두려워하지 않는 자전거 배달원들은 빠른 속도로 승용차와 트럭 사이를 요리조리 빠져나간다. 그들이 한쪽 팔 밑에 짐꾸러미를 끼고 한 손으로 핸들을 잡은 채 방향을 바꿀 때면 몸의 균형을 잡기 위해 엉덩이와 어깨가 실룩거린다. 때로 그들이 자동차를 긁고 지나갈 때도 있고, 정강이를 부딪칠 때도 있다. 그러면 다른 사람들은 혼란에 빠진다. 그래도 배달원들은 목적지를 향해 맹렬히 질주한다. 그들의 목적지는 높은 수상돌기 빌딩의 단 하나밖에 없는 출입문이다. 일단 수상돌기에 신호가 도착하면 무슨 일이 일어날 수도 있고, 아무 일도 일어나지 않을 수도 있다. 친구가 누드 캠프에 함께 가자고 아무리 열성적으로 권유해도 여러분은 기분이 들뜨지 않을 수도 있으니까. 성격상 누드 캠프 따위는 아예 생각조차 하지 않는 사람도 있는 법이다.

카리브해의 깊숙한 곳에 숨어 있는 휴양지처럼 시냅스들이 신나는 일을 좋아할 수도 있고, 남몰래 혼자 지내는 것을 좋아할 수도 있다. 프랜시스 크릭Francis Crick은 《놀라운 가설》에서 이것을 매우 매력적으로 표현했다. "한 뉴런이 다른 뉴런에게 전달하는 것은 자신이 얼마나 흥분했는지뿐이라는 것을 반드시 알아야 한다." 삶은 소란스럽다. 신피질에 있는 뉴런 중 5분의 4는 신나는 일을 좋아한다. 신경전달물질인 글루타민산염이 흥분을 부추긴다. 그리고 가바라는 자그마한 분자는 흥분을 억제한다. 글루타민산염과 가바는 괴물처럼 속도가 빠르다. 그들은 기가 질릴 만큼 엄청난 양의 정보에 재빨리 반응하기 위해 항상 대기상태를 유지하고 있다. 이들보다 속도가 느린 신경전달물질로는 세로토닌, 노르에피네프린, 도파민 등이 있다. 이들은 우울증 치료에서 별처럼 돋보이는 자리를 차지하고 있다. 아미노산, 펩티드, 호르몬, 심지어 (산화질소 같은) 기체까지 온갖 종류의 분자들이 특수한 전령 역할을 한다. 그 결과 벌어지는 일은 전령의 의욕보다는 수용체의 기분에 달려 있다. 똑같은 전령이 어떤 곳에서는 상대를 흥분시키고, 다른 곳에서는 흥분을 억제할 수 있다. 따라서 그 결과도 엄청나게 달라진다.

나는 겨우 벌새의 눈만 한 크기인 알약들이 대형 포유류의 몸속에서 그토록 극적인 결과를 초래하는 것에 자주 놀란다. 시냅스에서 일어나는 일은 전기적인 반응이 아니라 주로 화학적인 반응이기 때문에 항

우울제나 진정제 같은 작은 분자들이 살짝 그 안에 침투해서 상황을 바꿔놓을 수 있다. 예를 들어, 우리 어머니는 예전에 가끔 발륨을 진정제로 복용하셨다. 그런데 그 약을 먹으면 항상 졸음이 쏟아졌다. 발륨이 흥분을 억제하는 가바 수용체와 결합하는 약이기 때문이다. 뉴런이 너무나 억제된 나머지 졸음이 오는 것이다.

우리의 자아인식은 그토록 작은 공간에서 꽃을 피운다. 모든 것이 모여드는 이 공간에서는 수수께끼가 그림이 되고 개념이 된다. 우리는 시냅스 곁을 떠나지 않는다. 뇌 전체에 산재해 있는 자그마한 교차로 같은 시냅스에서 갖가지 메시지들이 발이 묶이거나, 서로 충돌하거나, 교차로를 가로지른다. 두 뉴런 사이의 공간, 시냅스 이음부synaptic junction라고 불리는 이 공간은 두 뉴런이 서로 만나 소식을 주고받는 좁은 골목이다. 이곳은 작고 유동적인 공간이다. 속삭이는 연인들 사이의 공기처럼. 그러나 이곳에서 인생의 수많은 일들이 벌어진다. 각각의 이음부는 상업활동, 음모, 가능성으로 가득 찬 시장이다. 뇌에서 일어나는 모든 일은 무無에 가까운 이 활기찬 공간, 뉴런들 사이에 반드시 있어야 하는 이 통로에 의해 좌우된다.

자연계에서 공간은 때로 강력한 필수요소다. 여름밤에 방랑하는 별처럼 반짝거리는 개똥벌레를 생각해보자. 개똥벌레는 그토록 많은 불빛들이 반짝이는 가운데 어떻게 자신의 짝을 알아보는 것일까? 개똥벌레들은 두 가지 화학물질을 결합해 만들어낸 차가운 초록색 빛을 이용해서 커플끼리 비밀스러운 암호를 주고받으며 구애를 한다. 수컷이 먼저 암컷을 부른 다음 상대의 응답을 기다린다. 암컷이 이리 와서 짝짓기를 하자고 유혹해주기를 기다리는 것이다. 그러나 그들이 주고받는 암호는 특정한 신호가 아니라 신호의 부재로 이루어져 있다. 암컷이 수컷의 부름에 대한 응답으로 빛을 반짝이기 전에 뜸을 들이는 시간이 수컷에게 뜻을 전달하는 암호인 것이다. 슬프게도 몸집이 큰 암컷들('치명적인 여자들'이라고 불린다)은 이웃 여자의 신호를 흉내 내서 그녀의 짝을 유혹한다. 그리고 굶주린 새와 거미를 물리쳐주는 묘약을 얻기 위해 그 수컷을 잡아먹는다. 암컷들은 빛이 한 번 반짝일 때의 시간이 긴 수컷을 좋아한다. 이런 사실들은 모두 지구의 생물 연대기, 즉 귀한 빈 공간들과 통로들이 엮어내는 연대기에서 한 장을 차지하고 있다.

나는 지금 분명히 존재하는 빈 공간의 힘을 생각하고 있다. 두 뉴런 사이에서 꽃을 피우는 자그마한 공간. 일부 항우울제는 신경전달물질인 세로토닌으로 이 공간을 채워 이 공간의 힘을 이용한다. 졸로프트, 프로작 등 SSRI(선택적인 세로토닌 재흡수 억제제)라고 불리는 약들은 '재흡수를 억제'하는 방식으로 효과를 발휘한다. 그런 일이 두 나라의 해안에서 일어난다고 상상해보자. 그 두 나라가 르네상스 시대에 북부 유럽에 존재하던 두 항구도시라면, 두 나라 사이에 강이 흐르고 화물이 그 강을 건너 운반될 것이다. 동쪽 해안의 창고에는 세로토닌 같은 신경전달물질이 있다. 신호가 도착하면 창고의 짐이 배에 실리고 배는 강을 건넌다. 반대편 해안의 주민들은 수많은 물건을 실은 배를 보고 기뻐한다. 세로토닌의 임무는 여기서 끝난다. 배들은 짐을 다시 출발지로 실어 나르고, 짐은 다시 창고에 저장된다. 강을 건너라는 신호가 다시 내려오기를 기다리면서.

수조 개나 되는 시냅스 이음부를 건너는 분자들은 새로운 소식을 품고 있다. 어쩌면 새로운 소식은 없다는 것이 새로운 소식일 수도 있다. 만날 듣는 횡설수설도 전달할 가치가 있다. 뭔가를 한다는 것은 곧 행동을 뜻하지만, 아무것도 하지 않는 것 역시 행동이다. 행동을 하지 않는 것은 아무것도 선택하지 않는 것이라고 생각하는 사람이라도 행동을 하는 것과 하지 않는 것 중 하나를 선택할 수 있다.

뇌에 관한 흔한 속설 중 하나는 뇌가 강철금고처럼 단단하다는 것이다. 그러나 우리가 뭔가를 새로 배울 때마다 뇌는 새로운 회로를 만들어내거나 기존의 회로를 친숙한 경로로 활성화한다. 유명한 예가 하나 있다. 뇌 촬영 사진을 보면, 전문적인 바이올린 연주자들의 경우 오른손보다 바삐 움직여야 하는 왼손 담당 운동피질이 더 발달해 있음을 알 수 있다. 신경과학자들은 뇌가 플라스틱처럼 유연하다는 말을 자주 한다. 플라스틱이라는 말은 유행하는 단어이기는 해도 플라스틱의 전성기였던 1950년대를 생각나게 하는 묘하게 무기질적인 단어다. 1950년대에 플라스틱이 마음대로 모양을 바꿀 수 있는 놀라운 물건으로서 일상생활의 일부가 되었다. 뇌도 플라스틱처럼 구부러지기도 하고, 새로운 것을 배우기도 하고, 꽃을 피우기도 하고, 주위 환경에 적응하기도 한다. 우리가 뭔가를 배우면 새로운 시냅스 연결회로가 생겨난다. 뉴런 나무의 가지에 작은 가지가 새로 돋아난다. 기존의 가지가 더 튼튼해지는 경우도 있다. 우리 뇌는 스스로 회로를 바꿀 수 있다. 스케이트 타는 법을 배우거나, 수술법을 익히거나, 뜨개질법을 배울 때마다 우리 뇌에서는 이런 일들이 일어난다. 그렇지 않았다면 우리가 어떻게 빙하시대를 이기고 살아남을 수 있었겠는가? 우리는 빙하기에 여러 유용한 물건들과 더불어 바늘을 발명했다. 뇌의 회로들은 대부분 출생 후에 생겨난다. 최후의 이주민인 뇌는 가벼운 짐만 들고 여행을 시작해서 목적지에 도착한 후 여러 가지 개념들을 수집한다. 여행의 목적지는 유년기다. 가족이 라는 울타리 안에서 시작되는 세계. 이곳에서 아이가 보고, 듣고, 느끼는 것들이 성장하는 뇌의 설계를 부분적으로 결정한다. "어린이는 어른의 아버지." 윌리엄 워즈워스는 〈무지개〉라는 시에서 이렇게 썼다. 이 말은 어느 정도 사실이다. 우리는 자아라는 느슨한 천으로 짠 옷을 입고 이 세계에 도착한다. 그리고 이 옷이 이 세계에 맞게 스스로를 재단한다.

성장하는 뇌는 회로의 꽃을 피우거나 가지를 치는 과정에서 어떤 회로를 영구적인 것으로 만들고 어떤 회로를 해체할지 결정해야 한다. 뇌는 유용한 것만 보존하고 나머지는 죽여버리기로 한다. 그런데 무엇이 유용한지 어떻게 아는 걸까? 무엇이든 우리가 가장 많이 사용하는 것이 유용하다. 그래서 나쁜 버릇이 잘 없어지지 않는 것이다. 나쁜 버릇을 없애려고 애쓰다 보면 마치 용접된 강철을 쪼개는 것 같다는 느낌이 드는데, 어떤 의미에서는 이 느낌이 옳다. '사용하지 않으면 사라진다'는 원칙에는 어두운 면이 있다. 특정한 행동을 자주 하면, 그것이 젓가락질이든 말다툼이든 고소공포증이든 친밀한 관계 회피든 상관없이 뇌가 그 행동을 아주 잘하게 된다. 이렇게 해서 잘못된 기술을 습득하면 잊어버리기가 어렵다. 자신을 방어하는 법, 자전거를 타면서 균형을 잡는 법, 자동차를 운전하는 법을 아는 것은 좋은 일이다. 그러나 방어기제를 만들어낸 위협이 사라진 지 한참 후에도 그 방어기제가 여전히 사용되고 있다면 별로 좋은 일이라고 할 수 없다. 심리치료에 시간이 걸리는 것은 시냅스 차원에서 뇌를 다시 훈련시켜야 하기 때문이다. 모든 생물의 중심을 차지하고 있는 역설 중 하나는 그들이 똑같은 모습을 유지하면서도 변화할 수 있다는 점이다. 우리의 정신은 매일 스트레스를 받으면서도 평생 동안 상당히 안정적이고 효율적인 상태를 유지한다. 그러면서도 필요한 경우에는 상황에 적응해서 자신을 바꿀 수 있다.

우주의 별들과 마찬가지로 뉴런 역시 뇌를 전부 차지하고 있지는 않다. 뇌의 대부분은 물이다. 또한 뉴런은 혼자서 행동하지 않는다. 정신이라는 드라마 속에서 뉴런은 무명배우지만, 뇌세포의 90퍼센트는 거미줄처럼 끈적끈적한 교세포glia(glia는 '아교, 풀'을 뜻하는 그리스어)다. 요리에서부터 경호에 이르기까지 다양한 임무를 수행하는 수많은 세포들이 모여 있는 뇌를 지배하는 것은 별 모양의 성상세포다. 이 세포는 긴 팔을 뻗어 시냅스 안으로 곧장 들어가서 상황을 바꿔놓는다. 교세포가 없으면 뉴런은 아무것도 아니다. 뉴런은 스스로 먹이를 조달할 수도 없고, 자신을 보호할 수도 없고, 파괴자를 피할 수도 없고, 자신의 뜻을 전달할 수도 없다.

이 교세포들은 한동안 단순한 충전재, 즉 뉴런을 제자리에 붙들어 두는 끈적끈적한 물질로 간주되었다. 그러나 지금은 더 진지한 관심의 대상이다. 이들은 뉴런의 하인일 뿐만 아니라 조련사이기도 한 것 같다. 단단하게 뭉쳐 있는 이 세포들은 (핏속의 포도당으로 만든) 젖산염으로 뉴런에 영양을 공급한다. 뉴런을 보호하기 위해 덩굴손 모양의 팔 끝에 달린 손바닥으로 모세관을 납작하게 눌러 유독물질이 뇌 안으로 들어오는 것을 막을 때도 있다. 또한 새어나온 글루타민산염을 청소할 수도 있다. 글루타민산염은 필수적인 신경전달물질이지만 지나치게 많으면 유독성을 띤다(글루타민산염은 예를 들어 뇌졸중 및 알츠하이머병과 관련되어 있으며, 중국 음식에 들어 있는 MSG로 인한 두통에도 영향을 미친다).

그러나 교세포는 자기들끼리 대화를 나누고, 뉴런의 이야기에 귀를 기울이고, 자신들의 걱정을 전달하고, 궁극적으로 뉴런의 이야기에 영향을 미쳐 상황을 조종할 수 있는 세포이기도 하다. 그들은 뉴런을 자극해 더 많은 시냅스를 만들게 하고, 졸고 있는 뉴런을 깨워 일을 시키고, 뉴런에게 다른 뉴런과 가장 잘 연결되어 있는 부위를 강화하거나 약화시키라고 명령을 내릴 수도 있다. 기억과 학습에도 필수적인 듯하다. 여러 개의 얼굴과 임무를 지닌 교세포는 뉴런을 건드려 운명을 크게 바꿔놓는다. 뉴런과 교세포는 반드시 공존할 수밖에 없는 운명이기 때문에 서로에게 의존하며 끊임없이 이야기를 주고받는다. 뇌의 관계망과 끊이지 않는 대화의 핵심에 그들이 있다.

8 기억을 저장하는 최선의 방법

여름의 그릇에 그대의 몸을 담그라.

- 베르길리우스, 《마이너 시집》

자그마한 제트기가 공항에서 이륙하자, 제트기의 바퀴가 마치 장애물을 뛰어넘는 말의 다리처럼 구부러지며 안으로 들어가고 비행기는 반짝반짝 빛이 나는 공기 속으로 더욱 빠르게 올라간다. 이 극적인 장면이 내 시선을 끄는 동안 공항, 내 엉덩이가 닿아 있는 나무 벤치, 내 배 속에서 무전기처럼 지직거리고 있는 시장기, 혼자 앉아 짹짹거리는 검은방울새, 그리고 그 밖의 모든 것이 뒤로 물러나버린다. 생각은 흔적도 없이 사라진다. 나는 눈이 되고, 정신적인 메모지가 된다. 내가 허공으로 올라가는 제트기에 마음을 빼앗긴 것은 생존을 위해 그 기억이 필요하기 때문이 아니라 새로운 것이 항상 매혹적이기 때문이다. 무엇이 중요한지 판단을 내리기 전에 뇌는 반드시 새로운 것, 이상한 것, 다른 것을 파악해야 한다. 나는 비행기에 대해 알고 있지만 이렇게 작은 제트기는 본 적이 없다.

그 비행기가 이륙하는 장면은 나른한 오전에 잠시 시선을 빼앗은 일, 잊어버려도 되는 작은 파란에 불과한 것인지도 모른다. 아니면 제트기의 이륙을 지켜봄으로써 살며시 기억 속으로 기어들어올 사실 하나를 알게 될지도 모른다. 이를테면, 비행기의 바퀴가 안으로 들어가면 비행기의 속도가 빨라지면서 조종하기가 쉬워진다는 사실 같은 것. 바퀴는 공기의 부드러운 흐름을 휘저어놓는다. 새들의 다리도 마찬가지다. 그렇게 소란을 일으키는 물건들이 없어지면 바람은 날개의 위아래에서 마치 비단처럼 흐른다. 위쪽으로 볼록한 곡선을 그리고 있는 날개는 공기를 빨리 흐르게 해서 위쪽에 진공을 만들게 설계되어 있다. 그 진공이 비행기를 끌어올리는 역할을 한다. 제트기의 모양이 매끈할수록 제트기는 더 빠르게, 더 꾸준히, 더 높이 날 수 있다.*

헨리 제임스(미국의 소설가이자 비평가-옮긴이)는 《로더릭 허드슨》에서 이렇게 썼다. "진정한 행복은 자아를 벗어나는 데 있다고들 한다. 그러나 중요한 것은 자아에서 벗어나 계속 자아 밖에 머무르는 것이다. 계속 자아 밖에 머무르려면 뭔가 완전히 몰두할 수 있는 일이 있어야 한다." 매번 들숨과 날숨을 의식하는 것처럼 간단한 일도 '뭔가 완전히 몰두할 수 있는 일'이 될 수 있다. 모든 형태의 명상은 단순히 면밀하게 주의를 기울이는 것에 불과하다. 뭔가에 주의를 기울이라고 뇌를 유혹

——— 새의 날개는 다르게 작용한다. 새들이 날개를 펄럭일 때마다 날개 안의 작은 창문들이 열렸다 닫히기 때문에 날개가 위로 올라갈 때만 공기가 날개를 통과해 흐른다.

하면, 수다스럽고 소란스러운 자아가 지평선 아래로 사라지는 석양처럼 생각의 지평선 아래로 빠져나간다. 흉내지빠귀가 남에게서 훔쳐온 노래를 계속 불러대는 소리에 귀를 기울이거나 스테이플러의 작은 이빨을 뚫어지게 바라보는 것으로도 무아지경에 빠질 수 있다. 그러나 자아가 모두 사라지는 것은 아니다. 무의식은 계속 자기 일을 하면서 혈액 공장을 돌리고, 정신의 비밀스러운 회의를 주재하고, 갖가지 감정, 생각, 행동, 신념이 모두 자리 잡고 있는 연약한 습지인 뇌를 보호한다.

변화에 주목하라. 삶은 이렇게 명령한다. 그것이 생존에 지극히 중요하니까. 특히 변칙적인 변화나 특이한 변화가 그렇다. 주의를 기울여라. 뇌는 이렇게 말한다. 무엇이든 새로운 것이 있는지 살펴보아라. 뭔가 중요한 것이 있을 것이다.

구석기시대의 삶을 살아가고 있는 파푸아뉴기니의 한 부족이 어느 날 전세기 조종사를 맞이하며 비행기 먹이로 바나나를 주었다. 그들은 비행기가 남자인지 여자인지 물어보았다. 그 비행기의 바퀴를 볼 때까지 그들은 바퀴를 본 적이 없었다. 세차게 숨을 내쉬면서 하늘을 선회하는 그 짐승에게 그들은 반드시 주의를 기울여야 했다. 새로운 것은 감각에 불을 붙인다. 뭔가 새로운 것(또는 새로운 사람)을 알게 되면 그것과 관련된 세세한 점들이 갑자기 눈사태처럼 쏟아져 들어온다. 그러나 오래지 않아 뇌는 일종의 속기 모드로 들어간다. 뇌가 일단 뭔가를 지각하고 나면 다음번에는 그것을 더 빨리 알아볼 수 있기 때문이다. 자꾸 볼수록 알아보는 속도가 빨라져서 나중에는 그것을 다시 주의 깊게 살펴볼 필요가 없어진다. 헤겔이 말했듯이, "이미 알려진 것은 이미 알려져 있다는 바로 그 이유 때문에 미지의 것이다." 어떤 사람을 잘 알게 될

수록 우리는 그 사람에게 주의를 기울이지 않게 된다. 이른바 권태라는 것은 일종의 정신적 생략법이다. 권태는 깨어 있되 잠을 자는 것과 같은 상태다. 상황이 바뀌지 않는 한 또는 우리가 처음에 느꼈던 반짝거림이 무뎌지면서 잃어버린 날카로운 첫 느낌을 되살리려고 하지 않는 한 이런 상태가 계속된다. 어린아이의 새로운 시선 덕분에 또는 모든 것을 알면서도 순수를 간직한 예술가에 대한 감탄 덕분에 우리는 이미 케케묵은 것이 되어버린 대상에게 새로이 주의를 기울이며 뇌에서 녹과 이끼를 조금 긁어내고 세상을 새로이 바라보게 된다.

몇 년 전 나는 문예창작을 공부하는 학생들을 가르친 적이 있다. 그들의 글은 놀라울 정도로 지루하고 평범했다. 삶의 질감은 어디 있는 거지? 지구라는 행성에서 살아가는 것에 대한 느낌은 어디 있는 거야? 검은방울새, 용접공, 말똥풍뎅이, 형제, 표고버섯과 함께 이 지구에서 살고 있는 것이 참으로 놀라운 일이라는 생각이 안 드나? 그들의 글에 지울 수 없는 흔적을 남긴 이 세상에 매혹을 느끼지 못하는 건가? 대부분의 학생들은 아직 스물다섯 살도 안 된 젊은이들이었다. 그런 그들이 어떻게 벌써 삶에 권태를 느끼게 되었을까?

어느 날 오후에 나는 커다란 창문을 열어놓고 그 옆에서 수업을 시작하자고 제안했다. 그 순간 창밖에 보이는 모습들을 즐겨보자는 뜻이었다. 하늘에 떠 있는 렌즈 모양의 구름은 높은 곳에서 세찬 바람이 불고 있음을 의미했다. 탑처럼 우뚝 솟은 도서관 지붕의 슬레이트 판들은 비둘기의 깃털처럼 서로 겹쳐져 있었다. 목련의 꽃봉오리는 거의 날아오를 준비가 된 새끼 새처럼 솜털로 뒤덮인 외피 속에서 조금씩 벌어지고 있었다. 개, 다람쥐, 새 등 여섯 마리쯤 되는 동물들의 드라마가 펼쳐졌고, 삼삼오오 뭉쳤다가 다시 뿔뿔이 흩어져가는 학생들 덕분에 수많은 무언극이 펼쳐지고 있었다. 나는 학생들에게 특별히 와 닿는 감각적 현상을 하나 선택하라고 했다. 우리는 몇 분 동안 조용히 서서 창밖 풍경에 주의를 기울였다.

우리가 조상들에게서 물려받은 능력을 내가 그들에게 다시 알려줄 수 있을지 궁금했다. 우리는 정신적인 집게로 어떤 현상을 하나 잡아서 잠시나마 세상의 움직임을 정지시킬 수 있는 능력을 갖고 있다. 무엇이든 애정을 갖고 참을성 있게 들여다보며 자신이 지각하는 것을 여섯 개나 여덟 개쯤 모은다면, 그것이 다시는 예전과 똑같이 보이지 않을 것이다. 페데리코 가르시아 로르카(에스파냐의 극작가이자 시인-옮긴이)가 "유리 탬버린 천 개가 / 여명에 상처를 입히고 있었다"는 구절을 썼기 때문에 우리는 그가 언젠가 빛의 조각들이 지평선을 붉게 물들일 때 수정 같은 태양이 짤랑거리는 모습을 지켜보았음을 알 수 있다.

우리는 세상에 마법을 걸 수 없다. 세상이 스스로 마법을 만들어내기 때문이다. 그러나 자세히 주의를 기울이면 우리 자신에게는 마법을 걸 수 있다. 내 삶은 계속 변화를 겪었으며, 내가 죽을 뻔한 적도 여러 번 있었다. 그래서 살아가면서 만나는 단순하고 작은 것들이 아주 소중해졌다. 하지만 나는 살아가면서 느끼는 감각의 축제를 즐기기도 했다. 자연과 인간의 본성이 만나는 지점도. 그날 입을 신발을 고르는 것에서부터 전쟁에 이르기까지 우리에게 일어나는 모든 일은 교차로에서 반짝거린다.

물론 우리가 단순히 호흡과 사물과 자연을 바라보기만 하는 것은 아니다. 우리는 생각을 하게 되기 훨씬 전부터 감정적인 동물이었다. 우리의 먼 조상들은 대부분의 상황에서 갖가지 원색적인 감정들의 인도를 받았다. 우리도 마찬가지다. 감정의 인도는 깔끔하지는 않지만 생산적인 과정이다. 뇌는 감정에 주의를 기울이고, 사건들 때문에 주의가 흐트러지고, 또 다른 일들을 곰곰이 생각하고, 연상하고, 접점을 따라가고, 이런 여행에서 얻은 또 다른 통찰력을 지닌 채 다시 출발점으로 돌아온다. 그래서 어쩌면 처음의 느낌을 더 넓은 시각에서 바라보게 될 수도 있고, 재평가하게 될 수도 있다. 이런 작업이 끝난 후 뇌는 다시 앞으로 나아가 이 과정을 반복하며 생각의 지평을 서서히 넓혀간다. 뇌는 뭔가에 대해 떠오르는 생각들을 모두 울타리 안에 담아둘 수 있을 만큼 깔끔하지도 않고, 단선적이지도 않다. 만약 뇌가 그렇게 깔끔하고 단선적이라면 나는 기억과 조금이라도 관련된 모든 이야기를 이 책의 '기억' 부분에 몰아넣었을 것이다. 뇌는 뭔가를 발견하고, 느끼고, 배운 다음 다시 앞으로 나아가서 더 많은 것을 발견하고, 더 많은 것을 배우고, 더 많은 것을 느낀다. 그리고 이렇게 배운 것을 바탕으로 생각을 조금 다듬은 다음 다시 앞으로 나아간다. 이렇게 영원히 이 과정을 반복한다.

중요한 것은 변화다. 구름의 변화든 사회의 변화든 마찬가지다. 에머슨이 가장 사랑스러운 에세이 중 하나인 〈자립〉에서 말했듯이, 힘은 조용한 순간에 멈춘다. 힘은 "과거에서 새로운 상태로 가는" 변화에서, "심연의 아픔에서, 목표를 향한 질주에서" 번창한다. 우리는 많은 것을 희생하며 주의를 기울여 변화를 정찰한다. 변화는 불타는 헛간에서 뛰어나오는 것처럼 대담하고, 상황을 재검토할 때처럼 계산적인 행동을 이끌어낸다. 변화는 항상 쉬고 있는 뇌를 깨우거나, 다른 일을 하고 있던 뇌의 주의를 끈다. 조금 전만 해도 나쁜 일이 전혀 일어나지 않았기 때문에 모든 것이 안전했지만, 조금이라도 변화가 일어난다면 내가 안전한지 다시 검토해보아야 한다. 삶은 잃어버린 군도가 된다. 우리가 손이 닿는 곳에서 새로 발견한 은색 산호에 주의를 집중하면, 간신히 의식의 경계 안에 들어와 있던 그 안전한 섬들이 모두 우리 뒤로 사라져 버린다.

다른 동물들도 우리처럼 이런 본능을 갖고 있다. 그래서 자전거를 타고 지나갈 때 난폭한 개와 눈을 마주치는 것은 현명한 일이 아니다. 녀석은 내가 녀석의 존재를 발견했다는 것, 녀석에게 주의를 기울이고 있다는 것을 알아차리면, 나를 커다란 위협으로 인식한다. 녀석이 나를 발견하고 짖기 시작했을 때 내가 녀석을 더 커다란 위협으로 느끼는 것처럼. 이럴 때 내가 자전거를 멈추고 뛰어내려 바리케이드처럼 앞에 세운 다음 대장 개처럼 무서운 표정으로 녀석에게 독설을 퍼부을 수도 있다. "안 돼! 가! 못된 개새끼 같으니!" 물론 개는 이 말이 비난이라는 것을 알아차리지도 못할 것이고 부끄러움을 느끼지도 않을 것이다. 하지만 내 목소리가 더 크다면 그 위협 때문에 뒤로 물러날지도 모른다.

바로 지금만큼 생생한 시간은 없다. 지금 이 순간에는 진실이 영원한 것이 된다. 그렇다면 '지금'은 얼마나 긴 시간을 뜻하는 것일까? 지금은 정신과 감각이 약 10분의 1초라는 시간 안에 쑤셔넣을 수 있는 모든 것을 뜻한다. 이 작은 호수에서는 몸의 외부와 내부에서 들어오는 모든 새로운 소식이 한순간, 바로 지금처럼 느껴진다. 무엇이든 새로운 것이라면 동물이 무엇을 하고 있든 그 동물의 주의를 끌 수 있다. 먹이를 씹어 소화시키는 활동이 중단된다. 동물은 본능적으로 그 새로운 것에 주의를 돌리고 잔뜩 긴장한다. 약 0.5초 동안 다른 것은 전혀 눈에 들어오지 않는다. 이 현상은 주의력 깜박임attention blink이라고 불린다. 민달팽이조차 이런 반응을 보인다. 며칠 전 저녁에 공원에서 다른 사람들과 이야기를 나누다가 나는 민달팽이의 여러 가지 특징들(예를 들어, 교수대처럼 생긴 끈적끈적한 몸 끝부분을 맞대어 짝짓기를 하는 것)을 좋아한다고 고백했다. 그랬더니 어떤 남자가 민달팽이와 관련된 신기한 경험을 내게 이야기해주었다. 건축 공사장에서 일을 하고 있을 때 트랙터가 뒤집히면서 그가 그 밑에 깔렸다고 했다. 구조를 기다리는 동안 그는 근처에서 뭔가 작은 것이 움직이고 있음을 깨닫고 그쪽으로 고개를 돌렸다. 민달팽이 한 마리가 자그마한 기린처럼 똑바로 서서 홀린 듯이 그를 바라보고 있었다.

이러한 반사작용은 동물들을 긴장시키고, 감각기관들은 새로운 정보를 잔뜩 받아들인다. 전에 계획했던 일이나 하고 있던 일들은 중단된다. 이런 반사작용을 일으킬 수 있는 요인은 많다. 놀라움, 새로운 것, 갑작스러운 변화, 갈등, 불확실성, 복잡성이나 단순성의 증가 등. '유비무환'이야말로 동물들의 좌우명이다. 뭔가 긴급상황이 생길 수도 있으니까. 펭귄들의 고향이자 영국 공군의 마운트 플레전트 기지가 있던 포클랜드섬에서는 예전에 이런 일이 일상적으로 발생하곤 했다. 공군 조종사들은 펭귄의 서식지 위를 비행할 때마다 펭귄들이 모두 고개를 들어 하늘을 보며 비행기의 움직임에 따라 고개를 돌리는 것을 보았다. 그것은 너무나 매력적인 광경이었다. 조종사들은 곧 바다로 비행기를 몰았다가 가파른 각도로 회전하면서 다시 펭귄들 위를 지나갔다. 펭귄들은 비행기의 움직임을 따라가느라 주둥이를 더욱더 높이 치켜올리다가 갑자기 한꺼번에 균형을 잃고 넘어지곤 했다.

새로운 것은 우리의 옆구리를 쿡쿡 찔러 균형을 잃게 만들고, 습관을 붙들고 있던 손아귀의 힘을 약화시켜 우리를 흥분시킨다. 새로운 기술을 임기응변으로 만들어내고, 새로운 규칙과 관습을 배워야겠다는 다급한 마음이 생긴다. 특히 적당히 새로운 것이 나타났을 때, 즉 우리가 알아차리기에 딱 알맞은 정도로만 변화가 일어났을 때 이런 현상이 두드러진다. 완전히 새로운 것은 너무 터무니없어서 무시해도 될 것처럼 보인다. 그러나 일부만 새롭게 변한 것을 보면 어느 정도 이해가 되면서도 민첩한 반응을 보여야 할 것 같은 느낌이 들기 때문에 반드시 진지해져야 할 것 같다는 생각이 든다. 수수께끼, 탐험, 모험을 향한 열정은 물론 한없는 호기심도 이 기본적인 반사작용에서 생겨난다. 일단 뭔가에 호기심을 느낀 동물은 점점 긴장하게 되고, 이 흥분은 녀석이 수수께끼처럼 이해할 수 없는 그 감각적 자극을 탐구해서 아무 문제도 없으며 크게 변한 것도 없으므로 새로이 뭔가 행동에 나설 필요가 없다는 결론을 내릴 때까지 사라지지 않는다. 이처럼 흥분, 긴장, 두려움, 서스펜스가 이어지다가 안정감을 느끼는 과정이 되풀이될 때마다 이 세상의 모든 동물들은 특별한 쾌락을 느낀다. 우리가 흥분이나 두려움을 불러일으키는 엉뚱한 짓들을 일부러 즐긴다는 사실은 우리가 쾌락과 고통의 전문가가 되었음을 암시한다. 황홀감은 항상 뭔가에 홀린 듯 넋을 빼앗기는 것에서부터 시작된다.

영장류 무리가 물을 마시며 서로 교류하기 위해 물웅덩이에 모인다. 다른 녀석들과 함께 앉아 있던 암컷 한 마리가 몇 미터 떨어진 곳에서 다른 암컷에게 치근거리고 있는 자신의 짝을 발견한다. 그 암컷도 싫지는 않은 눈치다. 처음의 암컷은 자신과 함께 앉아 있는 무리와 자신의 짝에게 번갈아 주의를 기울인다. 두 곳의 대화에 모두 동시에 주의를 기울일 수는 없기 때문이다. 수컷의 얼굴을 보니 암컷이 그를 끌어안으며 유혹하는 것에 완전히 주의를 빼앗기고 있다. 그의 짝인 암컷은 질투 때문에 몸을 움찔거리며 둘의 대화에 열심히 귀를 기울인다. 그 둘을 무섭게 노려보는 꼴을 보니 금방이라도 둘에게 달려들어 그 수컷이 자기 짝임을 주장할 듯하다. 하지만 녀석은 한동안 그 둘을 시선으로만 주시하면서 자기 옆에 앉아 있는 동료의 털을 건성으로 골라준다.

칵테일 파티에 가면 이런 광경을 자주 볼 수 있다. 특히 커플들은 거의 언제나 사교적인 대화와 자기 짝의 움직임에 주의를 양분한다.

주의력이 따라가는 길은 여러 가지가 있다. 그 길을 따라 근심이라는 노새가 터벅터벅 걸음을 옮긴다. 그러나 세월이 흐르면 이 길이 변하기도 한다. 아이들은 대단히 주의가 산만한 것처럼 보인다. 아이들이 어느 것 한 가지에 주의를 기울일 수 있는 시간은 도개교만큼이나 짧다. 주의를 기울이는 데 (그리고 불필요한 자료를 걸러내는 데에도) 필요한 부분인 망상체reticular formation(뇌간에 있는 신경세포 조직-옮긴이)의 성장이 사춘기 때에야 비로소 끝나기 때문이다. 연인들은 서로 삶을 공유하고 육체를 공유하며 영혼을 가득 채운 열정과 열정으로 가득 찬 영혼으로 서로에게 주의를 기울인다. 따라서 그들은 대개 정확하지는 않을망정 사랑으로 가득 찬 시선으로 서로를 바라본다. 연인들 사이에서는 시선이 정확하지 않더라도 상관없다. 때로는 상대를 조금 흐릿한 시선으로 바라보는 편이 가장 좋기도 하니까. 위스턴 휴 오든(영국의 시인-옮긴이)은 〈나는 카메라가 아니다〉에서 다음과 같이 썼다.

키스를 하려고 서로에게 다가가는 연인들은
본능적으로 눈을 감는다
서로의 얼굴이 해부학적인 데이터로
전락하기 전에

나이를 먹을수록 주의력를 나누기가 더 어려워진다. 주의를 끌어당기려고 경쟁을 벌이는 여러 가지 자극들을 골라내기도 어려워진다. 자극들을 걸러내는 필터가 힘을 잃기 시작하면서 더 많은 감각의 잡음들이 안으로 스며들어오는 바람에 정신이 흐트러지고 혼란스러워진다. 이런 현상을 가장 잘 보여주는 예가 소란스러운 식당 증후군, 즉 주변의 대화 때문에 정작 자신과 같은 자리에 앉아 있는 사람들의 이야기가 잘 들리지 않는 현상이다. 그러나 이런 상황에서도 주의력은 힘을 발휘할 수 있다. 곤충학자인 에드워드 윌슨Edward O. Wilson이 낚시 중에 사고를 당해 한쪽 눈의 시력을 잃는 바람에 애석하게도 대형 동물을 연구하겠다는 계획을 포기했다고 말한 것이 기억난다. 그러나 그가 초점을 바꿔서 사랑스러운 시선으로 작고 가까운 것들을 바라보기 시작하면서 저 유명한 개미에 대한 열정이 생겨났다. 우리가 무엇에 주의를 기울이는지 알면 우리가 어떤 존재인지 정의하는 데 도움이 된다. 한번 지나가면 돌이킬 수 없는 삶 속에서 우리 각자는 어떤 일에 시간을 쏟기로 결정하는가? 윌슨은 개미와 함께 시간을 보내기로 결정했다. 세상에는 주머니 시계의 내부를 들여다보는 데 시간을 바치는 사람도 있을 것이다.

차들이 빽빽하게 들어찬 도로에서 휴대전화로 이야기를 나누는 사람들이 걱정해야 할 일이 하나 있다. MRI를 이용한 다중작업(주의력이 혼란스럽게 흐트러지는 현상을 정중하게 일컫는 말) 연구에 따르면, 한꺼번에 두 가지 일에 주의를 기울인다고 해서 뇌의 작업 산출량이 두 배로 증가하지는 않는다. 오히려 산출량이 줄어들기 때문에 두 가지 일에서 모두 성과가 떨어진다. 수레를 추가로 하나 더 끌면서 산길을 올라가려고 해보라. 중요한 일들이 관심을 요구하며 아우성을 칠 때면 뇌는 '한 번에 하나씩'과 '각개격파'라는 격언을 음미한다. 애당초 뇌가 이런 격언을 만들어낸 이유가 바로 이것인지도 모른다. 커피 원두 한 알처럼 좁은 지점에 정확하게 주의를 기울이는 것은 기억을 저장하는 최선의 방법이다. 커피 원두가 여성 성기의 축소판처럼 생겼다는 사실을 깨닫는데도. 이런, 이야기가 엉뚱한 방향으로 새버렸다. 방금 한 말은 무시해버리기 바란다. 그러나 뭔가를 무시한다고 해서 그것이 기억 속에 등록되지 않는 것은 아니다. 잠재의식적인 이미지들이 소리 없이 날갯짓을 하며 들어와서 그림자 속에 자리를 잡기 때문이다.

내가 어딘가에 씨 없는 포도를 담은 그릇을 놓아두었다. 이 포도의 팽팽한 붉은색 껍질을 터뜨리면 멜런과 비슷한 냄새가 쏟아져 나온다. 포도를 먹고 싶은 생각이 간절하다. 하지만 나는 포도를 냉장고에서 꺼내 그릇에 넣고 수돗물로 씻어 가져올 때 머릿속으로 이 글을 어떻게 구성할 것인지 생각하고 있었다. 포도에 관한 내 기억은 여기서 끝난다. 내가 무심코 포도 그릇을 놓은 곳이 어디인지 모르겠다. 아직 부엌에 있을까? 아니면 내가 기억에 관한 책을 발견하고 멍한 상태를 설명한 부분을 읽으려고 걸음을 멈췄을 때 그릇을 책꽂이에 놓아두었을까?

9 패턴을 향한 열정

정말이지 인간은 순식간에 사라지는 불꽃에 불과하다. 주위를 감싼 밤의 공기 속에서 조용하지 않게 움직이는 불꽃. 이 불꽃이 없다면 인간은 아직 존재할 수 없었을 것이다. 그 불꽃은 인간을 구성하는 일부다.

- 조지 맥도널드, 《판타스테스》

뇌의 일반화 능력은 타의 추종을 불허한다. 뇌는 감각기관을 통해 홍수처럼 쏟아져 들어오는 정보를 단순화하고 조직화해서 관리하기 쉽게 정리한다. 뇌는 이 작은 표본으로부터 세상의 상像을 만들어내고, 그 특징들을 면밀히 살핀다. 무엇이든 이 상에 맞지 않는 것이나 문제를 예고하는 것이 나타나면 뇌는 반응을 보인다. 뇌는 많은 것들을 배워나가면서 새로운 현상과 경험을 과거의 것과 비교한다. 그러나 똑같은 사람이나 똑같은 사건은 없다. 그저 중요한 측면들이 비슷할 뿐이다. 뇌에는 모든 것의 모든 측면을 기록할 수 있는 공간이 없다. 그것이 훌륭한 전략이라고 할 수도 없다. 사자의 모습을 정확히 기억해두면 다음에 사자를 만났을 때에만 도움이 될 뿐이다. 따라서 뇌는 바다처럼 많은 단서들을 정리하면서 패턴의 작은 암시에 주의를 기울인다. 일반화에 열중하는 뇌는 넓은 그물을 던진다. 그러면 굴뚝새의 핵심적인 특징들을 통해 일반적인 새의 모습을 예측할 수 있다. 절벽에서 아슬아슬한 경험을 한 번만 해도 다른 형태의 바위들 역시 위험하다는 사실을 예측할 수 있다.

뇌는 패턴에 열중해서 가정을 세우는 기계다. 뇌는 이미 우리가 알고 있는 세상의 지도를 그린다. 자극이 조금만 주어져도 뇌는 일어날 가능성이 높은 일을 예측한다. 정보가 많을 때는 익숙한 패턴을 발견한 뒤 확신을 갖고 행동에 나선다. 감각기관이 보고할 내용이 많지 않을 때는 뇌가 상상력으로 빈틈을 메운다. 이것은 확실히 도박이다. 때로는 파괴적인 결과가 생기기도 한다. 그러나 상상력으로 빈틈을 메우지 않는다면, 우리가 살아가면서 만나게 되는 온갖 새로운 곤경과 상황을 이기고 살아남을 수 없을 것이다. 상상력은 우리가 여러 가지 방식으로 사용하는 와일드카드다. 때로는 단순히 재미를 위해 이 카드를 사용하기도 한다. 하지만 이 카드가 진화한 것은 십중팔구 문제를 예측하는 데 도움이 되기 위해서였을 것이다. 감각기관을 통해 들어오는 정보에 의존할 수밖에 없는 우리는 낮에 익숙한 환경에서만 제대로 활동할 수 있다. 우리의 머릿속에 들어 있는 세상 지도는 이것저것을 혼합해서 만든 것이지만, 우리는 이 지도 덕분에 앞으로 일어날 일을 예측하고, 미리 연습하고, 계획을 짤 수 있다.

많은 동물들이 주위를 정찰하며 어떤 일이 일어날지 예측하고, 미래를 위해 기억을 저장해놓는다. 하지만 모두 그러는 것은 아니다. 청록색 조류藻類에게는 신경이나 뇌가 필요 없다. 곰팡이, 이끼, 나무, 꽃 같은 식물들도 마찬가지다. 지구상에 살고 있는 대부분의 생명체는 뇌가 없어도 아무 문제가 없다. 식물들은 매우 영리한데다가 심리 조작, 공격, 유혹, 속임수, 의사소통, 방어, 탐험, 물물교환에도 지독하게 유능하지만 많이 움직이지는 않는다.《오즈의 마법사》에서 허수아비는 환상적인 발놀림을 보여주지만, 조금이라도 움직이려면 미리 계획을 세우고 앞일을 예측할 수 있어야 한다. 여기에는 뇌가 필요하다. 멀리까지 이동하지 않는 동물들(예를 들어 거미) 중에는 뇌가 아주 작은 녀석들이 있다. 먼 거리를 이동하는 새들의 작은 뇌 속에는 지구 자기장에 민감하게 반응하는 부분이 있다. 물리적으로나 사회적으로나 상징적으로나 엄청나게 먼 곳까지 돌아다니는 우리 같은 동물들의 경우에는 항상 변화하는 세상의 지도를 작성하고, 주위를 통제하고 있다는 느낌을 제공해주고, 변화에 적응할 수 있을 만큼 뇌가 커야 한다. 그렇지 않다면 우리가 지나간 길 위에는 먼지 속에서 횡설수설하는 우리 자아의 조각들이 여기저기 널려 있게 될 것이다.

패턴은 우리를 기쁘게 하고, 복잡성에 유혹당해 지쳐버린 정신에게 보상을 준다. 우리는 패턴을 갈망한다. 그러니 우리가 꽃잎, 모래언덕, 솔방울, 비행운 등 주위의 모든 것에서 패턴을 찾아내는 것도 무리가 아니다. 우리는 구름이나 부목浮木을 보면서 패턴을 상상한다. 우리는 패턴을 만들어내서 사방에 흔적처럼 남겨놓는다. 우리가 짓는 건물, 우리가 만들어낸 교향곡, 옷가지, 사회, 이 모든 것들이 패턴을 분명히 드러낸다. 심지어 우리의 행동조차도. 습관, 규칙, 반복되는 일과, 금기, 예법, 스포츠, 전통. 행동의 패턴을 부르는 이름이 이렇게 많다. 우리는 패턴을 통해 삶이 안정적이고, 질서 있고, 예측 가능한 것이라는 확신을 얻는다. 어쩌면 우리가 비슷한 생명체들로 가득 찬 행성에서 살아가는 좌우균형체이기 때문인지도 모른다. 좌우대칭의 모습을 한 존재는 대개 살아 있는 것인 경우가 많다. 예를 들어, 뜰아래에 서 있는 암사슴은 겨울 숲의 풍경 속으로 완벽하게 섞여 들어간다. 녀석의 몸에 새겨진 하얀색, 갈색, 검은색 반점들은 주위 풍경 속의 미묘한 색깔들을 그대로 흉내 낸 것이다. 내가 알아차리기 전에 녀석은 틀림없이 그곳에서 한동안 풀을 뜯어먹었을 것이다. 녀석의 모습이 드러난 것은 다리, 귀, 눈의 모양 때문이었다. 녀석의 존재를 알아차린 순간 내 머릿속에 '사슴'이라는 단어가 불쑥 떠올랐고, 나는 눈으로 녀석의 몸을 더듬으며 옆구리와 코를 발견했다. 사슴이다! 내 머리는 녀석의 몸에 나타난 좌우대칭의 패턴을 보고 처음 내 생각이 맞았음을 확인했다. 패턴은 우리의 마음을 끌어당기지만, 우리를 얼러대며 유혹하기도 한다. 우리는 수수께끼를 푸는 데 집착한다. 추상적인 예술작품 앞에 몇 시간 동안이나 서서 작품 속의 패턴이 스스로 모습을 드러내기를 헛되이 기다리기도 한다.

로댕의 예술에 대한 논평을 녹화하려고 파리 로댕미술관에 갔을 때, 나는 음향 담당자가 장대를 기어 올라가는 흰족제비처럼 생긴 도구를 조정하는 동안 그곳의 아름다운 장미 정원에서 로댕의 작품인 〈생각하는 사람〉 앞에 가까이 서 있었다. 음향 담당자가 '조용'하게 느껴지는 그곳에서 거의 귀에 들리지 않는 배경 잡음을 잡아낼 수 있게 우리는 1분 동안 꼼짝도 하지 않았다.

뇌에도 배경 잡음이 있다. 프랜시스 크릭에 따르면, "별다른 일이 일어나지 않을 때"에도 뉴런이 "대개 1헤르츠에서 5헤르츠 사이의 '배경' 속도"로 서서히 불규칙적인 신호를 축삭돌기로 내려보낸다. "이렇게 끊임없이 계속되는 '신경'활동 덕분에 뉴런은 계속 긴장상태를 유지하며 필요한 경우 순식간에 더 강한 신호를 보낼 수 있게 된다." 밖에서 들어오는 신호 때문에 뉴런이 흥분하면 50~100헤르츠쯤 되는 빠른 속도로 신호가 발사된다. 뉴런이 순간적으로 그보다 100배나 빠른 속도로 신호를 발사하는 것도 가능하다.

마침내 음향 담당자가 털이 복슬복슬한 마이크를 머리 위에 띄운 뒤 나는 로댕의 관능적인 작품인 〈키스〉에 대해 이야기하기 시작했다. 그런데 하필이면 그때 교회 종이 울렸다. 긴장한 수사슴처럼 음향 담당자의 몸이 뻣뻣해졌다. 교회 종이 한 번 더 울렸다. 꼬박 1초가 흐른 뒤에도 세 번째 종소리가 울리지 않자 음향 담당자는 머리 위의 마이크를 치웠고 나는 말을 중단했다. 종소리 한 번은 정신을 흐트러뜨리고, 종소리 두 번은 우연일 수 있다. 내 말을 듣는 사람들이 어떤 패턴을 감지하려면 종소리가 세 번은 울려야 한다. 패턴은 혼란스러운 세상에서 뭔가 친숙한 것이다. 새의 울음소리도 교회 종소리와 같다. 만약 찌르레기가 거친 목소리로 딱 한 번 운다면 녹음은 중단된다. 그러나 녀석이 세 번 운다면 하나의 패턴이 생겨나 배경 잡음 속으로 물러난다. '새가 많으니 큰일이야. 그런데 저 청동 조각품이 표현하는 욕망이 뭐 어떻다고?' 뇌는 이렇게 말한다.

자메이카의 한 식당 메뉴판에는 누군가의 실수로 잘못된 문장이 인쇄되어 있다. "여러분의 초상likeness대로 구운 스테이크." 엘리너 루스벨트의 옆모습을 닮은 스테이크가 만들어질 확률이 얼마나 될까? 불가능한 일은 아니다. 그런 스테이크가 두 개라면? 이상하기는 하지만 가능하다. 하지만 그런 스테이크가 세 개라면 사람들은 대단히 수상쩍다는 생각을 하기 시작한다. 우리는 패턴을 너무나 좋아하기 때문에 강박적으로 패턴을 만들어낸다. 대개 패턴은 셋이 한 짝을 이룬다. 아침, 낮, 밤처럼. 《맥베스》의 괴상한 마녀도 셋이고, 동방박사도 셋이다. 소나타는 3부로 이루어져 있고, 요정은 세 가지 소원을 들어준다. 크기는 스몰, 미디엄, 라지로 구분된다. 알파벳은 ABC로 불린다. 동화에는 골디락스와 곰 세 마리가 등장한다. 아기돼지 세 마리가 나오는 동화도 있다. 3은 우리가 좋아하는 패턴인 것 같다.

동화에서 우리는 무엇이 반복될지 예상하는 법을 배운다. 이야기가 도덕적 교훈과 의미를 보여주며 끝나기 전까지 오랫동안 서스펜스를 감당하는 법도 배운다. 동화에는 항상 도덕적 교훈이나 의미가 있다. 착한 사람이 잘 살게 된다는 식의 교훈. 그러나 가정에서는 자기도취에 빠진 사람이 잘 살게 되는 것 같기도 하다. 우리는 시작, 중간, 끝으로 편안하게 구성된 이야기들을 수없이 만들어낸다. 이야기의 첫 부분을 들을 때부터 우리는 이 이야기가 세 부분으로 구성되어 있음을 알아차린다. 재판이든, 데이트든, 축구 경기든 항상 우리가 정한 패턴에 따라 진행되기 때문이다.

어렸을 때 우리는 부모들에게서 미묘한 패턴을 배운다. 감각의 질감이나 감정적인 스타일 같은 것. 알파벳을 배우고 이가 날 무렵이면 우리를 껴안아주는 손길의 윤곽, 어머니의 목소리에 드러나는 감정의 윤곽, 친구의 실루엣을 알아보게 된다. 우리가 갖고 있는 많은 신념들은 뇌 안으로 곧바로 섞여 들어간다. 여기에는 3차원 공간을 느끼는 감각, 추락을 두려워하는 마음, 시간의 흐름, 뱀이나 그 밖의 여러 동물들을 무서워하는 마음, 언어의 기초 등 누가 봐도 뻔하고 보편적인 진리들이 포함되어 있다. 어떤 지식은 굳이 배울 필요가 없다. 누군가 우리와 가까운 사람이 그 지식을 활성화해주기만 하면 된다. 대개 엄마가 그 역할을 한다. 많은 실험을 통해 드러난 것처럼 아기들은 부모가 거미를 무서워하는 모습을 본 후에야 비로소 거미 공포증을 갖게 된다. 우리는 대략적인 기질을 타고 나며, 누군가가 방아쇠를 당겨주면 이 기질이 겉으로 드러난다. 스카이다이빙을 즐기는 엄마라면 높은 곳을 무서워하지 않을 것이다. 엄마가 기어다니는 벌레를 좋아한다면 딸도 주머니에 지네를 가득 넣어가지고 다니게 될지도 모른다. 다른 사람들의 반응을 통해 원초적인 공포가 확인되면 그 공포가 단단히 자리를 잡는다.

경찰이 관할구역에서 뭔가 잘못된 것을 찾아 돌아다니는 것처럼 생각에도 관할구역이 있다. 패턴이 없다면 우리는 무기력해진다. 삶이 난간 없는 지하실 계단처럼 무섭게 느껴질 수도 있다. 우리는 패턴에 의존할 뿐만 아니라 패턴을 소중히 여기고 패턴에 감탄한다. 잔물결, 나선형, 장미꽃 장식만큼 아름다운 것은 별로 없다. 이들은 시각적으로 흥미진진하다. 정신은 이들을 음미한다. 이들은 우리에게 위안을 준다. 인간사회는 행동의 새로운 패턴, 규칙, 반복되는 절차를 즐겨 만들어낸다. 그리고 우리가 만들어낸 규칙 밑에 자연의 법칙을 밀어 넣는다. 우리는 또한 '부인, 저는 아담입니다Madam, I'm Adam' 같은 회문(거꾸로 읽어도 같은 말이 되는 문장 - 옮긴이)을 만들어낸다. 그러나 뭐니뭐니 해도 패턴은 뇌의 가장 깊숙한 곳에 있는 가장 오래된 욕구, 즉 세상을 모두 불이 밝혀진 길로 채우고 인생의 설계도를 그리려는 욕구를 반영한다.

여러분이 길 건너편에서 어떤 물체를 발견했다고 가정해보자. 그것을 바라보는 행동은 측두엽 아래쪽에 있는 연상 영역을 자극하고, 연상 영역은 그 이미지를 기초적인 것부터 테스트해서 분류하기 시작한다. 저 물체가 큰가, 작은가? 움직이고 있는가, 정지하고 있는가? 살았는가, 죽었는가? 파란색인가, 노란색인가? 인간인가, 자동차인가, 유모차인가? 얼굴을 인식하는 영역은 그럴듯한 패턴을 파악한다. 그리고 왼쪽 측두엽에서 그 물체의 이름이 형태를 갖춘다. '저건 늑대가 아냐. 여자야. 루푸스병에 걸린 여자. 아냐, 이건 언어 영역이 끼어들었기 때문이야. '늑대처럼'이라는 뜻의 lupine에서 루푸스병이 연상된 거라고. 루푸스에 걸리면 얼굴이 늑대처럼 변할 수 있기 때문에 이런 이름이 붙었지.' 두정엽은 우리가 그 여자에게 초점을 맞출 수 있게 도와준다. 우리는 소리 연상 영역을 동원해 소리를 해석한다. 사람들이 인사하는 소리인가, 성난 찌르레기가 울어대는 소리인가? 젊은 목소리인가, 늙은 목소리인가? 행복한 목소리인가, 걱정하는 목소리인가? 한편 그동안 뇌의 꿈과 몽상 영역에서는 연상작용이 일어나 시각적 이미지에 의미를 부여한다. 표현주의 화가와 같은 변연계는 지각에 감정을 칠한다. 우리 어머니잖아. 우리는 어머니의 머리 모양과 몸매를 알아본다. 기억이 어머니의 이름, 명랑한 성격, 어제 어머니와 전화를 했던 것, 어머니가 볼일이 좀 있다고 말했던 것을 우리에게 알려준다. 이때 뇌를 촬영해보면 우리가 온갖 정보를 한데 모아 어머니라는 개념을 생각해내는 동안 뇌의 여러 부분이 활성화된다는 것을 알 수 있을 것이다.

설사 구체적인 세부사항을 바탕으로 한 것이라 해도 일반화가 항상 정확한 것은 아니다. 예측이 현실로 나타나지 않는 경우가 그렇다. 내가 잘못 생각했다. 저 사람은 우리 어머니가 아냐. 길 건너편의 여자는 어머니와 닮은 사람일 뿐이다. 그 여자는 내게 손을 흔드는 것이 아니라 내 뒤에서 걷고 있는 사람에게 손을 흔들고 있다. 일반화는 사물이 저절로 사라지기도 하고 우리가 일부러 의식에 뭔가를 더하고 빼기도 하는 세상에서 대개 그럭저럭 효과를 발휘한다. 커다란 상처를 남긴 사건, 장소, 상황을 바탕으로 같은 일이 다시 일어날 가능성을 일반화하는 것? 3중창단에서 제3테너를 찾아내는 것만큼이나 어려운 일이다.

영화배우 헤디 라마르는 패턴, 피아노, 히틀러를 물리치는 것에 대한 열정 때문에 원시적인 휴대전화, 스마트 폭탄 등 무선통신을 이용하는 방법들을 발명하게 되었다. 오스트리아에서 헤트비히 에파 마리아 키슬러라는 이름으로 태어난 이 스타는 열아홉 살 때인 1933년에 영화 〈황홀경〉에서 알몸으로 수영을 했다. 유쾌한 화젯거리가 된 이 장면 덕분에 그녀는 세계적으로 주목을 받았다. 내 친구는 그때 그녀의 짓궂은 모습을 보려고 우루과이의 극장 앞에 매일 밤 친구들과 함께 길게 줄을 서곤 했던 추억을 간직하고 있다. 라마르는 부유한 무기상인과 결혼했는데, 그는 히틀러, 무솔리니와 교류하고 있었다. 그녀는 나치뿐만 아니라 남편까지 증오하게 되어서 그와 이혼했다. 머지않아 할리우드에 도착한 그녀는 이름을 영어식으로 바꾸고 작곡가 조지 앤테일과 사랑에 빠졌다.

어느 날 앤테일의 피아노 연주에 귀를 기울이던 그녀는 음표들을 새로운 방식으로, 즉 변화하는 패턴으로 인식하게 되었다. 그리고 방해전파를 막는 무선신호를 어뢰에 사용할 수 있을지도 모른다는 생각을 하기 시작했다. 두 사람이 나중에 특허를 취득한 이 기술은 노래의 음표와 마찬가지로 주파수를 계속 바꾸는 방식으로 통신 방해나 가로채기를 어렵게 만들었다. 대역확산spread spectrum이라고 불리는 이 기술은 현재 휴대전화, 인터넷 무선접속, 군사위성 통신 등에 사용된다. 요즘은

100만분의 1초 단위로 바뀌는 정교한 주파수 패턴이 이용되는데, 같은 주파수가 두 번 나타나는 경우는 없으며 각각의 주파수는 호스트에 맞춰져 있기 때문에 다른 곳에 주의를 돌릴 여유가 없다.

IO 뇌 속에 자리 잡은 종교

어느 누구도 이런 고독 속에서 냉정을 유지할 수 없으며, 인간이 단순히 살아 있는 몸뚱이 이상의 존재라는 생각을 하지 않을 수 없다.

- 찰스 다윈, 《비글호의 항해》

사람들은 영적인 문제나 초월적인 것을 이야기할 때 흔히 종교적인 용어를 사용한다. 완전함을 거룩함으로, 하나임을 속죄로 인식하려는 우리의 갈망은 공기만큼이나 필수적이고 오래된 욕구를 채워준다. 교회 용어를 제외하면 영어의 어휘로 종교적인 일들을 묘사할 길이 거의 없기 때문에 나는 강렬한 감정, 기분, 생각을 표현할 때 '신성한', '은총', '숭배', '예배', '거룩한', '신성', '축복' 같은 단어들을 자주 사용한다. 나는 지구에 도취한 사람이며, 나의 신조는 간단하다. 모든 생명은 신성하며, 생명은 생명을 사랑하고, 우리는 서로를 대하는 태도를 향상시킬 수 있다는 것. 매우 기초적인 신조지만, 내게는 기운을 북돋아주는 신념이자 영적인 신념이다. 이것이 세상에서 가장 작은 생명체까지도 찬양하고, 가장 멀리 있는 별들까지 끌어안기 때문이다.

삶의 질감을 느낄 수 있기를 기대하며 인도-유럽어족의 단어들을 살펴보면, 이 언어를 쓰는 사람들이 '거룩한'을 뜻하는 단어를 만들어냈음을 알 수 있다. 이 단어는 모든 생명체의 건강한 상호작용, 전체에 소속되어 있다는 느낌, 눈에 보이지 않은 것에 대한 인정을 뜻했다. 인도-유럽어족의 언어에는 '경외심으로 가득 차서 뒤로 물러나다'를 뜻하는 동사와 '신과 이야기하다'를 뜻하는 동사가 있었다. 경외심으로 가득 차서 뒤로 물러나 신과 이야기를 나누고 삶의 거룩함을 찬양한 시인은 wekwom teks, 즉 '말의 직공'으로 불렸다.

최초의 인간들처럼 우리도 어둠을 두려워하고, 살아 있음을 기뻐하고, 강렬한 경외감을 느끼고, 다음과 같은 의문들을 품는다. 우리는 누구이며 무엇인가? 우리는 어디에서 왔는가? 어떻게 행동해야 할까? 삶이 왜 이토록 힘든가? 이처럼 강력한 생기를 지닌 축복받은 존재들이 어떻게 죽을 수 있는가? 죽음이란 무엇인가? 잠시도 쉬지 않는 우리 뇌는 사물의 의미를 이해하려 애쓰지만 그럴 수 없다. 그러면서도 고집스레 노력을 멈추지 않는다. 때로는 마법, 기적, 믿음으로 스스로를 위로하기도 한다. 아니면 하다못해 훌륭한 이야기로라도. 종교적인 감정은 우리를 어느 정도 어린 시절로 되돌려 놓는다. 우리가 부모를 사랑하고 숭배했던 시절. 그때 우리는 문자 그대로 부모를 우러러보았으며, 부모는 우리에게 쾌락이나 고통을 내려주었다. 부모를 신으로 본 우리의 생각은 옳은 것이었다. 어머니와 아버지가 얼마나 굉장한 기적을 일으켰던가. 엄마, 아빠의 뽀뽀 한 번이면 아픈 것이 나았다. 엄마와 아빠는 마법의 매듭을 묶을 줄 알았고, 음식과 장난감을 만들어냈으며, 거친 동물과 불안정한 기계를 지배했다.

고든 멜턴J. Gordon Melton이 지은 《미국 종교 백과사전》에 따르면, 현재 미국에는 2,630개의 종교집단이 있다. 그중에는 유니테리언 보편주의 이교도, 익명의 신의 교회, 축복받은 처녀 예수의 누드족 크리스천 교회, 케네디 숭배교(세상을 떠난 케네디 대통령을 신격화한 비밀 종파), 천국의 여왕 다이애나의 교회(세상을 떠난 다이애나 왕세자비를 신격화한 종파), UFO를 믿는 22개 종파, 우편을 통해 신학 학위를 주는 12개 종파 같은 진기한 종파들과 전통적인 종파에서 갈라져 나온 집단들(가톨릭 집단 116개, 오순절 교회파 집단 수백 개 등)이 포함되어 있다.

우리가 믿음이라는 감정을 간직하는 것은 실용적인 탐구를 하면서도 초월적인 경외감을 느낄 줄 아는 뇌를 조상들로부터 물려받았기 때문이다. 종교적 신비주의는 뇌의 어디에 자리 잡고 있는 걸까? 통증 중추를 찾아내는 데도 이토록 애를 먹고 있는 우리가 종교적인 뉴런들이 몰려 있는 신성한 장소를 찾을 수 있을까? 뇌 지도 작성을 위한 여러 실험들에서는 실험 대상자가 신비적인 초월을 느낄 때 측두엽의 일부가 활성화된다는 사실이 밝혀졌다. 캐나다의 신경과학자인 마이클 퍼싱어Michael Persinger는 종교를 믿지 않는 사람들을 상대로 측두엽의 그 부분을 자극해보기까지 했다. 퍼싱어는 "일반적으로 사람들은 어떤 존재를 느낀다고 말한다"면서 "한번은 섬광전구를 켜놓았더니 피실험자는 하느님이 자신을 찾아왔다고 말했다. 나중에 그녀의 뇌파 검사지를 살펴보았더니 그녀가 하느님의 방문을 경험했다는 바로 그 순간에 측두엽에서 뇌파가 치솟는 전형적인 증상과 함께 느린 파장의 발작이 나타나 있었다. 뇌의 다른 부분들은 정상이었다"고 설명했다. 몇몇 사람들은 전극, 환각제, 스스로를 매질하는 고행 또는 성가 부르기를 통해 하느님의 존재를 경험했다. 이것들이 뇌 속의 그 신전을 자극했기 때문일 수도 있고, 아닐 수도 있다.

우리가 종교에 민감하다는 사실은 인류의 역사 중에서 우리가 사방에 존재하는 자연의 신비에 속해 있다는 느낌, 무한한 것들 앞에 선 유한한 존재라는 느낌, 눈에 보이지 않는 강력한 힘이 우리를 지배하고 있다는 느낌을 강렬하게 느껴야만 짝짓기 가능성과 생존 가능성이 높아지는 시기가 존재했음을 뜻한다. 그래서 우리는 그때 그런 것들을 숭배했다. 영성靈性은 우리가 살아남는 데 도움이 되었다. 그러나 반드시 초자연적인 존재를 믿을 필요는 없었다. 그래서 전 세계의 종교들은 다신교에서부터 불교, 공산주의, 외계인 숭배 등 다양한 형태를 띠게 되었다. 인간의 본성 중에서도 매우 풍요롭고 뚜렷한 이 특징에 대해 할 말이 아주 많지만, 내가 다른 책 《심오한 놀이》에서 이 주제를 자세히 다뤘으므로 여기서는 더 이상 말하지 않겠다.

II 아인슈타인의 뇌

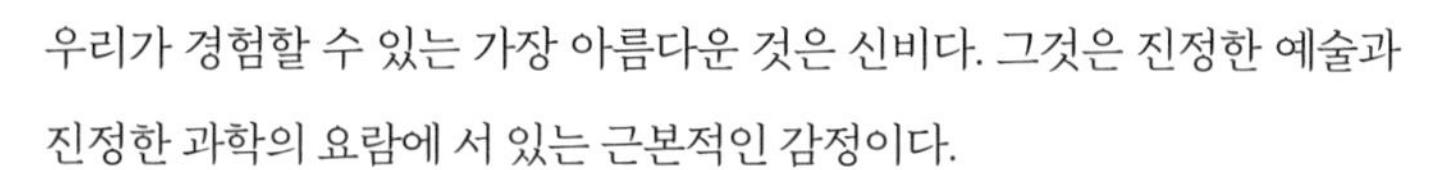

우리가 경험할 수 있는 가장 아름다운 것은 신비다. 그것은 진정한 예술과 진정한 과학의 요람에 서 있는 근본적인 감정이다.

- 알베르트 아인슈타인, 《나는 세상을 어떻게 보는가》

자기들이 가장 좋아하는 물건이나 활동에 자기 이름을 기증하는 사람들이 있다. 쥘 레오타드(1838-1870, 현재 레오타드라고 불리는 옷을 발명한 프랑스의 곡예사 – 옮긴이), 린치 판사(1736-1796, '린치'라는 말의 어원이 되었다고 짐작되는 미국의 정치가. 미국 독립전쟁 때 버지니아에서 비정규 재판을 열어 영국 지지자들을 처벌했다 – 옮긴이), 샌드위치 백작의 이름이 떠오른다. 그러나 평균치를 보여주는 스펙트럼의 끝에서 가장 뛰어나면서도 기괴한 업적의 상징이 되는 사람은 거의 없다. "천재 이름을 한번 대봐." 이 말을 들은 사람들은 십중팔구 아인슈타인의 이름을 말할 것이다. 그가 죽은 지 거의 50년이나 되었는데도 그의 얼굴은 지금도 티셔츠와 커다란 맥주잔을 장식하고 있다. 그는 여전히 대중의 영웅이다. 그의 연구를 이해하는 사람이 거의 없는데도 그렇다. 그가 천재의 상징이며, 전기에 감전된 것 같은 머리 모양에 뚱한 표정을 짓고 있는 그의 얼굴이 천재라는 존재에게 인간적인 얼굴을 부여해준다는 것만으로 충분하다. 과학자들은 당연히 그가 왜 그토록 많은 축복을 받았는지 궁금해했다. 아인슈타인도 마찬가지였다. 그는 자신의 시신을 화장해 달라고 했지만 뇌는 과학을 위해 기증했다.

그럼 그의 뇌는 그동안 어디에 있었을까? 아인슈타인이 복부 대동맥의 동맥류가 파열되면서 일흔여섯 살의 나이로 갑작스레 세상을 떠났을 때, 그의 뇌는 놀라울 정도로 건강한 상태였다. 아인슈타인의 사망 후 일곱 시간이 채 지나기도 전에 프린스턴의 병리학자인 토머스 하비Thomas Harvey가 두개골에서 뇌를 꺼냈다. 그리고 혼자 조용히 연구하기 위해 그 뇌를 가지고 가서 240조각으로 조심스레 잘랐다. 그러나 슬프게도 새로이 밝혀진 사실은 하나도 없었다. 하비는 조직 슬라이드를 여러 신경병리학자들에게 보냈고, 그들 역시 색다른 것을 전혀 발견하지 못했다. 결국 하비는 아인슈타인의 뇌가 한동안 편안히 쉴 수 있게 해주었다.

아인슈타인의 뇌는 그 후로도 하비의 손에 있었지만, 몇 년 동안 다른 사람들은 아무 소식도 듣지 못했다. 평범한 카우보이나 발레리나나 마사지사나 병리학자의 뇌와 다른 점이 새로이 밝혀지지도 않았다. 시공을 돌아다니며 연구한 그의 능력이 어디서 왔는지도 알 수 없었다. 하비는 그 뇌의 비밀을 밝혀내지 못하고 그냥 뇌를 간수하는 사람이 되었다. 큐레이터 겸 관리자인 셈이었다. 아인슈타인의 뇌는 두 개의 포름알데히드 병 속에 둥둥 떠서 하비의 연구실에 있는 맥주 냉장고 아래

코스타 사과주라는 글자가 적힌 마분지 상자 안에 오랫동안 보관되어 있었다.

하비가 느꼈을 죄책감이 깃든 특권의식을 나로서는 그저 상상해 보는 수밖에 없다. 그는 당대의 가장 유명한 뇌를 비공식적으로, 아무렇게나 보관하고 있었다. 가끔 유리병 안을 들여다보다가 스노볼처럼 부드럽게 돌려보기도 했을까? 뇌에 말을 걸어본 적도 있을까? 그 뇌는 그에게 단순한 기념품이었을까? 공연히 여기저기 쑤셔보는 사람들의 손가락에 더럽혀지지 않게 잘 지키려던 것이었을까? 아니면 그 뇌의 수수께끼를 풀어 영광을 누리는 꿈을 품었을까? 세월이 흐를수록 조각조각 잘린 아인슈타인의 뇌가 그의 연구실에 있는 사과주 상자에 담기게 된 경위를 설명하기가 더욱더 난감해졌다.

하지만 결국은 이 이야기가 새어나가고 말았다. 뉴저지의 한 신문기자가 여기저기를 쑤시고 다닌 것이 여기에 일조를 했다. 1980년대에 하비는 여러 과학자들에게 아인슈타인의 뇌 연구를 허락했다. 그들은 다른 뇌에 비해 뉴런 당 교세포의 숫자가 더 많다는 결론을 내렸다. 따라서 '신진대사 필요량'도 더 많았고, 이것이 정력적인 정신활동에 불을 붙였을 가능성이 있다는 것이었다. 이것이 한동안 대중의 관심을 자극했다. 아인슈타인의 교세포들이 일종의 황금 점액이며 뛰어난 능력의 핵심이라고 생각한 사람이 많았다. 그러나 자세히 들여다본 결과 연구 결과에 여러 가지 결함이 드러났고, 이 연구는 가치를 잃어버렸다.

맥매스터대학의 샌드라 위텔슨Sandra F. Witelson은 1999년에 동료들과 함께 아인슈타인의 뇌를 속속들이 조사해볼 수 있는 기회를 마침내 움켜쥐었다. 그들의 연구 결과는 다양한 반응을 일으켰다. 깜짝 놀란 사람도 있고, 실망한 사람도 있고, 당황한 사람도 있고, 확신을 갖게 된 사람도 있었다. 아인슈타인의 뇌 무게는 1,230그램으로 평균보다 조금 가벼웠다. 교세포나 뉴런이 더 많지도 않았다. 그의 뇌는 대체적으로 평범하기 그지없는 것처럼 보였다. 그러나 수학적 추론과 공간적 추론, 움직임에 특히 필수적인 두정엽이 대부분의 뇌에 비해 15퍼센트 더 넓은 것 같았다. 위텔슨은 두정엽이 이처럼 넓어져 있는 것을 다른 뇌에서도 본 적이 있었다. 수학자인 가우스와 물리학자인 실제스트롬의 뇌였다.

아인슈타인의 뇌는 다른 사람들의 뇌와 확실히 달라 보였다. 두정엽을 가로지르는 주름인 실비우스열Sylvian fissure이 없었던 것이다. 이 고랑이 없으면 뉴런들 사이의 접속과 의사소통이 더 쉬워질지도 모른다는 이야기가 있다. 아인슈타인은 자신의 정신이 언어로 움직이지 않는다고 말했다. 이미지로 생각하고, 수학의 언어로 문제를 푼다는 것이었다. 사실 그는 세 살이 되어서야 말을 배웠지만, 수학 분야에서는 열여섯 살 때 독학으로 미적분을 깨우쳤다. 그의 능력은 뉴런들 사이의 연결을 용이하게 해주는 해부학적 실수 때문에 생겨난 것일까? 그것은 결함이라고 볼 수도 있는 진화과정의 요행이었을까? 아니면 그의 뇌의 화학적 구성, 수많은 독특한 경험들, 그 시대의 정신이 만들어낸 복잡한 결과물이었을까? 그는 처음부터 수학에 필요한 천재가 되는 데 딱 맞는 뇌 구조를 갖고 있었던 걸까? 만약 그랬다면 그의 소명은 그에게 필연이었을까? 아니면 그가 시공을 누비며 비교적 쉽게 어린 시절의 기억을 꺼내서 마음의 눈으로 돌아볼 수 있었기 때문에 그런 소명이 생겨난 걸까?

12 뇌, 보이지 않는 것을 상상하다

"내 마음의 눈으로, 호레이쇼."

- 셰익스피어, 《햄릿》

사람이 잠이 들면 달은 어디로 가나? 아침의 눈꺼풀에 떨어지는 별빛의 무게는 얼마나 될까? 잠귀신sandman(어린이의 눈에 모래를 뿌려 잠들게 한다고 한다-옮긴이)이 감은 내 눈가에 모래알을 뿌리는 모습을 상상한다면 잠귀신이 정말로 존재한다는 것을 확인해주는 모래알이 생겨날까? 그렇지 않으면 어린 시절이라는 낙원에서 신비로움과 두려움이 조금 사라질 테니까? 잠귀신은 기억의 창고에서 힘들게 일하며 땀을 흘린다. 나는 지금 그들의 모습을 그려보고 있다. 비단 같은 솔과 모래주머니를 주머니에 넣고 까치발로 살금살금 움직이는 모습. 아무래도 이 모습은《세 아기의 달나라 여행》에서 나온 것 같다. 가장자리가 금박으로 장식되어 있던 이 작은 그림책을 나는 어렸을 때 읽었다. 그 책의 모습이 눈에 선하다. 거기에 그려져 있던 아침의 눈꺼풀도 마음의 눈으로 그려볼 수 있다. 이 그림들은 머릿속 어디에 걸려 있는 걸까?

번개로 가득 찬 항아리 같은 뇌를 상상한다. 뉴런들은 순간마다 수백만 개나 되는 전기신호를 쏘아 보내고, 전기신호들이 소리 없이 지직거린다. 그리고 동시에 강력한 화학물질들이 뉴런을 드나든다. 전령 분자들은 세포 사이를 쌩쌩 오가면서 최신 소식을 전해준다. 몸은 이 번개폭풍을 뚫고 뇌에게 말을 건다. 정신은 한데 모여 시장바닥처럼 와글와글 떠들어대는 분자들의 혀를 이용해 스스로에게 말을 건다. 어두운 밤으로 가득 찬 이 약국은 흥분제를 만들어내고, 진통제를 나눠주고, 근육과 장기에 명령을 내린다. 다치거나 감염된 부위에는 다급한 전문을 보낸다. 어느 특정한 기분의 주변에는 불청객들이 날쌔게 모여든다.

내가 혀, 번개, 시장바닥, 약국, 불청객 같은 단어들을 선택한 것은 이 이미지들이 내 삶과 내 시대에 익숙하기 때문이다. 하지만 이 단어들 대신 삼각주, 불꽃놀이, 기차 역, 신전, 위기처리반을 사용할 수도 있었다. 원한다면 뇌에 관해 일반적인 이야기를 할 수도 있다. 아마 신경호르몬이라는 단어를 사용할 수도 있었을 것이다. 우리는 유리병 속에 뇌가 떠 있는 모습을 그려볼 수 있다. 화려한 이미지와 기발한 상징으로 뇌를 그려볼 수도 있다. 우리가 어떤 것을 실제로 보고 있지 않은데도 볼 수 있다는 것은 얼마나 놀라운 일인가. 대개 우리는 마음의 눈을 이용해서 기억을 뒤지기도 하고, 말로 설명을 덧붙이기도 하고, 멍하니 다른 생각을 하며 낙서를 하기도 하고, 공상에 빠지기도 하고, 이성적인 추론을 하기도 하고, 이미 배운 기술을 연습하기도 하고, 결과를 예측하기도 한다. 우리는 눈에 보이지 않는 것, 불가능한 일, 차마 말로 할 수 없는 일을 상상할 수 있다. 때로는 마음의 눈에 우리가 지각한 것이나 실제로 존재하지 않는 것을 공급해주기도 한다.

뇌는 바깥세상을 최소한으로 바꿔놓는다. 물리적인 3차원과 시간 감각만으로. 역설적인 모습이 담긴 에셔의 그림처럼 더 많은 차원들에 대한 감각을 전달할 수도 있고, 물리학자들처럼 수학 기호에 의지해 그보다 훨씬 더 많은 차원들에 관한 추상적인 생각을 할 수도 있다. 2차원인 그림이나 사진이 4차원 세계를 불러내듯이, 뇌도 시공 속에서 자신의 모습을 그린다. 그러나 뇌의 감각과 능력에는 한계가 있기 때문에 생존에 필요한 만큼의 공간과 시간 속에서만 움직일 뿐이다. 다른 태양계의 생명체들은 어떤 감각을 갖고 있을지 자주 궁금해진다. 그들의 생물학적 구조와 문화에 따라 그들의 우주가 몇 차원으로 보일지. 물론 그들에게 문화와 바깥세상에 대한 인식이 있고, 그들이 진리를 소중히 여길 때의 얘기다.

우리는 알지 못한다. 믿음이 이런 스트레스를 풀어준다. 거의 모든 것에 대한 믿음이 그렇지만 종교, 과학, 사랑에 대한 믿음이 특히 더 효과적이다. 그런 믿음은 쓸모 있고 기분 좋은 패턴과 보상을 우리에게 안겨주는 데 뛰어난 솜씨를 발휘한다. 확신은 달콤하다. 특히 이 혼란스러운 세상에서 누가 그리고 무엇이 어디로 가고 있는지 알고 있다는 확신이 그렇다. 오래전부터 상상력의 보금자리였던 마음의 눈으로 보면, 뉴런들은 가지를 뻗는 나무 같고 천사의 날개는 호박단으로 만든 것 같다.

뇌는 마음의 눈을 어떻게 움직이는 걸까? 뇌 검사 결과를 보면 마음의 눈이 열렸을 때 후두엽, 두정엽, 측두엽에서 시각을 담당하는 부위에 피가 더 많이 흘러든다는 것을 알 수 있다. 일반적인 시각 정보를 처리할 때 활성화되는 부위들이다. 마음의 눈도 실제로 뭔가를 볼 때와 똑같은 시스템을 일부 이용하며 똑같은 효과를 낸다. 우리는 마음속의 이미지, 예를 들어 식스마일 크리크의 왼쪽 강둑을 자세히 살피다가 저 멀리 건너편 강가에서 거의 알아보기 어려울 만큼 작게 보이는 모습, 즉 물고기를 잡고 있는 커다란 파란색 왜가리에게 초점을 맞출 수 있다. 이미지가 복잡할수록 그것을 머릿속으로 그려보는 데 더 오랜 시간이 걸린다. 우리가 여러 가지 구성요소들을 한 번에 한 가지씩 덧붙이면서 그림을 그려나가기 때문이다. 스티븐 코슬린Stephen Kosslyn과 올리비어 케니그Olivier Koenig는 《나약한 정신》에서 "복잡한 이미지를 만들어내는 데 시간이 더 오래 걸리는 이유는 단순하다"면서 "우리가 각각의 부분을 따로 그리기 때문에 구성요소들 사이의 공간적 관계를 살피고, 시선이 모이는 곳의 위치를 조절하고, 각 부분의 이미지를 만들어내는 데 시간이 걸린다"고 썼다. 마음속의 이미지들이 요술처럼 갑작스레 떠오르는 것 같아도 사실은 단계적으로 모습을 드러낸다는 얘기다. 마음의 눈은 시야가 제한되어 있다. 마음의 눈이 담을 수 있는 세부사항에 한계가 있기 때문에 마음속의 이미지들은 그리 오래 자리를 지키지 못한다. 어머니의 얼굴을 기억하려 하면 어머니의 이미지가 희미해져버린다. 다시 기억해보아도 역시 이미지가 희미해진다. 그럼 이번에는 어머니의 턱을 집중적으로 떠올려볼까? 다른 부위가 희미해진다. 그리고 턱도 희미해진다. 마음의 눈 속에서 사물은 증발해버린다. 그것들을 되살릴 수는 있지만 다시 희미해질 것이다. 마음의 눈은 임시로 머무르는 곳에 불과하다.

나는 코슬린의 연구실에서 너무나 재미있는 MRI 실험에 참가했다. 나는 딱딱한 플라스틱 마스크 때문에 마치 아르마딜로가 된 것 같은 기분을 살짝 느끼며 기계에 머리를 집어넣었고, 다양한 사물들이 담긴 그림을 보거나, 아니면 마음의 눈으로 그 사물들을 상상하며 생각만 했다. 두 가지 활동 모두 뇌의 같은 부위를 활성화했다. 우리가 마음의 눈으로 뭔가를 생생하게 상상하든 아니면 실제로 그 사물을 보든, 뇌는 이 둘을 거의 똑같은 경험으로 인식하는 모양이다. 폭력적인 범죄를 목격하거나 어린 시절의 상처를 기억해내는 것 또는 텔레비전에서 폭력적인 장면을 보거나 스포츠 경기를 준비하는 것과 관련해서 이 실험 결과가 무엇을 의미하는지 생각해보라. 마음 한구석에서 우리는 자신이 보고 있는 것이 진짜가 아님을 알고 있다. 코슬린은 대부분의 사람들이 "뭔가를 연습하는 상상을 할 때 다른 사람의 시선으로 자신을 바라본다"는 사실을 밝혀냈다. 이것은 일종의 자기 흉내다. 사람은 스스로를 가르치기 위해 자신을 추상화한다. 이 방법이 효과가 있다. 우리가 실제로 하는 일과 한다고 상상하는 일을 감독할 때 똑같은 표현을 사용하기 때문에 "이것들을 … 상상 속에서 다듬으면 현실로 전이될 것이다."

마음의 눈에서는 신경생물학과 예술이 만난다. 예술가가 뭔가를 상상할 때, 그 상상은 그에게 하늘에서 내리는 비처럼 현실이 된다. 우리는 그런 예술가들이 만들어낸 풍경화를 보고, 음악을 듣고, 책을 읽고, 영화를 본다. 그러면서 우리가 보고 있는 것이 현실이 아니라 누군가의 창작품임을 어렴풋이 지각한다. 그러나 뇌는 이 정보를 현실처럼 처리한다. 그래서 우리의 일부가 예술가의 세계로 옮겨가 그의 감정을 느끼고, 그의 풍경 속으로 들어간다.

인간은 갖가지 화학물질에 흠뻑 젖은 채 계속 움직이는 자루와 같다. 피부는 자신과 세상을 분명하게 구분해주는 경계선이 된다. 아니, 그런 것처럼 보인다. 우리의 눈은 현미경이 아니므로 우리는 눈에 보이지 않지만 주위를 가득 채우고 있는 공기와 분자들을 주고받는 울퉁불퉁한 피부 표면을 보지 못한다. 그래서 우리는 밖에도 안에도 그릇 같은 것들이 있다고 상상한다. 마음의 눈으로 상상하는 우리 몸은 갖가지 그릇, 주머니, 방, 수용체로 가득 차 있다. 피는 정맥, 동맥, 실핏줄 속을 흐른다. 세포와 혈장이 피를 가득 채우고 있다. 갈비뼈는 심장과 허파의 울타리 역할을 한다. 근육, 힘줄, 인대는 스판덱스 같은 피부에 둘러싸여 있다. 더 작은 것들부터 시작할 걸 그랬다. 쿼크를 담고 있는 원자를 담고 있는 분자들 얘기부터 시작할 수도 있었는데. 양자量子 수준까지 내려가서 내가 그것들을 바라보면 그것들이 사라졌다가 두 곳에 동시에 나타나기도 한다는 말을 덧붙일 수도 있었을 것이다. 이 말을 이해하려면 이런 이야기에 어느 정도 익숙해져야 한다. 이런 이야기는 신념을 무력하게 만든다. 조상들에게서 물려받은 우리의 사고는 이 세상의 물리 법칙을 다른 방식으로 이해하기 때문이다. 커다란 규모에서만 작동하는 현실적인 이해방식이다. 양자물리학은 우리의 본능과 어긋난다. 그래도 우리는 마음의 눈으로 양자물리학을 그려볼 수 있다.

우리 시대에 마음의 눈으로 그려볼 수 있는 최고의 광경 중 하나는 다른 행성의 표면이다. 우리의 작은 뇌가 추상적인 데이터와 빈약한 사진만 갖고도 거대한 행성의 실제 모습을 담아둘 수 있다는 사실이 지금도 놀랍기 그지없다. 나는 NASA 우주선들의 플라이바이를 몇 번 본 적이 있다. 지금 나는 마음의 눈을 통해 그중의 하나를 선명하게 보고 있다. 1987년에 보이저호가 천왕성에 가까이 다가갔을 때의 모습이다.

그날 캘리포니아주 패서디나에 있는 제트추진연구소의 깔끔하게 다듬어진 뜰에서는 진한 노란색 햇빛이 꽃밭으로 쏟아져 내리고 있었다. 건물 안에서는 NASA의 젊은 직원 세 명이 안으로 들어오는 햇빛을 막으려고 안간힘을 썼다. 번쩍거리는 햇빛이 스크린을 비추고 있었기 때문이다. 커다란 창문을 통해 콸콸 쏟아져 들어오는 햇빛을 막을 길이 없는 것 같았다. 그들은 소리 없는 노란색 나이아가라 폭포 같은 햇빛을 마분지와 펠트로 막으려고 해보았다. 나중에는 초록색 비닐로 만든 쓰레기봉투 조각도 이용해보았다. 보이저호는 640만 킬로미터를 날아가 예정보다 겨우 2분 늦게 목적지에 도착해 지극히 섬세하고 정교한 탐사작업을 벌이고 있었다. 그러나 눈부신 햇빛을 막는 것 같은 기초적인 일에 대해서는 NASA도 서투르기 짝이 없었다. 갖가지 임시변통을 시도해보다가 초록색 비닐 조각까지 쓰게 되다니. 어떤 의미에서는 우주선을 설계하는 일이 더 쉬웠다. 햇빛을 어떻게 막겠는가?

천장에 6미터 간격으로 매달려 있는 텔레비전 스크린 세 개가 이글거리는 눈을 크게 뜨고 보이저호와 천왕성의 만남에 대해 뭐라고 떠들어댔다. 그 아래에서는 홀린 듯 스크린을 바라보던 수많은 사람들이 이리저리 돌아다니면서 빵이나 커피를 집어 먹기도 하고, 엄숙한 표정으로 이야기를 하거나 농담을 하기도 하고, 유명인사들을 손가락으로 가리키거나 사람들의 눈에 띄지 않으려고 몸을 숨기기도 하고, 옛 친구들을 만나 인사를 하기도 하고, 혹시 만나두어야 할 사람이 있는지 보려고 사람들의 이름표를 몰래 힐끔거리기도 하고, 텔레비전 영상을 사진으로 찍기도 했다. 그러나 그들에게 무엇보다 중요한 것은 보이저호에서 날아오는 소식을 한없이 기다리는 것이었다. 천왕성과 그 위성들을 찍은 짜릿하고 신기한 첫 사진들이 들어오기를 기다리는 것.

우리는 가장 멀고 신비로운 곳의 자연을 보고 싶다는 갈망을 품고 그곳에 모였다. 방 안에 발을 디딜 때는 수백 년이나 된 무지를 안고 있었지만, 몇 시간만 지나면 새로운 지식이 우리를 압도할 것이라는 희망을 품고. 우주 탐사와는 거리가 멀어도 한참 먼 생활을 하다가 뭔가에 이끌리듯 이 삭막한 방을 찾아온 사람들이 대부분이었다. 당장 일어나서 경례를 해야 할 것 같은 강렬한 경이를 느꼈기 때문에. 우주의 우리 이웃들과 우리 자신이 어떤 존재인지, 우리 몸속의 분자들이 혼돈 상태였던 초창기 태양 속에서 어떻게 벼려졌는지, 인류와 지구의 미래가 어떻게 될지 궁금했다. 오랜 시간이 걸리는 플라이바이를 위해 밤새 대기해야 했지만 자고 싶어 하는 사람은 아무도 없었다. 잠이 들었다가는 화성의 커다란 화산인 올림푸스 몬스의 생생한 첫 사진을, 토성의 위성이며 옛날의 지구와 조금 비슷한 대기를 갖고 있는 타이탄의 첫 사진을, 황량하게 얼어붙은 천왕성의 풍경을 놓칠 수도 있었다.

다른 행성의 첫 사진들이 들어오는 것을 지켜보는 일만큼 짜릿한 경험은 지구상에 거의 없다. 컴퓨터가 이 사진들을 한 줄씩 스크린에 펼쳐놓는다. 마치 거인이 무지라는 천을 풀고 있는 것 같다. 많은 사람들이 나처럼 10여 년 전부터 이 놀라운 사진들을 기다리고 있었다. 보이저호가 태양계 외곽의 비밀을 밝혀야 한다는 임무를 띠고 발사되던 순간부터. 마음의 눈을 조금 더 크게 뜨려고 그곳에 온 사람도 있었다. 내 짐작이지만 아마 순전히 이 장관을 구경하려고 온 사람도 있었을 것이다. 천체와의 만남은 언제나 갖가지 이유로 우리를 흥분시켰다. 누구도 가까이에서 본 적이 없는 목성의 놀라운 위성들. 셔벗 리본처럼 보이는 토성의 고리. 얇은 하얀색 천처럼 보이는 금성의 산성 구름. 상상조차 할 수 없을 만큼 황량하고 먼 천왕성의 위성들. 바람 부는 붉은 행성 화성. 사람들이 처음 이 세상에 존재하기 시작했을 때부터 가보고 싶어 안달하던 그 사막들과 바다들을 달리 어디서 볼 수 있겠는가?

오늘 나는 내 서재에 앉아 가을 눈이 정원을 하얀 솜털 누비이불처럼 덮는 것을 지켜보고 있지만, 그리고 천왕성과의 만남이 몇 광년이나 떨어진 일처럼 느껴지지만, 그때의 광경을 쉽게 생각해낼 수 있다. "인간들은 밖으로 나아가 깜짝 놀란 시선으로 높은 산들을 응시한다." 먼 옛날에 성 아우구스티누스는 이렇게 썼다. "광활한 바다, 널찍한 강, 이 세상을 감싼 대양, 제 갈 길을 가고 있는 별들을 응시한다. 그러나 인간들은 제 자신에게는 전혀 주의를 기울이지 않는다. 내가 바다나 강이나 별을 이야기하지만 내 눈으로 그것들을 직접 보고 있는 것이 아니며, 내가 본 적이 있는 산이나 파도나 강이나 별에 대해서도 또는 남에게서 들은 이야기로만 알고 있는 대양에 대해서도 마음의 눈으로, 기억으로 보지 못한다면 언급할 수도 없다는 사실을 놀랍게 생각하지도 않는다."

PART

기억, 인간 정체성의 근원

자아가 없으면 뇌의 회로를 연결해서 생존 기술을 가르치고, 거기에 지혜를 짝지어주는 데 필요한 복잡한 인간관계를 감당할 수 없을 것이다. 다른 사람, 누군가 내게 중요한 사람, 나와 소중한 관계를 맺고 있는 사람과 이야기를 나누는 것이 얼마나 복잡한 일인지 한번 생각해보라.

13 기억은 어떻게 만들어지는가?

저 뒤에서 어떤 미래가 다가오고 있는지 나는 잘 모른다. 그러나 내 앞에 펼쳐져 있는 과거는 눈에 보이는 모든 것을 지배하고 있다.

- 로버트 퍼시그, 《선禪과 모터사이클 관리술》

수평선 위에 떠 있는 자그마한 섬들처럼 그들도 거친 바다에서 사라져버릴 수 있다. 고요한 날에도 염분과 열기에 절여진 산호초는 조금씩 깎여나간다. 그러나 그들은 삶의 여울목이다. 안전한 석호潟湖와 두런거리는 나무가 있는 곳도 있고, 해적과 파충류가 득시글거리는 곳도 있다. 어쨌든 그들은 힘을 합해 자아를 본토의 사회와 연결시킨다. 그들이 걸어온 길을 지도로 그려보면 변덕스러운 과거를 볼 수 있다.

이 섬들은 바로 휴식을 취하고 있는 기억이다. 그들은 단단하고 진실하며, 의식의 기반이다. 소를 끌고 계단을 내려가기 어렵다는 지식, 마다가스카르의 인드리원숭이가 그런 이름을 얻게 된 경위 또는 사람들이 많은 곳에서 우연히 낯선 남자의 손을 (친구 손인 줄 알고) 잡았던

일, 어린이 야구단에서 홈런을 쳤을 때의 느낌, 처음으로 산 자동차(낡은 식기세트처럼 덜걱거리던 중고 폴크스바겐), 사형제도에 대해 다시 생각해보게 만든 섬뜩한 살인사건 이야기, 세포 안의 작은 공장을 관리하기 위해 무의식이 몸에게 주는 자세한 운영지침 등이 기억 안에 포함되어 있을 수 있다.

기억은 행동을 결정하고, 우리의 말동무가 되어주고, 잠시도 입을 다물지 않고 수다를 떨어대는 자아 인식을 선사해준다. 우리는 변덕스러운 거인들이기 때문에 매일 자신에 관한 생각을 조금씩 바꾼다. 리들리 스콧 감독의 영화 〈블레이드러너〉에서 안드로이드의 비극 중 하나는 그의 기억이 긴 사슬처럼 이어지면서 스스로 선명해진다는 점이다. 무자비하고 무정하지만, 엄밀히 말해서 인간이 아니지만, 그는 기억한다. 룻거 하우어가 연기한 이 안드로이드는 화성과 지구에서 놀라운 일들을 목격한 자아를 품고 있으며, 죽음으로 인해 자신의 독특한 정신을 잃게 될 것을 두려워한다.

기억이 없다면 우리는 자신이 누구인지, 옛날에는 어떤 사람이었는지, 앞으로 기억에 새기게 될 미래에 어떤 사람이 되고 싶은지 알 수 없을 것이다. 우리는 기억의 합이다. 기억은 끊임없이 자아에 관한 자신만의 감각을 제공해준다. 기억을 바꾸면 그 사람의 정체감도 바뀐다. 그렇다면 좋은 기억, 우리가 원하는 우리의 모습을 간직한 기억들을 쌓아두어야 하지 않을까? 이미 많은 사람들이 그렇게 하고 있다는 것을 알고 나는 깜짝 놀랐다. 심지어 여행사들도 "놀라운 추억을 집으로 가져오세요"라고 광고한다. "우리는 디즈니를 여행하고 있는 행복한 가족." 영화에는 이런 문구도 등장한다. 하지만 기억은 캠코더나 컴퓨터나 저장용기와 다르다. 기억은 더 쉽게 변하고, 더 창의적이다. 그리고 단수가 아니다. 기억은 복수의 사건이며, 동기화된 뉴런들의 합주다. 이 뉴런들 중에는 서로 나란히 붙어 있는 것도 있고, 비교적 멀리 떨어져 있는 것도 있다.

2001년 9월 11일에 또는 인류가 처음으로 달에 발을 내디뎠을 때 자신이 어디 있었는지 모두들 결코 잊어버리지 않을 것이다. 공통된 기억은 사랑하는 사람들, 이웃들, 동시대인들과 우리를 묶어주는 역할을 한다. 이런 기억은 생존을 위해 꼭 필요한 것은 아니지만 우리를 기쁘게 하고 삶을 풍요롭게 해준다. 따라서 연인들은 낭만적인 추억을 되새기고, 가족들은 가족의 모습을 담은 홈비디오를 다시 돌려보고, 친구들은 만나지 못하는 동안 밀려 있던 이야기들을 '따라잡는다.' 마치 그동안 뒤처져 있었던 것처럼. 뭔가 이야기할 만한 것을 찾기 위해 기억 속을 뒤지며 그들은 자신의 정체감을 구성하는 중요한 조각들이 크게 변했음을 드러낸다. 나이를 먹으면서 우리는 점점 변해가는 자신의 실루엣에 맞게 기억을 다듬는다. 또한 삶의 어휘가 변해감에 따라 기억도 변해서 새로운 질서를 만들어낸다. 기억을 잃은 사람은 낯선 세상을 떠돌게 될지도 모른다.

기억도 납치당할 수 있다는 것을 명심해야 한다. 라디오, 텔레비전, 인쇄매체들이 공급해주는 국가적 기억들이 개인의 과거를 빼앗아버릴 수 있다. 어떤 일이 벌어진 이유들이 모두 변할 수 있다. 영국의 신경과학자인 스티븐 로즈Steven Rose의 지적처럼, 인공적인 기억의 세계란 "모든 생물에게는 과거가 있는 반면, 오로지 인간들만이 역사를 갖고 있는 곳을 뜻한다." 게다가 그 역사라는 것도 잘나가는 사람들의 역사인 경우가 많다. 대중매체의 복합적인 시선 덕분에 수많은 사람들이 똑같은 영상, 슬로건, 역사, 허구를 가만히 앉아서 접할 수 있다. 그렇다면 개인의 기억은 어떻게 되는 거지? 반항기가 많은 사람들은 대중매체에 의한 세뇌를 거부하거나 자신이 속한 집단의 이념에 더 지지를 보낸다. 하지만 대부분의 사람들은 대중매체, 이웃, 자기들이 좋아하는 독재자의 가치관과 현실 해석을 받아들인다. 공식적인 역사는 각 시대의 가치관에 따라 바뀐다. 그런데 시대의 가치관이라는 것이 때로는 뒤틀린 모습을 띠기도 한다. 카를 융Carl Jung은 이것을 '대규모 마음의 병'이라고 불렀다. 그는《영혼을 찾는 현대인》에서 "한 시대는 개인과 같다. 한 시대의 사고방식에도 나름대로 한계가 있기 때문에 그것을 보상하기 위한 조정이 필요하다. … 결과가 좋든 나쁘든 모든 사람들이 한 시대의 치유나 파괴를 맹목적으로 갈망하고 기대하는 것이 그것이다"라고 말했다. 섬처럼 고립된 사람은 하나도 없지만 대부분의 사람들은 반도다. 사회의 역사라는 벨벳 배경막 위에 나비처럼 핀으로 꽂힌 개인의 기억이 없다면, 우리 삶은 헛소리가 되어버릴 것이다.

과학자들은 가끔 마음에 순식간에 각인될 수 있을 만큼 강렬한 '섬광전구' 기억이라는 것이 있다고 말한다. 사진술이 우리에게 보여주는 것은 섬광전구 기억과는 다르다. 버튼을 눌러 기억을 저장하는 사진술은 자아와 가족에 대한 우리의 생각을 혁명적으로 변화시켰다. 따라서 우리는 대개 자신과 가족을 눈 깜짝할 순간의 이미지, 즉 스냅사진으로 기억한다. 월트 휘트먼(19세기 미국의 시인-옮긴이)은 일기에 애인들 이름을 모두 적어두었다. 때로는 그들의 직업을 함께 적기도 했다. 마치 그들을 사랑하고 그들에게 사랑받았던 순간을 언젠가 잊어버릴지도 모른다고 걱정하는 사람처럼. 쉽게 변하는 모자이크 같은 애인들의 얼굴을 기억해낼 때 사진의 도움을 받을 수 있었다면 그도 좋아했을 것이다.

지금보다 젊었을 때 자신의 모습을 상상해보면 어떤 이미지가 떠오르는가? 십중팔구 정적인 이미지일 것이다. 누군가가 찍어준 스냅사진 속의 이미지. 기억이 아무렇게나 쌓이면 정신이 혼란스러워질 수 있다. 그러니 기억을 앨범 속에 보관해두는 편이 더 편하다. 우리는 과거에 사진을 찍기 위해 취했던 자신의 포즈를 기억한다. 각각의 사진은 마음의 손으로 문지르는 마술 램프다. 마음이 내킬 때면 우리는 사진을 감상하면서 갖가지 감정이 터져 나오는 것을 경험할 수 있다. 예를 들어, 지금 나는 추운 남극의 킹펭귄 무리를 찍은 사진을 들고 있다. 점점 가까워지는 기차 소리와 하모니카 소리가 뒤섞인 것 같던 그 시끄러운 소리가 기억난다. 남극의 추운 공기를 들이마실 때마다 콧구멍 속으로 스카프가 지나가는 것 같은 느낌이 들던 것도 기억난다. 그렇게 공기가 희박한 곳에서는 눈부신 빛이 색깔이 되었던 것도 기억난다.

사진을 볼 때마다 우리가 거기에 미묘한 느낌을 덧붙이기 때문에 필연적으로 사진을 편집하는 꼴이 된다. 사진이 희미해지는 경우도 있고, 두껍게 니스 칠을 한 것처럼 감정이 덧입혀지는 경우도 있다. 다음의 문장이 조금 이상하게 들릴지도 모르겠다. 영어 문법은 시간의 신기루를 묘사하는 데 적합하지 않으니까. 그래도 한번 말해보겠다. '사진은 지금 우리가 생각하고 있는 과거의 모습을 가르쳐준다.' 사진은 대부분의 예술작품과 마찬가지로 중성자별의 작은 조각들처럼 감정과 의식이 고양된 순간을 저장해둔다. 세월이 흐른 후 기억의 화려한 색깔이 희미해질 수도 있고, 다시 가슴이 두근거릴 만큼 생생하게 남아 있을 수도 있다. 사진을 볼 때마다 느끼는 감정들이 기억에 또 다른 색을 입히기 때문에 나중에는 새로운 감정들이 기억을 뒤덮게 된다. 그리고 그 아래에서 원래 사건은 증발하듯 사라져버린다. 보석이 박힌 칼이 있다고 상상해보자. 여러분은 먼저 그 칼의 손잡이를 바꾸고, 나중에는 날을 바꿨다. 그럼 그 칼이 처음의 칼과 똑같은 것인가?

우리는 기억을 기념물로 생각하는 경향이 있다. 우리가 과거에 벼려둔 그 기념물을 무성하게 자란 세월의 잡초 아래에서 원래 모습 그대로 발견할 수 있을지도 모른다고 생각한다. 하지만 현실 속에서 기억은 현재에 묶여 있으며, 현재를 설명하는 역할을 한다. 과거의 특색이 담겨 있는 기억은 우리가 그 기억을 떠올리고 있는 지금 이 순간에도 잘 들어맞는다. 우리가 느끼는 기분, 지금까지 경험한 것, 새로운 가치관, 열정, 약점에 모두. 똑같은 의식의 흐름에 두 번 발을 담글 수는 없다. 삶의 모든 심술과 폭력이 기억의 변화에 영향을 미친다.

기억은 당시의 상황을 정확히 담고 있기보다는 당시의 분위기를 알려주는 편이다. 신성한 경전이라기보다 계속 발전하는 픽션에 가깝다. 얼마나 다행한 일인지. 불쾌한 기억, 수치스러운 기억, 잔혹한 기억을 완전히 지워버릴 수는 없다 해도 최소한 희석시킬 수는 있다. 그렇다면 삶에서 영원하고 한결같은 것은 하나도 없나? '삶'이라는 단어는 원래 변덕스러운 명사다. 진행 중인 사건을 의미하는 단어인 것이다. 그런데도 우리는 철학이라는 난간, 종교적 상징, 믿음이라는 기둥에 매달린다. 우리는 지구가 시속 1,600킬로미터의 속도로 돌면서 동시에 태양 주위를 타원형으로 돌고 있으며, 태양은 우리은하 속에서 무서운 속도로 움직이고 있고, 우리은하는 약 137억 살인 우주에서 수많은 은하들과 함께 이동하고 있다는 사실을 일부러 잊어버린다. 하나의 사건은 시공 속에서 너무나 작은 한 조각에 불과하기 때문에 우리 마음속에 마치 유성의 꼬리 같은 빛만 남기고 사라진다. 아직 더 좋은 말을 생각해내지 못했기 때문에 우리는 이 빛을 '기억'이라고 부르고 있다.

14 뇌가 펼치는 화려한 카드섹션

뇌는-하늘보다 넓다-
그 둘을 나란히 놓으면
서로가 서로를 쉽게
품을 것이고-당신은-그 옆에.

-에밀리 디킨슨, 〈뇌는 하늘보다 넓다〉

기억은 뇌의 가장 중요한 임무이며, 가장 인기 있는 연구 주제다. 얄궂게도 기억 연구에는 많은 사람들, 동물, 컴퓨터의 기억이 동원되며, 이것들이 한데 연결되어 지구상에 생명체가 처음 나타난 순간까지 이어지는 흐름이 만들어진다. 그리고 여기에는 동물계 전체가 포함된다. 우리는 거울과 램프가 있어야만 기억의 벌집을 들여다볼 수 있다. 기하학처럼 깔끔하게 정돈된 기억도 있고, 타피오카(열대 작물인 카사바나무에서 얻는 녹말 알갱이-옮긴이)처럼 엉성한 것도 있다. 가장 문제가 되는 것은 기억이 여러 개의 얼굴과 거주지를 갖고 있다는 점이다. 기억은 뇌의 여러 곳에 거주하면서 뇌가 벌이는 대부분의 일을 후원한다. 밥 호프(미국의 희극배우-옮긴이)의 대표곡에는 "기억에게 감사한다"는 구절이

나오는데, 이는 기억이 달콤씁쓸하면서도 흥미진진한 선물임을 강조하고 있다. 나의 달콤씁쓸한 기억 한 가지를 말해보겠다.

내가 여섯 살 되던 해 가을날 아침에 나는 친구 세 명과 함께 서둘러 과수원을 가로질렀다. 1학년 수업에 늦었기 때문에. 그날 수업에서는 실루엣 스케치를 배울 예정이었는데, 우리 모두 그 수업을 놓치기 싫었다. 반짝거리는 격자무늬 원피스를 입고 머리에는 같은 색 리본을 맨 수전 그린의 모습이 기억난다. 수전이 움직일 때마다 페티코트 자락이 스치는 소리가 났다. 빨갛게 익어가는 사과 냄새가 공기 중에 흩어져 있고, 저 위의 나뭇가지에는 검은 서양자두가 박쥐처럼 우글우글 모여 있었다. 서양자두를 보느라고 내 걸음이 느려지자 수전이 내 팔을 잡아끌었다. 수전이 내 시선을 따라가다가 뭘 보고 있느냐고 묻기에 나는 대답해주었다. 그런데 수전이 갑자기 내 팔을 놓더니 다른 친구 두 명과 함께 몸을 움츠렸다. 혹시 저것이 서양자두가 아니라 박쥐일까 봐 겁을 먹은 것이 아니라 나 때문에 겁에 질린 것이다. 나는 서양자두를 보고 박쥐를 생각했다. 그때 친구들의 표정에 떠오른 놀라움과 두려움은 수치심이라는 색깔이 칠해진 지울 수 없는 기억이 되어 거의 공중에 붕 떠 있는 것 같은 경이로움과 융합되었다.

이날 있었던 일은 기억에 관한 많은 진실의 핵을 품고 있다. 기억을 위해 뇌는 네 가지 일을 훌륭하게 해낸다. 패턴 인식, 패턴 해석, 패턴의 출처 기록, 패턴 불러내기. 과수원에서 나는 사과를 쳐다보고, 코르크 같은 달콤한 냄새를 맡고, 아이들이 재잘거리는 소리를 듣고, 미처 예상하지 못한 감정을 느꼈다. 그때 뇌의 수용체들은 이 모든 자극들을 빠르게 결합시키며 '과수원'의 의미, 독특한 사과 냄새, 서양자두와 우글우글 모여 있는 박쥐들이 비슷하게 보인다는 점 등을 분주히 파악해 냄과 동시에 우리가 지금 학교로 걸어가는 길이라는 사실을 인식하고, 여러 가지 감정을 쌓아두는 일까지 해냈다.

반평생이 지난 지금 내 머릿속을 떠돌고 있는 것은 그 과수원 기억의 조각들뿐이다. 새틴 치마에서 반사되던 빛, 새장에 갇힌 것처럼 나뭇가지들 사이에 갇혀 있던 구름, 내가 원피스 밑에 입고 있던 코르덴 바지의 고무줄 허리가 내 몸을 감싸던 느낌, 빳빳하게 풀을 먹인 수전의 페티코트 자락에서 들려오던 속삭임. 하지만 내가 억지로 노력하면 다른 기억들을 포착할 수도 있다. 수전을 제외한 다른 두 친구의 이름이나 그들의 억양은 기억나지 않는다. 정상적인 망각 과정을 통해 많은 것들이 희미해져버렸다. 그날에 관한 나의 기억은 마치 낡은 사진처럼 세월이 흐르면서 색채와 선명함을 일부 잃어버렸다. 하지만 사진과 달리 기억은 전체가 한꺼번에 저장되어 있는 것이 아니다. 기억은 뇌의 여기저기에 흩어져 서서히 분해된다. 친구들이 재잘거리는 소리에 기억이 반짝일 때도 있고, 수치심 때문에 연기처럼 사라져버릴 때도 있다.

다행히도 기억은 정교한 연상의 숲속에 보금자리를 짓는다. 내가 정신을 집중하고 나 자신을 은근히 그 순간으로 되돌린다면, 구불구불한 앞머리 뒤에서 세상을 바라보던 그때로 돌아간다면, 하나로 묶은 머리카락이 흔들리던 것과 각설탕이 물을 흡수할 때처럼 내 몸이 붉어지던 것을 느낄 수 있다. 소아마비 백신이 처음으로 배포되기 시작한 무렵의 어느 날 학교에서 우리는 약간 쓴맛이 나는 분홍색 반점이 있는 각설탕과 주름이 잡힌 하얀 종이컵을 받은 적이 있다.

내 기억이 또 다른 연상과 부딪쳐 튀어나온다. 어느 여름날 어떤 마부가 가늘게 떨리는 내 손바닥 위에 각설탕을 놓아주었던 일. 말이 벨벳 같은 입술로 그것을 먹어치웠던 일. 말의 입술뿐만이 아니라 그날의 경험 전체가 간질간질했다. 그래서 나는 웃음을 터뜨렸지만 자그마한 인간들의 괴상한 짓에 이미 익숙한 말은 놀라지 않았다. 말은 작은 인간들이 내는 새된 소리에 특히 익숙했다. 만약 내가 씩씩거리거나 으르렁거렸다면 말이 놀라서 달아났을지도 모른다. 그러나 말의 장기기억 속에는 새끼 말들이 명랑하고 쾌활한 소리로 히힝거린다는 사실이 저장되어 있었으므로 녀석은 다른 포유류의 무력한 새끼들도 그렇게 새된 소리를 낼 가능성이 있음을 알고 있었다. 만약 그때 말이 나를 물기라도 했다면, 그 사건이 내 기억 속에 깊이 박혀서 내 의식뿐만 아니라 반사작용에까지 영향을 미쳤을 것이다. 말의 장기기억은 물론 인간의 장기기억 속에도 그보다 훨씬 더 깊이 박혀 있는 기억은 맹수가 발톱으로 바위를 긁는 소리다(칠판에 분필이 긁히는 소리를 들으며 우리 몸이 오싹해지는 이유가 무엇이겠는가?). 그것은 경계심을 불러일으키는 소리이며 즉각적인 경고다. 목숨이 위험한 상황에서 살아남는 행운이 한 동물에게 두 번이나 찾아오는 경우는 드물다. 따라서 동물들은 먹잇감에게 달려드는 뱀보다 더 빨리 그 기억을 저장해서 평생 동안 언제든지 꺼내볼 수 있게 해야 한다.

사실 통증과 기억 사이에는 공통점이 많다. 둘 다 NMDA 수용체를 변화시켜 이 수용체가 더 쉽게 열리고 열린 상태를 더 오랫동안 유지하게 만든다. 통증은 사라지지 않는 나쁜 기억과 같다. 위험을 파악하는 것만으로는 충분하지 않고, 위험한 대상의 모습까지 반드시 기억해 두어야 하므로 통증이 이런 식으로 진화한 것은 일리가 있다. 전신마취

상태에서 사람은 통증을 느끼지 못하지만, 신경계는 그 통증을 잘 기억하고 있다. 펜실베이니아 의대의 앨런 고트샬크Allan Gottschalk의 수술팀은 수술 도중이나 수술 이후뿐만 아니라 수술 전에도 미리 환자들에게 진통제를 주고 있다. 만성적인 통증에 관한 기억이 생겨나는 것을 처음부터 막자는 생각인데, 진통제는 부상을 입은 부위에서 척수까지 이어지는 신경통로를 막는 역할을 한다. 고트샬크 박사팀의 방법은 지금까지 전립선 수술에서 훌륭한 효과를 발휘하고 있다.

이제 다시 과수원으로 돌아가 보자. 사과, 말, 과수원 같은 것들에 관해 여러 가지 사실들을 기억해내려면 의미기억semantic memory이 필요하다. 그날 아침의 일과 세 친구, 서양자두가 내 시선을 끌고, 구름이 나뭇가지로 만든 새장 속에 갇혀 있는 것처럼 보이고, 내가 수치심과 경이를 동시에 느꼈던 그날을 기억하는 데는 일화적 기억episodic memory이 이용된다. 이 두 가지 기억을 합하면 서술기억declarative memory이 만들어진다. 기억 속의 사건들을 말로 쉽게 표현할 수 있도록 명백한 사실들을 모아 놓은 것이 서술기억이다. 이런 기억들의 저장과 회상에는 해마hippocampus('바다 괴물'을 뜻하는 그리스어 단어에서 유래한 말)가 관련되어 있다.

무의식적인 기억과 과거의 사건들에 관한 지식에는 다양한 감각통로와 운동 경로 등 뇌의 여러 부분이 동원된다. 과거의 사건들에 관한 지식, 예를 들어 과수원을 걸을 때의 느낌이 내 몸에 기록된 것인지도 모른다. 이처럼 미묘한 지식은 말로 쉽게 표현하기 어렵지만, 내가 말을 할 때와 생각할 때의 버릇, 습관, 취향, 몸짓, 편견, 스타일 등을 통해 몸이 알아서 기억한다. 성큼성큼이 아니라 느릿느릿한 걸음걸이라든가,

마음이 불안할 때 무의식적으로 손톱을 쥐어뜯는 버릇, 누가 성질을 긁으면 금방 파르르 화를 내는 성격 같은 것들. 이처럼 사소한 일들이 우리를 지배하고 우리의 사람됨을 결정한다. 그 덕분에 몸은 자기 안에 들어 있는 사람을 기억할 수 있다. 수영을 배울 때는 수영하는 법을 의식적으로 생각해야 하지만, 나중에는 물 위에 뜨는 법과 골반의 각도를 조절하는 방법을 몸이 저절로 기억해낸다.

경험이라는 광석이 모두 한꺼번에 묻혀 있는 기억의 광산은 존재하지 않는다. 기억은 종류에 따라 각각 뇌의 다른 영역에 거주하며, 뉴런들이 집단을 이루어 하나의 기억을 형성한다. 신경학자인 제프 빅토로프Jeff Victoroff가 제시한 중간 휴식시간의 축구장 비유가 이것을 훌륭하게 설명해준다.

> 2만 명의 사람들이 색색의 카드를 한 장씩 들고 맞은편에 앉아 있다. 신호가 떨어지면 그들은 정해진 패턴대로 카드를 뒤집고, '트로전스, 아자!'라는 글귀가 나타난다. 2만 개나 되는 카드 어디에도 '트로전스, 아자'라는 글자는 적혀 있지 않다. 관중 한 사람이 혼자서 그 글귀를 만들어내는 것이 아니다. 그 글귀는 사람들의 움직임에 따라 나타나는 패턴으로만 존재한다. 2만 개의 뉴런이 정해진 패턴대로 신호를 발사하는 것과 같다. 마찬가지로 기억은 우리 뇌에서 어느 한곳에만 저장되지 않고 여러 곳에 분포한 뉴런 네트워크로서 저장된다. 이 네트워크는 시냅스 활동이라는 카드를 정해진 패턴대로 뒤집을 준비를 갖추고 있다.

이 비유를 계속 이어가보자. 한 사람이 흥분하면 다른 사람들도 모두 함께 흥분하는 경우가 있다. 마찬가지로 기억의 어느 한 측면을 자극하면 그 기억 전체가 갑자기 머릿속에 떠오를 수 있다.

갈비뼈로 둘러싸인 몸이라는 감옥에 평생 동안 갇혀 있는 우리는 열심히 주위를 헤매 다니는 감각기관을 통해서만 삶을 경험할 수 있다. 감각기관들은 해마 근처의 어떤 지역에 자신들이 알아낸 것을 보고하고, 이 정보가 한 사건의 다양한 측면을 기록한 그림을 만들어낸다. 여기서 몇 단계를 더 거치면 정보가 다시 해마나 신피질로 돌아와 저장된다. 얼굴에 관한 기억은 측두엽에, 풍경에 관한 기억은 두정엽에, 대인관계 기억은 전두엽에 저장되는 식이다. 하지만 우리가 기억하는 것은 별개의 감각들이 아니라 사건 전체이므로 신피질의 대부분을 차지하는 커다란 연상피질에서 모든 것이 한데 섞인다.

이처럼 다양한 기억방식이 한데 합쳐지면 왠지 우리가 세상에 하나밖에 없는 독특한 존재라는 느낌이 생긴다. 이 모자이크에 여러 조각들을 덧붙이면 개성이 형성된다. 우리는 이런 놀라운 일들을 당연한 듯이 받아들인다. 시간을 거슬러 올라가서 어제라는 잃어버린 왕국을 탐험할 수 있는 귀중한 능력에 대해서도 마찬가지다. 이처럼 풍요로운 일화적 기억을 가진 동물은 어쩌면 우리뿐인지도 모른다. 이 기억 속에서 우리는 과거를 되살려 마치 영화처럼 재생하며, 그 상상 속의 영화관으로 들어가 세월의 흐름에 따라 영화 내용을 고칠 수 있다.

15 망각하는 뇌, 노화하는 뇌

"아! 사람들은 항상 그래. 처음에는 아무것도 믿지 않다가 같은 것이 여러 번 반복됐다는 이유만으로 도저히 믿을 수 없는 것을 믿어버릴 만큼 바보란 말이야."

- 조지 맥도널드, 《판타스테스》

기억이라고 하면 거의 모든 사람이 과거를 생각한다. 하지만 대부분의 기억은 사실 미래에 관한 것이다. 우리는 현재의 문제를 해결하는 데 도움이 될 만한 것을 찾으려고 과거의 경험을 뒤진다. 배고픈 다람쥐는 플라타너스 밑동에 열매를 묻어놓았다는 사실을 기억해낸다. 어미 사자는 새끼의 냄새를 알아보는 법을 기억해낸다. 우리는 일의 결과를 예상하기 위해 비슷한 상황에서 사기를 당했거나 보너스를 받았던 일을 기억해낸다. 기억이라는 중복 신호는 모호하고 혼란스러운 세상을 헤쳐나가는 동물에게 지침이 된다. 동물은 세상을 살아가면서 위협, 부상, 도전으로 이루어진 4차원의 장애물코스를 달려야 한다. 유전자라는 나선형 배턴을 후손들에게 전해주는 릴레이 경주를 위해 짝짓기를 하고 새끼를 키울 때까지 살아남아야 한다. 이 릴레이 경주는 워낙 오래 전에 시작되었기 때문에 첫 번째 주자가 누구였는지, 어디서 이 경주가 시작되었는지 아무도 기억하지 못한다.

내가 이 글을 쓸 때나 여러분이 이 글을 읽을 때, 우리는 작업기억이라고 불리는 소중한 단기기억을 이용한다. 짐을 끄는 말과 같은 역할을 하는 작업기억은 삶의 전체적인 느낌을 제공해준다. 레몬을 깨물었을 때의 느낌, 아마포가 스칠 때의 느낌, 사랑하는 사람이 잠에서 깨었을 때 느끼는 짜릿한 기쁨, 전화번호를 돌리면서 입으로 그 번호를 외우는 것, 배관공이 수리를 하러 왔을 때 할 말을 미리 연습하는 것, 눈 쌓인 가지에 거꾸로 매달려 있는 박새의 모습을 무심히 끼적이는 것. 이 모든 느낌과 행동 속에서도 우리는 몸으로부터 배, 근육, 걱정거리 등에 관한 최신 정보를 계속 받아들인다. 작업기억은 금방 사용하게 될 정보를 담고 있지만, 한 번에 한 가지 일밖에 하지 못한다. 어떤 사람이 전화번호를 기억하려고 애쓰고 있을 때 그 사람을 방해하면 그 사람은 생각의 가닥train of thought을 잃어버릴 것이다. 우리는 이런 표현을 즐겨 사용한다. 마치 생각이라는 것이 똑바로 뻗은 강철 철로 위에서 움직이는 기관차라도 되는 것처럼. 작업기억은 전두엽(눈썹보다 약간 높은 곳에 위치)을 끌어들여 감각기관에서 전해준 소식, 그것이 불러일으킨 감정, 뭔가를 기억하려는 의식적 노력을 하나로 합친다. 생각이라는 기차에 차량이 여러 개 달려 있다고 볼 수도 있다. 이 차량들은 우리가 충동적으로 행동하거나, 문제를 해결하거나, 누군가에게 말을 걸거나, 음식을 먹거나, 몽상에 빠지기 전에 뇌 속에서 하나로 연결된다. 어떤 차량에는 사실들이 저장되어 있고, 또 다른 차량은 감각들을 살피면서 정신을 산만하게 하는 것들을 걸러낸다. 또 다른 차량은 학습에 매진하고, 또 다른 차량은 몸의 근육을 움직인다. 언어, 사회적인 예의범절, 일상적인 감각, 생분해가 가능한 자원, 작업지침, 실행의 법칙과 불평의 법칙 등 필수적이고 다양한 기억들을 운반하는 차량들도 있다. 그들은 생각의 기차 하나에 매달려 함께 빙글빙글 돈다.

우리가 뭔가를 배울 때마다 뇌는 새로운 회로를 만들어내거나 낡은 회로를 활성화한다. 여름마다 몇 번씩 나는 내 정원의 통로에 깔린 짚을 정리해서 걷기 쉽게 만든다. 뇌도 친숙한 통로들을 새로 정리한다. 중년의 나이가 되고 보니 이 점이 얼마나 위안이 되는지 모른다. 내 기억이 낡은 담요처럼 희미하게 바래가고 있는 것 같기 때문이다. 간단한 단어 하나를 기억해낼 때도 짜증스러울 만큼 오랫동안 노력을 기울여야 하는 경우가 있다. 마음의 눈으로는 그 단어가 가리키는 물체의 모습이 분명히 보인다. 다만 그 단어를 생각해내는 데 더 오랜 시간이 걸릴 뿐이다. 글을 쓸 때는 이것이 문제가 되지 않는다(뇌에서 종이로 단어를 옮길 때는 대개 1,000분의 1초라도 시간이 더 걸리기 때문이다). 하지만 혼잣말을 하거나 다른 사람과 대화를 나눌 때는 정확하지 않은 단어들을 동원한 에두른 표현 때문에 대화가 미로처럼 변해버릴 수 있다. 내가 '차일awning'이라는 단어를 써야 하는데 기억해내지 못했다고 치자. 아마 나는 차일의 모습을 머릿속으로 그려보면서 거기서 연상되는 단어들(포치, 창문, 야외용 긴 의자, 흐느적거리는 가지 등)을 빠른 속도로 떠올리다가 간신히 그 단어를 기억해낼 것이다. 아니면 차일과 비슷하게 생긴 것들을 가리키는 비슷한 말(포장, 덮개, 우산)을 정신없이 찾아 헤매다가 결국 비슷한 말로 대신하게 될지도 모른다. 밖을 향해 하품을 하고 있는yawning 짐을 떠올리며 '하품하다'라는 동사를 찾아낼지도 모른다. 이런 식으로 오락가락하는 것이 때로는 걱정스럽고 짜증스럽다. 빠르고 교묘한 대화의 리듬도 헝클어져버린다. 따라서 원하는 단어를 잘 기억해내지 못하는 현상은 도로를 완전히 막는 방책防柵이라기보다 장애물hurdle이 된다(나는 이 단어가 들어가는 육상경기를 머릿속으로 그려본 후에야 비로소 이 단어를 생각해낼 수 있었다). 사람들은 세월이 스스로 흐르기 시작하면서 어느 날 갑자기 이런 재난을 만난다고 생각한다. 하지만 이런 현상은 당연히 그보다 더 일찍 시작된다. 급속히 멀어져가는, 반짝이는 단어의 뒤를 쫓는 현상을 말한다. 어린아이들은 대개 직접 경험한 사건을 생생하게 기억하지만, 어린이들만이 갖고 있는 그 재능은 사춘기에 이미 희미해지기 시작한다. 그때쯤이면 살아가면서 느끼고 경험하는 것이 너무 많기 때문에 그것을 모두 다 기억할 수 없게 된다.

'단어가 혀끝에 있는데 안 나와.' 우리는 이렇게 생생한 표현을 쓴다. 마치 나방이 혀 위에 앉아 있는 것 같다고. 혀끝에서 기억이 맴도는 현상은 보기보다 더 복잡하다. 단어 하나를 기억해내려면 두 단계를 거쳐야 한다. 자신이 원하는 단어를 꼭 집어내는 단계와 그 단어의 발음을 찾아내는 단계. 그런데 간혹 첫 번째 단계, 즉 단어의 개념을 찾아내는 단계에서 더 이상 앞으로 나아가지 못하는 경우가 있다. 뇌의 회로가 약하게 연결되어 있어서 그 단어의 발음을 기억해내지 못하는 것이다. '차일'이라는 단어를 파내기가 어려웠지만, 결국은 그 단어가 자유롭게 박차고 나왔다. 나는 그 단어를 생각하고 말할 수 있었다. 우리는 그 단어에 관한 기억을 전에 적어도 한 번 저장한 적이 있었다. 그리고 지금 버섯이 가득 들어 있는 바구니에서 버섯을 골라내듯이 그 기억을 다시 골라낸다.

측두엽이 없다면 의식적인 회상은 불가능할 것이다. 그래서 측두엽을 고갈시키는 병인 알츠하이머병은 처음에는 건망증이 심해지면서 서서히 시작되기 때문에 노화가 가져오는 정상적인 재난인 건망증과 혼동하기 쉽다. 시간이 흐르면 이 병이 뇌의 다른 부분들로 파고들어가 온갖 종류의 기억들을 공격한다. 그리고 마침내 사람들이 익숙하게 알고 있는 환자의 자아(기억이 치는 선의의 장난 중 하나)가 칠판지우개 밑에서 지워지는 분필 글씨처럼 사라져버린다. "내 정신이 온전하지 않아." 리어 왕은 이렇게 한탄한다. "틀림없이 너를 아는 것 같은데, 이 남자도 아는 것 같은데 확신할 수가 없군. 여기가 어딘지도 잘 모르겠으니까. 내가 가진 능력을 모두 동원해봐도 이 옷들이 기억나지 않아. 어젯밤에 내가 어디서 묵었는지도 모르겠고."

신경학자인 스펜서 내들러Spencer Nadler는 환자인 모리스로부터 자주 이메일을 받는다. 모리스는 알츠하이머병 초기 단계의 환자지만 정신이 쇠퇴해가는 와중에도 그 과정을 기적처럼 훌륭하게 묘사할 수 있다. "뇌에서 더 이상 생각이 스며 나오지 않습니다. 생각의 속도가 느려지고, 끈적거리게 변했습니다." 그는 자신이 이 병에 걸렸음을 알고 있다는 것이 병 자체만큼이나 끔찍하다고 생각한다. "점점 심해지기만 할 뿐 치료가 불가능한 치매를 안고 살면서, 내가 이 병을 앓고 있는 현실과 이 병이 초래하는 끔찍한 일들 때문에 마치 핵전쟁이 벌어진 이후의 세상에서 살고 있는 것 같습니다. 온통 파괴된 것들에 둘러싸여서 방사능 피폭으로 인해 결국 시들어가다가 쓰러지게 될 날을 기다리는 심정입니다." 이런 병을 앓고 있는 환자가 이럴 수 있을까 싶게 철학적이고 낙관적인 그는 어느 날 이메일에 다음과 같이 썼다. "치매에 걸린다고 해서 달라지는 것이 뭐가 있을까요? 세상에서 가장 위대한 사람들도 자신과 다른 사람들을 알기 위해 몸부림쳤지만 소용없었는데."

현재 알츠하이머 환자 수는 약 450만 명이다(현재는 전 세계 환자 수가 4,400만~5,000만 명으로 추정된다 – 옮긴이). 2050년이 되면 이 숫자가 1,600만까지 늘어날 것으로 추정된다. 그때쯤이면 베이비붐 세대가 노년에 접어들 것이다. 알츠하이머는 조기에 발병하기도 하고, 늦게 발병하기도 한다. 조기에 발병하는 알츠하이머는 유전성이 좀 더 강하다. 수리수리마수리나 아니면 비슷한 이름의 마법의 약이 언젠가 녹슨 문을 열어젖힐까? 아직은 불가능하지만 머지않아 그렇게 될 것이라는 의견이 대세를 이루고 있다. 그때까지는 아리셉트 같은 약으로 (시냅스에 아세틸콜린을 보충해줌으로써) 경첩에 기름을 칠하는 수밖에 없다. 실험실의 마법사들은 여러 각도에서 이 병을 겨냥하고 있다. 뒤틀리고 뒤엉킨 타우단백질에 초점을 맞추는 사람도 있고, 과녁처럼 생긴 혈소판에 초점을 맞추는 사람도 있다.

유전자는 단백질 생산을 명령한다. 단백질은 아미노산이 끈처럼 연결된 것으로서 수없이 회전하면서 구부러지기도 하고, 휘어지기도 하고, 뒤틀리기도 하고, 심지어 주름치마 같은 모양이 되기도 하다가 마침내 최종적인 형태에 도달한다. 단백질의 행동은 그 모양에 따라 달라지기 때문에 단백질 끈이 반드시 올바르게 접혀서 올바른 모양을 형성해야 하지만 그렇지 않은 경우가 많다. 뒤얽힌 단백질 끈을 어떻게 해야 할까? 세포는 이런 단백질을 다루는 절차를 알고 있다. 보호자 역할을 하는 분자들은 뒤얽힌 단백질을 둘러싸서 보호하고, 다른 분자들은 여기에 '유비퀴틴ubiquitin'이라는 재미있는 꼬리표를 붙여 다른 곳으로 끌고 가서 분해해 재활용한다. 그러나 이 문지기 시스템이 항상 효과를 발휘하는 것은 아니다. "잘못 접힌 단백질이 어느 정도 존재하는 것은 문제가 되지 않는다." 캘리포니아대학 샌프란시스코 캠퍼스의 프리드 코언Fred Cohen은 이렇게 말한다. "그 정도 쓰레기는 세포가 감당할 수 있다. 하지만 청소부들이 파업을 일으키기라도 하면 길가에 쌓인 쓰레기가 악취를 풍기기 시작한다. 우리가 다루고 있는 문제가 바로 그것이다." 일부 과학자들은 파킨슨병, 알츠하이머병, 광우병 등 많은 골칫거리들이 잘못 접힌 단백질로 인해 발생한다고 믿고 있다. 알츠하이머병의 경우 세포에서 튀어나와 있는 단백질을 잘라 남은 단백질 조각을 멍한 상태로 만들어버리는 효소 베타 세크레타제처럼 다양한 방해꾼들 덕분에 기형 단백질 덩어리들이 뇌에서 기억, 위치 파악, 기분과 관련된 부위의 활동을 방해한다. 이런 일이 일어나는 원인은 분명하지 않다. 유전자? 유독물질? 염증? 외상? 하지만 뇌가 크거나, 교육 수준이 높거나, 생각이 복잡한 사람들은 알츠하이머병에 더 오랫동안 저항할 수 있는 것 같다.

수녀 연구라고 불리는 연구가 최근 알츠하이머병에 대해 흥미로운 단서를 제공해주었다. 유행병학자이며 켄터키대학 교수인 데이비드 스노든David Snowdon은 소규모의 동질집단, 즉 수녀들(노트르담 수녀회)만을 대상으로 연구를 실시했지만, 그의 연구는 90퍼센트의 정확도를 자랑한다. 이 연구 결과에 따르면 젊었을 때의 사고방식을 통해 노년에 이 병에 걸릴 가능성을 예측할 수 있는 것 같다. 수녀들이 서원을 하기 전 젊은 시절에 쓴 글을 분석한 스노든의 연구팀은 생각과 문장이 가장 단순했던 사람들이 나중에 알츠하이머병에 걸릴 가능성이 가장 높다는 것을 발견했다. 이 연구 결과를 어떻게 받아들여야 할까? 뇌세포가 수많은 회로들로 연결되어 있는 사람은 남들보다 더 많은 회로를 잃어버려도 아직 여유가 있기 때문에 괜찮다고? 아니면 영양상태가 모종의 영향을 미친다고? 수녀 연구에서는 또한 엽산 수치가 낮은 수녀들의 대뇌피질이 약화되어 있음이 발견되었다.

뇌도 몸의 다른 부위와 마찬가지로 급속한 노화를 겪지만, 나이를 먹는다고 해서 누구나 노망이 나는 것은 아니다. 특정한 단어를 생각해내는 데 시간이 더 오래 걸릴 수는 있지만 어휘력을 향상시키는 것은 얼마든지 가능하다. 노련하게 단련된 기술은 느리게 노화한다는 사실을 보여주는 증거들이 아주 많다. 정신적인 습관, 특히 전문지식이 오랫동안 남는 것이다. 안톤 브루크너Anton Bruckner는 70대와 80대에 접어든 후에도 화려하고 아름다운 교향곡을 작곡했다. 구순의 물리학자인 한스 베테Hans Bethe(태양의 작용을 밝혀내는 등 많은 위대한 업적을 이룩했다)가 아내, 친구, 동료들과 함께 코넬식물원을 산책하는 모습을 보면 나는 항상 기분이 좋다. 그는 아흔 살 때 5년 기한의 출판계약을 맺었고 지금도 정치적으로나 직업적으로나 활발히 활동하고 있다. 1940년대에 로스앨러모스에서 원자폭탄을 연구했던 학자들 중 현재 생존해 있는 최고 연장자인 그는 그때부터 줄곧 핵무장 해제를 위한 캠페인을 벌이고 있다. 대개 그는 폭발하는 별들을 연구하는 데 시간을 바치며 행복을 느낀다. 그러나 상상력이 풍부했던 다른 사상가들 중에는 알츠하이머병이라는 정신적인 벌채에 시달린 사람들도 있다. 아이리스 머독(영국의 소설가이자 철학자-옮긴이)의 슬픈 이야기가 떠오른다. 베테와 머독은 모두 복잡한 문장과 아이디어들로 요술을 부리며 평생을 살았다.

10년 전 근처 공항의 티켓 카운터에서 나는 우연히 베테의 뒤에 줄을 서게 되었다. 카운터 직원은 필요 이상으로 커다란 목소리로 천천히 그에게 말을 하고 있었다. 베테가 눈에 보이지 않는 보청기를 끼고 있고 나이가 많으니 틀림없이 노망이 났을 것이라고 생각하는 듯했다.

"자, 베티이(Bethe라는 이름 철자를 잘못 읽은 것. 저자는 '베테'가 옳은 발음이라는 설명을 괄호 안에 적어두었다-옮긴이) 씨, 피츠버그에서 21번 게이트를 나와 27번 게이트로 가세요. 게이트 6개만 지나면 됩니다."

재미있어 하는 미소가 베테의 얼굴을 살짝 스치고 지나갔다. "아, 나도 그 정도 산수는 할 수 있소." 그가 말했다.

내가 아는 사람들 대부분은 기억을 잃어버릴까 봐 불안해한다. 알츠하이머병이 대중적인 공포의 대상이 되었기 때문에 기억이 잘 나지 않을 때마다 혹시 그 병의 징조가 아닌지 걱정하는 것이다. 잘 아는 사람이나 물건의 이름을 잊어버리는 것이 참으로 난처한 일이기 때문에 사람들이 특별히 신경을 쓰는 것인지도 모른다. 내가 아는 사람들 중에는 '도와주세요. 기억이 잘 나지 않아요'라는 뜻의 신호를 사용하기로 한 부부가 여럿 있다. 부부가 어떤 사람과 우연히 마주쳤을 때, 한 명이 재빨리 자신을 소개한 뒤 상대도 자기소개를 해주기를 바라는 방식이다.

우리는 정상적인 건망증에 대해 불평을 늘어놓지만, 우리 기억력이 지금보다 더 뛰어나지 않다는 것이 얼마나 다행인지 모른다. 예를 들어 우리는 몸을 어떻게 움직여야 하는지 일일이 기억할 필요가 없다. 한 순간에 느낀 수많은 감각을 어떻게 처리해야 하는지도 기억할 필요가 없다. 어렸을 때부터 지금까지 겪은 모욕과 불안감을 전부 기억한다면?

뛰어난 기억력이라는 저주를 받은 사람들의 정신은 물건이 너무 많아서 흘러넘치는 벽장과 같다. 문을 열면 온갖 물건들이 눈사태처럼 쏟아져 나온다. 그중에 하나를 무심히 선택했다가 온갖 결과들이 악몽처럼 부풀어오를 수 있다. 좋은 생존계획은 아니다. 망각은 기억의 부재가 아니라 기억의 동맹이다. 뇌가 민첩하고 분주하게 활동할 수 있게 해주는 장치인 것이다.

절정의 능력을 유지하려면 많은 대가를 치러야 한다. 그래서 몸은 생존과 번식에 삶의 전반기만 할애한다. 여기에는 목숨을 지키는 데 도움이 되는 기억들을 모으는 것도 포함된다. 아이를 낳은 후에는 기억력이 쇠퇴하기 시작한다. 몸의 다른 부위들도 마찬가지다. 관절이 점점 뻣뻣해지고 미각도 둔해진다. 진화라는 틀에서 보면 아이를 낳지 못하는 인간은 사회적으로는 도움이 되지만 반드시 필요한 존재는 아니다. 게다가 그들은 음식과 집을 놓고 젊은이들과 경쟁하는 사이다. 그러나 우리는 제멋대로 구는 짐승이기 때문에 항상 진화의 규칙에 따라 움직이지는 않는다. 하지만 진화의 규칙을 반드시 배울 필요는 있다고 생각한다. 인류의 커다란 매력 중 하나는 자기 삶과 관련된 모든 것을 이해하고야 말겠다는 열정이다. 수수께끼를 푸는 것은 뇌의 맹목적인 취미이자 소일거리이며, 짜릿함과 안도감 사이에 존재하는 쾌감이라는 특별한 감정을 느끼게 해준다. 우리는 생존을 위해, 일을 위해, 놀이를 위해 수수께끼를 푼다. 다행히도 자연은 우리가 미처 다 풀 수 없을 만큼 많은 비밀을 안고 있다.

하지만 순순히 비밀이 밝혀지는 경우도 있다. 오래전부터 사람들의 애간장을 태웠던 수수께끼 중 하나는 뇌가 장기기억을 저장하는 과정이었다. 앞에서 언급했듯이, 뇌세포는 시냅스라고 불리는 수천억 개의 자그마한 접촉점에서 마치 악수를 하듯이 서로 의사를 교환한다. 시냅스는 뉴런들 사이의 가느다란 입구다. 장기기억을 저장하기 위해 세포는 더 많은 단백질을 손처럼 생긴 축삭돌기에 발라 축삭돌기의 악귀힘을 증가시킨다. 그러면 시냅스가 넓어지거나 이미 존재하는 시냅스가 두 배, 세 배로 늘어난다. 이것은 매우 정교한 과정이다. 그리고 여기에는 그럴만한 이유가 있다. 단기기억은 한꺼번에 몰려왔다가 사라져버릴 수 있다. 하지만 마음속에 어지럽게 흩어져 있는 단기기억을 오랫동안 방치하면 이미 형성된 기억과 형성 중인 기억의 바다에 빠져 죽을 수도 있다. 이런 일이 벌어지는 것을 막아야 하므로 장기기억을 저장할 때는 여러 유전자들의 스위치를 각각 동시에 켜고 끌 수 있는 안전자물쇠가 필요하다. 뇌는 확인에 확인을 거듭한다. 컬럼비아대학의 에릭 캔들Eric Kandel은 노화와 관련된 기억상실이 유전자 스위치의 결함 때문인지도 모른다는 가설을 세웠다. 이 결함 때문에 새로운 단백질이 쏟아져 들어와도 단기기억이 장기기억으로 전환되지 않는다는 것이다. 또한 기억력이 유난히 뛰어난 사람들은 유전자를 억제하는 스위치에 결함이 있는 것인지도 모른다. 정신이라는 저택의 스위치가 고장나서 램프가 계속 켜져 있기 때문에 빛이 사라지지 않는 셈이다.

1949년에 캐나다의 심리학자 도널드 헵Donald O. Hebb은 시냅스를 강화하기 위해 하나가 되어 움직이는 뉴런들에서 기억이 유래한다는 의견을 내놓았다. 우리는 사회적인 동물이다. 심지어 세포 수준에서도 그렇다. 따라서 활성화된 뉴런들은 서로의 유대를 강화하며, 신경외과의사인 프랭크 버토식Frank Vertosick의 말처럼 "뇌 속에서 작은 파벌 또는 사교클럽"을 만든다. 뉴런들의 집단은 정말로 사교클럽, 세포들의 회합이다. 그들 중 일부는 로비를 벌이는 뉴런들의 영향을 더 많이 받을 것이다. 인간 사회에서와 마찬가지로 대다수는 남들의 부정적인 의견과 상관없이 결정을 내린다. 그러나 이타적인 뉴런들은 자신이 속한 클럽을 위해 행동하지는 않는다. 그들은 이기적으로 따로따로 움직이면서 자신의 유전자를 끌어올린다. 다른 유전자들에게는 신경 쓰지 않는다. 일부 클럽 회원들이 자기편에 서주지 않아도 상관없다.

나는 헵의 규칙을 침실의 드라마로 생각하는 편이 더 좋다. 뉴런이 다른 뉴런을 자주 흥분시킬수록 상대를 흥분시키기가 더 쉬워진다. 두 개의 뉴런이 서로를 더 많이 흥분시킬수록 그들 사이의 유대가 더욱 강해진다. 그 역逆도 진실이다. 뉴런이 다른 뉴런의 활동을 억제하면 그들 사이의 유대가 약해진다. 뉴런들은 누군가가 흥분시켜주기를, 살아있음을 느낄 수 있기를 바란다. 그들은 자신의 활동을 억제하는 친구보다 흥분시켜주는 친구를 더 좋아한다. 뉴런이 순식간에 흥분하는 것은 아니다. 자극이 일정한 수준에 도달할 때까지 축적되어야 한다. 뉴런은 일단 흥분하고 나면 자신의 몸 끝으로 짤막한 신호를 쏘아 보내는 데 기력을 다 써버린 다음 잠시 동안 쉬면서 기력을 충전해야 다시 기능을 발휘할 수 있다. 만약 파트너가 여전히 흥분한 상태라면 신호를 연거푸 쏘아 보낼지도 모른다. 흥분한 상태가 아니라면 차분히 가라앉을지도 모르고. 신경과학의 표현을 빌리자면, 함께 신호를 쏘아 보내는 뉴런들은 서로 연결된다.

오슬로대학의 티모시 블리스Timothy V. P. Bliss와 테리에 뢰모Terje Lømo는 1973년에 바로 이 점을 바탕으로 연구를 진행하다가 해마의 신경세포를 고주파 전기신호로 자극하면 세포들이 서로 단단하게 연결된다는 것을 발견했다. 장기강화작용long-term potentiation이라고 불리는 이러한 변화를 통해 기억이 몇 시간 또는 몇 주 동안 준비된 상태를 유지할 수 있다. 나중에 다른 학자들이 실시한 연구에서는 해마의 신경통로에 저주파 신호로 자극을 주면 세포들 사이의 연결이 약해진다는 사실이 밝혀졌다. 따라서 내가 앞에서 말했던 것처럼, 시냅스를 강화하고 약화하는 이 두 단계의 변화 덕분에 뇌의 여러 지역들이 다양한 정보를 저장하거나 지워버릴 수 있게 되는 것이라고 많은 사람들이 믿고 있다. 예를 들어, 리마콩(강낭콩의 일종-옮긴이)만 한 크기의 편도체에서 기억은 십중팔구 감정과 연관된다. 감정과 경험을 연결하는 것이 편도체의 역할 중 일부이기 때문이다.

1980년대와 1990년대에 여러 학자들이 도넛 모양의 분자들(MNDA 수용체)이 세포 변화의 열쇠임을 밝혀냈다. 일부 뉴런의 바깥쪽 벽에 자리 잡은 이 분자들은 기본적으로 우연의 일치를 찾아내는 감지기다. 이들의 중앙 출입구는 이중자물쇠로 잠겨 있다. 만약 정보를 전송하는 뉴런과 받아들이는 뉴런이 동시에 신호를 쏘아 보낸다면, 이 문이 열리면서 전류가 흘러 들어와 뇌가 두 가지 사건을 연결할 수 있게 해준다. 이때 가장 중요한 것은 타이밍이다. 나이 든 동물들의 경우에는 두 개의 신호가 거의 동시에 도착해야만 세포가 문을 열어주지만, 어린 동물들의 경우에는 신호의 간격이 비교적 커도(10분의 1초) 상관없다. 어린이들이 갖가지 기억을 자세하게 오랫동안 기억하는 반면 어른들은 새로운 것을 잘 배우지 못하는 이유가 어쩌면 이것일 수 있다. 두 개의 신호가 문간에서 충돌하면(생물물리학적인 '열려라, 참깨'), 문이 열려서 기억이 시멘트 반죽처럼 쏟아져 들어오는 모습을 생생하게 그려볼 수 있다.

그러나 래리 스콰이어Larry Squire와 에릭 캔들이 이 분야를 개괄적으로 설명한 책 《기억의 비밀》에서 지적했듯이, 기억이 즉시 각인되지는 않는다. 머릿속에 기억이 새겨지려면 시간을 들여 몇 단계를 거쳐야 한다.

> 이 과정이 완전히 끝나기 전에는 기억이 쉽게 파괴될 수 있다. 이 과정은 학습 이후 몇 시간 동안 대부분 완료된다. 그러나 기억이 안정되는 과정은 이후로도 한참 동안 지속되며, 그동안 장기기억의 조직이 끊임없이 변한다.

시간이 흐를수록 해마의 역할은 줄어들고 기억은 뇌의 여러 부위에서 점차 다른 기억들과 합류해 세상과 자신에 관한 다층적인 신념을 형성한다. 오페라 〈미카도〉에 나오는 아름다운 노래 〈태양 그리고 햇살〉을 처음 들었을 때는 그것이 어디에 나오는 무슨 노래인지 모를 수 있다. 그러나 이 노래를 여러 번 들으면서 굴뚝새의 노래나 잭해머 소리가 아니라 길버트와 설리번이 작곡한 노래임을 매번 생각해본 사람의 시냅스는 이 노래가 낯익다는 것을 알아차린다. 그래서 그들은 재빨리 문을 열어젖히고, 주인은 '미카도'라는 이름을 떠올린다.

얼마 전 프린스턴대학에서 분자생물학을 연구하는 조 첸Joe Z. Tsien이 쥐의 기억력을 향상시킬 수 있는지 알아보려고 쥐의 유전자를 조작했다. 우선 그는 해마에 있는 NMDA 수용체의 필수적인 부위가 없는 쥐를 탄생시켰다. 이 쥐의 시냅스들은 서로 약하게 연결되어 있었으므로 기억력이 정상 쥐들에 비해 뒤떨어졌다. 그런데 첸이 NMDA 수용체를 활성화하자 쥐가 똑똑해졌다. 그는 TV 시트콤 〈천재소년 두기〉의 주인공인 어린 천재의 이름을 따서 이 쥐를 두기라고 명명했다. 수용체의 문은 평소보다 겨우 15만분의 1초 동안 더 열려 있었을 뿐이지만, 이 작은 차이만으로도 기억력과 지능이 다섯 배나 향상되었다. 따라서 이 쥐는 갑자기 모든 것(감정, 공간정보, 청각정보)을 더 빨리 배워 더 오랫동안 기억할 수 있게 되었다.

밖으로 나가는 길에 나는 방충망 문을 1초 동안 더 열어둔다. 아주 잠깐인 것처럼 보이지만, 근처에 살고 있는 벌새 한 마리가 집 안으로 날아 들어와서 장난을 치거나, 왕풍뎅이가 거실 안에서 태엽장난감처럼 시끄럽게 돌아다니거나, 삼각형 노린재가 삼각 날개가 달린 폭격기처럼 몰래 숨어 들어오기에 충분한 시간이다. 우리는 시간을 큰 숫자로 측정하는 데 익숙하다. 그래서 상점이 30분 더 문을 연다든가, 진주조개를 캐는 잠수부들이 1분 더 숨을 참는다거나, 누군가와 꼬박 1초 동안 눈을 마주친다는 식으로 이야기한다. 1초 동안 중간 도 위의 라 음에 고정된 소리굽쇠는 40번 진동하며, 인간의 심장은 1번 박동하고, 달빛이 지구에 거의 도달하며, 미국인들은 350조각의 피자를 먹어치운다. 집파리들은 평균 3,000분의 1초마다 한 번씩 날개를 펄럭인다. 따라서 15만분의 1초를 상상하기가 어렵다. 이렇게 짧은 시간이 어떤 사람의 운명에 미치는 영향은 말할 것도 없다. 말로 꼭 집어서 설명하지는 않았지만, 여기에는 동물들이 더 똑똑해질 수 있으며 그들이 아직 완전히 진화한 것이 아니라는 말이 숨어 있다. 만약 이 말을 쥐들에게 적용할 수 있다면 아마 인간에게도 적용할 수 있을 것이다. 우리가 크로마뇽인을 바라볼 때처럼, 언젠가 우리 후손들도 우리를 원시인으로 생각하게 될까?

사람들은 지금 당장 유전자 조작을 통해 더 똑똑한 아이를 만들어 내는 것이 가능하냐고 첸에게 자주 묻는다. 그는 "간단히 대답하자면, 그런 일은 불가능하다"면서 "그런 것을 원하는 사람이 있겠느냐?"고 말한다. 부모들 중에는 그런 사람이 많을 것이다. 하지만 지능은 여러 가지 재능이 한꺼번에 작용하면서 결정된다. 단순히 기억력이나 손재주나 문제해결 방법을 찾아내는 육감이 좋다고 해서 지능이 좋아지지는 않는다. 동물마다 똑똑해지는 방법이 다르다. 고래, 비둘기, 나비는 놀라운 항법기술을 지니고 있다. 개는 발자국에서 사람의 냄새를 감지해 낼 수 있다. 신발 밑창을 통해 배어나온 냄새 분자들을 감지할 수 있기 때문이다. 그러나 개의 지능을 올린다고 해서 개가 뛰어난 핵물리학자가 되거나 탱고 무용수가 될 수는 없을 것이다. 어떤 의미에서는 단세포 생물들이 세상을 더 정확하게 인식하고 있다고 할 수 있다. 그들은 살아가면서 만나는 모든 자극에 반응하는 반면, 우리 같은 고등생물들은 엄청나게 많은 자극들 중에서 극소수만 선택하기 때문이다.

어쨌든 기억력이 좋아진다고 해서 유용한 기억이 많아지지는 않는다. 연구 결과들은 창의력이 뛰어난 사람들 대부분의 지능지수가 120~130 주위에 몰려 있음을 보여준다. 이보다 지능지수가 높은 사람들은 논리력, 기억력 등 특정 분야에서 더 뛰어난 능력을 나타낸다. 그러나 지능지수가 이보다 훨씬 높거나 낮은 사람들의 경우에는 창의력이라는 창문이 닫혀버린다. 그런데도 우리는 어찌된 영문인지 지능지수가 높을수록 좋다는 생각을 갖고 있다. 그래서 사람들은 최고의 지능지수를 갈망하며 기억력 향상을 요구한다. 정보를 빨리 습득해서 잘 보존할 수 있는 기억력이 있다면 편리하겠지만, 이것이 생존의 만능열쇠는 아니다. 나는 생존 외에 '행복'이라는 말을 덧붙이고 싶지만, 생존이 반드시 행복을 보장하지는 않는다. 미국을 건국한 사람들이 헌법을 제정할 때 그랬던 것처럼. 그 신사들이 약속한 것은 단지 행복을 '추구'할 수 있는 권리뿐이었다.*

IQ 검사에서는 기억력과 논리력이 높게 평가되는 반면 예술적 창의력, 통찰력, 사고의 탄력성, 감정적인 자제력, 감각 능력, 인생 경험 등이 무시되기 때문에 삶에 대한 만족감은 고사하고 성공 여부조차 예측할 수 없다. 일부 이론가들은 지능을 파악하는 다른 방법들을 제안한다. 예를 들어 대니얼 골먼Daniel Goleman은 우리가 내리는 모든 결정에 색을 입히는 강력한 감정지능에 대해 설득력 있는 주장을 펼친다. 날랜 기억력이 균형 잡힌 지능을 보장해주지는 않지만(백치천재 증후군[자폐증이나 지적장애가 있는 사람이 특정 분야에서 천재적인 재능을 보이는 현상-옮긴이]을 생각해보라), 기억력이 좋지 않으면 똑똑해지기 어렵다.

만약 내가 내 유전자를 조작하고 싶어 하지 않는다면? 뭔가를 자꾸 반복하면 장기적으로 머릿속에 저장하는 데 도움이 된다. 지루하기 짝이 없는 기계적인 학습(아이가 나쁜 행동을 할 때마다 칠판에 그 행동을 고백하게 만드는 것이 좋은 예인 것 같다)이 신경질이 날 정도로 훌륭하게 효과를 발휘하는 것이다. 운동선수와 외과의사는 모두 반복을 통해 솜씨를 갈고 닦는다. 반복은 대중적이고 믿을 만한 기억방법이다. 하지만 지루함은 더 많은 가능성을 막아버린다. 기계적인 학습은 효과가 좋지

* 달성하기 어려운 목표인 행복에 관해서는 4부에서 다시 이야기할 것이다.

만 너무 경직되어 있다. 이 학습방법은 창조적인 아이디어가 마그마처럼 솟아나올 여지를 허락하지 않는다. 굳이 생각하지 않아도 어떤 기술을 자동적으로 구사할 수 있는 수준이 되면, 그 기술로 이어지는 질척질척한 길이 사라져버리기 때문에 걸음걸이나 방향을 개선하기가 어려워진다. 내가 아는 한 연극 연출가는 배우들에게 연구와 연습을 통해 지나칠 정도로 준비를 한 다음 습관적인 생각을 제쳐놓고 위험하더라도 순간적으로 자연스레 솟아오르는 아이디어를 시험해보라고 말한다.

나는 그리스의 시인 시모니데스가 기원전 500년에 고안한 방법을 먼저 사용한다. 연상을 통해 기억을 낚아 올리는 것이 뇌의 자연스러운 성향임을 눈치챈 시모니데스는 사람의 이름을 화려한 이미지로 장식하곤 했다. 손에 잘 잡히지 않는 이름에 멋진 갈고리를 달아두면 그것을 붙잡아 끌어내기가 더 쉽다. 이름과 운이 맞는 은어나 외모의 특징을 무시무시하게 묘사한 그림 또는 성격에 관한 단서를 이용할 수도 있다. 항상 섬세하고 예의바른 꼬리표만 붙이는 것은 아니기 때문에 나는 사람들에게 이 꼬리표에 관한 이야기를 하지 않는다. 기억을 보조해주는 이런 장치를 이용한다는 것은 '안녕'이라는 말과 '제인'이라는 말 사이에 시간의 편린을 추가로 덧붙인다는 뜻이다. 그러나 이 방법은 대개 효과를 발휘한다. 재미있기도 하다. '안녕, 레스터Hello, Lester'라고 인사를 하면서 그가 물집blister처럼 부풀어오른 모습을 상상하거나 지니에게 인사를 하면서 그녀가 점심때 진을 즐겨 마신다는 생각을 하며 키득거리면 안 된다는 점을 명심하기만 한다면. 브렌다Brenda의 머리가 빨간색이라면, 나는 그녀의 머리카락에 불이 붙은 모습을 상상할 수도 있을 것이다. 독일어의 brennen과 어원이 같은 단어인 브렌다에 뿌리가 탄다는 의미가 숨어 있음을 내가 알고 있기 때문이다. 홀리Holly라는 이름에 대해서는 광배halo처럼 그녀의 머리를 둘러싼 고수머리를 기억해 둘 수도 있다. 폴의 넓은 어깨를 보며 벽을 떠올릴 수도 있다. 어떤 학기에 나는 학생들에게 이 방법을 털어놓으며 첫 수업을 시작했다. 그리고 학생들과 함께 서로의 이름에 대해 우스꽝스러운 이미지들을 만들어냈다. 그랬더니 모든 학생이 처음부터 다른 학생들의 이름을 잘 기억하게 되었다. 상상력이라는 근육은 사용할수록 튼튼해지지만, 기억에 색을 칠하려면 시모니데스 같은 재주가 필요하다. 기억술은 때로 재미있기도 하지만 노력이 필요하다. 우리같이 게으른 사람들에게는 귀찮은 일이다. 어쨌든 달콤한 기억은 애쓰지 않아도 떠오른다. 마치 선물을 받는 것 같다. 날치가 태양을 향해 뛰어올랐다가 순식간에 검게 일렁이는 무의식의 바다로 떨어지는 것 같기도 하다.

'시험 전에는 밤샘을 하지 마라'는 말은 훌륭한 충고이다. 잠이 기억력을 향상시켜준다는 것을 증명한 연구들이 많기 때문이다. 잠은 '인터리빙interleaving'이라고 불리는 과정을 통해 기억을 돕는 것 같다. 인터리빙은 정보를 통째로 안겨준 다음 뇌에게 그것을 받아들이라고 요구하는 것이 아니라 반복을 통해 서서히 정보를 소개하는 과정이다. 이런 방식을 통해 반죽 속의 달걀흰자처럼 차곡차곡 접혀 들어간 정보는 이미 존재하는 정보를 방해하지 않고, 그저 거기에 덧붙여질 뿐이다.

인도 요리에 반드시 들어가며 소염작용을 하는 양념인 커민도 기억에 도움이 되는 것 같다. 전통적인 약초 치료사들은 기억력을 향상시키기 위해 항상 레몬밤이라고도 불리는 멜리사를 이용한다. 레몬밤은 이파리가 부드럽고 살짝 레몬향을 풍기는 아름다운 허브다. 향이 더 강렬하고 이파리가 거친 레몬버베나와는 대조적이다. 나는 버베나의 향을 더 좋아하지만 차에 레몬밤을 넣어 먹는 경우가 많다. 노섬브리아대학의 인간 인지신경과학 연구단 소속 학자들은 이 식물의 활성성분인 메탄올 추출물을 분리해냈는데, 이 성분은 신경전달물질인 아세틸콜린의 수치를 높여준다. 연구팀은 자원자들을 두 집단으로 나눠 한 집단에게는 메탄올 추출물을 주고, 다른 집단에게는 가짜 약을 주었다. 메탄올 추출물 약 1,600밀리그램을 섭취한 자원자들에게서는 성격이 차분해지고 기억력이 좋아지는 '놀라운' 결과가 나왔다.

한 가지는 확실하다. 스트레스를 받을 때는 기억력이 떨어진다는 것. 스트레스와 지루함은 모두 뇌세포를 죽일 수 있다. 도전할 만한 일, 새로운 것, 풍요로운 환경은 기억에 다시 활기를 불어넣을 수 있다. 가벼운 에어로빅 운동도 마찬가지다. 매일 블루베리를 한 컵씩 먹는 것도 역시 같은 효과를 낼 가능성이 높다. 따라서 굉장한 취미를 새로 개발한다든가, 신기한 프로젝트를 시작한다든가, 말도 안 되는 짓을 하며 살아가는 것에 대해 핑계가 필요하다면, 건강을 구실로 내세울 수도 있을 것이다. 그런 짓들이 어떻게 효과를 발휘하느냐고? 뉴런의 숲에서는 신경전달물질들이 꼬리말이원숭이들처럼 펄쩍펄쩍 뛰어 다니는데, 뇌를 자극하면 뉴런에 새로운 가지들이 생기기 때문에 원숭이들이 나무에서 나무로 옮겨 다니기가 더 쉬워진다. 다행히도 이러한 성장과정은 생후 3년 동안에만 한정되지 않고 평생 동안 계속 이어진다. 관절염에 걸린 다리로 육상을 배울 수는 없을지 몰라도 낡은 고정관념에게 새로운 요령을 가르쳐주는 것은 언제든지 가능하다.

16 꿈과 기억의 수수께끼

그곳에서 버텨라. 실망해서 말을 잃은 채, 말을 더듬거리며. 사람들의 야유를 들으며. 기를 쓰고 버텨라. 마침내 분노가 그대에게서 그 꿈의 힘, 그대가 그대만의 것임을 매일 밤 보여주는 그 힘을 끌어낼 때까지. 모든 한계와 비밀을 초월하는 힘. 그 힘 덕분에 사람은 전기라는 강의 관리자가 된다.

- 랠프 월도 에머슨, 〈시인〉

꿈에 관한 이론 중에 이런 것이 있다. 꿈이 길가의 휴게소이자 기억 저장고, 즉 모든 것을 통합하는 곳으로 진화했다는 것. 꿈은 옛것과 새것, 추상적인 것과 구체적인 것, 뻔히 보이는 재담과 상징이 담긴 굉장한 보물창고이기 때문에 서로 어울릴 것 같지 않은 요소들이 하나로 뭉칠 수 있다. 따라서 때로 꿈을 통해 창조적인 생각이 떠오르는 것도 별로 놀랄 일은 아니다. 우리가 매일 밤 꿈의 내실 안에서 보내는 시간은 그리 길지 않다. 렘REM(빠른 안구운동rapid eye movement) 수면이 이루어지는 두 시간 정도에 불과하다. 그러나 한 사람이 평생 동안 렘 수면을 취하는 시간을 모두 합하면 최대 약 6년이나 된다. 왜 눈동자가 움직이는 걸까? 우리가 자는 동안에도 뇌 안의 전류는 계속 문을 두드리며 돌아다닌다. 그러나 감각기관에서 들어오는 대부분의 정보와 신체 움직임은 차단되어 있다. 꿈은 대단히 소란스럽기 때문에 꿈꾸는 사람의 몸이 일시적으로 마비되어 있지 않다면 벌떡 일어나 환상과 망상 속에서 정신없이 돌아다닐 것이다. 그러나 눈동자가 나방의 날개처럼 움직이는 정도는 전혀 위험하지 않다.

뇌가 자아와 세상을 화해시키는 곳이 바로 꿈이라는 공장이다. 이 과정은 간접적으로 이루어지지만 생존에 반드시 필요하다. 다른 동물들도 꿈을 꾼다. 우리는 아마도 기억을 처리하는 과정에서 공간을 절약하는 방법으로써 과거의 생물들로부터 이 재주를 물려받았을 것이다. 꿈은 정신의 동굴들 속을 흐르지만 의식의 수준까지 도달하는 경우는 거의 없다. 물론 가끔은 그렇게 되기도 한다. 특히 사람이 렘 수면 중이나 직후에 잠에서 깨었을 때가 그렇다. 그럴 때 우리는 꿈속을 들여다볼 수 있지만, 금방 사라져버리는 단기기억밖에 이용할 수 없다. 꿈의 세계를 거의 회상할 수 없는 이유가 바로 이것이다.

꿈은 포유류의 기억이 밤에 쓰는 일기라고 할 수 있다. 렘 수면 중에 우리가 낮에 겪었던 시련과 과거의 일들이 섬세하게 조정된 행동과 통합된다. 록펠러대학의 교수이며 신경과학자인 조너선 윈슨Jonathan Winson은 해마, 렘 수면, 다른 동물들이 꿈을 꿀 때의 상태, 뇌파 등을 장기적으로 연구한 뒤 꿈은 "자아 이미지, 두려움, 불안감, 강점, 웅대한 아이디어, 성적 취향, 욕망, 질투, 사랑을 통합"함으로써 신체적, 심리적 "생존을 위한 개인의 전략"을 반영한다는 의견을 내놓았다. 윈슨은 가시두더지 연구에서 중요한 단서를 얻을 수 있었다. 가시두더지에게는 렘 수면이 없으므로, 윈슨은 렘 수면이 약 1억 4,000만 년 전에 발달한 아주 오래된 특징임을 알 수 있었다. 우리 조상들이 최초의 포유류로부터 갈라져 나온 시기다. 윈슨은 또한 세타파라는 특별한 뇌파가 꿈과 관련해서 핵심적인 역할을 한다는 것도 밝혀냈다. 동물들이 깨어 있는 동안에는 그들이 평소의 서식지와 달라진 환경에 반응을 보일 때 세타파가 나타난다. 바뀐 환경에 반응을 보이는 것은 먹이 찾기처럼 유전적으로 각인된 행동이 아니다. 그들은 단순히 주변 여건이 조금이라도 바뀔 때마다 반응을 보일 뿐이다. 세타파는 해마의 여러 부위에서 생겨나는 것 같은데, 이 부위들은 모두 똑같이 움직이며, 파동과 파동 사이에는 약 200밀리초의 간격이 있다.

윈슨이 뇌간에서부터 해마까지 세타파를 추적하는 데 성공하자, 기억을 더 선명하게 이해할 수 있게 되었다. 쥐는 주위를 탐색할 때 수염을 움찔거리며 냄새를 맡는다. 그리고 모든 감각기관에서 들어온 피드백 신호가 해마와 그 주위에서 만난다. 이 신호는 이곳에서 "세타파에 의해 200밀리초 '바이트'로" 나뉘어 장기기억 저장장소로 이동한다. 동물들이 깨어 있을 때 세타파가 중요한 역할을 하는 것은 분명하지만, 렘 수면 중에도 세타파는 해마와 신피질의 춤을 지휘한다. 낮에 수집한 정보를 꿈속에서 처리할 수 없는 가시두더지가 얼마나 불쌍한지. 일종의 압축기인 렘 수면이 없다면, 온갖 정보로 꽉 막힌 우리 뇌에는 우리에게 즐거움을 안겨주고 생존에도 도움을 주는 온갖 감각 정보를 저장할 공간이 남지 않을 것이다.

진화과정에서 잠이 생겨난 이유를 정확히 아는 사람은 없다. 하지만 몸집이 큰 동물일수록 조금만 자도 된다. 흰족제비는 하루에 약 15시간, 고양이는 13시간, 사람은 8시간, 코끼리는 겨우 3시간을 잔다. 축복인지 부담인지 알 수는 없지만 어쨌든 신진대사 속도가 빠른 작은 동물들은 평생의 대부분을 꾸벅꾸벅 졸며 보내지 않는다면 그냥 녹아버리고 말 것이다. 렘 수면은 어쩌면 여러 가지 역할을 담당하고 있는지도 모른다. 돌고래의 렘 수면 시간은 겨우 흔적만 남아 있다고 할 수 있을 만큼 짧지만, 그들의 기억력은 아주 좋은 편이다. 머리가 좋은 사람이라고 해서 렘 수면 시간이 남보다 긴 것도 아니고, 멍청한 사람의 렘 수면 시간이 남보다 짧은 것도 아니다. 흥미로운 것은 갓 태어난 새끼의 무력함 정도와 렘 수면 시간 사이에 분명한 상관관계가 있다는 점이다. 주머니쥐는 렘 수면 시간이 18시간이나 되며, 오리너구리의 렘 수면 시간은 그보다 더 길다. 오리너구리도 꿈을 꿀까? 주머니쥐에게도 악몽이 있을까? 사람의 갓난아기는 길고 긴 잠을 자는 동안 어떤 꿈을 꿀까? 날 때부터 성숙하고 기운찬 모습이라서 태어나자마자 달릴 수 있는 동물들이 있다. 갓 태어난 가젤 새끼는 비틀거리며 일어선 지 얼마 되지 않아 어미와 함께 날래게 뛰어다닌다. 하지만 미성숙한 모습으로 태어나는 새끼들은 수많은 뉴런들을 이어야 하고, 반드시 필요한 감각들의 수수께끼를 풀어야 한다. 이처럼 시급한 일들을 처리해야 하는데, 깨어 있을 때만 삶을 경험하는 것으로는 부족하지 않겠는가? 어쩌면 아기의 감각기관을 섬세하게 조정하고, 아기가 소란스러운 삶을 살아갈 수 있도록 준비시키는 데 거칠고 요란한 꿈이 도움이 되는 것인지도 모른다. 세상에는 쉽게 알아차릴 수 없는 사기꾼과 비열한 놈들이 가득하고, 진짜 거짓말과 상상 속의 거짓말들이 뒤섞여 있다.

17 왜곡되는 기억들

어렸을 때 나는 무엇이든 기억할 수 있었다. 실제로 일어난 일도 그렇지 않은 일도.

- 마크 트웨인

많은 패턴과 해석이 기억에서 '무엇'과 '왜'를 구축하지만, 기억의 원천은 쉽사리 혼란 속에 파묻혀버린다. 앞 장에서 말한 과수원 기억에서 나는 서양자두나무를 하나의 패턴으로 인식했다. 하지만 그 나무가 어떻게 내 기억 속으로 들어온 걸까? 내가 그 나무를 보았기 때문일까? 누군가가 그 나무에 대해 이야기하는 것을 내가 들었기 때문일까? 내가 그냥 상상한 걸까? 아니면 공상? 꿈? 어디서 그 나무에 대해 읽은 걸까? 우리는 자신에게 친숙한 것을 처음 알게 된 경위를 착각하는 경우가 많다.

이런 착각에는 청각, 시각, 후각이 관련되어 있다. 친구에게서 UFO를 보았다는 이야기를 들은 걸까, 아니면 라디오에서 그 이야기를 들은 걸까? 자기가 독창적인 생각을 해낸 줄 알았는데, 사실은 1년 전에 어디선가 읽은 내용인 경우도 있다. 이 사람은 자기도 모르게 표절을 한 죄밖에 없다. 조교가 제시한 의견을 자신의 의견으로 믿어버리는 교수도 있을 수 있다. 우리는 가끔 기억을 개축한다. 우리는 사방을 파헤치면서 기억의 조각들을 하나로 붙이는 과정에서 그 기억의 원천에 관한 정보를 잃어버린다. 코넬대학의 심리학 교수이며 장기기억 연구 중 이 현상에 관한 권위자인 스티븐 세시Steven Ceci는 이 현상을 정상적인 기억을 버무려서 만든 샐러드라고 부르곤 한다.

역시 코넬대학의 심리학 교수인 울릭 나이서Ulric Neisser는 오래전부터 매우 흥미로운 방법을 동원해 이 현상을 시험하고 있다. 우주왕복선 챌린저호가 폭발한 다음 날 시작된 아주 전형적인 연구에서 그는 사람들에게 챌린저호 폭발사건에 관한 기억을 말해보라고 했다. 그리고 3년 후 그들에게 같은 조사를 다시 실시했더니 실험 대상자들 중 3분의 2가 그 소식을 언제, 어디서, 누구와 함께 들었는지에 관해 완전히 틀린 답변을 했다. 그런데 완전히 틀린 답변을 한 사람들도 옳은 답변을 한 사람들만큼이나 자신감이 넘쳤다. 1989년에 캘리포니아 북부에서 지진이 발생한 후 나이서는 샌프란시스코, 산타크루즈, 애틀랜타에서 다른 교수들에게 부탁해 지진에 관한 개인적인 기억을 묻는 설문지를 나눠주었다. 그리고 1년 반이 지난 후 다시 같은 조사를 실시했더니 캘리포니아주의 학생들은 그 사건과 관련된 기억을 대부분 그대로 간직하고 있는 반면, 조지아주의 학생들은 그렇지 않았다. 그들은 지진 때문에 특별히 불안을 느낀 적이 없고, 지진에 관한 소식을 TV 뉴스에서 들었기 때문에 몸이 그 기억을 직접 느끼지 못해서 기억이 생리적인 경험으로 처리되지 못했다. 캘리포니아주의 학생들은 지진을 직접 경험했을 뿐만 아니라 지진에 관해 많은 이야기를 나눴다. 나이서는 어떤 사건에 대해 이야기를 하면 그 일을 기억할 가능성이 높아진다는 것을 발견했다. 뇌의 중요한 전략 중 하나인 이야기가 기억을 각인시키는 데 도움이 되는 것이다.

어른들도 기억의 출처에 관해 이러한 실수를 자주 저지르지만, 미취학 어린이들은 이런 실수를 저지를 때가 두세 배나 많다. 어린아이들과 노인들이 특히 이런 실수를 잘 저지르는데, 이는 기억의 출처를 저장하는 데 활발히 참여하는 전두엽이 어렸을 때는 천천히 성숙하고 나이를 먹으면 빨리 쇠퇴하기 때문이다. 어린이와 노인들 모두 뭔가를 생생하게 기억하고 그 기억을 해석할 수도 있지만, 그 기억 속의 사건이 언제 어디서 일어났는지는 잊어버린다. 우리는 어릴 때와 노인이 되었을 때 모두 외부의 영향을 쉽게 받기 때문에 자주 혼란을 일으키고 남의 말을 쉽게 믿어버린다. 예를 들어, 실험 중에 학자들이 피실험자들에게 다섯 살 때 폐렴에 걸려 일주일 간 병원에 입원해 있었다는 이야기를 넌지시 흘렸다고 가정해보자. 나중에 피실험자들은 학자들의 말을 들었기 때문이 아니라, 자신이 실제로 병원에 입원해 있었기 때문에 그 기억이 남아 있다고 생각해버린다. 또는 어떤 사람에게 여덟 살 때 학예회 연극에서 대사를 잊어버린 적이 있다고 거듭 말해주면, 나중에는 이 괴로운 일화가 실제 기억이 되어버린다. 사실은 다른 사람에게서 들은 이야기에 불과한데도 말이다.

이러한 기억의 혼란은 학대 기억에 관한 논란의 핵심을 차지하고 있다. 거짓 기억을 갖고 있는 사람이 그 기억에 대해 이야기하더라도 그 사람의 말은 거짓말이 아니다. 기억이 허구에 불과하다 해도 그 사람은 그 기억이 진짜라고 믿기 때문이다. 세 살짜리 아이들도 몇 달 전의 일을 꽤 생생히 기억할 수 있지만, 기억이 오염될 가능성이 있다. 누군가의 기억을 조작하면 그 사람은 점점 새로운 이야기를 만들어낼 것이고, 그 이야기는 그의 신념체계 속에서 힘을 발휘할 것이다. 원래 거짓말이었던 것이 기억에 남을 만한 진실이라는 지위를 획득하는 것이다. 거짓말을 자주 하면 그것이 우리의 자전적 기억 속에 섞여 들어간다. 그러면 누가 거짓말을 하고 있는지 가려내기가 지극히 어려워진다. 거짓 기억을 믿는 사람들은 실제로 그 일이 일어났다고 생각하므로 그 일에 대해 이야기하더라도 거짓말을 할 때처럼 불안감을 느끼지 않는다. 따라서 그 사람의 표정을 보고 거짓말을 가려낼 수 없다.

하지만 뇌 지도를 작성해보면 가려낼 수 있을지도 모른다. 거짓말 탐지기는 사람들이 거짓말을 하면서 들킬까 봐 두려워할 때 나타나는 생명징후(맥박, 호흡, 혈압, 체온-옮긴이)의 변화를 측정할 뿐이다. 뇌 스캔을 해보면, 사람이 거짓말을 할 때 실무적인 기능과 관련되어 있는 부위가 활성화되는 것 같다. 아이오와주 페어필드의 뇌 지문 연구소 수석 연구원인 로런스 파웰Lawrence Farwell은 거짓말을 더 정확하게 잡아낼 수 있는 거짓말 탐지기를 시험하고 있다. 논란의 대상이 되고 있는 이 기계는 뇌가 친숙한 것을 알아보았을 때 나오는 P300 뇌파의 지도를 작성한다. 파웰이 살인 혐의로 유죄판결을 받은 뒤 항소한 사람의 뇌를 조사해본 결과 그가 사람을 죽였다는 사건 현장의 모습을 자세히 보여주었을 때 친숙한 것을 인지하는 부위가 자극을 받지 않았다. 그러나 그의 알리바이를 자세히 보여주었을 때는 그 부위가 자극을 받았다. 이 실험 결과는 이 남자가 무죄임을 암시했지만 그의 항소는 받아들여지지 않았다. 범죄를 기억하지 못한다는 것이 무죄를 증명하지는 않는다. 록히드 마틴의 연구원인 존 노신John Norseen은 국방부의 자금지원을 받아 사람이 죄책감을 느낄 때의 뇌파 지도를 작성하려고 애쓰고 있다. 그는 언젠가 공항에서 모든 사람의 뇌 활동을 조사해 테러리스트를 체포할 날이 올 것이라고 생각한다. … 어쩌면 어머니에게 거짓말을 한 것 때문에 죄책감을 느끼는 사람이 엉뚱하게 체포될 가능성도 있지만.

기억의 출처를 완전히 뒤섞어버리는 요인이 하나 있다. 스트레스. 스트레스를 받으면 기억이 비틀거리고, 기억의 출처와 관련된 부분이 그 영향을 받는다. 음, 우리가 기억의 출처가 잘못 저장되는 현상을 일부러 일으키려 한다고 가정해보자. 그렇다면 과학자들과 독재자들이 오래전부터 알고 있었으며 오랜 세월에 걸쳐 효과가 입증된 다음의 방법들을 모두 사용해볼 수 있다. 기대감을 불러일으키는 것, 유도질문, 자신이 원하지 않는 답변이 나왔을 때 상대를 비판하거나 벌하는 것, 자신이 원하는 답변을 했을 때 상대를 칭찬해주는 것. 상대에게 뭔가를 암시하는 듯한 질문을 던지면, 그 사람의 마음속에 기대감을 심어줄 수 있다. "아내를 더 이상 때리지 않게 된 것이 언제입니까?" 같은 질문이 그런 종류에 속한다. 자신이 원하는 답변이 나왔을 때 상대에게 물질적인 보상이나 정서적인 보상을 해주는 방법도 있다. 또는 상대에게 특정한 이미지만 사용하라고 하면, 상대의 반응에 제한을 가할 수 있다. 그 밖에 상대에게 스트레스를 줄 수도 있고, 지금까지 열거한 방법들을 모두 조합해서 사용할 수도 있다.

우주 공간에서 먼 거리를 여행하는 빛처럼 기억도 굴절된다. 누군가에게 뭔가를 아주 오랫동안 생각해보라고 하면, 그 사람은 자신의 상상과 실제로 일어난 일을 혼동하게 될 것이다. 예를 들어, 아이들에게 어떤 사람이나 문화나 민족의 나쁜 점을 지속적으로 말해주면 아이들은 그런 나쁜 부분을 자기 눈으로 직접 보았다고 믿어버린다. 또는 아이를 완전히 무시하고 그 아이의 부모나 지도교사나 면담자에게만 초점을 맞추는 방법도 있다. 그러면 어른들은 자신의 신념을 증명해주는 증거를 찾아 헤매는 과정에서 자기도 모르게 아이의 기억을 조작해버린다. 세시는 "아이들이 스펀지처럼 모든 암시를 그대로 빨아들인다는 뜻은 아니다"라면서 "거짓 기억을 만들어내는 데는 많은 노력이 든다"고 경고한다. 몇 달이나 몇 년 동안 어떤 것을 암시하는 듯한 언행을 거듭해야 한다는 것이다. 그러나 가정, 동네, 학교에서 항상 벌어지고 있는 것이 바로 이런 일이다.

거짓 기억 외에 거짓 망각에 대해 호기심을 느끼는 사람들도 있다. 어느 날 아침 뉴욕의 특수외과병원에 근무하는 마취 전문의가 내게 전화를 걸어 지난주 발 수술을 하면서 받은 마취와 발목에 했던 장치 때문에 후유증이 나타나지는 않았느냐고 물었다. 나는 후유증이 없다고 대답했다.

"그냥 호기심이 나서 묻는 건데요, 마취에 무슨 약을 썼어요? 아주 깊은 잠에 빠졌다가 수술이 끝난 후 깨어났을 때 머리가 아주 말똥말똥했거든요." 내가 물었다.

"아, 환자분께서는 정신을 잃은 게 아닙니다." 의사가 말했다. "버스드versed라는 방식을 썼죠. 그러면 단기기억이 지워집니다."

"내가 잠든 게 아니라고요?"

"예. 그냥 수술을 기억하지 못하시는 것뿐입니다."

"잠깐만요. 내가 멀쩡한 상태로 이야기까지 했는데, 내가 한 말을 하나도 기억하지 못하는 거라고요?"

"그렇습니다."

"협박을 할 때 이 방법을 이용하면 아주 좋겠는데요."

의사는 웃음을 터뜨렸다. 내가 그에게 혹시 이상한 얘기나 난처한 이야기를 하지 않았느냐고 물어봤자 아무 소용이 없을 터였다. 그는 그런 일이 없었다고 대답할 테니까. 사람들은 최악의 경우를 두려워한다. 잠재적인 투렛 증후군(안면경련 등 무의식적 행동에 의해 특성화된 신경장애가 나타나는 유전병-옮긴이)이 나타나거나, 허리 아랫부분의 이야기를 장황하게 늘어놓았을지도 모르지 않나. 사람이 말짱히 깨어 있으면서도 모든 것을 잊어버리는 상태에 있을 때 초자아는 어떻게 되는 걸까?

"한 가지 문제가 있기는 합니다." 의사가 말했다. "환자가 수술 중인 의사에게 뭔가를 묻고 대답까지 들었는데도, 수술 중에는 아무것도 기억하지 못하기 때문에 자꾸만 같은 질문을 던지게 됩니다. … 결국 의사는 참다못해서 약물 투입량을 더 늘리라고 지시하지요."

의사들이 기억 차단제를 사용하고 싶어 하는 이유를 이해할 수도 있을 것 같다. 환자들 중에는 전신마취에서 깨어난 뒤 수술 중에 의사들이 나누는 이야기를 들었다고 말하는 사람들이 있다. 수술실에서 의사들은 때로 무례한 농담을 주고받는다. 한번은 내가 수술을 가까이에서 지켜본 적이 있었는데, 남자 의사가 바늘구멍에 실을 끼우려다 실패하자 이런 농담을 했다. "구멍 주위에 털이 있었다면 내가 절대로 구멍을 놓칠 리가 없는데." 하지만 의사가 "이 환자는 아무래도 회복할 수 없을 것 같아, 안 그래? 내가 이 환자처럼 될까 봐 무섭네"라든가 아니면 그냥 "아이고!"라고 말하는 것을 환자가 듣는 편이 더 기가 막힐 것 같다. 그러니까 기억을 지워버리는 것이다. 적어도 수술 중에만은.

자기가 뭔가를 잊어버렸다는 사실을 아는 것보다는 차라리 모르는 편이 더 낫다. 광고는 소리 없이 우리를 설득한다. 뭔가를 일부러 반복하면 기억에 도움이 된다. 무의식적인 반복도 도움이 되기는 마찬가지다. 사실 효과가 너무 좋아서 감정, 희망, 욕망에 영향을 미친다. 뇌는 잠재의식에 그 정보를 기록해둔다. 어떤 사람에 관한 영화를 사람들에게 보여주면서 부정적인 단어들이 알아차릴 수 없을 만큼 빠른 속도로 화면에 나타났다 사라지게 하면, 그 영화를 본 사람은 영화 속 주인공에게 적대감을 느끼게 될 가능성이 있다. 어떤 실험에서는 나이가 많은 실험 대상자들과의 면담조사를 맡은 사람들이 면담을 끝내고 방을 나갈 때 어깨를 구부린 채 천천히 걷는 경향을 나타냈다. 눈에 보이지 않는 것에는 여러 가지 형태가 있다. 서로 간의 합의나 수학 문제처럼 분명히 존재하지만 추상적인 것이 그중 하나다. 하지만 건물들이 그려놓은 하늘의 선이나 눈에 보이지 않는 곳에 있는 친구나 식당의 벽지처럼 머릿속에 저장은 되는데 우리가 실제로 인식하지는 못하는 것들도 있다. 잠재의식 속에 존재하는 이런 것들은 생각과 분리할 수 없다. 광고 전문가들은 제품에 대한 갈망으로 우리의 삶을 장식할 뿐만 아니라 가치관과 편견까지 주입하는 더 음험한 영향을 미치기도 한다.

우리는 경험이라는 모래사장을 파헤쳐 기억의 조각들을 찾아내서 그럴듯한 이야기로 꿰맞춘다. 때로는 그 과정에서 진실을 잃어버리기도 한다. 우리 것이 아닌 기억을 우리 것이라고 잘못 주장하는 경우도 있다. 이것을 내가 어디서 읽었던가, 아니면 생각했던가? 이 일은 내가 직접 겪은 일인가, 아니면 다른 사람이 겪은 일인가? 환상들이 기억의 뒤를 몰래 따라다닌다. 어떤 것은 우리의 그물에 걸려 문장이 되기도 하지만 희미하게 사라져버리는 것들도 있다. 어쩌면 우리가 정체를 감춘 허구의 손에 이끌려 하루하루 어둠 속을 헤치며 나아가고 있는데도, 이른바 현실을 진실이라고 생각하는 것이 우리가 꾸며낸 최고의 동화인지도 모른다.

18 감정이 기억에 미치는 영향

시간은 나를 만든 재료다. 시간은 나를 싣고 가는 강이지만, 내가 바로 그 강이다. 시간은 나를 먹어치우는 호랑이지만, 내가 바로 그 호랑이다. 시간은 나를 집어삼키는 불꽃이지만, 내가 바로 그 불꽃이다.

- 호르헤 루이스 보르헤스

경험 속에서 기억이라는 사금을 가려낼 수 있을지도 모른다. 그러나 감정이라는 산酸이 그것을 씻어내리며 가장 깊은 기억을 새겨놓는다. 오래전부터 나는 랠프 본 윌리엄스(영국의 작곡가-옮긴이)의 멋진 음악 〈그린슬리브스를 주제로 한 환상곡〉을 들을 때마다 두려움과 불안을 느꼈다. 공교롭게도 남태평양의 바다 위에서 사고를 당한 뒤 며칠 동안 배의 무전기에서 거의 들을 수 없을 만큼 미약한 소리로 새어나오던 음악이 바로 이 곡이었기 때문이다. 그 끔찍한 사고로 인해 내가 아는 사람들이 산호초 위로 내동댕이쳐졌다. 부상자도 있고, 사망자도 있었다. 난폭한 파도 속에서 그들을 구하려고 애쓴 사람도 여러 명이었다. 이 사고에 관한 기억은 그 후 내가 원하지 않았는데도 마치 영화처럼 수없이 내 머릿속을 스치고 지나갔다. 마치 처음 그 기억을 떠올렸을 때처럼 소리, 냄새, 맛, 느낌이 모두 생생하다. 그때 내가 입은 정신적 상처에는 수많은 감각들이 그날의 기억이나 격렬한 감정과 연결되어 있다는 점이 영향을 미치는 것 같다. 귀가 먹먹할 만큼 커다랗게 가래 끓는 소리를 내던 파도, 투명 필름처럼 그 위에 겹쳐진 사람들의 두려운 비명소리가 지금도 생생하다. 다른 사람이 흉부를 압박하는 동안 내가 인공호흡을 실시해주었던 남자의 날카로운 이빨의 느낌 역시 지금도 생생하다. 그의 이빨이 내 잇몸을 파고들었고, 그의 허파에서 바닷물이 거품을 일으키며 솟아나왔다. 나는 영원처럼 느껴질 만큼 오랫동안 그에게 숨을 불어넣어주었지만, 결국은 그를 영원히 살릴 수 없음을 깨달았다. 파도에 밀려 해변에 내동댕이쳐진 그 남자는 우리가 소생술을 시작했을 때 이미 죽어 있었는지도 모른다. 하지만 내가 할 수 있는 일이 정말 하나도 없었던 걸까? 옷이 갈기갈기 찢어진 채 파도 속에서 술 취한 사람처럼 비틀비틀 걸어 나오던 노인의 모습도 눈에 선하다. 내 기억에 그 노인의 아내는 항공기로 긴급 이송되었다. 그녀는 죽었을까? 옛날에는 알았는데. 10년이 지난 지금은 그날의 감각이 나를 뒤흔들지 않지만, 그 사건의 기억은 지금도 생생하다. 여기에는 나 자신의 역할도 어느 정도 묘한 영향을 미쳤는데, 그것을 지금 기꺼이 여러분께 이야기하고자 한다. 혹시 다른 사람들에게 도움이 될지도 모르니까.

어느 날 나는 적십자사에서 심폐소생술 강의를 듣기로 했다. 심장병이 있는 사람을 사랑한 적이 있기 때문이었다. 강의를 들을 일이 무서웠지만 심장병으로 인해 응급상황이 발생하는 것이 더 무서웠다. 수업이 시작된 지 겨우 몇 분밖에 지나지 않았을 때, 과거의 일들이 빠르게 떠오르면서 나는 공황상태에 빠졌다. 심장이 두근거리고, 신경이 모두 한꺼번에 움찔거리는 것 같았다. 내가 끝까지 수업을 들을 수 있을지 의심스러웠다. 강의실에서 도망치고 싶었지만, 나는 강의를 들으러 온 이유를 떠올리며 억지로 자리에 앉아 있었다. 엄청나게 강렬한 기억이 내 눈꺼풀 속에서 요동쳤다. 으르렁거리듯 밀려오는 파도 소리와 거기에 뒤섞인 비명 소리가 강의실 사방에서 메아리쳤다. 하지만 다른 사람들에게는 그 소리가 전혀 들리지 않는 것 같았다. 사람들이 눈치채지 않을까? 내가 지금 떨고 있나? '도망치지 마.' 나는 나 자신에게 이렇게 명령했다. '감각 중 하나를 꺼버릴 수 있는지 한번 해봐. 소리를 꺼봐.' 나는 모든 소리를 꺼버리려고 정신을 집중했다. 오로지 소리만. 효과가 있었다. 과거의 기억은 무성영화가 되었다. 나는 인형을 상대로 인공호흡을 연습할 수 있을지 의심스러워하면서 촉각을 꺼버리려고 정신을 집중했다. 인형의 감촉을 느끼지 않기 위해서가 아니라, 기억 속의 촉각만을 꺼버릴 생각이었다. 날카롭게 잇몸을 파고들던 이빨의 감촉. 남자의 죽은 거품이 내 입에 닿던 느낌. 남자와 입을 벌리고 키스를 하는 것 같은 기괴하고 섹시한 자세로 죽음에 봉사했던 것. '촉각을 꺼버려.' 나는 자꾸만 명령을 내렸다. 마침내 촉각이 무뎌질 때까지. 적어도 내 경우에는 커다란 상처로 남은 기억을 부분적으로나마 통제할 수 있었다는 점 때문에 기억의 광포함이 어느 정도 사라졌다. 여기에 심리치료까지 덧붙여지자 놀라운 일이 일어났다. 지금 그 사건은 그냥 기억일 뿐이다. 뭔가 그 사건을 연상시키는 것과 마주쳐서 소름이 오싹 끼치거나 슬퍼질 수도 있지만, 지금 그 사건을 다시 겪는 것 같은 느낌은 들지 않는다. 옛날처럼 내 감정에 무시무시한 빨간 경보가 켜지지도 않는다.

위험이 다가온다는 것을 감지하자마자 기억은 두 가지 일을 한다. 먼저 자신이 지금 어디에, 왜 와 있으며, 누구와 함께 있고, 무엇을 느끼는지를 재빨리 기록한다. 혼란스럽고 위험한 상황을 자세히 기록하는 것이다. 해마는 이 정보를 의식적으로 저장한다. 이와 동시에 좀 더 눈에 띄지 않는 곳에서 편도체가 눈에 보이는 광경, 소리 등 감각기관이 지각하는 것들을 기록해서 새로운 위험신호로 분류해놓는다. 따라서 앞으로 똑같은 자극을 만날 때마다 편도체가 갑자기 활동을 개시하고, 우리는 공포를 느끼게 된다.

분자 수준에서는 다음과 같은 일들이 일어난다. 무서운 일을 연상시키는 자극, 예를 들어 라디오에서 흘러나오는 〈그린슬리브스를 주제로 한 환상곡〉이 편도체를 자극해 신경전달물질을 방출하게 만든다. 편도체는 칼슘을 세포 속으로 끌어들이고, 이 칼슘이 특수한 단백질에게 세포핵으로 가서 다른 단백질들을 만드는 유전자의 스위치를 켜라고 명령한다. 이렇게 만들어진 또 다른 단백질들은 음악 소리에 관한 정보를 처리하고 있는 시냅스로 돌아가서 그 음악 소리를 그 자리에 고착시킨다. 따라서 그 음악 소리가 들릴 때마다 그 시냅스가 살아나고 세포는 신호를 쏘아 보낸다. 원한다면 기억이 떠오른다고 표현해도 좋다. 기억은 연습을 많이 할수록 더욱 강렬해진다. 우리 친구인 편도체를 악당으로 몰아붙일 생각은 없다. 필요한 경우 본능을 누르고 좋은 쪽이든 나쁜 쪽이든 세상의 느낌을 뇌에게 일깨우는 것이 편도체의 임무 중 하나다. 달콤하게 잘 익은 살구를 깨물었을 때 흘러나오는 과즙의 느낌, 물에 빠져 죽을 뻔했을 때 물을 삼키며 느꼈던 공포 등을 뇌에게 일깨워주는 것이다.

우리는 유전적 기억 덕분에 공포를 느끼는 법을 잘 알고 있다. 팔다리가 얼어붙고, 맥박이 빨라지고, 혈압이 치솟는다. 뇌는 주로 경험을 통해서 무엇을 무서워해야 하는지 배운다. 물론 경보가 잘못 울리는 경우도 많다. 전혀 위험하지 않은 것을 보고도 거기서 연상되는 죄책감 때문에 두려움을 느끼는 경우가 그렇다. 친숙한 냄새, 그림자, 말 한 마디면 충분하다. 팬케이크를 굽다가 형이 죽었다는 소식을 들은 남자는 그 후로 팬케이크를 구울 때마다 항상 살짝 슬픔을 느끼게 될지도 모른다. 그러면서도 그는 어쩌면 그 이유를 모를 수 있다. 뇌는 전에 충격적인 경험을 했던 곳에서 또다시 그런 경험을 하게 될 것이라고 예상한다. 그리고 예전의 정황 일부도 재현될 것이라고 예상한다. 세세한 부분의 기억이 선명할수록 기억이 불러내는 감정도 강렬하다. 충격적인 경험은 기본적으로 강렬한 기억의 도움을 받아 감각이라는 밧줄에 매여 제자리에 고정되어 있다. 누군가가 도와준다면 과거에 느꼈던 위협을 제자리, 즉 기억 속의 다락방에 저장할 수도 있다. 그러나 면도칼처럼 날카로운 느낌은 계속 날카로움을 유지하며 사라지지 않는 경향이 있다. 기억의 주인이 기억을 거듭 손보아서 의식적으로 둥글둥글하게 만들지 않는 한.

캘리포니아대학 어바인 캠퍼스의 제임스 맥고James McGaugh는 쥐가 새로운 것을 배운 뒤 아드레날린을 주사하면, 녀석들이 학습내용을 더 잘 기억한다는 사실을 발견했다. 학습 이전에 아드레날린을 주었을 때는 아무런 변화가 없었다. 학습 이후에 주어야만 기억력 향상 효과가 나타났다. 맥고는 정신적인 외상을 입은 사람들에게도 이 방법을 써보는 것이 어떻겠느냐는 생각을 갖고 있다. 군인이나 구조대원이 끔찍한 일을 경험한 직후에 그들의 기억을 부드럽게 다듬기 위해 인데롤 같은 베타수용체 차단제를 주자는 것이다. 그러면 그들은 그 사건을 기억하면서도 감정의 소용돌이를 경험하지는 않을 것이다. 흥미로운 것은 무서운 일을 겪는 동안 갑자기 늘어난 아드레날린이 로맨스를 고양시키는 역할을 한다는 점이다. 무서운 일을 함께 겪은 남녀는 서로를 더 매력적인 사람으로 묘사하며 십중팔구 상대에게 데이트를 신청한다.

대부분의 아이들은 두세 살이 되기 전의 일을 별로 기억하지 못한다. 피질의 발달 속도가 늦어서 뇌의 사고기능이 아직 활성화되지 않았기 때문이다. 그러나 아이들도 강렬한 감정은 무의식적으로 저장할 수 있다. 뇌는 초기 발달단계의 감정과 느낌을 일시적인 느낌과 이미지로 기억하며, 말이라는 그물로 이들을 포획하는 경우는 매우 드물다. 언어처리 시스템이 성숙하는 데는 약 18개월이 걸리는데, 그 시기가 지나면 아이는 말을 할 수는 없어도 남들의 말을 이해할 수는 있다.

어렸을 때 경험한 두려움과 학대는 눈에 잘 띄지 않는 상처를 남긴다. 우리는 어렸을 때 사람들의 표정을 해독하는 법을 배운다. 학대가 지속되면 감각기관이 다른 사람의 얼굴에서 아주 자그마한 분노의 기미까지 감지하도록 변해버릴 수 있다. 신체적 학대를 당한 아홉 살짜리 아이들과 그렇지 않은 같은 나이의 아이들을 대상으로 한 실험에서 학대당한 아이들은 분노의 표정이 크게 드러나지 않는데도 분노를 읽어냈으며, 분노한 표정들 사이의 차이를 잘 구분하지 못했다. 상대의 분노를 예상하고 아주 사소한 단서로도 분노의 기미를 찾아내는 아이들에게 학교는 독이 된다. 친구들과의 관계도 망가지고, 신뢰도 무너진다. 비슷한 맥락에서 우울증에 걸린 부모의 자녀들도 사람의 얼굴에서 슬픔의 기미를 잘 읽어낸다. 심지어 슬픈 얼굴이 아닌데도 슬픈 얼굴이라고 멋대로 상상해버리는 경우도 있다. 슬픔의 기미를 찾아 헤매는 것이 습관이 된 탓이다.

이런 상황에서 탈출하기 위해 뇌는 다른 장소로 도망치는 영리한 방법을 고안해냈다. 공포가 없는 다른 세상을 상상한 뒤 그 속에 완전히 녹아들어가거나 가끔 휴가를 가듯 그 세계로 들어가서 구원을 얻는 것이다. 상상 속의 세계에도 그 나름의 괴물이 있을 수 있지만, 그 괴물에게는 굴레를 씌울 수도 있고, 미리 대사를 정해줄 수도 있고, 조심스레 약을 먹일 수도 있고, 궁극적으로는 녹여서 없애버릴 수도 있다. 뇌는 현실도피를 위한 이러한 공상에 보너스를 하나 덧붙인다. 상상 속의 일들을 현실처럼 느끼게 되는 것이다(그래서 완벽한 경기를 미리 상상한 운동선수들이 좋은 결과를 낼 수 있다). 어렸을 때 나도 상상력이라는 그 비단길을 따라갔다. 나는 내가 품고 있는 두려움의 정체나 기원을 알 수 없었지만, 아버지의 화를 돋우는 것이 두려웠고, 내가 아버지의 분노를 가라앉히지 못할까 봐 겁이 났으며, 어머니가 나를 버릴까 봐 두려웠다. 내 뇌는 본능적으로 내게 다른 세상으로 가는 여권을 던져주었다. 매일 느끼는 자그마한 두려움은 가공되지 않은 날것 그대로의 느낌으로 다가왔고 그렇게 기억되었지만, 내 머리는 다른 세계로 날아가버렸다. 나는 누구에게도 들키지 않고 현실 세계와 내 비밀 세계 사이로 살짝 끼어들곤 했다. 말을 하는 도중에 그 틈새로 끼어드는 경우도 있었다. 마치 일본 여관의 창호지 문 뒤로 살짝 미끄러져 들어가듯이. 뇌물과 기도에 아주 잘 넘어가는 상상력이 필요할 때 저절로 나타나기도 한다는 것은 참으로 다행한 일이다. 때로는 졸린 모습으로, 때로는 사납고 단호한 모습으로 시냅스에 출몰하는 이 복합적인 유령은 한없는 익살과 근육 운동을 혼자 즐기면서 항상 유연한 상태를 유지한다. 가파르고 울퉁불퉁한 길을 또다시 내려가게 될 때를 대비해서 항상 스스로를 단련하는 것이다.

물론 상상력이 생존을 도와주는 시종의 역할만 하는 것은 아니다. 때로는 이 시종이 방해꾼이 되기도 한다. 무서운 일에 관한 기억을 가져다가 지금 사방에서 그런 일이 벌어지고 있는 것 같은 느낌을 불러일으킬 수도 있다. 정신적 상처를 남긴 기억들이 왜 유혹적인지는 잘 모르겠지만, 정신이 실제로 겪은 일이든 상상 속의 일이든, 끔찍한 일에 들러붙어서 그 잔혹한 면들을 자세히 되새기곤 하는 것은 틀림없는 사실이다. 나는 잔혹한 일들을 상상조차 하기 싫지만, 일단 그런 일에 대해 알게 되면 결코 잊어버릴 수 없다. 그런 일들이 내 기억을 태우고 지나간 자리에는 딱지가 남는데, 내 정신은 그 자리로 돌아와 딱지를 잡아 뜯는다. 나는 감히 잔혹한 책을 읽거나 잔인한 장면을 볼 엄두를 내지 못한다. 한번 보고 나면 그 기억을 지울 수 없을 테니까. 그 기억은 내 신경회로 속에 단단히 자리를 잡고, 아무 때나 튀어나와서 내게 공포를 안겨줄 것이다. 오래전 나는 1차 세계대전 중에 자행된 만행에 대해 알게 되었다. 독일 병사가 총검으로 임신한 여자의 배를 갈라 아기를 꺼냈다는 이야기였다. 나는 지금도 그 이야기를 문득문득 떠올리며 몸서리를 친다. 그 복잡하고 잔혹한 행위를 건조하게 묘사한 문장을 타이핑하는 것조차 고통스러웠다. 감정이 걷잡을 수 없이 소용돌이쳐서 나는 그 여자가 느꼈을 두려움 속으로 잠깐 빠져들어갔다.

뇌는 충격적인 기억을 어느 정도 완화해주는 기제를 자체적으로 갖추고 있는 것 같다. 생존을 위해서는 안정을 되찾고, 주위에 다시 적응하고, 잊을 것은 잊고, 새로운 것을 환영하며, 필요한 것을 다시 배워야 한다. 뮌헨에 있는 막스플랑크 정신질환연구소의 베아트 루츠Beat Lutz 연구팀은 뇌의 특정한 시스템(카나비노이드)이 없이 태어난 생쥐가 충격적인 경험에 정상 생쥐들과는 다른 반응을 보인다는 사실을 발견했다. 정상 생쥐들에게 벨 소리와 함께 전기 충격을 주면 녀석들은 곧 벨을 무서워하며 벨이 울릴 때마다 전기 충격을 예상하게 된다. 그러나 전기 충격을 더 이상 주지 않으면 녀석들은 벨 소리가 무섭지 않다는 것을 배운다. 그러나 카나비노이드 없이 태어난 생쥐들은 전기 충격이 멈춘 후에도 오랫동안 무서움에서 벗어나지 못한다. 녀석들은 환경이 바뀌어서 안전해진 후에도 충격적인 경험을 잊어버리지 못하는 듯하다. "전쟁으로 인한 신경증에서 회복하는 군인이 있는가 하면, 어떤 군인들은 수십 년 동안 고생하는 이유가 이것인 것 같다." 루츠는 이렇게 말한다. 어떤 사람이 공포를 얼마나 쉽게 느끼며, 겁에 질린 상태가 얼마나 오래가는지를 결정하는 것은 유전자인지도 모른다. 미국국립보건원이 실시한 연구에서 유전자를 통제하는 세로토닌의 특정한 변형을 갖고 있는 사람들에게 무서운 표정의 사진을 보여주었더니, 그들은 다른 사람들보다 더 불안해했다. 또한 그들의 편도체도 다른 사람들보다 더 활발히 활동하고 있었다.

상처를 남긴 기억을 모두 지워버리려고 애써야 할까? 정신적인 상처가 기억으로 저장되지 않으면 순수한 감각이 잔인한 현재로 남아 계속 생생하게 느껴질 수 있다. 그러나 정신적인 상처가 기억으로 저장되면 자아가 더 풍부해질 수 있다. 기억이 새롭게 바꿀 수 있는 자아인식을 제공해주기 때문이다. 나는 물에 빠져 죽어가는 사람을 구하기 위해 주저 없이 나설 수 있는 사람인 동시에, 그 사람들의 죽음에 상처를 받을 만큼 연약한 사람이기도 하다고 나 자신을 정의할 수 있을 것 같다.

19 냄새, 기억 그리고 에로스

냄새는 눈에 보이는 모습이나 소리보다 더 확실하게 심금을 울린다.

- 러디어드 키플링

나는 여름이 되면 매일 지상의 낙원에서 장미를 손질하며 하루를 시작한다. 장미를 다듬는 데는 1시간이 넘게 걸린다. 여러 개의 꽃밭에 120그루의 장미가 자라고 있기 때문이다. 나는 유기농법으로 장미를 재배하고 있다. 내 꽃밭에 장미가 아주 많은 건 사실이지만 만약 내가 매일 장미를 센다면 그것은 집착에 지나지 않을 것이다. 나는 그저 꽃이 아주 무성하게 피었다고 생각하는 편이 더 좋다. 꽃장수들이 키우는 장미에서는 냄새가 거의 나지 않지만(그들은 색깔과 모양을 중시하기 때문에 향기를 희생시킨다), 내 꽃밭의 장미에서는 금괴처럼 묵직하고, 정교하고, 노련하며, 사람을 도취시키는 향기가 스멀스멀 배어나온다. 꽃가루받이를 도와주는 벌이나 사람이 그 향기에 어찌 저항할 수 있겠는가?

장미를 손질하면서 나는 마치 신부님을 돕는 복사服事처럼 장미를 찬양하고, 굴뚝새 새끼들의 노랫소리가 들리지 않는지 귀를 기울이고, 숲의 나무들 사이로 스며 나오는 햇빛을 관찰하고, 나뭇잎이 스치는 소리에 즐거워하며 '생각'처럼 서투른 것들의 방해를 받지 않으려고 애쓴다. 그러고 나면 다른 꽃밭들이 나를 부른다. 아침이 거의 끝나가는 이 시간에 나는 마치 명상을 한 것처럼 활기를 얻는다. 마치 살아 있는 기도문을 외듯이, 정원의 기억을 떠올릴 때면 향내 나는 기억, 특히 오셀로와 에이브러햄 다비라고 불리는 장미의 농밀한 냄새가 나를 흠뻑 적신다.

우리 인간들이 허브나 꽃의 기억에 즐거이 흠뻑 잠기는 것이 내게는 매우 매혹적이다. 레몬의 향내, 장미꽃잎, 치자나무, 꿀, 라벤더의 잔가지에 얽힌 추억들. 우리는 감각적인 기억에 탐닉하고 싶어 하며, 또한 우리 자신이 꽃이 만발한 자연 못지않게 매력적이라는 말을 잠깐 스치고 지나가는 낯선 사람에게조차 하고 싶어 한다. 우리는 만물이 익어가는 계절, 끈적끈적한 즙이 있는 꽃과 과일의 섹시함을 떠올리고 싶어 한다. 지금 내가 가장 좋아하는 향수인 옵세션은 바닐라 향을 중심으로 매혹적인 향기를 뿜어낸다. 성인들을 겨냥한 브랜드와 섹시한 필름 느와르 스타일의 광고(이 광고도 나름대로 잠재의식에 호소하는 매력을 지니고 있다)에도 불구하고 나는 이 향수의 냄새를 맡으면 어렸을 때 살던 집의 부엌으로 돌아가 있는 것 같은 기분이 된다. 빵을 구울 때 바닐라 향이 진하게 나기 때문이다. 냄새를 통해 순수한 향수鄕愁를 불러일으키는 또 다른 물건은 많은 향수의 주요 성분인 탤컴파우더다. 베이비붐 세대의 부모들이 어렸을 때 우리 엉덩이에 이 분을 발라주었기 때문이다. 우리 뇌는 태어나서 처음으로 맡았던 이런 냄새들을 오래전의 감정과 뒤섞어놓는다. 광고 전문가들이 이미 알고 있는 것처럼, 냄새는 숨어 있는 기억을 끄집어내고 무의식에게 말을 걸 수 있다. 중고차 판매상들은 상품에 새 차 냄새를 풍기는 방향제를 뿌리고, 식당에서는 환기구에 향수를 뿌리는 것으로 유명하다.

누군가에게 꽃이나, 향기 나는 비누나, 향수를 주는 것은 사실상 한 묶음으로 포장된 기억을 주는 것과 마찬가지다. 다른 감각과 달리 후각은 기억과 매우 밀접하게 연결되어 있기 때문에 쉽게 감정에 휩싸인다. 감각기관이 받아들이는 대부분의 정보는 전뇌로 이어지는 통로인 시상에 우선적으로 모인다. 우리가 잠을 자는 동안에는 이 통로가 닫힌다. 그렇지 않으면 갖가지 감각 때문에 안절부절못하느라 잠을 잘 수 없을 것이다. 하지만 코가 뭔가를 감지했을 때는 이 통로를 무시하고 곧장 변연계로 정보를 보낸다. 변연계는 우리 뇌에서 대단히 감정적이고 신비로운 부위이며, 갖가지 욕망과 충동으로 가득 차 있다. 편도체(감정)와 해마(기억)도 코가 감지한 정보를 눈치챈다. 냄새만큼 쉽게 기억으로 남는 것은 거의 없다. 냄새는 우리가 미처 손을 보기도 전에 강렬한 이미지와 감정들을 불러내기 때문에 압도적인 향수를 불러일으킬 수 있다. 눈으로 보는 것이나 귀로 듣는 것은 단기기억이라는 혼합물 더미 속으로 재빨리 사라져버릴 수 있지만, 냄새의 경우에는 단기기억이 거의 없는 것이나 마찬가지다. 사람들은 각자 특별한 냄새기억을 갖고 있다. 냄새가 학습을 자극한다는 점이 여기에 일조한다. 실험을 위해 아이들에게 단어 목록과 냄새 신호를 함께 제시하면, 목록 속의 단어들을 기억하는 능력이 향상된다.

이처럼 향기로운 행성에 살고 있는 우리는 행운아다. 가장 선명한 냄새 중 일부는 꽃이 아니라 나뭇잎과 나무껍질에서 스며 나온다. 심지어 공기에서도 냄새가 난다. 나는 겨울이 끝나갈 무렵 공기 중에서 느껴지는 봄의 냄새, 세상이 싹을 틔우고 있음을 알리는 비옥하고 섬세한 냄새를 좋아한다. 봄에 꽃을 피우는 많은 구근식물에서도 향기가 난다. 코를 강타하는 히아신스의 향기에서부터 희미한 레몬향을 풍기는 시인 같은 수선화에 이르기까지 다양하다. 나는 목련과 등나무에 꽃이 피기를 겨우내 기다린다. 등나무 꽃에서는 새 차의 가죽 냄새가 살짝 배어 있는, 부활절 백합 같은 냄새가 난다. 나는 폭포처럼 만발한 등나무 꽃에 코를 대고, 내 코가 무뎌지기 전에 가능한 한 오랫동안 그 매혹적인 향내를 들이켜곤 한다. 목련을 대할 때도 비슷하다. 내 정원에는 브랜디잔 모양의 분홍색 꽃이 피는 오래된 중국산 목련 한 그루가 있다. 이 나무는 겨우 1~2주밖에 꽃을 피우지 않지만, 꽃이 피었을 때는 마치 다른 세상에 와 있는 것 같은 장관이 연출된다. 매일 나는 그 꽃들 속으로 걸어 들어가서 두툼한 꽃잎에 얼굴을 대고 천천히 깊게 숨을 들이쉰다. 바닐라와 따스한 밀랍 냄새가 섞인 부드러운 향내가 좋다.

수시로 변하는 정원의 풍요로운 냄새가 왠지 내 마음을 편안하게 해주고 상쾌함을 안겨준다. 또한 계절과 관련된 추억들로 내 무의식을 가득 채운다. 여름날 오전이면 나는 대개 정원에서 향내 맡기에 빠져든다. 가끔 걸음을 멈추고 거의 사람을 무감각하게 만들어버리는 백합과 비비추의 향기를 들이마신다. 어떤 냄새를 너무 오래 맡으면 그만 지나치게 익숙해져버린다. 새로운 것이 하나도 없어서 게으름을 피워도 될 때 뇌가 하는 말. '하아, 옛날하고 똑같은 거잖아.' 이때쯤이면 코가 무뎌지는 것 같다. 지나치게 혹사당한 근육이 지치는 것처럼. 하지만 잠시 휴식을 취하고 나면 코는 다시 활동을 시작해서 또다시 라일락, 타이 바질, 삼목의 냄새 속으로 뛰어들 준비를 갖춘다. 좀 더 오랫동안 정원을 거닐면서 휴식을 취한 코로 향기를 맡을 시간이 된 것이다.

하얀 은방울꽃 무리는 자그마한 향기의 종을 울린다. 사향과 사과의 중간쯤 되는 냄새다. 수십 년 전에 부모님이 이 꽃의 선조를 내게 주셨다. 나는 어린 시절을 보낸 집의 뒤뜰에서 내 정원으로 녀석들을 옮겨 심은 다음, 그 향내를 맡으며 고등학교 시절의 추억을 떠올렸다. 나는 허브도 기르고 있다. 그 냄새를 병에 담는 것은 아니지만 까마득한 옛날부터 여성들이 해온 것처럼 허브를 향수로 이용한다. 예를 들어, 나는 정원의 수도꼭지를 틀러 갈 때마다 반드시 통과해야 하는 곳에 박하를 심어 놓았다. 그곳을 지나가면 향기만큼이나 덧없는 수많은 박하 무리가 나를 둘러싼다. 그럴 때마다 나는 깜짝 놀라며 사춘기 시절을 다시 떠올린다. 박하 잎을 찻물 우리는 그릇에 넣거나 욕조에 넣으면 그 향내가 코를 간질인다. 나는 라벤더, 로즈메리, 세이지, 레몬버베나를 향낭에 넣어 스웨터나 양말을 넣는 서랍에 넣어두는 것이 좋다. 그렇게 하면 매일 일을 시작하기 전에 특별한 즐거움을 느끼며 자연과 인사할 수 있다. 썰매를 타는 겨울이 와서 라디오에서 "밖에 나가지 마세요. 날씨가 위험할 정도로 춥습니다!"라는 경고가 나오더라도 서랍을 열어 스웨터를 꺼내 입으면 지난여름의 추억을 전해주는 향기를 몸에 걸칠 수 있다.

필라델피아의 모넬화학감각센터에서 냄새와 기억을 연구하는 레이철 허즈Rachel S. Herz는 이런 이야기를 들어도 별로 놀라지 않을 것이다. 연구 초기의 실험에서 그녀는 실험 대상자들에게 그림을 보며 특정한 냄새를 맡게 했다. 며칠 뒤 그녀는 실험 대상자를 두 그룹으로 나눠 한 그룹에게는 냄새를 맡게 하고, 다른 그룹에게는 그 냄새를 뜻하는 단어를 말했다. 실험 대상자들은 모두 생생한 반응을 보이며 그림을 기억해냈다. 그러나 처음 그림을 보았을 때의 느낌까지 되살리는 정서적 기억을 불러낸 것은 냄새뿐이었다. 냄새를 맡은 사람들은 또한 심장박동이 빨라졌다. 그때 이후로 허즈는 냄새가 지닌 감정적인 힘과 관련된 많은 실험을 진행했다. 그녀는 "진화의 관점에서는 후각과 감정이 똑같은 것이라고 생각한다"면서 "감정은 후각이 생명체에게 일러주는 원초적인 정보를 추상화한 것에 지나지 않는 것 같다. 그래서 냄새가 그토록 강렬한 감정을 불러일으키는 것 같다"고 말한다.

대부분의 사람들이 그렇듯이, 나도 냄새와 관련해서 소설책 한 권을 채울 수 있을 만큼 많은 추억을 갖고 있다. 하지만 냄새를 매개로 과거를 파고든 사람들은 예전에도 많이 있었다. 우리는 과거를 실제보다 더 장밋빛으로 기억하는 경향이 있다. 과거의 일들 중 어떤 것은 실제보다 거대해지고, 어떤 것은 쪼그라든다. 기억을 단순화하고, 과장하고, 덧붙이고, 합리화하는 작업도 이루어진다. 기억은 과거의 어떤 순간을 실제보다 더 크고 더 중요한 것으로 만들 수 있다. 처음에는 나쁜 기억 때문에 마음이 상할지 몰라도 나쁜 기억조차 서서히 자라면서 갖가지 연상을 불러일으키고 영양분을 제공해준다. 마르셀 프루스트만큼 이것을 잘 아는 사람도, 감각적으로 표현한 사람도 없을 것이다. 그는 추억을 쓰다듬으며 냄새에 탐닉했다. 우울한 대형 호텔을 배경으로 한 단편소설에서 그는 향내가 스며든 비밀스러운 방 47호를 묘사한다. 그 방에는 서로를 바이올렛과 클래런스라는 가명으로 부르는 사랑의 신들이 있었음이 분명하다. 그는 복도를 걸어가다가 "보기 드물게 유쾌한 냄새"를 맡고 깜짝 놀란다. 냄새의 정체가 무엇인지 알 수는 없지만 "다양한 꽃 냄새가 복잡하게 섞인 풍요로운 냄새라서 마치 누군가가 순전히 그 향기를 몇 방울 만들어내기 위해 피렌체의 꽃밭 전체를 벗겨낸 것 같았다. 그 감각적인 희열이 어찌나 강렬한지 나는 그 자리를 떠나지 못하고 아주 오랫동안 서성거렸다." 문은 살짝 열려 있었다. 그 강렬한 냄새가 간신히 빠져나올 만큼만. 그 방에 든 손님들을 직접 보고 성격을 분석할 수 있을 만큼은 아니었다. 그래도 그는 그들이 이 구역질나는 호텔에 머물면서 어떻게 내실을 성지로 만들어 향기로운 오아시스로 바꿔놓았는지 궁금해한다. 나중에 그 냄새와 또다시 마주친 그는 부드럽게 물결치는 향기를 따라 이제는 어지럽게 변해버린 그 방으로 간다. 얼마 전에 연인들이 떠나서 그 방은 텅 비어 있었다. 그들은 세포와 분자에 이르기까지 한 몸이 되었으면서도 자신들의 사랑을 잃기 싫어서 자기들만의 은밀한 언어인 향기를 누군가와 나누는 것을 참지 못했다.

> 그 격렬한 향기가 나를 마비시켰다. 향기는 마치 오르간처럼 우렁차게 울려 퍼지며 시간이 갈수록 눈에 띄게 강렬해지고 있었다. 활짝 열린 문을 통해 바라본 방에는 가구조차 없어서 누군가가 내장을 다 꺼내 가버린 것 같았다. 스무 개쯤 되는 작은 병들이 깨져서 쪽모이 세공을 한 바닥을 축축한 얼룩으로 더럽히고 있었다. "그 사람들은 오늘 아침에 떠났어요." 청소부가 바닥을 닦으면서 말했다. "자기네 향수를 아무도 사용하지 못하게 저 병을 깨버렸지요."

그들은 짐이 가득한 가방 속에 향수병을 집어넣을 수 없었지만, 그 향수는 그들의 기억에 화려한 냄새를 입혀주었다. 그래서 그들은 자신들이 열정을 나눈 순간을 누군가가 엿듣는 것이 싫었다. 그러나 프루스트의 화자는 병 속에 향수가 몇 방울 남아 있는 것을 발견하고 그것을 집으로 가져가 자신의 방에 그 향기를 입힌다. 그 향수 냄새를 맡으며 그가 떠올린 기억은 무엇일까? 그는 상실감과 위안을 느낀다.

> 단조로운 삶 속에서 어느 날 지루하던 세상이 내쉰 향내가 나를 흥분시켰다. 그 향내는 사랑을 알리는 골칫덩이 전령이었다. 갑자기 사랑이 찾아왔다. 장미와 플루트와 함께. 주위의 모든 것을 조각하고, 둘러싸고, 차단하고, 향기를 입히면서 … 하지만 내가 사랑에 대해 무엇을 안단 말인가? 내가 어떤 식으로든 사랑의 수수께끼를 명확히 밝혔는가? 사랑의 슬픔이 풍기는 향기와 그 향기의 냄새 외에 내가 아는 것이 있는가? 이내 사랑이 가버리고, 깨진 병에서 나온 향기가 더 순수하고 강렬하게 내뿜어졌다. 힘을 잃은 향수 한 방울의 냄새가 지금도 내 삶 속에 배어 있다.

프루스트는 1871년에 파리에서 태어났다. 프랑스와 프로이센의 전쟁이 절정에 이르러서 생활은 무서울 정도로 궁핍했고, 배급도 모자랐으며, 질병이 만연하던 시기였다. 임신 중에 영양을 충분히 섭취할 수 없었던 프루스트의 어머니는 아기가 태어났을 때부터 몸이 약한 것을 자기 탓으로 돌렸다. 프루스트는 어린 시절을 대부분 침대에서 보냈다. 학교에 가지 못한 적도 많았다. 의사인 아버지가 일을 하는 동안 어머니가 그를 돌봤다. 어린 프루스트에게 이때는 사랑과 새로운 발견이 가득한 황금기였다. 어머니는 아들을 '내 어린 늑대'라고 부르며 장난을 치곤했다. 그가 그녀의 애정을 게걸스레 집어삼킨다는 뜻이었다. 그때는 태양이 항상 정오의 자리에 머물러 있는 것 같았다. 그는 지상에 하나뿐인 완벽한 존재의 사랑을 독차지했다.

어른이 된 후 프루스트는 파리의 최고급 사교계 사람들과 어울렸지만, 역시 화려한 아파트에서 코르크로 가장자리를 장식한 침실에 누워 있는 시간이 가장 많았다. 세련되고, 재치 있고, 부유하고, 유쾌하고, 멋을 잘 내고, 소문이라면 모르는 것이 없고, 극단적으로 비굴한 그는 여전히 몸이 약해서 여러 가지 병에 시달렸다(그는 쉰세 살에 천식으로 세상을 떠났다). 그는 또한 정서적으로도 은둔자와 마찬가지였다. 그가 하루를 뒤집어 살았기 때문에 그의 파리 친구들은 그를 "한밤중의 태양"이라고 불렀다. 그는 낮에 자고 밤이 되면 글을 쓰거나 친구들과 어울렸다. 거의 은둔생활을 했던 그는 먼 우주만큼이나 닿기 어려운 밤의 나라에서 살았다. 그가 회상을 아름답게 묘사한 걸작 《잃어버린 시간을 찾아서》를 쓴 것도 궁전 같은 아파트에서였다. 그는 여느 때처럼 최고급 베개에 몸을 기대고, 자기가 가장 좋아하는 멋진 식당에서 배달시킨 으깬 감자를 먹으며 이 작품을 썼다. 이 작품에서 그는 평생 동안 만났던 모든 사람, 자신의 모든 자아, 자신이 보거나 한 모든 일을 기억해내려 한다. 살아 있음의 다채로움, 즉 그때까지 만난 모든 사람과 모든 감정, 동물, 하늘, 느낌과 생각뿐만 아니라 정신 그 자체의 드러나지 않은 삶을 어떻게 전달할 수 있을까? 그가 창조해낸 갖가지 군상들이 3,000쪽이나 되는 소설을 가득 채우고 있다. 모두들 너무나 멋진 정신과 마음의 노래를 부르고 있기 때문에 당연히 쉽게 잊히지 않는다. "그는 꿈 분석가였다." 소설가 폴 웨스트는 이렇게 썼다. "황홀경을 불러내는 사람, 스캔들을 감상하는 사람, 속물 전문가, 재치 있는 말의 상인, 사랑의 기억에 관한 비범한 이론가였다."

어른 프루스트는 어린 시절의 기억을 파헤치려 하지 않았다. 어린 시절의 기억은 만나처럼 저절로 그를 찾아왔고, 그는 그것이 무심결에 일어나는 일이라고 말했다. 다시 말해서 그가 소설을 쓰기 위해 기억을 불러내는 것이 아니라, 기억이 그냥 떠오른다는 뜻이었다. 그러나 일단 기억이 떠오르면 그는 그것을 각각 자그마한 영원, 아무리 연구해도 끝이 없는 소우주, 감각의 회전목마로 만들었다. 유명한 예를 하나 든다면, 《스완네 집 쪽으로》에서 어느 추운 겨울날 마르셀의 어머니가 그에게 가리비처럼 생긴 과자 '프티트 마들렌'과 차를 권한다. 그는 스푼으로 뜬 찻물에 과자 한 조각을 적셔 입으로 가져간다. 그가 그 과자를 맛보는 순간 전율이 그의 몸을 휩쓸고, 기억 속에서 공이 울린다. 순식간에 그는 어렸을 때 자주 찾아가던 숙모의 집에 와 있다. 숙모는 그에게 프티트 마들렌과 라임꽃 차를 주었다. 그 통통한 과자의 맛과 그 향기로운 차의 냄새가 다시 느껴진다. 댐이 열리고 촉감, 분위기, 광경, 소리의 강이 흘러 들어온다. 거의 사진처럼 정확한 기억력과 세세한 것을 정확히 기억해내려는 열정을 지닌 덕분에 그는 자신이 느낀 것을 독자들의 마음속에 강렬하게 색칠해놓을 수 있다. 독자들이 프루스트의 숙모와 하녀가 있던 그 방으로 살짝 들어가 마치 지구상의 어느 누구도 그 책을 읽거나 그 장면을 상상해본 적이 없는 것처럼 완전히 혼자서 그 친밀한 장면을 보고 있는 것 같은 느낌이 들 정도다. 육감적인 정령주의자인 프루스트는 기억이 사물들 속에 악마나 요정처럼 숨어 있다고 믿었다. 어느 날 쿠키를 맛보거나, 어떤 나무를 지나치거나, 나비넥타이를 보는 순간 기억이 불쑥 떠오른다. 그리고 그 기억이 자기 주위의 모든 기억으로 통하는 문을 열어주면 온갖 감각들이 되살아난다. 과거는 잃어버린 황금의 도시다. 멋진 신전, 돈키호테 같은 통치자, 미로 같은 거리, 희생 의식 등이 있는 곳. 우리는 그 웅장한 도시를 찾아낼 수 있다.

프루스트는 진정으로 유혹적인 것은 우리가 접근할 수 없는 것, 손에 잘 잡히지 않는 것뿐이라고 말한다. 그렇다면 과거보다 더 접근하기 어렵고, 손에 잘 잡히지 않는 것이 어디 있겠는가? 사람들 각자가 항상 어떤 유형의 사람에게 매력을 느낄지 우리는 예측할 수 있다. 모두들 사랑에 빠지고 헤어질 때 습관적인 패턴을 따른다. "여러 여자에게 버림받는 남자들은 거의 항상 같은 방식으로 버림받는다. 그들의 성격과 항상 똑같은 반응 때문에. 사람들은 항상 자기만의 방식으로 배신당한다." 프루스트에게 사랑은 기억과 소통을 꾀하는 의식적인 행위이자 대단히 창조적인 행위다. 그는 사랑을 통해 연인의 내면으로 들어가고, 그곳을 통과해 모든 삶에 닿으려 한다. 그는 이렇게 말한다. "사실 사람은 거의 또는 전혀 중요하지 않다. 거의 전부를 차지하는 것은 연달아 나타나는 감정, 즉 과거에 그녀와 관련해서 지금과 비슷한 불행한 일이 일어났을 때 우리가 느꼈던 고통이다." 우리는 사람 그 자체를 사랑하는 것이 아니다. 객관적인 사랑이 아니라는 뜻이다. 현실은 그 반대다. "우리는 자신의 욕망이나 두려움에 맞게 그들을 끊임없이 바꾼다. … 그들은 우리의 애정이 뿌리를 내리는 광활하고 모호한 장소에 불과하다. … 우리에게 그들은 우리 정신이 수집한, 쉽게 사라져버리는 것들의 진열장에 불과하다는 사실은 다른 사람들의 비극이다." 따라서 우리가 사랑에 빠지는 것은 오로지 사랑을 느끼는 데 다른 사람이 필요하기 때문이다.

어머니와 애인 알베르틴(비행기 추락사고로 사망한 최초의 인물)을 비롯한 여러 사람의 죽음을 슬퍼하던 그가 시간을 한번 잃어버리면 다시 회복할 수 없는지 의문을 품은 것은 이해할 만한 일이다. 그러나 그는 머릿속에서 사랑을 육감적으로 곱씹고, 펜으로 기억을 어루만졌다. 따라서 프루스트는 비관주의자였는데도 사랑의 기억이 주는 느낌에 관해 우리에게 많은 것을 가르쳐주었다. 그는 사람들이 맺는 관계의 패턴을 추적했고, 얼마 전에 겪은 상실의 고통이 과거에 겪은 상실의 고통과 공명하며 "과거에 우리가 겪은 모든 고통을 지금의 것으로" 만들어버린다는 점을 보여주었다. 죽음 때문이든 실연 때문이든 사랑하는 사람을 잃어버리고 나면, 슬픔이 삶의 모든 솔기를 가득 채운다. 그러나 오랫동안 참고 기다린다면, 결국 슬픔은 망각으로 변할 것이다. 프루스트의 삶에서 사랑의 여러 단계들은 각각 시간을 이어주는 다리가 되었으며, 저마다 자기만의 관능으로 색칠되어 있었다. 특히 슬픔이 망각으로 변하기를 기다리는 마지막 단계가 그러했다. 어쩌면 이 마지막 단계야말로 무엇보다 반가운 것인지도 모른다. 또다시 감정이 들고 일어날 때까지 이성을 유지할 수 있게 해주니까. 베르길리우스는 〈전원시〉에서 이렇게 썼다. "시간은 모든 것을 가져간다, 심지어 마음까지도." 그동안 향기에 얽힌 추억은 도취와 황홀이라는 베일로 우리를 덮는다.

PART

자아, 마음이 만들어낸 마법

자아는 대부분 기억 속의 사건들, 그들의 무게와 결과, 그리고 그들이 만들어내는 개인적인 상징에서 유래한다. 이런 추억 속에 다른 사람들이 끼어들고 일상적인 행동이 새로운 기억을 각인시키기 때문에 다른 사람들도 내 자아의 필수적인 요소가 된다. 내면의 일기와 정체성을 구성하는 중요한 일부가 되는 것이다. 사랑하는 사람이 죽으면 자아의 '일부'가 아니라 여러 부분이 함께 사라진다. 죽은 사람 또한 여러 자아의 주인이었기 때문이다.

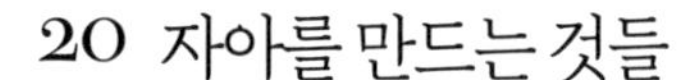

20 자아를 만드는 것들

만약 '내가' 나의 사랑을 당신에게 준다면, 내가 주는 것은 정확히 무엇이고 그것을 주겠다는 '나'는 누구인가? 또한, 생각해보니 '당신'은 누구인가?

- 스티븐 미첼, 《사랑이 영원할 수 있는가?》

자아는 덧없다. 사람이 성장하면 자아에는 이파리가 돋고, 사람이 겪는 인생의 계절과 함께 자아도 변한다. 그러면서도 어찌된 영문인지 항상 똑같다. 뇌는 사실과 느낌이라는 색종이 조각들로 자화상을 만든다. 색종이 조각들을 덧붙이거나 떼어내면 초상화도 변한다. 그래도 훌륭한 환상 덕분에 통일감이 계속 남기는 한다. 진짜라는 느낌을 얻으려면 환상이 필요하다. 우리가 어디를 가든 다양한 자아들이 우리를 따라다닌다. 사랑스러운 자아도 있고, 괴상한 자아도 있고, 서로를 인정하지 않는 자아도 있고, 유치하거나 어른스러운 자아도 있다. 이 자아들이 서로에게서 너무 멀리 흘러가지만 않는다면, 전체는 무리 없이 조화를 이루며 새로운 사건들에 잘 대처한다. 정신분석학자인 필립 브롬버그

Philip M. Bromberg는 《공간 속에 서서》에서 이렇게 썼다. "건강은 통합이 아니다. 건강은 현실들을 잃어버리지 않고 현실들 사이의 공간 속에 서 있을 수 있는 능력이다. 나는 자신을 받아들인다는 것의 의미가 바로 이것이며, 창의력의 실체도 바로 이것이라고 믿는다. 여러 개의 자아를 갖고 있으면서도 마치 자아가 하나인 것처럼 느끼는 능력." 세포 수준으로 내려가보아도 우리는 역시 모자이크다. 아는 100조 개의 시냅스에서 신호를 주고받는 1,000억 개 뉴런에서 생겨나는 정신의 강렬한 요술이다.

자아가 없으면 뇌의 회로를 연결해서 생존 기술을 가르치고, 거기에 지혜를 짝지어주는 데 필요한 복잡한 인간관계를 감당할 수 없을 것이다. 다른 사람, 누군가 내게 중요한 사람, 나와 소중한 관계를 맺고 있는 사람과 이야기를 나누는 것이 얼마나 복잡한 일인지 한번 생각해 보라. 나는 내가 이야기하는 주제에 신경을 쓰면서 말을 해야 하고, 이와 동시에 우리 관계가 순간마다 어떻게 변하는지 주의 깊게 살펴봐야 한다.

버지니아 울프는 주인공의 자아들이 볏단처럼 등장하는 소설 《올랜도》에서 이렇게 썼다. "전기傳記는 자아를 예닐곱 개만 설명해도 완벽한 작품으로 간주된다. 하지만 사람에게는 자아가 무려 1,000개나 있을 수 있다." 과거의 자아들이 유령처럼 길게 늘어서서 우리 뒤를 따라다니는 가운데 가치관, 습관, 기억은 지금의 '나'를 더욱 잘 반영하는 형태로 진화한다. 우리는 이것에 관한 느낌을 흔히 공간적인 개념으로 표현한다. 우리에게 다른 일면 또는 측면이 있다는 식으로. 우리의 자아들은 모두 별도의 공간에 살고 있는 것 같다. 정신이 곡예를 부리듯 다양한 관심사를 동시에 다루려면 공간이 필요하다. 다양한 관심사들은 서로 조화를 이룰 때도 있고 그렇지 않을 때도 있다. 그들이 조화를 이루지 못할 때는 자신의 일면이 감정적으로 의식하고 있는 것과 또 다른 일면이 인지적으로 의식하고 있는 것 사이에 벌어진 틈과 매번 마주치지 않고 매끄럽게 앞으로 나아갈 수 있는 길을 찾아내야 한다. 뇌가 순간마다 가장 중요한 것을 보존하려면 경험들을 서로에게서 충분히 떼어놓아야 한다. 만약 내면에 숨어 있는 아이의 자아가 자꾸 훼방을 놓는다면, 가능한 한 빨리 이 아이를 달래기 위해 특정한 정신적 공간으로 들어가야 할지도 모른다. 하지만 그 아이에게 가장 좋은 것이 무엇인지 판단하려면 또 다른 공간으로 옮겨가야 할 것이다. 대부분의 경우 이 공간들은 별로 중요하지 않다. 어렸을 때 반드시 이 공간들을 떼어놓아야만 살아남을 수 있는 경험을 한 사람이라면 또 모를까. 그런 사람은 평생 동안 이 공간들을 떼어놓는 데 전념해야 할지도 모른다. 자아는 우리가 어떤 방향으로 어떻게 나아가고 있는지 알기 위해 길에 떨어뜨려 놓은 빵조각과 같다. 윌리엄 제임스는 자아를 다음과 같이 본다. "(사람이) 자기 것이라고 부를 수 있는 모든 것, 정신적인 힘뿐만 아니라 옷가지와 집, 아내와 아이들, 조상들과 친구들, 자신의 평판과 일, 땅과 말, 요트와 은행계좌, 이 모든 것의 총합이다. … 만약 이것들이 점점 성장하고 번창한다면 그는 의기양양해진다. 그러나 만약 이것들이 시들시들 죽어간다면, 그는 풀이 죽는다."

자아는 광범위하고 풍요로운 존재의 성찬이지만, 이 단어에는 더 깊은 의미가 있는 것이 아닐까? 자아self라는 단어의 기원은 인도-유럽어의 s(w)e-까지 거슬러 올라간다. 이 접두사는 소문gossip, 자살suicide,

바보idiot, 황량한desolate, 부루퉁한sullen, 맑은 정신의sober, 스와미swami('스스로를 정복한 사람'을 뜻하는 산스크리트어) 등 헤아릴 수 없이 많은 후손을 낳았다. 자아는 수많은 한숨으로 만들어진 신기루이기 때문에 뇌 안의 어디에 위치하는지 꼭 집어 말하기가 어렵다. 그러나 과학자들은 자아의 위치를 대략적으로 찾아내는 쾌거를 이룩했다. 정신병 환자들에게 실시한 잔인한 수술 덕분이었다.

전두엽 절제술이 유행일 때(1940년대에 미국에서 약 2만 건의 수술이 시행되었다), 의사와 환자 가족들은 모두 우울증이나 조증이나 정신분열증에 시달리던 환자들이 아주 유순하고 상냥하게 변한 것을 보고 안도감을 느꼈다. 여기저기 돌아다니며 하루에 몇 건씩 전두엽 절제술만 시행하는 엉터리 외과의사들도 있었다. 다음은 에드워드 쇼터Edward Shorter의 《정신의학의 역사》에서 발췌한 한 외과의사의 말이다.

> 그건 아무것도 아니다. 나는 일종의 의료용 얼음송곳을 들고 … 안구 바로 위의 뼈들 사이로 찔러 넣어 뇌 속까지 밀어 올린다. 그리고 그것을 휘저어 뇌 조직을 절단하면 끝이다. 환자는 아무것도 느끼지 못한다.

소름끼치는 얘기지만 사실이다. 수술 후 환자는 대개 감정을 잃어버린 것 같은 묘한 느낌에 시달렸다. 공격적으로 변화는 환자도 있었다(전두엽 절제술을 받은 환자가 의사를 총으로 쏜 사건이 적어도 한 번 있었다). 전체적으로 봤을 때 환자들의 고통은 줄어들었지만, 이 수술은 그들의 정체감을 난도질했다.

의식, 전의식, 무의식은 서로 힘을 합쳐 자아라는 개념을 만들어 낸다. 자아는 충동과 기분이 똘똘 뭉친 장난꾸러기가 될 수도 있다. 이런 자아는 항상 변화무쌍하게 돌아다니면서 어떤 순간의 감각들을 뒤섞어 합친 다음 다시 뒤섞는다. 결코 똑같은 모습이 되지 못하도록. 양전자방사단층촬영PET을 이용해 뇌에서 전형적인 활동이 일어나는 한 순간을 기록해보면 놀랍게도 시각, 소리, 냄새, 맛, 촉감과 관련된 분주한 활동이 거의 없음을 알게 될 것이다. 분주한 뇌의 움직임 중 대부분은 내면에 있는 마음의 극장에서, 공상에서, 정신적인 메모지에서, 내면의 독백에서, 기억에서, 감정에서, 자아라는 바로크 건축물에서 유래한 것이다. 자아의 상태는 순간마다 변한다. 우리는 대개 조종간을 잡는 자아가 바뀌는 것을 의식하지 못하지만, 자아가 바뀐다는 사실은 생각이 바뀌는 현상을 이해하는 데 도움이 된다. 어떤 정신상태에서 내린 결정이 그 뒤를 이은 정신상태에 의해 거부당할 수 있다. 장면이 바뀔 때마다 변화가 일어나기 때문에 이 속도를 높여보면 마치 변화들이 영화의 필름처럼 돌아가는 것 같다.

어쩌면 세상에서 가장 외로운 존재, 개성의 대들보, 자아와 거의 똑같은 사람이 있을지도 모른다. 그러나 뇌 안에는 그런 사람이 결코 존재하지 않는다. 비록 우리가 가끔 고독을 느끼며 자신의 욕망조차 알 수 없는 경우가 있기는 하지만, '나'는 항상 '우리'다. 이 '우리'는 가족이라기보다 씨족에 가까운 세포들의 집합체다. 자아는 복수다. 나 자신이 단수가 되려면, 뇌의 여러 언덕과 계곡에 살고 있는 뉴런 합창단이 반드시 목소리를 맞춰 노래를 불러야 한다. 말言은 정신의 뒤편에서 빠르게 움직이며 기억을 교육하는 해마와 장난꾸러기 꼬마 도깨비 같은 편도체를 통과한다. 그러다 마침내 뉴런들의 합창이 생각으로 변한다. 때로는 여러 합창단이 필요할 때도 있다.

자아는 대부분 기억 속의 사건들, 그들의 무게와 결과, 그리고 그들이 만들어내는 개인적인 상징에서 유래한다. 이런 추억 속에 다른 사람들이 끼어들고 일상적인 행동이 새로운 기억을 각인시키기 때문에 다른 사람들도 내 자아의 필수적인 요소가 된다. 내면의 일기와 정체성을 구성하는 중요한 일부가 되는 것이다. 사랑하는 사람이 죽으면 자아의 '일부'가 아니라 여러 부분이 함께 사라진다. 죽은 사람 또한 여러 자아의 주인이었기 때문이다. 우리는 그 사람의 여러 측면들과 관련된 자아의 여러 부분을 잃어버린다. 마치 그것들이 도망쳐버리는 것 같다. 이렇게 잃어버린 것들을 회복하는 데는 때로 오랜 시간이 걸리기도 한다. 회복이 힘들 때는 죽은 사람을 그리워하고 슬퍼하는 마음이 영향을 받기도 한다. 마치 자아의 여러 부분이 정말로 무덤 속으로 굴러떨어진 것 같다. 슬픔에 잠긴 사람들은 저승으로 간 사람이 높은 곳에 모습을 드러내 마치 수호성자처럼 자신을 내려다보는 모습을 자주 상상한다. 때로는 자신이 직접 죽은 사람의 역할까지 하기도 한다. 슬픔에 잠긴 새들도 이런 반응을 보일 수 있다. 캐나다 기러기는 평생 동안 한 상대하고만 짝짓기를 하는데, 수컷과 암컷이 각각 노래의 다른 파트를 맡는다. 그런데 짝이 죽으면 살아남은 녀석은 두 파트를 모두 불러 노래 전체의 생명을 유지시킨다. 만약 사람이 이런 행동을 한다면 로맨틱하다는 말을 들을 것이다.

어느 여름날 아침, 휴가를 떠난 친구를 그리워하던 나는 그를 위한 시를 썼다. 내 정원을 배경으로 한 그 시는 그가 내 곁에 있을 때 꽃을 피우던 10여 개의 자아의 출석부다. 그 시를 쓰면서 나는 내 정원과 내 감정을 의식하고 있었다. 앞으로 거의 두 달 동안 만날 수 없는 특별한 사람을 위해 그 시를 쓰고 있다는 사실도 의식했다. 나는 그의 자아가 시를 쓰는 내 주위를 약간 복잡한 모습으로 어른거린다고 상상했다. 우리의 관계에 생각이 미친 나는 내면으로 시선을 돌려 내 페르소나 중 여러 개를 자세히 살펴본 다음 그의 부재로 인해 목소리를 잃어버렸다고 생각되는 것들을 골랐다. 이 모든 일이 의식적으로 이루어졌다. 그러나 전의식도 마음껏 활동하고 있었다. 전의식은 시의 구절들 하나하나가 그에게 어떤 영향을 미칠지, 우리 관계를 풍요롭게 해줄지 아니면 위협할지를 계산하고 있었음이 틀림없다. 나는 이 시가 우리 관계를 풍요롭게 해주기를 바랐지만, 예술이라는 것은 항상 도박이어서 내가 궁극적인 보상보다 더 많은 것을 걸어야 할 때가 많다.

내 의식과 전의식이 바쁘게 돌아가는 동안 내 무의식도 뭔지는 모르지만 하여튼 자기만의 일을 처리하며 바쁘게 움직였다. 그 친구와 그렇게 오랫동안 헤어져 있으면 친밀감이 사라질까 봐 두려워했을까? 그가 다른 사람들과 그토록 오랜 시간을 보낼 것을 생각하며 질투를 느꼈을까? 그가 나 말고 다른 사람들도 사랑한다는 사실에 분개했을까? 전해에 돌아가신 내 아버지를 생각했을까? 3층짜리 객석이 있는 오페라 극장처럼 시끌시끌한 곳에서 나온 이 모든 것들이 뇌가 만들어낸 마음속에 동시에 공존하며 은밀히 공모해 내가 알고 사랑하며 매일 잠에서 깰 때마다 당연하게 받아들이는 통일된 자아를 형성했다. 우리가 점심식사 후에 이 자아를 새로 만들어낼 필요는 없다. 만약 그래야 한다면 삶이 너무 힘들 것이다. 그래서 내가 자아를 '정신의 요술'이라고 부르는 것이다. 자아는 효과적인 동시에 걱정을 안겨주는 환상이다. 때로는 겨우 머리카락 한 올 차이로 효과적인 면이 우위를 차지하기도 한다. 대부분의 경우 자아는 적당한 수명의 인생이라는 기계에 기름칠을 해서 그 기계가 잘 돌아가게 해준다. 뭔가를 게걸스레 집어삼키기도 하고 분출하기도 하면서. 그런데 어느 날 갑자기 자아가 더 이상 필요하지 않게 되고, 사람이 죽어버린다. 그리고 환상을 품은 또 다른 사람들이 삶을 계속 이어간다.

좀 냉소적인 얘기 같은가? 중년의 나이에 이른 지금, 미래의 일을 계획하고 예상하는 내 뇌는 터널의 끝에 보이는 빛이 달려오는 기차이며, 벽에 적혀 있는 글이 가짜일지도 모른다는 것을 알 수 있다. 그리고 나의 의식, 전의식, 무의식이 합쳐진 자아는 지금까지 한 번도 만나보지 못한 것, 즉 존재의 소멸에 대처할 계획을 마련하려 애쓰고 있다. "신은 무無에서 모든 것을 만드셨다." 폴 발레리(프랑스의 작가이자 철학자-옮긴이)는 〈작품 II〉에서 이렇게 썼다. "그러나 그 무가 들여다보인다."

그 밖에 또 무엇이 자아를 만들어낼까? 상어는 이빨을 갈지만, 뇌가 뇌세포를 모조리 갈아치우는 일은 없기 때문에 자아가 성숙할 수 있다. 그렇지 않다면 우리의 사람됨을 결정하는 데 도움이 되는 정신적 기념품들이 어떻게 되겠는가? 기념품이 될 만한 경험들뿐만 아니라 개인적인 특징, 습관, 가치관도 모두 사라져버릴 것이다. 새로운 뇌세포를 만들어내는 작업이 효과를 발휘하는 데에는 한계가 있다. 늪을 정화하기 위해 소금물을 집어넣는다면 늪의 생태계가 변할 것이다. 이사회에 새로운 주주들이 많이 들어오면 그 기업의 뜻이 바뀔 것이다. 민첩한 뇌가 만들어내는 것은 대개 새로운 회로이지 새로운 뇌세포가 아니다. 뇌는 똑같은 모습을 유지하면서 변화한다. 물론 뇌에서 새로운 부위가 자라날 가능성이 없다는 얘기는 아니다. 병에 걸린 뇌를 치료하면서도 자아를 잃어버리지 않도록 우리가 손댈 수 있는 부분이 얼마나 될까? 섬세하게 균형을 잡아야 할 필요가 있겠지만 그래도 법적인 딜레마와 윤리적 딜레마가 잔뜩 쏟아져 나올 것이다.* 법적인 측면에서 사람을 어떻게 정의해야 할까? 몸을 기준으로? 머리를 기준으로? 만약 우리가 얼굴을 바꾼다면, 그래도 똑같은 사람일까? 성별을 바꾼다면? 수술을 받은 트랜스젠더는 수술 전과 똑같은 사람일까? 어른은 어렸을 때의 자신과 똑같은 사람일까? 건망증 환자는 어떤가? 예전의 자아들이 저지른 행동에 대해 우리가 책임을 져야 하나? 어른이 된 후 어렸을 때 저지른 범죄 때문에 재판에 회부되는 경우, 그 사람을 청소년으로 보아야 하는가, 어른으로 보아야 하는가? 우리 뇌의 가장 놀라운 점은 뇌가 융통성과 설득력이 있고 안정적인 자아인식을 그토록 쉽게 만들어낸다는 것인지도 모른다.

* '신경윤리학'에 관한 최초의 학술회의가 2002년 5월에 샌프란시스코에서 열렸다. 이 자리에는 150명이 넘는 신경과학자, 생물윤리학자, 정신과의사, 심리학박사, 법률가, 공공정책 담당자, 철학자들이 모여 뇌 연구에 내포된 법적, 윤리적, 사회적 의미에 관해 환상적인 토론을 벌였다.

21 면역체계가 만드는 또 다른 자아

몸과 마음이 별개의 존재라고 생각한다면, 그것은 틀린 생각이다. 몸과 마음이 하나라고 생각한다면, 그것 역시 틀린 생각이다. 몸과 마음은 둘이면서 하나다.

- 스즈키 순류, 《선심초심》

우리의 자아인식이 뇌에만 있는 것은 아니다. 자아인식은 사실 우리 몸에서 기억의 또 다른 저장소인 면역체계와의 공모를 통해 만들어진 복합적인 유령이다. 대부분의 사람들은 세포 속의 기후가 자꾸 바뀌는데도 자신은 하나도 변한 것이 없다고 생각한다. 친구에게서 "그동안 잘 지냈어?"라는 인사를 받고서 자신의 장기, 조직, 시냅스의 현재 상태를 대답하는 사람은 없다. 그러나 그렇게 대답하는 편이 더 정확하기는 할 것이다. 얇디얇은 막이 우리를 둘러싸서 꿈틀거리는 장기, 세포 속의 공장, 전기가 지직거리는 뉴런, 살로 이루어진 방랑하는 초원에 형태를 부여한다. 작은 구멍이 많이 뚫려 있는 피부는 잘 구부러지고 호흡도 한다. 몸은 피부를 통해 세상과 대화를 나눈다. 하지만 우리가 화학물질들로 이루어진 그 연약한 자루에 흠집을 내는 순간, 그 틈을 통해 침입자들이 쏟아져 들어온다. 우리를 분자로 분해해 잔치를 즐기려고. 육식동물 중에는 아주 작은 녀석들도 있지만, 역시 가차 없고 무자비하다. 이 세상의 육식동물들 중 대부분은 육안으로 보이지도 않는다. 그런데도 그런 녀석들이 지구의 생물들 중 가장 커다란 비중을 차지하고 있다. 특히 바닷속에서 그렇다. 우리의 습기 찬 몸속에서도 마찬가지다. 박테리아 중에는 우리와 공생하며 도움을 주는 녀석들도 있다. 바이러스 중에는 우리의 진화에 영향을 미친 녀석들도 있는 것 같다. 움직이는 생태계인 우리는 입안에만 400가지 종류의 미생물을 품고 있다. 속눈썹에는 진드기가 둥지를 틀고 있다. 또한 박테리아(10^{14}마리 이상), 곰팡이, 원생생물 등 여러 무임승차꾼들이 우리 몸속을 휩쓸며 돌아다닌다. 포옹이나 키스를 통해 서로의 몸속에 있는 생물들을 공유하기라도 하는 날에는 이 숫자가 훨씬 더 치솟는다. 이들 중 대부분은 우리에게 귀찮게 굴지 않는다. 하지만 먹이를 먹는 과정에서 우리 몸을 오염시키고 고름을 만들어내는 녀석들도 있다. 우리 몸이 황폐해지지 않도록 막아주는 것은 얇디얇은 조직뿐이다. 적이 눈에 띄는 대로 조준해야 하기 때문에 면역체계는 악당들의 사진을 모아두었다가 침입자와 대조해본 뒤 공격을 시작한다. 그러나 기존의 사진과 닮은 부분이 방아쇠 역할을 하는 관계로, 면역체계가 자기 발에 잘못 총을 쏴서 자기 조직을 날려버리는 실수를 저지를 때도 있다.

면역체계는 위협이 등장하기 훨씬 전에 자신과 타자, 안전과 위험, 내부의 왕국과 외부의 왕국 사이에 벽을 쌓는다. 우리는 우리 몸이라는 성 안으로 바깥의 것들이 들어오는 것을 허락할 수밖에 없기 때문에 면역체계는 경계선을 순찰할 뿐만 아니라 내부에서도 모든 장기에 경비를 선다. 뇌는 우리가 어떤 사람인지 알고 있다. 그리고 면역체계는 우리가 어떤 사람이 아닌지 알고 있다. 모두 합해 수조 개나 되는 세포들이 자신이 지키는 자아에 관한 모자이크 기억을 구축한다. 이 자아는 나이, 스트레스, 기분에 따라 형태가 변하는 습기 많은 존재다. 정신적으로 괴로운 일이 있으면, 최악의 순간(사랑하는 사람이 세상을 떠나서 이미 기분이 가라앉아 있을 때)에 면역체계를 억제하는 호르몬이 방출될 수 있다. 그리고 이런 실수가 자가공격으로 이어질 수 있다.

이 글을 쓰는 지금 내 입 주위에는 마치 미소를 짓는 것 같은 모양으로 살짝 솟아오른 종기가 나서 나를 괴롭히고 있다. 이 종기는 1983년부터 간헐적으로 나를 괴롭혔는데, 의사들도 지금까지 이유를 모른다. 나타났다 사라지는 이 종기는 전염성은 아니며, 내가 이 종기 때문에 죽지도 않을 것이다. 궤양이나 구진처럼 나타났다 금방 사라지지만 고통스러운 병들이 그렇듯이, 이 종기도 악성은 아니지만 짜증스러운 자가면역 질환이다. 죽음을 불러오지는 않지만 죽을 때까지 사람을 괴롭히는 병. 원인은 아직 밝혀지지 않았다. 이 종기는 이유 없이 나타났다 이유 없이 사라진다. 몇 년 동안 나타나지 않을 수도 있다. 아마 내 면역체계가 내게 이로운 입속 박테리아를 적으로 오인하고 있는 모양이다. 스트레스가 쌓이면 이런 종기가 생길 수 있다. 대부분의 경우 이 종기는 잠자는 벌집이다. 한 친구는 이런 말을 했다. "지난주에 그 일 때문에 네 체면이 깎여서 속이 상했잖아. … 그러고 나서 얼굴이 아프기 시작한 거야." 너무 은유적이라고? 뇌라는 이상한 세계의 논리로는 그렇지 않다. 정신은 때로 지독하게 상징적으로 변해서 면역체계를 통증이라는 화가로, 몸을 캔버스로 이용한다. 원인이 무엇이든 내 면역체계는 지금 혼자서 있지도 않은 적을 상대로 싸우고 있다. 내 몸의 시스템에 이상이 생기지 않은 것이 다행이다. 면역체계가 루푸스, 류머티스성 관절염, 당뇨병 등 심각한 질병을 일으킬 수도 있으니까. 뇌가 면역체계의 일부인 걸까, 아니면 면역체계가 뇌의 일부인 걸까? 둘은 함께 음모를 꾸미는 무자비한 동맹이며, 좀처럼 적의 얼굴을 잊어버리지 않는다.

면역체계는 원한을 품고 있다. 특수한 면역세포가 박테리아, 곰팡이, 바이러스 같은 침입자를 발견하면 그것들을 모아서 몸 전체에 흩어져 있는 수천 개의 림프절 중 한곳으로 데려간다. 림프절에서는 보조 T세포가 이 짐을 받아서 B세포에게 항체를 만들라고 명령한다. 항체는 침입자에게 들러붙어 그들을 죽이는 단백질이다. 다른 면역세포들은 침입자의 조각들을 기억보조용으로 보존해둔다. 그들은 침입자에 대해 끊임없이 중얼거리다가 그 침입자가 다시 나타나면 본격적인 전쟁의 함성으로 목소리를 높인다. 이번에는 면역체계가 적과 더 열심히 싸운다. 림프절은 모든 적의 명단을 갖고 있다. 우리에게 참패를 안겨주었던 모든 독감과 감기, 지난여름의 폐렴, 바하마 군도에서 우리를 찔렀던 해파리, 수두와 홍역, 아마존강에서 스노클링을 하고 있을 때 우리가 빨아들인 원생생물, 지금까지 맞은 예방접종까지도. 우리 내부의 경찰국가인 면역체계는 이미 알려진 골칫덩이들을 감시하고, 만전을 기하기 위해 낯선 것이라면 무엇이든 감시한다. 우리가 이런 노력을 알아차리지는 못하지만, 우리의 의식은 그 뒤를 따르며 논리를 바탕으로 결정을 내린다(자기는 그런 줄 안다). 그래서 우리 집 세면대에 (티트리오일, 박하, 레몬으로 만든) 액체비누가 놓여 있게 된 것이다.

그러나 면역학자인 제럴드 캘러핸Gerald N. Callahan이 《믿음, 광기 그리고 인간의 자동연소》에 쓴 것처럼, 우리는 항상 사랑하는 사람들과 안전하게 자신의 일부를 나눈다. 연인들은 상대의 버릇, 말투, 습관, 생각을 일부 받아들여 자기 것으로 만든다. 하지만 우리가 다른 사람들의 속에 있는 것까지 받아들이는 경우도 있다. 예를 들어, 우리가 독감이나 감기를 남에게 전염시킬 때, 바이러스는 우리의 단백질과 지질을 제 몸에 담고 다른 사람 몸속으로 옮겨가 풀어놓는다. 그리고 그 사람은 그 내용물 중 일부를 자신의 림프절에 저장한다. 에이즈 바이러스 같은 레트로바이러스는 다른 사람의 DNA 일부를 우리 염색체에 설치할 수 있다. 하지만 우리는 이런 방법이 아니더라도 아마 항상 감염이나 성관계를 통해서 자기도 모르는 사이에 다른 사람들과 유전자 조각을 교환하고 있을 것이다. "연인과 사귀면서 우리는 상대의 수많은 조각들을 수집한다. … 마침내 어느 날 우리에게는 철저한 모자이크가 남는다. 반은 남자고, 반은 여자이며, 반은 나이고, 반은 다른 사람인 키메라." DNA 조각들이 우리 염색체를 향해 가는 동안 조금씩, 조금씩 연인과의 관계가 우리를 면역체계의 카메오로 만들고, 뇌를 수정하고, 우리가 한결같다고 믿는 자아를 바꾼다. 우리는 그저 상대의 마음을 사로잡기만 하는 것이 아니라 그 사람을 흡수한다. 지금까지 우리가 사랑했던 모든 사람이 우리 옆에 남아 있다. 그리고 우리는 한때 그 사람들과 사귀었기 때문에 눈에 띄지 않는 변화를 겪었다. 어떤 사람들은 이 말을 듣고 속이 메스꺼워질지도 모르지만 나는 가슴이 따뜻해진다.

뇌가 손상되면 자아가 영원히 사라져버릴 수 있다. 뉴런을 죽이면 자아도 죽는다. 하지만 일부러 자아를 '잃어버리려고' 애쓸 때, 다른 사람의 의식을 직접 경험해보려고 애쓸 때, 우리가 거둘 수 있는 성과에는 한계가 있다. 현관의 불은 꺼질 줄을 모르고, 정신 속의 스튜는 계속 보글보글 끓는다. 집주인이 잠시 외출하거나 잠이 들어도 마찬가지다. 우리와 함께 이 지구상에 살면서 우리와 맞서기도 하고 넘치는 사랑을 주기도 하는 수십억의 떠들썩한 사람들은 고사하고, 수천 개의 독특한 자아들을 일일이 살피는 것조차 거의 불가능한 일이다.

22 성격은 만들어지는가, 태어나는가?

두 성격의 만남은 두 화학물질의 접촉과 같다. 뭔가 반응이 일어난다면, 둘 다 변화한다.

- 카를 융

포코노스의 여름 캠프에서 나는 열세 살짜리 여자아이들 열 명과 함께 같은 합숙소에서 지냈다. 우리에게는 공통적인 생물학적 우주가 있었다. 불쑥 튀어나온 삶의 바위 위에 서 있는 우리는 성性에 대해 별로 아는 것이 없었다. 하지만 성에 대해 많이 이야기하기는 했다. 누군가에게 홀딱 반하는 것과 진정한 사랑에 대해서도. 사이렌(그리스 신화에서 노랫소리로 뱃사람을 유혹한 바다의 요정 – 옮긴이) 지망생인 우리는 확실한 유혹의 법칙을 믿었다. 다만 그 법칙이 정확히 무엇인지 모를 뿐이었다. 대수代數와 테니스에도 규칙이 있었다. 만약 우리가 어린 시절에 배운 것이 있다면 그것은 원인과 결과가 반드시 연결되어 있다는 점이었다. 남자아이의 사랑을 손에 넣는 것도 똑같을까? 그 여름에 우리는 은근히 작업을 거는 법을 연습하고 우리만 알고 있는 전략들(그에게 말 걸기, 그를 무시하기, 그를 칭찬하기, 그를 놀리기)을 시험하며 대부분의 시간을 보냈다. 남자아이들이 그것을 알았는지는 모르겠지만 이렇다 할 말을 하지는 않았다. 그리고 어찌된 영문인지 우리는 그들도 우리와 비슷한 작전을 구사하고 있을지도 모른다는 생각을 한 번도 하지 못했다.

그때 우리는 탐폰을 밀어넣는 것, 불을 피우는 것, 화장하는 법, 카누를 젓는 법에 대해 실용적인 요령을 배웠다. 우리는 자주 호숫가에 모여 격의 없이 이야기를 나눴으며, 매년 여름 캠프에서 상급생들은 브로드웨이 연극을 공연했다. 그중 특별히 인상 깊은 작품은 〈바이 바이 버디〉(인기 록스타가 입대를 앞두고 팬서비스를 위해 작은 도시의 10대 소녀를 만나러 가면서 벌어지는 소동을 그린 1963년작 뮤지컬 영화. 우리나라에서는 1967년에 〈멋있게 살아라〉라는 제목으로 개봉되었다 – 옮긴이)였다.

우리 중 일부는 적십자 인명구조 수업, 수상안전 보조수업, 수상생존 수업을 들었다. 이들 수업의 강사인 루는 필라델피아에서 온 멋진 대학생이었으므로 우리는 물에 빠진 사람 역할을 하겠다고 앞다퉈 나섰다. 호수의 물이 탁했기 때문에 인명구조가 쉽지 않았지만, 그 덕분에 인명구조가 숨이 막힐 정도로 에로틱하게 변하기도 했다. 구조자는 물속으로 들어올 때 물에 빠진 사람의 손이 전혀 닿지 않는 곳에서 수면 아래로 잠수한다. 도대체 몸이 닿는 순간은 언제일까? 느닷없이 그의 손이 내 무릎에 닿는 것이 느껴지더니, 그 손이 내 몸을 빙글 돌린 다음 내 등을 타고 올라가 팔로 내 가슴을 가로질러 나를 붙들었다. 내가 거짓으로 저항하는 척하며 팔다리를 허우적거리는 동안 그는 양팔로 내 가슴을 꽉 끌어안고 가위 모양으로 세게 다리를 차면서 헤엄치는 오징

어처럼 앞으로 나아가며 나를 잔교로 끌고 갔다. 그리고 내 양손을 겹쳐 잔교 위에 올려놓은 다음 그 손을 꼭 잡고 물에서 빠져나와 손을 뻗어 내 다리를 잡고 무겁게 나를 끌어올렸다. 그다음 순서는 가짜 인공호흡이었다. 물론 우리 입술이 닿은 적은 한 번도 없었다. 우리는 인명구조 요령을 재빨리 배워 물속으로 들어가서 일부러 재미로 심하게 발버둥치는 사람들을 구하는 연습을 했다. 무엇보다 힘든 것은 물에 빠진 사람을 꼭 붙든 채 돌고래처럼 발을 차서 물 밖으로 빠져나와 잔교 위로 올라가는 것이었다. 진화의 관점에서 볼 때, 우리가 그런 재주를 배우기에 딱 맞는 나이이자 남자에게 집착하기에도 딱 맞는 나이라는 사실을 그때 우리는 몰랐다. 만약 생물심리학자가 와서 우리에게 십대들이 비이성적인 것처럼 보이는 행동을 하는 데에는 물리적인 근거가 있다고 말해주었더라도 우리는 그 말을 믿지 않았을 것이다. 십대들은 폭풍처럼 광포하고 충동적이다. 전두엽의 신경회로가 아직 만들어지고 있는 중이라는 점이 이유 중 하나다. 뇌 촬영 결과에 드러나 있듯이, 십대들은 정보를 처리할 때 어른들에 비해 편도체를 훨씬 더 많이 사용한다. 어른들은 전두엽 피질을 많이 사용한다. 따라서 십대들이 자라는 동안 부모는 자녀의 뇌에서 상식을 담당하는 부위가 해야 할 일을 대신하는 경우가 많다. 물론 우리는 자신이 이성적이고, 완전히 다 컸으며, 부모보다 더 똑똑하다고 믿으며, 터질 듯한 생기를 품고 있었다.

우리가 아직 성장하는 동안 뇌는 아주 유연한 상태를 유지하기 때문에 어느 한 부위가 손상되면 다른 부위가 새로운 회로를 만들어 손상된 부위의 역할 중 일부를 떠맡을 수 있다. 아주 어릴 때에는 심지어 한쪽 반구가 완전히 죽어버려도 다른 반구가 때로 모든 역할을 대신할 수 있을 만큼 뇌가 유연하다.

우리는 스스로 생각해낸 온갖 비밀전술들을 총동원해서 루에게 몸을 던졌지만 그는 우리에게 굴복하지 않았다. 그는 자기와 같은 나이의 금발 강사에게 홀딱 반한 것 같았다. 열네 살 때 우리는 훈련 조교 CIT가 되었고, 집에서는 코니 프랜시스의 노래 〈남자들이 있는 곳〉을 들었다. 캠프에서는 가슴이 커지게 해준다는 운동을 하며 이런 노래를 불렀다.

당신이 날 사랑하기에는
내가 너무 늦게 태어났어.
난 당신과 데이트할 수 없는
CIT에 지나지 않는 걸.
나는 왜 그렇게 늦게 태어난 걸까?

이건 우리가 만든 노래가 아니었다. 이미 많은 CIT들이 옛날부터 이 노래를 불렀다. 캠프의 전통에는 십대들의 갈망도 포함되어 있었다. 사람들은 십대 소녀들의 행동에 웃음을 터뜨리며, 그것을 소녀의 성격과 성장과정의 정상적인 일부로 받아들였다.

아이들은 저마다 기질이 달랐다. 무엇을 하든 금방 싫증을 내고 새로운 경험을 하고 싶어 안달하는 아이도 있고, 성에 집착하는 아이도 있고, 무슨 일이든 떠벌여야 직성이 풀리는 아이도 있고, 장난꾸러기 광대짓을 즐기는 아이도 있고, 남에게 들러붙어 아부를 떠는 아이도 있고, 항상 앞장서서 일을 꾸미는 아이도 있고, 자기만의 생각에 빠져서 쉽게 상처받는 아이도 있었다. 어떤 아이는 가만히 앉아 있는 것이 너무 싫어서 손톱을 씹으며 무슨 일에도 집중하지 못할 만큼 부산을 떨곤 했다. 잠에서 감각적인 기쁨을 느끼는 지독한 잠꾸러기도 있었다. 그 아이의 잠을 방해할 수 있는 것은 자명종 두 개와 자칫하면 아침밥을 못 먹을지도 모른다는 두려움뿐이었다. 다들 재미있었지만 충격적인 행동을 하는 아이는 없었다. 모두 집과 학교에서 흔히 볼 수 있는 친숙한 유형의 아이들이었다.

그래도 우리가 서로에게 많은 것을 숨기고 있었다고 나는 확신한다. 우선 나는 내 감각이 뒤섞여서 공감각을 만들어낸다는 사실을 숨겼다. 나는 그것이 관능적이라고 생각했지만 다른 사람들은 겁을 집어먹는 것 같았다. 나는 감정에서 맛을 느꼈고, 내가 느끼는 감각적 이미지 속에서 생각을 이어나갔다. 그리고 이 세상의 자세한 모습들이 갑자기 내 눈앞으로 튀어나오곤 했다. 물건을 보며 나는 꼭 집어 말할 수는 없지만 왠지 다른 물건들을 떠올렸다. 예를 들어, 낡은 온수기 소리가 주판 때문에 숨이 막힌 기린 소리처럼 들리는 식이었다. 구름이 잔뜩 낀 날이면 호수 표면이 잔뜩 얻어맞은 대포 색깔처럼 보였다. 나는 이렇게 감각이 뒤섞일 때 짜릿한 기분을 느꼈지만, 다른 아이들이 이것을 알면 나를 놀리거나 심지어 따돌릴 수도 있다는 것을 알고 있었다. 내가 시를 쓴다는 사실을 다른 아이들에게 알리는 것은 상관없었지만, 테니스 강사와 정기적으로 데이트를 하고 있다는 사실은 숨겼다. 내가 그를 만나는 것은 로맨스를 위해서가 아니었다. 나는 로맨스의 기본도 거의 이해하지 못하고 있었으니까. 내가 그를 만나는 것은 에로틱한 느낌이 희미하게 배어 있는 위험한 분위기에서 서로의 생각을 교환하기 위해서였다. 그는 템플대학에서 철학을 전공하고 있었다. 나는 누군가에게서 빌려온 헤르만 헤세의 《싯다르타》를 숨겨놓고 밤에 이불 밑에서 손전등을 비춰가며 몰래 읽었다. 내가 그렇게 열심히 그 책에 몰두하는 모습을 보면 다른 아이들이 겁을 먹을 것 같았다. 내가 다른 아이들처럼 십대다운 천박함이 없었다거나, 뻔한 사실도 깨닫지 못하는 경우가 없었다는 얘기는 아니다. 나는 다른 아이들 역시 나처럼 비밀스러운 정신세계를 가지고 있을지 모른다는 생각을 한 번도 하지 못했다. 하지만 서로의 기질이 다르고 저마다 특징이 있는데도 우리의 정신적 버릇은 대부분 똑같았다. 인간은 아주 독특한 동물이기 때문이다.

인간으로서 우리의 성격적 특징은 무엇일까? 외계인이라면 인간을 어떤 식으로 묘사할까? 1989년에 도널드 브라운Donald E. Brown이 '인류의 보편성 목록'을 만들었다. 민족지학자들이 여러 문화를 관찰하면서 본 행동과 특징을 모은 것이었다. 나는 이 목록이 모든 사람들이 공유하고 있는 기발한 인간성을 엿보게 해준, 눈이 번쩍 뜨이는 자료라고 생각한다. 사람들은 각자 이 기본적인 테마 위에 자기들만의 이색적인 특징을 얹는다. 목록은 몇 쪽이나 되는 분량이지만, 그중 일부만 예를 들면 다음과 같다.

> 추상적인 말과 생각, 자제력이 없는 생물들과 구분되는 자제력 있는 행동, 미학, 애정을 표현하고 느끼는 것, 양면적인 감정, 의인화, 예술, 아기들의 말투, 초자연과 종교에 대한 믿음, 죽음에 대한 믿음, 이분법적인 인식, 몸치장, 출산 관련 관습, 어린이들이 낯선 사람을 두려워하는 것, 선택(대안 선택), 분류(행동, 내적인 상태,

날씨, 도구 등), 집단 정체감, 갈등, 추측을 통한 추론, 그릇, 요리, 협동, 주로 은밀하게 치러지는 성행위, 부끄러운 척하기, 울기, 문화, 관습적인 인사법, 춤, 판에 박힌 일상, 죽음과 관련된 의식儀式, 의사결정, 옳고 그른 것의 구분, 성별을 기준으로 한 분업, 꿈, 꿈의 해석, 감정, 감정이입, 시샘, 에티켓, 설명, 표정, 가족, 두려움, 비유적인 표현, 불, 민담, 음식 함께 먹기, 미래를 예측하려는 시도, 관대함을 찬양하는 것, 선물 주기, 선악 구분, 뒷공론, 정부政府, 문법, 머리 모양, 치료, 친절, 위생, 내집단과 외집단, 모욕, 우리와 닮은 생물들에 대한 관심, 농담, 친척관계, 언어, 법, 지도자, 논리, 거짓말, 마법, 결혼, 물질주의, 식사시간, 의미, 측정, 의학, 기억, 기분이나 의식을 바꾸는 기법, 애도, 살인 금지, 음악, 신화, 이야기, 생각의 객관성 과대평가, 고통, 과거/현재/미래, 사람(의 개념), 사람 이름, 계획, 놀이, 시, 소유욕, 솜씨를 다듬기 위한 연습, 개인적인 내면의 삶, 심리적인 방어기제, 강간, 강간 금지, 호혜적인 교환(노동, 물건, 용역 등), 리듬, 오른손잡이(대부분), 통과의례, 의식儀式, 범죄제재, 자아인식(다른 사람과 자신을 구분하고 책임감을 갖는 것), 섹스(매력, 질투, 겸손함, 규제), 주거, 사회구조, 지위와 역할, 단 것 좋아하기, 상징주의, 금기, 시간, 도구, 삼각 인식, 참과 거짓 구분, 번갈아 하기, 뭔가를 묶는 물건(끈 등), 폭력, 남을 방문하기, 무기, 세계관.

나중에 그는 몇 가지를 더 덧붙였다.

예감, 애착, 중요한 학습기간, 공정함, 죽음에 대한 두려움, 습관들이기, 희망, 평균적으로 남편이 아내보다 나이가 많은 것, 심상, 제도(조직화된 공동활동), 의도, 다른 사람들을 판단하기, 좋아하는 것과 싫어하는 것, 비교하기, 남자들이 더 집단적인 폭력에 동참하는 것, 정신적 지도, 도덕감정, 자존심, 속담, 위험 무릅쓰기, 자제력, 자기 이미지(다른 사람들이 자신을 어떻게 생각할지 걱정하는 것), 공간 인식과 행동에 나타나는 성별 차이, 수치심, 엄지손가락 빨기, 간질이기, 장난감.

지구상에서 가장 이상한 동물, 그 독특한 동물의 모습이 여기에 얼마나 잘 표현되어 있는가. 하지만 이 목록은 미묘한 의미 차이들을 무시한 채 표면만 긁고 있을 뿐이다. 때로 과학소설(과 과학에 대한 우리의 무지) 때문에 우리는 생물과 비슷한 컴퓨터가 출현해 인간의 자리를 빼앗을지도 모른다며 겁을 집어먹는다. 우리의 조합 능력을 컴퓨터 프로그램에 집어넣고, 과거에 경험한 성공과 실패를 감안하도록 컴퓨터를 훈련시키고, 통계적인 예언 기계를 설치하고, 문법과 어휘와 일상적인 말에 응답하는 법을 컴퓨터에게 가르칠 수는 있을 것이다. 하지만 그래도 컴퓨터는 인간의 복잡성과 개인의 독특함을 만들어내는 정신을 가질 수 없다. 정신에는 조상들에게서 물려받은 가족적 특징, 감정, 다른 사람들과의 상호관계가 미친 영향, 살다 보면 아무 이유 없이 겪게 되는 일들이 가득하다. 인간으로서 우리가 갖고 있는 성격은 세상에 하나밖에 없으며, 지구상에서든 우주의 다른 곳에서든 앞으로 다시 나타날 가능성이 희박하다. 우리는 외계인들을 좌우대칭형 외모에 우리처럼 쉽게 흥분하는 존재로 묘사하곤 하지만, 유전자의 바다가 워낙 넓기 때문에 다른 행성에서 우리 같은 외모에 우리처럼 행동하는 생명체가 태어났을 것 같지는 않다. 이런 생각은 우리를 겸허하게 만들어주는 동시에 짜릿함을 안겨주기도 한다. 세상에서 의미를 찾아내고, 우리에게 감정적으로 중요한 모든 사람과 사물들을 마음에 새겨두려는 갈망은 인류의 성격 중에서 중요한 일면이다.

그렇다. 우리는 모두 인상적인 인류의 성격을 공유하고 있다. 뿐만 아니라 각자 세상에 하나밖에 없는 성격을 지니고 있기도 하다. 개체마다 기질, 취향, 습관이 다양하게 나타나는 생물이 많다. 그러나 엄청나게 다양한 인간들의 모습은 어지러울 정도다. 엄청난 숫자의 인간들이 어떻게 해서 정교하고 기발한 성격을 갖게 되었을까?

다른 영장류들도 잠깐 동안 두 발로 걸을 수는 있지만 오랫동안 편안하게 직립보행을 하지는 못한다. 이족보행을 하는 동물은 많다. 그중 셋만 꼽아보면 새, 캥거루, 공룡이 있다. 인간들이 일상적으로 직립보행을 하기 시작하자 무거운 머리와 몸통을 지탱하기 위해 엉덩이가 더 두툼해졌고, 이 때문에 아이가 나오는 길이 쪼그라들었다. 다른 영장류들과 마찬가지로 인간의 신생아도 잘 발달된 상태로 세상에 나왔지만 뇌가 너무 크게 자라는 바람에 감당하기가 어려워지자 대부분의 아기들이 목숨을 잃어버리고 말았다. 인류가 불꽃처럼 사라져버리고 있었던 것이다(이것이 멸종extinct이라는 단어의 어원이다). 우리가 찾아낸 해결책은 뇌의 무게가 어른에 비해 약 25퍼센트밖에 되지 않는 미완성의 뇌를 지닌 아기를 일찍 낳는 것이었다. 갓 태어난 비비 새끼의 뇌 무게는 성체 뇌 무게의 약 70퍼센트이며, 비비 새끼는 태어난 지 하루가량 지나면 어미의 몸에 매달릴 수 있다. 비비 새끼가 알고 있는 지식 중 대부분은 배 속에 있을 때부터 물려받은 것이므로, 비비 새끼는 태어날 때부터 본능적인 행동을 할 수 있고 뇌도 대부분 형성되어 있어서 나머지 필요한 지식을 곧장 배울 수 있다. 반면 우리는 완전히 무기력한 상태로 태어나기 때문에 더 많은 위험에 노출된다. 하지만 얼마나 놀라운 일들이 우리를 기다리고 있는지. 극작가 크리스토퍼 프라이가 〈태양의 마당〉에 쓴 것처럼, 우리는 "삶 속으로 뚝 떨어졌다. 한곳에 그토록 오랫동안 머물다가 / 그곳에서는 삶이 초자연적인 것에 대한 믿음과 같았다."

인간의 아기는 세상을 향해 머리부터 떨어지며, 몇 년이 지나도록 혼자 힘으로 살아갈 능력을 갖추지 못한다. 하지만 그동안 우리의 재주꾼인 뇌는 신경회로를 완성하고 독특한 자아가 성숙한다. 유전자가 커다란 역할을 하기는 하지만, 뇌의 성장이 대부분 자궁 밖에서 이루어지기 때문에 사람들의 성격이 서로 엄청나게 다른 형태로 발전한다. 신생아의 뇌에는 수십억 개의 뉴런이 있지만, 그들 중 대부분이 아직 미완의 상태라서 대뇌피질은 삶이라는 춤을 출 준비가 되어 있지 않다. 신생아 뇌의 신경회로는 몇 개 되지 않지만 뇌는 아이가 여섯 살이 될 때까지 미친 듯이 회로를 구축한다. 따라서 여섯 살 때 뇌의 신경회로 밀도가 가장 높다. 뇌는 나뭇가지처럼 뻗은 회로들을 정리하기 전에 현명하게도 덤불을 먼저 정리한다. 그러고 나서 신경회로에 집중적으로 가지치기를 한다. 연결이 강화되는 회로도 있고, 폐기되는 회로도 있다. 두개골 크기에 잘 맞는 뇌를 만들기 위해서다. 이 야만적인 가지치기로 인해 어떤 재능이 쓰레기더미에 버려지는 걸까? 유아들은 공감각을 경험하지만 대부분의 사람들은 성장하면서 이 능력을 잃어버린다. 하지만 모든 사람이 다 그런 것은 아니다. 아기들이 느끼는 감각은 뒤죽박죽 뒤섞인 채 뇌로 쏟아져 들어온다. 피질은 점차 성숙하면서 정보를 거르고 분류하는 법을 배워 각각의 정보를 다양한 곳으로 이끈다. 감각이 홍수처럼 쏟아져 들어오면 행동이 필요할 때 의식이 작동하지 않을 수 있으므로 뇌는 성장하면서 정보를 차별하고 배제하는 데 더 능숙해진다.

뇌의 가지치기가 잘못된다면 어떤 병이 생길 수 있을까? 잘못된 가지치기가 발달지체와 관련되어 있는 걸까? 백치천재 증후군도 가지치기의 잘못으로 설명할 수 있을까? 뇌에서 필수적인 부위들은 아기가 태어날 때부터 이미 활동하고 있다. 뇌간은 몸을 통제하고, 소뇌는 몸을 움직이고, 시상은 몸에 감각을 제공한다. 그러나 나머지 부위들이 완성되는 데에는 몇 년이 걸리기 때문에 인간은 포유류 중에서 유아기가 가장 길다.

이 기간 동안 유전자, 가족, 경험 등 아기마다 각각 달라지는 요인들에 의해 뇌가 다듬어진다. 뉴욕대학의 신경과학 교수인 조지프 르두Josepe LeDoux는 다음과 같이 말한다. "월급이 은행계좌로 자동으로 들어오든 우리가 직접 창구직원을 통해 월급을 예금하든 월급으로 들어온 돈이 가는 곳은 똑같다." 선천적인 유전과 후천적인 경험은 "뇌의 시냅스 장부에 예금을 할 수 있는 두 가지 방법일 뿐이다." 뇌의 유전자 설계도에는 뇌가 주위 상황에 맞춰 스스로를 다시 프로그램하도록 되어 있다. 여기서 주위 상황에는 어머니가 먹는 음식과 기분에 따라 영양 상태와 분위기가 달라지는 자궁 내의 환경도 포함된다.

사람이 어른이 됐을 때 나타나는 기질과 질병 중에는 자궁에 있을 때부터 만들어지기 시작한 것이 많다고 할 수 있다. 열대의 더위와 폭풍이 날뛰던 잃어버린 세계 자궁에서 우리는 삶을 시작하기도 전에 나이를 먹는다. 아기가 배 속에 있을 때 어머니가 부실한 식사를 하거나 (두려움, 우울증, 스트레스 등으로 인해) 어머니의 몸속에서 호르몬이 요동치기 시작하면 이제 막 만들어지고 있는 아기의 콩팥, 간, 뇌가 영향을 받을 수 있다. 특히 겉으로 잘 드러나지는 않지만 커다란 영향을 받는 것이 뇌다. 뇌의 기본적인 설계도는 유전적으로 결정되지만, 뇌는 자궁 안에 있을 때 중요한 이정표와 통로를 깎아놓는다. 유행병학자이며 사우샘프턴대학의 교수인 데이비드 바커David Barker에 따르면, 뱃속에 있을 때와 출생 직후의 부실한 영양 상태나 감염이 여전히 성장하고 있는 심장, 간, 췌장, 뇌 등 여러 장기에 영향을 미쳐 아기가 어른이 됐을 때 수많은 질병을 일으킬 수 있다고 한다. 예를 들어, 바커는 영양실조에 걸린 어머니에게서 태어난 아기들이 비만한 어른이 될 가능성이 더 높다는 사실을 밝혀냈다. 아마 배 속에 있을 때 영양을 충분히 섭취할 수 없는 가난한 삶을 대비하고 있다가 정작 밖으로 나온 다음에는 지방, 설탕, 칼로리 함량이 높은 식사를 하게 되기 때문인 것 같다.

모든 사람이 바커의 이론에 동의하는 것은 아니지만, 많은 사람들이 이 이론에 일리가 있다고 생각한다. 물론 단백질이나 특정 비타민이 조금만 모자라도 엄청난 피해를 입을 수 있다는 연구 결과는 무섭기 짝이 없다. 이런 생각을 하다보면 숙명론에 빠져 무기력해질지도 모른다. 임신 중의 심한 흡연이나 음주가 태아에게 피해를 입힐 수 있다는 점에 대해서는 의심의 여지가 없다. 하지만 어머니의 기분은 과연 어떨까? 어머니가 식사도 제대로 하지 않고 매일 화를 내면서 우울해한다면? 이론적으로는 이것 역시 자궁을 자극해 태아의 장기, 혈관, 신경전달물질이 발달하는 데 영향을 미칠 수 있다. 그렇다면 성격이란 과연 무엇인가?

모두 유전적으로 결정되는가, 자궁 속에서 조합되는가, 아니면 살아가면서 후천적으로 형성되는가? 아마 이 세 가지 모두가 정답일 것이다.

유전자와 자궁에 있을 때의 변화에 영향을 받은 신생아는 성격의 싹을 지닌 채 세상에 태어난다. 쌍둥이 연구에서 증명되었듯이, 우리가 임의적이라고 생각하는 취향(머리의 가르마를 어떻게 타는가, 어떤 색 어떤 종류의 자동차를 모는가, 정치적 성향은 어떤가 등)을 포함한 성격의 대부분이 유전되는 것 같다. 토요타 자동차를 갖고 싶다는 구체적인 욕망까지 다 유전되는 것이 아니라 마음의 틀만 유전된다는 얘기다. 신경계는 잭슨 폴록의 그림, 태국 음식, 오토바이 타기 등을 좋아하도록 사람의 기질을 미리 결정할 수 있다. 신경계의 작용 때문에 오렌지 주스를 싫어하고, 미네소타의 추운 겨울 날씨를 피해 도망치도록 기질이 정해질 수도 있다. 놀라운 것은 쌍둥이의 성격이 아주 달라질 수 있다는 점이다. 유전자가 똑같은 쌍둥이라 해도 둘 중 하나가 정신병을 갖고 있을 때 다른 하나가 같은 병에 걸릴 확률은 겨우 50퍼센트 정도밖에 되지 않는다. 뇌는 유전자, 어렸을 때 돌봐준 사람, 친구, 출생 순서, 경험, 문화 등 교훈, 시련, 기대를 제공해주는 모든 요인들의 영향을 받아 자아를 정교하게 다듬는다. 우리는 대개 선택이 자신을 자유롭게 해주며 시야를 넓혀준다고 생각한다. 그러나 선택은 세상을 좁히는 역할도 한다. 선택을 통해 다른 대안들이 아주 많은 세상을 거부하는 셈이기 때문이다. 우리가 물려받은 뇌의 신경회로는 언제라도 스스로를 부분적으로 바꿔버릴 수 있다. 모든 학습은 흔적을 남긴다. 뇌의 입장에서는 학습의 흔적이 남지 않는 척하는 편이 이롭다. 그래야 세상이 단단하고, 안전하고, 예측 가능한 곳으로 느껴질 테니까. 죽을힘을 다해 매달려야 하는 기울어진 회전목마처럼 느껴지는 것은 곤란하다.

어린 시절이라는 비옥한 땅에서 유전자의 자극을 받고 정교한 자아가 몸을 일으키기 시작한다. 정신분석학자인 스티븐 미첼Stephen Mitchell은 "복잡하고 섬세한 협상"을 통해서 "유아와 어머니가 서로에게 영향을 미쳐 아이에게 알맞은 세상을 만들어낸다"고 썼다. 어머니는 자기만의 독특한 감정 상태와 감각의 우주를 제공해주고, 그곳에서 아이는 앞으로 무엇을 기대해야 할지 배우며 자신과 다른 사람과 세상을 해석하기 시작한다. 정신과의사이며 UCLA 의대 교수인 앨런 쇼어Allan N. Shore는 "내 개인적인 연구 결과는 유아가 한 살에서 두 살이 되는 시기가 눈 주위의 전두엽 전부前部가 성장하는 중요한 시기이며, 감정적으로 파장이 맞지 않는 사람이 오랫동안 아기를 돌보는 경우 피질변연계의 성장을 저해하는 환경이 만들어진다는 것을 시사한다. … 이것이 나중에 정신질환과 심신증이 발생할 수 있는 소인이 된다"고 말한다. 살아가면서 겪는 충격과 비극은 학습과정의 낙인처럼 뇌를 물리적으로 변화시킨다. 특히 아이가 열 살이 될 때까지 이 점이 두드러진다. 개중에는 평생 동안 충격적이고 비극적인 기억에 시달리는 사람도 있다. 하지만 나이가 몇 살이든 우리가 어떤 경험을 하면 뇌는 느낌을 만들어내고, 이 느낌이 뇌의 화학구조를 바꾸고, 이로 인해 정신의 상태가 결정되고, 이것이 다시 느낌을 만들어내고, 이 느낌이 다시 뇌의 화학구조를 바꾼다. 사회적 진화는 강한 영향을 미치지만 유전도 마찬가지다. 성격의 일부 측면은 유전적으로 결정된다. 그리고 우리가 다른 사람과의 관계에서 자신을 어떻게 생각하는지에 따라 그 자아가 수정되고 다시 정의된다. 이런 전략이 위험해 보이겠지만 우리 조상들은 이 전략 덕분에 생존을 위한 귀중한 도구를 얻었다. 다양성이 바로 그것이다. 만약 사람이 유아기를 무사히 넘길 수만 있다면, 산사태처럼 쏟아지는 경험, 통찰력, 노하우와 맞닥뜨릴 것이다. 다양성은 날이 세 개나 되는 칼이다. 다양성은 진화의 보물일 뿐만 아니라 고독과 소외감과 비참함의 원인이기도 하다. 이런 다양성이 없었다면 찬란한 예술은 존재할 수 없었을 것이다. 하지만 예술가들은 어쩔 수 없이 고독과 소외감을 느끼는 경향이 있다.

무기력한 신생아를 먹이고 보호해야 하기 때문에 우리는 대단히 사회적인 동물이 되었으며, 서로에게 더욱더 의존하게 되었다. 각자 살아온 길이 다르기 때문에 우리는 자기만의 기술을 터득했다. 솜씨가 좋은데다 유연성까지 갖춘 우리는 정보와 전문지식을 교환했다. 오래지 않아 우리는 지식을 공유하면 시야가 넓어져 새로운 거주지를 찾아낼 수 있음을 알게 되었다. 다른 동물들과 달리 우리는 놀라울 정도로 다양한 환경, 고난, 기후에 적응했다. 크고 미숙한 뇌를 갖고 태어나는 것은 우리에게 유리했지만, 바로 이 때문에 다른 사람들의 존재가 우리에게 절박하게 필요해졌다. 이 사회적 유대가 워낙 강력해서 이 유대가 끊어지면 우리는 슬픔에 잠겨 고통을 느끼고, 이 유대가 위협을 받으면 공포에 질린다. 인간은 다른 동물보다 훨씬 더 협동적인데, 뇌는 초콜릿이나 코카인을 먹었을 때 자극받는 통로를 활성화하는 방식으로 협동을 잘한 사람에게 상을 준다. 우리는 내적으로든 외적으로든 보상을 받을 것이라는 기대 때문에 협동하는 경향이 있다. 옳은 기대다.

개나 고양이와 달리 우리는 여러 마리의 새끼를 한꺼번에 낳지 않고, 새끼를 아주 조금밖에 낳지 않는다. 1년에 한 명 이상 아기를 낳는 경우가 극히 드물 정도다. 아기가 죽으면 그 아기를 대신할 존재가 별로 없다. 따라서 군주들은 전통적으로 두 아들, 즉 사람들이 흔히 하는 말처럼 '후계자와 여분'을 낳는 것이 권장된다. 자식들이 스스로 가정을 꾸릴 수 있을 때까지 살아남게 하기 위해 우리 조상들은 자기들이 경험한 장애물과 위협을 근거로 많은 결정을 내려야 했다. 장애물과 위협 중에는 예측 가능한 것도 있고 전통적인 것도 있었지만, 도저히 예측할 수 없는 것도 있었다. 따라서 섬세하고 유연한 뇌가 필요해졌다. 본능과 반사작용의 지휘를 받을 뿐만 아니라 임기응변에도 능하고 교활한 잔꾀가 가득 들어 있으며 신선하고 새로운 것을 반가워하는 뇌.

사람마다 다양한 삶을 살게 마련이므로 개인적인 전략, 감정, 신념, 버릇, 취향이 발달했다. 한편에서는 틀에 박힌 행동을 하면서 다른 한편으로는 적응성을 발휘하는 이런 특징들 때문에 모든 사람이 똑같으면서도 다른 것이다. 우리는 이것을 '성격'이라고 부르며, 사람이 각자 자신의 성격을 현상한다고 말한다. 마치 과거라는 암실에서 성격이라는 사진이 모습을 드러내는 것처럼. 우리는 얼마나 자연스러운 존재인가. 여러 면에서 얼마나 동물과 가까운 존재인가. 빠르게 변화하는 가혹한 환경에서는 새로운 경험을 감지해서 재빨리 대안을 검토하고 행동을 결정한 다음 그 결과에서 교훈을 얻는 동물이 살아남을 가능성이 가장 높다. 유연성은 과거에도 지금도 우리의 비상한 능력이었다. 우리는 일반화의 재능을 타고 났다. 우리는 표본을 추출해 분석하고, 교훈을 얻고, 의견을 형성하고, 생각을 바꾸기도 하면서 위험을 피하고, 압력에 굴복하기도 하고, 다른 사람을 설득하기도 하고, 설득당하기도 하고, 위험을 무릅쓰기도 한다. 하지만 소포클레스가 옳았다. "생명이 유한한 것들의 삶 속에 뭔가 거대한 것이 들어올 때 저주가 뒤따르지 않는 경우가 없다." 우리가 방식을 바꿈으로써, 예를 들어 항생제를 개발하거나 굴뚝이 달린 집을 짓는 식으로 환경을 이길 꾀를 내면 낼수록 새로운 문제(저항력이 강한 세균, 오염물질)가 늘어날 뿐이다.

다른 대부분의 일에서와 마찬가지로 유전자는 성격에 영향을 미치기는 하지만 성격을 결정하지는 않는다. 나쁜 유전자가 좋은 유전자에 의해 상쇄될 수도 있고, 사랑과 보살핌으로 나쁜 유전자를 없애버리지는 못할망정 기세를 꺾을 수는 있다. 심리학자 애브샬롬 캐스피Avshalom Caspi가 이끄는 런던 킹스칼리지의 연구팀은 학대받은 남자 청소년들을 대상으로 그들이 스물여섯 살이 될 때까지 장기적인 추적조사를 실시했다. 그 결과 활성화된 유전자 MAOA를 물려받은 아이들은 이 유전자의 기세가 약한 아이들에 비해 폭력적인 범죄나 반사회적인 행동을 저지를 가능성이 더 낮은 것으로 드러났다. MAOA 유전자의 기세가 약한 아이들은 대부분 깡패, 도둑, 폭력범이 되었으며 자신의 행동을 별로 후회하지 않았다. 학대받은 남자아이 442명 중에서 MAOA 유전자가 위험한 수준을 유지하고 있는 아이는 12퍼센트에 불과했으나 이들이 나중에 저지른 폭력행위는 전체 폭력행위의 거의 절반을 차지했다. 학대를 받았지만 MAOA 유전자가 대단히 활성화되어 있는 아이들은 아픈 과거에도 불구하고 대부분 범죄자가 되지 않았다. 이 연구 결과가 유전자에 의해 성격이 결정된다는 주장을 지지하는 것처럼 보일지도 모른다. 그러나 어린 시절에 경험한 학대에 유전적 특징이 겹쳐질 경우 문제아가 탄생한다는 결과가 나온 이 연구에서 흥미로운 것은 양육방식과 유전자가 상호작용을 하면서 아이의 행동을 결정한다는 점이 증명된 것이다. 사람들 중 3분의 2는 위험한 유전자를 갖고 있지 않다. 사고나 충격적인 경험을 잘 견디는 사람과 그렇지 않은 사람이 있는 이유가 어쩌면 이것인지도 모른다.

킹스칼리지에서 실시된 또 다른 연구에서는 세로토닌 수치를 조절하는 유전자가 길거나 짧으면 우울증의 위험 요인이 되는 것 같다는 점이 밝혀졌다. 테리 모피트Terrie Moffitt의 연구팀은 뉴질랜드의 백인 847명을 5년 동안 관찰하면서 그들이 스트레스를 받았을 때 우울해지는지, 어떤 세로토닌 유전자를 갖고 있는지 살펴보았다. 두 개의 세로토닌 유전자가 모두 긴 사람들은 충격적인 사건을 겪은 후에도 다시 일어설 수 있었다. 세로토닌 유전자 두 개 중 하나는 길고 하나는 짧은 사람들은 그들에 비해 우울증에 걸릴 위험이 높았으며, 세로토닌 유전자 두 개가 모두 짧은 사람들은 심한 우울증에 쉽게 무릎을 꿇었다. 세로토닌 유전자 두 개가 모두 긴 행운아들은 전체의 30퍼센트였다. 그들은 힘든 일을 더 쉽게 이겨내게 해주는 복권에 당첨된 것이나 마찬가지였다. 두 개의 유전자 중 하나는 길고 하나는 짧은 사람은 전체의 50퍼센트, 그리고 두 개의 유전자가 모두 짧아서 우울증에 가장 쉽게 걸리는 사람은 20퍼센트였다. 우리 몸에는 이처럼 우리를 취약하게 만들어버리는 유전자가 몇 개나 있는 걸까? 아마 수도 없이 많을 것이다.

우리는 위험한 환경 속에서 투지와 용기로 먹이를 사냥하고 육식동물에게 저항하면서 진화했다. 그때 일을 생각하면 지금도 몸이 부르르 떨린다. 위험은 모든 감각을 흥분시킨다. 책이나 영화를 볼 때처럼 위험한 상황이 가짜고 감정이 한꺼번에 밀어닥치지만 않는다면 사람들은 이 들뜬 기분을 즐긴다. 대부분의 사람들은 이보다 더 위험한 갈망을 기꺼이 억제하거나 일, 취미, 스포츠로 대신한다. 목숨을 잃을 위험보다는 오히려 너무 몰두해서 자아를 잃어버릴 위험이 더 큰 활동들이다. 하지만 미래가 뻔히 내다보이는 단정한 삶은 뱀이 사냥감의 몸을 둘둘 감고 천천히 쥐어짤 때처럼 숨이 막힌다고 생각하는 사람들도 있다.

심장이 두근거리는 순간을 갈망하는 사람들은 정신적인 면이나 신체적인 면에서 또는 이 두 가지 면에서 모두 갈등과 변화로 가득 찬 강렬한 삶을 추구한다. 정신적인 위험을 무릅쓰는 사람들은 머리가 뛰어나거나, 육체노동자이거나, 독학을 한 사람이거나, 예술적이거나, 과학적이거나, 사업 감각이 뛰어나거나, 범죄자일 수도 있다. 어쩌면 이런 특징들 모두가 한 사람 안에 조합되어 있을 수도 있다. 레오나르도 다 빈치가 떠오른다(16세기 이탈리아에서는 해부 실습을 위해 시체를 훔치는 것은 물론 동성애도 범죄였다). 우리는 짜릿함을 추구하는 사람들이 무모한 모험가, 법을 우습게 아는 사람이라고 생각한다. 스파이, 기구를 타고 세계일주를 하는 사람, 청소년 범죄자처럼 제정신이 아닌 사회 부적응자들이라고 보는 것이다. 간혹 T타입이라고 불리기도 하는 이런 성격을 타고난 사람들은 유난히 유연한 정신을 갖고 있어서 자극을 갈망하는 경향이 있다. 그들은 여러 각도에서 문제를 조사하며 씨름하고, 엉뚱한 해법을 내놓고, 이미 알려진 사실과 미지의 것 사이를 쉽게 뛰어넘고, 구체적인 것과 추상적인 것을 절묘하게 다루기를 즐기고, 모호함과 역설을 환영한다. 그들은 규칙을 깨고, 전통을 뒤엎고, 권위에 저항하고, 강렬한 감각과 감정을 탐험하기를 좋아한다. 짜릿함을 추구하는 사람들은 놀라울 정도로 창의적이거나 파괴적이며 여자보다 남자, 특히 열여섯에서 스물네 살 사이의 젊은 남성이 많다. 처음에는 신체적인 위험을 추구하다가 나이가 들면서 그보다 덜 위험한 지적인 모험으로 방향을 돌린 사람들을 나도 몇 명 알고 있다.

위험을 무릅쓰는 성격은 어떻게 만들어지는 걸까? 이런 성격에 주로 영향을 미치는 것은 유전자다. 신경계가 자극에 무미건조한 반응을 보이는 사람들은 너무 차분하고 침착해서 아드레날린을 분출시키는 극적인 사건을 통해 감각이 깨어나게 되기를 갈망한다. 〈네이처 제네틱스〉에 발표된 두 건의 독자적인 연구에서는 도파민에 대한 뇌의 반응을 조절하는 유전자 D4DR이 '새로운 것을 찾아 헤매는' 사람들의 경우 독특한 모습을 하고 있음이 밝혀졌다. 이러한 연구 결과는 새로운 것을 찾아 헤매는 성향과 도파민을 연결시킨 다른 연구 결과와도 일치한다. 하지만 성격은 여러 유전적 요인의 조합에 따라 결정되며 또한 어떤 경우든 유전적 요인만으로는 사람의 성격을 완전히 예측할 수 없다. 양육방식, 문화, 인생 경험이 독특한 양념 역할을 하기 때문이다.

그렇다면 우리의 성격은 선천적인 것인가, 후천적인 것인가? 이런 의문을 제기하는 것 자체가 자연과는 상관없는 이분법적 사고를 암시한다. 이런 질문을 던지는 것은 우리뿐이다. 우리 뇌는 대안을 처리하고, 모든 이슈를 양극단으로 나누는 작업을 더 쉽게 처리한다. 뇌가 상상력을 많이 동원할 필요도 없고, 평가에 많은 시간을 들일 필요도 없기 때문이다. 육식동물과 사냥감들로 이루어진 우리 조상들의 세상에서 시간은 위험요소였다. 따라서 우리는 세상을 일부러 양극단으로 분류하지만 세상은 그렇게 단순하지 않다. 사회심리학자인 데버라 태넌 Deborah Tannen이 《논쟁의 문화》에서 훌륭하게 설명했듯이, 인생이 대안을 선명하게 제시해주는 경우는 드물다. 인생은 대개 가능성, 타협, 정상참작의 연속선 위에서 펼쳐진다. 공정함을 위해 대중매체가 반드시 반대되는 견해들을 함께 제시해야 한다는 어리석은 생각은 우리가 갖고 있는 선입관의 좋은 예다. 저술가들은 이런 생각을 특히 짜증스럽게 생각하는데, 만약 어떤 책을 긍정적으로 평가한 사람이 100명이고 부정적으로 평가한 사람이 한 명일 경우에도 온라인 서점과 대중매체는 긍정적인 서평 한 편과 부정적인 서평 한 편을 제시하기 때문이다. 이렇게 되면 비평가들 중 절반이 이 책을 싫어하는 것처럼 보일 수밖에 없다. 대중매체에서 균형은 실제 비율과 상관없이 부정적인 면과 긍정적인 면을 함께 제시하는 것을 뜻한다. 텔레비전 뉴스는 이보다 더 심각하다. 여기서도 균형 잡힌 보도란 양극단의 견해를 모두 제시하는 것을 뜻한다. 그러나 대부분의 세상사는 양극단의 중간쯤에 위치하며, 모든 생각과 감정에는 여러 단계가 있다. 가능한 한 패턴과 단순성을 추구하는 것이 인류의 특징이기는 하지만 복잡한 이슈가 걸려 있을 때에도 그런 특징을 존중해야 하는 것은 아니다. 선거에 나선 후보들이 모든 것에 대해 굳이 서로 반대의견을 말할 필요는 없는 것 아닐까? 그런 주장을 펴는 후보들은 위협이 없을 때에는 게으르게 빈둥거리다가 여자 축구의 오프사이드 규칙 개정 문제처럼 열정을 불러일으키는 이슈가 등장했을 때에야 비로소 상황을 자세히 살피는 능력을 가동하는 우리 뇌의 성향을 이용하고 있는 것이 아닐까?

선천적인 유전과 후천적인 경험은 경쟁관계가 아니다. 몸이 하나로 붙은 채 태어났다가 마라톤 수술로 분리된 쌍둥이 같은 관계도 아니다. 둘 다 수없이 많은 운명과 과정을 거치며 너무 치밀하고, 불확실하고, 우발적이어서 시시각각 변화무쌍한 얇은 막들과 부대끼고 있다. 이 신성하고도 끊임없는 변화를 감안하면 진실한 예언 같은 것은 기대하지 말아야 한다. 뇌가 요구하는 것은 '유용한' 예측일 뿐이다. 뇌가 인식하는 현실은 몽크바다표범의 현실과 다르다. 뇌는 현실, 진정한 현실 또는 절대적인 현실과 다른 세상의 현실을 구분하지 않는다. 객관성을 지향하는 것은 조금이나마 덜 주관적이라는 기분을 느끼기 위해서다. 그러나 진정한 객관성을 획득하려면 우리가 자신의 몸 바깥에 서서 편견이나 인간적인 뇌 없이 세상을 관찰해야 할 것이다. 어쩌면 아예 지구 밖으로 나가야 할지도 모른다. 물론 이런 관찰자는 자신의 주관성을 즐거이 받아들일 것이다. 그가 주관성이니 뭐니 하는 생각을 한다면 그렇다는 말이지만 그런 생각을 할 것 같지는 않다. 그래서 내가 생각을 다른 사람들의 몫으로 돌려버리는 것 같다.

우리의 자부심이며 기쁨인 감정이입 능력은 자신을 분석한 다음 다른 사람들도 똑같은 감정을 느끼고 있을 것이라고 가정하는 능력을 바탕으로 하고 있다. 우리는 이런 분석과 가정을 바탕으로 자신의 행동이 다른 사람의 행동에 어떤 영향을 미칠지, 또 그들의 행동이 우리의 행동에 어떤 영향을 미칠지 예측한다. 물론 그들은 우리보다 더 영향력이 큰 다른 사람들, 나무가 빽빽한 정글보다 더 울창한 내면의 생태계, 스스로를 자극하는 수많은 생각들, 그들이 도저히 이해할 수 없는 유전자 변형의 영향을 받고 있다. 감정이 덧입혀진 기억들로 가득 찬 인생에 대해서는 말할 것도 없다. 그래도 우리는 뻔뻔스럽게 시도한다. 하지만 누군가에게 우표를 빌려달라고 부탁하거나 '사랑한다'는 말을 할 때마다 그 모든 것을 꼼꼼하게 생각해봐야 한다면 잔뜩 뒤얽힌 생각들 속에서 꼼짝도 할 수 없게 될 것이다. 나는 개인적으로 책에서 그런 상황을 글로 읽는 것을 좋아하지만, 어떤 사람들은 그것이 일상생활에 실질적으로 도움이 되지 않는다고 생각할지도 모른다. 만약 내가 바로 앞의 것과 같은 문장의 문법구조를 미리 계획하려 할 때에도 역시 같은 현상이 벌어질 것이다. 우리 정신의 활동 중에서 의식 수준까지 올라오는 것은 얼마 되지 않는다. 우리 몸이 하는 일도 마찬가지다. 우리는 뺨에 떨어지는 눈송이를 느끼기 위해 또는 자신이 옷을 입고 있는지 파악하기 위해 고양이 수염처럼 섬세한 기관에 의존하는 경우가 드물다. 대부분의 경우 우리는 통증이 있거나 뭔가가 잘못되지 않는 한 몸의 수고를 무시해버린다. 만약 우리가 신체적 자아를 더 많이 의식한다면 눈사태처럼 밀려드는 감각 때문에 금방 녹초가 될 것이다.

성격을 만들어내는 것은 선천적인 유전과 후천적인 경험 둘 다이다. 온갖 종류의 경험과 유전자에서 성격이 튀어나오는 것이다. 이 둘은 매우 개인적이고 특이한 특징(유전된 것도 있고, 가족들의 영향으로 만들어진 것도 있고, 모든 인간이 공유하고 있는 취약성 때문에 생겨난 것도 있다)을 포함한 모든 것에 영향을 미친다. 그때그때 강해지기도 하고 약해지기도 하는 이 영향은 거대한 연속선을 이룬다. 이 요술봉투를 흔들면 오늘의 성격이 튀어나온다. 내일은 수면시간, 일, 음식, 두개천골 치료, 섹스, 신선한 공기, 바이러스의 공격, 오랜 포옹, 놀라움을 안겨준 편지, 내적인 심술 같은 것들 때문에 성격이 조금 달라질 것이다. 사람이 호기심을 느끼는 데는 유전자와 경탄이 모두 필요하다. 감정이 개입된 교통사고는 이 과정을 빠르게 바꿔놓을 것이다. 스트레스 호르몬으로부터 자신을 보호해주는 유전자를 갖고 있는 사람이라면 최소한의 피해만 입을지도 모른다. 유전자가 재능, 기질, 지능, 알코올 중독이나 우울증 같은 질병에 걸릴 가능성을 결정한다는 사실을 우리가 알아낸 지는 조금 되었다. 하지만 유전적 특징이 삶에 의해 발현되거나, 개선되거나, 강조되거나, 억제되거나, 활성화되거나, 승화되거나, 왜곡되는 과정을 설명하려면 도서관 여러 개를 가득 채울 만큼 많은 책을 써야 할 것이다. 사실 이미 그만큼 많은 책들이 나와 있다.

사람들 사이의 다양성에는 예측 가능한 측면이 여러 개 있다. 특히 다음의 다섯 가지가 그렇다. 외향성과 내향성, 적의와 호감, 양심, 신경증, 개방적인 태도. 지금까지 많은 연구의 대상이 된 이 성격 특징들은 세상일에 대처하는 사람들 각자의 방식과 태도를 설명하는 데 도움이 된다. 하지만 이것들은 성격의 발판에 불과하다. 예를 들어 적대적이고 긴장한 사람이라고 해서 반드시 훌륭한 미식축구 선수가 되는 것은 아니다. 내가 아는 사람들 중에는 적대적이고 긴장하지만 작가가 된 사람도 있다(그중 한 명은 도서관 연체료를 1센트짜리 동전 1,000개로 가져와 사서의 책상에 쏟아부었다). 유전자만으로는 지능이 높고 수학적 재능이 뛰어난 사업가가 연달아 사업에 실패하는 이유를 설명할 수 없다. 어쩌면 그는 어렸을 때 부모의 무관심에 시달렸기 때문에 억지로 부모의 보살핌을 받기 위해 일부러 실패하는 것인지도 모른다. 부모에게 자랑스러운 자식이 되고 싶다는 생각은 유전적인 특징 못지않게 많은 사람들의 성공 원동력이 되었다. 똑같은 차를 운전하더라도 운전을 배운 방식, 욕구, 날씨, 동승자의 요구에 따라 사람마다 운전방식이 다를 수 있다. 살아가면서 겪은 커다란 불행을 의미하는 충격적인 사건 얘기도 빼놓을 수 없다. 충격적인 사건은 만성적으로 미묘한 영향을 미칠 수 있으며, 유전적으로 물려받은 특징에 구멍을 내거나 그 특징을 변형시킬 수 있다. 어쩌면 인류의 유전자 구성에는 한계가 있고, 패턴 또한 눈에 훤히 보일지도 모른다. 하지만 사람마다 경험이 다양하고 학습에 열성을 보이는 날랜 뇌를 갖고 있기 때문에 우리는 복잡할 정도로 다른 특징들을 갖게 된다.

그래도 어떤 사람들은 성격은 타고나는 것이어서 바꿀 수 없다고 고집스레 주장한다. 태어날 때 뇌가 이미 완벽한 상태라면 이 말이 맞을 것이다. 아이들의 뇌는 몇 년 동안이나 유연한 상태를 유지한다. 그렇지 않다면 앞으로 평생 동안 사용하게 될 언어를 그토록 훌륭하게 배울 수 없을 것이다. 다행인지 불행인지 아이들은 언어 외에 다른 것들도 배우느라고 정신이 없다. 이것들 역시 뇌에 각인되어 타고난 성격을 더욱 강조하거나, 수정하거나, 아니면 다른 방식으로 영향을 미친다. 일부 저명한 이론가들은 부모의 자녀양육 방식이 아이들의 성격 형성에 별로 영향을 미치지 못한다고 주장한다. 부모의 가장 큰 임무는 아이를 먹이고 보호하는 것이므로 부모가 아이를 조롱하거나 상처를 주거나 애정을 별로 주지 않아도 아이는 별로 피해를 입지 않는다는 것이다. 아마 부모들 중에는 이 말에서 위안을 얻는 사람도 있을 것이다. 하지만 대부분의 과학자나 심리학자, 특히 아동심리학자들은 이 말에 동의하지 않는다. 말言은 때로 둔기가 될 수 있다. 유전적으로 폭력적인 기질을 타고난 소년들을 대상으로 한 킹스칼리지의 연구에서 나타났듯이, 유전자와 양육방식이 함께 성격을 형성한다. 양육자의 손길을 느끼지 못한 아이들이 정상적으로 발달하지 못하는 현상을 가리키는 발달지체는 이미 잘 알려진 증후군이다. 2차 세계대전으로 고아가 된 아이들을 대상으로 실시된 유명한 연구 덕분이다. 새끼 쥐들을 대상으로 한 연구에서도 역시 같은 결과가 나왔다. 사람이 도구를 이용해 새끼 쥐를 쓰다듬어주는 것조차 새끼 쥐의 발달에 영향을 미쳤다. 아이들을 안아주는 것이 그만큼 중요하다.

피부는 왜 그토록 감정에 민감할까? 유령의 손길처럼 희미한 동시에 에로틱하게 느껴질 수 있는 가벼운 손길은 특별한 신경에 불을 붙인다. 손길은 천천히 늘쩍지근하게 움직이며 묘하게 에로틱한 느낌을 주는 무당벌레의 다리처럼 섬세하게 느껴질 수 있다. 하지만 그러는 사이에도 그 손길에 관한 정보가 뇌를 향해 쌩쌩 달려간다. 신경과학자이며 예테보리의 살그렌스카대학병원 의사인 호칸 올라우손Håkan Olausson이 자가면역질환을 앓고 있는 환자를 치료할 때의 일이다. 그 환자는 코 아래의 모든 감각이 마비된 상태였다. 그런데 놀랍게도 통증과 온도를 느끼는 기능에는 아무런 문제가 없었다. 빠르게 정보를 전달하는 뉴런들만 손상되어서 그녀는 촉감을 전혀 느끼지 못했고, 팔꿈치나 무릎을 움직이는 법조차 잊어버렸다. 하지만 올라우손이 붓으로 손등을 간질이자 그녀는 붓의 부드러운 압력을 느꼈다. MRI 검사 결과 붓의 움직임이 뇌도를 자극하는 것으로 드러났다. 뇌의 깊숙한 곳에 자리한 뇌도는 연인들이 서로의 눈을 들여다보면서 느끼는 감정이나 어른이 안아주었을 때 아이가 느끼는 감정 같은 것들을 처리하는 데 관여한다. 고양이 수염처럼 섬세하게 쓰다듬는 손길은 성적인 흥분을 일으켜서 옥시토신 같은 애정 호르몬의 분비를 촉진할 수 있다. 어른이 자주 안아준 아이들은 이런 호르몬을 더 많이 분비하며, 더 차분해지고, 젖을 더 잘 먹어서 잘 자라게 된다. 사람의 손길을 받지 못한 고아들을 간호사와 의사가 자주 안아주었더니 아이들은 다시 정상을 회복해 제대로 성장했다. 동물을 기르는 노인은 그렇지 않은 노인보다 장수한다. 옥시토신 수치는 여자가 아이를 낳기 직전에 급격히 올라가며, 사랑을 나눈 뒤에도 크게 증가한다(정사 후에 상대와 끌어안은 채 있고 싶어 하는 여성이 남성에 비해 많은 이유가 아마 이것일 것이다). 손길이 부족하면 몸에는 성장에 에너지를 낭비하지 말라는 경고가 전달되는 것 같다. 자신을 보호해줄 부모가 주위에 없다는 뜻이 되기 때문이다.

모든 학습은 뇌에 영향을 미친다. 어머니의 양육방식이 뇌에 영향을 미치고 심리 치료사, 종교인, 인지행동 치료사, 교사도 영향을 미친다. 신경학자인 마사 덴클라Martha Denckla는 다음과 같이 비꼬았다. "모든 교사가 신경외과 의사라니. 무섭다. … 모든 교사가 작은 수상돌기를 만들어내 뉴런들을 연결시키는 역할을 한다. 우리는 항상 그렇게 뇌를 훈련시킨다." 학습의 내용이 감정적이거나, 중요하거나, 충격적일수록 뇌에 더 깊이 각인된다. 뇌는 배우고, 적응하고, 유연해지도록 프로그램되어 있다. 신경망은 아이가 태어난 후 3년 동안 잘 자란다. 이 시기는 생기 넘치는 성장의 시기다. 세상이 머릿속으로 콸콸 쏟아져 들어오고, 뇌는 여기에 빨리 진심으로 적응하려 애쓴다. 어린 시절의 인간관계가 엄청나게 중요한 것도 무리가 아니다. 어린 시절의 인간관계는 이 비옥한 시기에 성장에 박차를 가하며, 뇌가 스스로를 조직하는 방식을 터득하는 데 기여한다. 우리의 성격이 태어날 때부터 고정되어 있다는 생각은 우리가 기본적인 본성과 기질을 대부분 물려받지 않았다고 생각하는 것만큼이나 어리석다.

그런데 지금 우리는 어떤 성격을 말하고 있는 것인가? 우리는 모든 사람을 한결같은 모습으로 대하지 않는다. 만나는 상대에 따라, 상황에 따라 우리는 자아를 조정한다. 우리의 자아는 유연하다. 사실 자아가 유연하지 않은 상태(고착, 강박)를 우리는 건강하지 못한 것으로 간주한다. 열심히 한 가지 일에 집중할 수 있을 뿐만 아니라 필요하면 주의를 돌릴 수도 있는 능력이 우리의 생존 가능성을 높여준 것처럼, 상대에 따라 태도를 바꿀 수 있는 능력은 사회생활의 성공 가능성을 높여준다. 거짓말 같은가? 자신에게 충실하지 못한 것 같은가? 자아가 어디서 어떻게 봐도 똑같은 모습으로 굳어 있다고 생각하는 사람이라면 그럴 것이다. 자아가 조각상보다는 레퍼토리에 더 가까운 복수명사임을 인정한다면 사람에 따라 자아의 다른 측면을 더 많이 내보이는 것이 부정직하게 보이지 않을 것이다. 어쨌든 우리는 자동적으로 자아를 바꿔서 내보일 수 있다. 어떤 경우에는 자신이 좋아하는 사람의 몸짓을 미묘하게 흉내 내기도 한다.

한 문화권에서 다른 문화권으로 옮겨간 사람들은 새로운 문화권의 사고방식을 받아들이는 경향이 있다. 미시간대학의 심리학 교수인 리처드 니스벳Richard E. Nisbett은 동양에서 서양 또는 서양에서 동양으로 이주한 사람들에게 나타나는 지각의 변화를 관찰해왔다. 우선 그들은 새로운 이웃들의 두려움과 목표를 받아들이면서 사물, 시간, 관계를 다르게 인식하기 시작한다. 인간은 군중을 즐겁게 하려고 애쓰는 동물이다. 우리 조상들은 살아남기 위해 주변사람들처럼 행동하는 법을 배웠고, 필요하다면 자주 자신을 변화시킬 수 있을 만큼 민첩했다. 니스벳은《생각의 지도》에서 아시아인과 서구인들이 수천 년에 걸쳐 사회, 자연, 자아에 관해 다른 사고방식(아리스토텔레스식 사고방식 대 유교적 사고방식)을 채택하게 된 과정을 훌륭하게 설명했다. 예를 들어 서구인인 나는 방금 '무엇 대 무엇'이라는 표현을 사용했다. 토론, 논리, 범주를 좋아한 해상무역 사회였던 고대 그리스로부터 분석 방식을 물려받았기 때문이다. 그리스인들은 개인의 정체감, 자유, 목표를 신봉했다. (사람을 포함한) 객체는 서로 분리된 존재였으며, 자연도 인간과 분리되어 있었다. 또한 뭔가를 이해하는 데 가장 좋은 방법은 그것을 전체적인 맥락과 분리시킨 다음 가능한 한 여러 조각으로 분해해서 저변에 깔려 있는 원리를 발굴해내는 것이었다. 사회도 원자화되었다. 성공한 사람은 군중 속에서 돋보이는 사람이며, 다른 사람들에게 물리적 힘이나 지적인 능력을 행사했다.

니스벳은 "초창기 유교 신봉자에게는 다른 것들로부터 고립된 '나'가 존재하지 않았다. … 나는 다른 사람들과의 관계 속에서 내가 감당하는 역할들의 총체"라고 설명한다. 한 가지 역할이 바뀌면 다른 역할들도 바뀌고, 따라서 조금 전의 '나'는 미묘하게 다른 '나'가 된다. 유교의 세상에서는 서로 반대되는 힘들조차 공존할 수 있는 복잡한 평형 상태 속에서 아주 자그마한 떨림이나 욕망조차 다른 모든 것에 영향을 미친다. 사회적 조화가 매우 중요했으므로 자제력이 무엇보다 중요해졌다. 아리스토텔레스는 추상적인 사고와 지식 그 자체를 중요시했지만, 유교는 현실적으로 응용할 수 있는 사상을 선호했다. 독창성은 골칫거리고, 홀로 존재하는 자아는 이기적이었다. 사람들 각자의 독특한 기질과 재능은 물 흐르듯 이어지는 전체의 모자이크에 덧붙여졌다. 이 복합적인 자아 인식은 어휘에도 반영되었다. 그들의 언어에는 다른 사람과의 관계에 따라 '나'를 지칭하는 수많은 단어가 있었다. 상대방과 자신의 관계에 따라 그 순간 자신의 모습이 결정되는 것이다.

동료와 문화는 이처럼 정말로 커다란 영향을 미친다. 선천적인 요인은 우리의 삶에 엄청난 기여를 한다. 여기서 선천적인 요인이란 인류의 전체적인 본성과 개인이 물려받은 독특한 특징(성별, 자궁 속에서 겪은 일, 사고, 인종적 특성과 가족적 특성)을 모두 의미한다. 하지만 후천적인 요소도 중요하다. 심리학자이며 캘리포니아주 피처칼리지와 클레어몬트대학원 교수인 데이비드 무어David S. Moore는 단단히 고정되어 있는 것처럼 보이지만 사실은 그렇지 않은 유전자의 선물 또는 저주의 사례들을 많이 제시한다. 이런 특징들은 DNA가 세상과 만났을 때 자아와 다른 것들 사이의 상호작용에 의해 생겨난다. 예를 들어 페닐케톤뇨증PKU에 걸린 아이들은 고기, 빵, 우유, 달걀 등 여러 식품에 들어 있는 아미노산인 페닐알라닌의 신진대사에 필요한 단백질을 만들어내지 못한다. 따라서 제대로 처리되지 못한 페닐알라닌이 뇌의 활동을 방해하기 때문에 PKU가 심한 발달지체를 초래할 우려가 있다. 그러나 의사들은 PKU에 걸린 아이들이 결코 지워지지 않는 DNA의 낙서 때문에 그런 운명에 처하게 된 것이 아님을 깨달았다. 부모의 양육방식과 식단이 모든 것을 바꿔놓을 수 있다. 아이들에게 페닐알라닌이 든 음식을 먹이지 않으면 아이들은 PKU에 시달리지 않는다. 이 병은 유전적인 동시에 환경의 영향을 받는 질병이다.

세상은 긍정적인 일과 부정적인 일로 요동치고, 우리는 학습, 적응, 성장과정에서 그런 일들을 끌어안거나 도망친다. 그런 드라마가 아무리 본능적이라도, 사람들과의 관계가 아무리 다정하더라도, 그 사건들은 뇌와 정신을 형성하는 신경망 속에서 암호가 된다. 경험이 신경생물학적 현상으로 바뀌는 것이다. 심리 치료사인 루이스 코졸리노Louis

Cozolino는 자신의 직업이 "뉴런의 성장과 신경망 통합을 촉진하도록 설계된 특수한 종류의 비옥한 환경"이라고 생각한다. 그는 이 생각을 더욱 확장해서 "프로이트가 방어라고 불렀던 것은 신경망이 발달과정에서 어려움에 맞서 자신을 조직한 방식을 말한다. 방어는 생각, 감정, 감각, 행동이 의식 속에 통합되지 못하고 좌절하게 된 방식"이라고 말한다.

우리는 양극단에 중독되어 있고 무엇이든 지나치게 큰 그룹을 자세히 상상하지 못하기 때문에 선천적인 것과 후천적인 것을 자연과 양육이라고 간단하게 표기해버린다. 하지만 사실 자연과 양육이라는 말 속에는 수많은 미묘한 것들이 포함되어 있고, 그 목소리들은 상호작용을 하면서 때로는 협조하고, 때로는 싸우고, 때로는 연약한 평형상태와 평화에 도달한다.

프랑수아 비용은 〈겨울〉이라는 시에서 "겨울은 숲의 늑대를 창백하게 만든다"고 썼다. 서재의 창문으로 일본산 단풍나무의 벌거벗은 가지들을 내다보며 나는 가지 위에 쌓인 눈이 저마다 다른 모양이라는 사실에 깜짝 놀란다. 피라미드 모양, 둔덕 모양, 턱 모양, 날개 모양, 양초 모양, 쐐기 모양, 동물 모양. 스핑크스, 도마뱀붙이, 꼬리를 늘어뜨린 여우원숭이. 이 모든 것이 거의 똑같은 공간에서 똑같은 재료로부터 생겨난 것인데도 서로 너무나 다른 형태를 하고 있다. 가지들 사이의 미묘한 기후 차이가 영향을 미쳤기 때문이다. 산들바람은 가지 위에서 기분 좋은 소리를 내다가도 다른 가지로 옮겨갈 무렵이면 갈라지기도 하고, 느려지기도 하고, 물결치기도 하고, 다른 것에게 가로막히기도 한다. 또한 눈은 산들바람 외에 눈에 보이지 않는 다른 손길들에게도 반응한다. 형제자매들도 같은 집에서 자라지만 다른 가족들 사이에서 성장하는 것과 같다. 부모와 다른 형제자매들이 물수제비처럼 자꾸만 환경을 변화시키기 때문이다. 인생의 둥글둥글한 모퉁이에서 불어온 산들바람 때문에 알아차릴 수 없을 만큼 미묘한 영향을 받은 우리는 우리 못지않게 산들바람에 흔들린 다른 사람들을 만난다. 모두들 끝없이 변화가 이어지는 역동적인 춤을 추고 있는 것 같다. 환경이 눈곱만큼만 달라져도 사람의 성격과 행동이 눈에 띄게 변할 수 있다. 마치 산들바람이 나뭇가지 위에 쌓인 눈의 모양을 바꿔놓듯이. 영어가 제공하는 이미지들, 예를 들어 도미노, 물수제비, 메아리, 잔물결 같은 이미지로는 뇌에서 모든 것이 모든 것에게 한꺼번에 영향을 미치는 모습이나 우리가 다른 사람의 모든 것과 관계를 맺을 때 우리의 모든 것에 대한 인식이 항상 마음 한 구석에서 꾸물거리는 것을 포착해낼 수 없다. 그래도 우리 머릿속에는 패턴에 열광하며 모든 것을 단순화해서 예측하는 기계가 있으므로, 우리는 자신을 포함한 사람들의 기본적인 성격을 분류할 수 있다. 최소한 그 정도는 할 수 있다.

23 남자의 뇌와 여자의 뇌

이걸 남자로 만들까, 여자로 만들까? 세포가 말한다,
그리고 살에서 불꽃처럼 제일 좋은 것을 떨어뜨린다.

- 딜런 토머스, 〈사랑의 손길이 나를 간질인다면〉

아직 세상에 남아 있는 몽크바다표범들의 서식지인 프렌치 프리깃 숄에 있을 때 우리는 상어에게 꼬리를 잘린 암컷 한 마리를 치료해 주었다. 그리고 녀석을 비행기에 태워 하와이 수족관으로 보내 보살핌을 받게 했다. 지금 남아 있는 몽크바다표범 암컷이 몇 마리 되지 않기 때문에 한 마리라도 잃는 것은 비극이었다. 우리는 인간을 떼지어 몰려 있는 군중으로 생각하는 경향이 있다. 지구를 꿀꺽 삼켜버리는 하나의 유기체로. 하지만 우리도 한때는 몽크바다표범처럼 희귀해서 멸종까지는 겨우 머리카락 한 올 차이였다. 지구상에 살고 있는 모든 사람의 유전자가 소수의 공통의 조상에게 닿아 있다는 사실이 증거다. 그래서 우리는 침팬지와 침팬지의 관계보다 훨씬 더 가까운 혈연으로 서로 이어져 있다. 진화 도중 어느 시점에 우리는 아마도 겨우 100명 정도로 줄어드는 불길한 경험을 했다. 그들 중에는 딸만 낳았으나 그 딸들이 자식을 낳을 수 있는 나이까지 살아남지 못한 탓에 유전자를 후세에 전해주지 못한 사람도 있을 것이다. 그들은 굉장한 생물들이었음이 분명하다. 희망이 있고, 적응력이 뛰어나며, 맹렬한 생기와 좋은 두뇌를 갖고 있어서 적과 주위환경을 꾀로 이기고, 잔혹한 시련과 끊임없는 모욕을 견뎌내면서도 강한 아이들을 키워낼 수 있었다. 적응력이 뛰어나다는 대목에서 우리는 왜 놀라는가? 우리 살아남는 능력을 타고났는데.

진화는 편애를 하지 않는다. 남자도 여자도 모두 유전자를 활성화할 수 있다. 그것을 물려받은 우리는 모두 비슷하게 생긴 뇌를 갖고 있다. 여자들의 뇌가 남자들의 뇌보다 10~15퍼센트 더 가볍고 뉴런의 숫자도 적지만, 그것은 순전히 여자들의 몸이 남자들보다 작기 때문이다. 게다가 뉴런의 숫자는 적어도 신경회로는 더 많은 것 같다. 어쩌면 이것이 여자들이 우울증에 더 쉽게 무릎을 꿇는 이유인지도 모른다. 연구 결과들은 여성들이 감정적인 일들을 더 곰곰이 반추한다는 것을 보여준다. 어떤 사람들은 여자들이 우울증에 더 취약한 것이 아니라 도움을 청하는 것을 꺼리지 않을 뿐이라고 말하기도 한다. 신경회로는 남자의 뇌와 여자의 뇌에서 미묘한 차이를 드러낸다. 예를 들어 공감각을 경험하는 사람은 1,000명 중 다섯 명 꼴인데, 그중 75퍼센트 이상이 여성이다. 여자들은 대체로 요즘 '다중작업'이라고 불리는 것에 더 능하다. 다중작업은 섬유질이 가득 들어 있는 아침식사용 시리얼 같은 단어다. 공간 능력은 어떤가? 나는 아무리 간단한 물체라도 눈에 보이지 않는 뒷면을 쉽게 그려내지 못한다. 내 시각 기억력은 뛰어난 편인데도 공간 속에서 3차원 물체를 상상해보려고 하면 마음의 눈이 백지가 되어버린다. 따라서 나는 추상적인 공간 능력을 발휘해서 특히 밤에 비행기를 착륙시키는 법을 배우는 데 남자들보다 더 오랜 시간이 걸렸다. 아무리 시간이 흘러도 나는 항상 어둠 속에서 장난감에 발이 걸려 비틀거리는 사람처럼 비행기를 착륙시키는 것 같았다. 결국 나는 공간을 인식하는 나만의 방법을 고안해냄으로써 간신히 요령을 터득할 수 있었다. '저기 저 선들이 저렇게 보이고 활주로가 저기 있고 나무와 건물들이 저렇게 보일 때는 내 고도가 이거야.' '활주로가 창문을 타고 미끄러져 올라오는 것처럼 보인다면 내가 너무 낮게 나는 거야. 활주로가 창문을 타고 미끄러져 내려간다면 내가 너무 높은 거고.' 내가 착륙 요령을 쉽게 배우지 못한 요인으로는 여러 가지를 꼽을 수 있을 것이다. 공간인식 능력 부족 같은 개인적인 특징, 문화적으로 주입된 특징, 또는 한쪽으로 치우친 여자 뇌의 특징. 그리고 네 번째 요인은 이 모든 것을 섞어놓은 것이다. 다만 사람에 따라 다르게 섞여 있을 뿐. 핵물리학자인 내 친구는 공간 감각과 수학적 감각이 뛰어나다. 틀림없이 물리학자인 아버지에게서 그런 감각을 물려받았을 것이다. 하지만 그녀가 어렸을 때부터 물리학과 수학에 관한 이야기가 어지럽게 떠돌아다니는 집에서 자랐다는 점도 중요하다. 대학은 그녀의 사고방식에 거름을 주고 키워주었으며, 그녀에게 보상을 안겨주었다.

남자아이들이 선천적으로 호전적이고 승부욕이 강한 것인가, 아니면 우리가 남자아이들을 그렇게 만드는 것인가? 심리학자이며 뉴욕주립대 스토니브룩캠퍼스의 교수인 터한 캔리Turhan Canli의 연구팀은 대단히 감정적인 사진들을 남자와 여자에게 보여주는 실험을 하고 있다. 피실험자의 뇌를 fMRI로 살펴본 결과 연구팀은 여자들이 감정에 더 강렬한 반응을 보인다는 것을 알 수 있었다. 여자들은 또한 3주가 흐른 뒤에도 문제의 사진을 남자들보다 더 정확히 기억하고 있었다. 캔리는 다음과 같은 결론을 내렸다. "감정적인 경험을 담당하는 신경회로와 그 경험을 기억 속에 집어넣는 암호화 과정이 남자보다 여자들의 경우에 훨씬 더 단단하게 통합되어 있다." 이는 여자들의 자전적 기억력이 대체로 더 뛰어나다는 것을 보여준 예전의 연구 결과들을 뒷받침한다. (여자들은 또한 후각도 남자들에 비해 뛰어난 편인데, 이것도 관련되어 있을지 모른다.) 캔리의 연구는 감정적인 일들이 여자들에게 더 의미 있는 일일 가능성이 있으며, 따라서 여자들이 그런 일을 생각하는 데 더 많은 시간을 할애한다는 것을 시사한다.

캔리의 연구팀은 피실험자들에게 사진을 볼 때마다 '감정적으로 강렬하지 않다'부터 '감정적으로 지극히 강렬하다'까지 여러 단계로 자신의 반응을 정의하게 했다. 어떤 사진들(소화전)은 감정을 흥분시키지 않았지만, 어떤 사진들(훼손된 시신)은 대단히 불편했다. 총 사진을 보여주었더니 남자들은 '중립적'인 감정을 느낀다고 말했지만, 여자들은 강한 부정적 감정을 느낀다고 말했다. 여자들은 시신이나 울고 있는 사람들의 사진에 대해서도 강한 감정적 반응을 보였다. 더러운 화장실 사진에 대해서도 마찬가지였다. 이것이 처음에는 우습게 보이겠지만, 여성과 더러움의 역사, 육체적 순결과 집을 깨끗하게 유지하는 것의 상징성을 생각해보면 여성들의 반응을 이해할 수 있다. 감정적인 사진들은 남자와 여자의 뇌에서 모두 편도체 왼쪽을 비롯한 여러 부위를 자극했다. 그러나 여성의 뇌에서 활성화되는 부위가 더 많았다. 캔리는 이런 "암호화 과정을 통해 여성들이 감정적인 일을 남성들보다 더 잘 기억하게 되는 것인지도 모른다"는 결론을 내렸다. 간단히 말해서, 여성들의 뇌가 감정적인 일들을 더 분명하게, 더 오랫동안 기억하는 경향이 있다는 뜻이다. 대부분의 부부들에게 이것은 새삼스러운 일이 아니다. 우리 여자들은 과거에 무시당했던 일들을 기억하고 있다가 싸움을 할 때 연달아 쏟아내서 유리한 위치를 차지하는 것으로 악명이 높다. 물론 이런 차이는 순전히 통계적인 것에 불과하다. 여성 조종사도 있고 남성 시인도 있으니까. 그러나 이런 연구 결과를 바탕으로 너무나 쉽게 고정관념이 생겨난다.

모린 다우드Maureen Dowd는 〈뉴욕타임스〉에 실린 냉소적인 칼럼에서 이것이야말로 "여성 혐오주의자들이 여자가 너무 신경질적이고, 예민하고, 꽁하기 때문에 믿을 만한 지휘관이 될 수 없다는 낡은 주장을 내세울 때 이용하기에 딱 맞는 자료다. … 하지만 사실 미국 현대사만 들여다보아도 멋진 남자가 자신을 어떻게 생각하는지 걱정하는 남자들이 역사를 형성하고 비틀어놓았음을 알 수 있다. … 지나치게 감정적이고 정신없는 여자들에 대해 연구든 TV 프로그램이든 하고 싶은 대로 실컷 만들어내도 상관없다. 미국 역사를 엉망으로 만든 사람은 지나치게 감정적이고 정신없는 남자들이다"고 썼다. 말 한번 잘했다.

뇌의 중요한 신경회로 중 일부는 자궁 속에서 만들어진다. 그때 태아는 온갖 호르몬에 푹 잠겨 있는 상태다. 테스토스테론은 남자 뇌의 신경회로가 만들어지는 데 이바지하고, 에스트로겐은 여자 뇌의 신경회로가 만들어지는 데 이바지하면서 억누를 것은 억누르고 부추길 것은 부추긴다. 뇌 촬영을 비롯한 여러 연구를 통해 드러난 남녀 간의 차이 몇 가지를 아래에 제시해놓았다. 하지만 항상 '평균'이라는 단서와

'그런 경향이 있다'는 단서가 붙는다는 점을 명심해야 한다. 유전적 요인과 임신 중 모체의 상태에 따라 사람마다 커다란 차이를 나타내기 때문이다.

여자의 뇌에서는 두 반구를 이어주는 반짝이는 다리인 뇌량이 더 크고, 두 반구의 무의식 영역을 연결해주는 앞 맞교차anterior commissure도 더 크다. 그래서 감정을 관장하는 우반구가 좌반구에서 오가는 대화, 생각 등 여러 활동에 더 강한 영향을 미칠 수 있는 것인지도 모른다. 남자의 경우에는 어떤 문제를 해결해야 할 때 그 문제를 전문적으로 다루는 반구에만 활동이 집중되는 반면, 여자들은 양쪽 반구를 모두 끌어들이는 경향이 있다. 나이를 먹을수록 남자들은 측두엽과 전두엽의 뇌세포가 줄어들어 감정과 사고에 영향을 받지만, 여자들은 해마의 뇌세포를 더 많이 잃어버리기 때문에 기억력에 문제가 생긴다.

놀고 있는 아이들의 모습을 담은 데버라 태넌의 영상에서 여자아이들은 서로의 공통점을 거듭 강조하는 반면, 남자아이들은 서로 난폭하게 싸움을 벌이거나 함께 앉아서 눈을 마주치지 않은 채 경쟁하듯 대화를 한다. 지금까지 실시된 수십 건의 실험에서 남자들은 수학적 추론, 도형-배경 지각, 공간 테스트에서 뛰어난 능력을 보여주었고, 목표를 겨냥하는 능력도 뛰어났다. 여자들은 언어 능력, 사회성과 감정이입, 물건들 사이의 유사점 찾아내기에 뛰어나며, 청각과 후각이 더 예민하다. 남자들은 육체적 고통을 더 잘 참는다. 아이를 낳은 적이 없는 여자들은 아이를 낳은 적이 없는 남자들보다 아기 사진에 더 민감하게 반응한다.

운율 맞추기 시험에서 아이들은 성별을 막론하고 모두 똑같은 능력을 보여주었지만, MRI 검사 결과 남자아이들은 뇌의 한쪽 반구만을 사용하는 반면 여자아이들은 양쪽 반구를 모두 사용하는 것으로 드러났다. 읽기와 운율 맞추기는 성별의 차이가 드러나지 않는 활동이다. 하지만 이 활동을 할 때 뇌에서 활성화되는 부위가 성별에 따라 다르다는 사실은 남녀의 뇌가 서로 약간 다르게 조직되어 있을지도 모른다는 점을 시사한다. 마사 덴클라는 "어린 여자아이들의 경우 뇌의 좌반구가 두목 행세를 하는 경향이 매우 강한 것인지도 모른다"고 말한다. 이유는 확실치 않지만 남자아이들은 자폐증, 난독증, 주의력결핍장애, 과잉행동장애 등 학습장애에 더 취약하다. 일반적인 속설 그대로 여자아이들은 남자아이들보다 빨리 성장한다. 여자아이들은 남자아이들보다 빨리 일어나 앉지만, 사방을 기어다니며 탐색하기 시작하는 시기는 남자아이들이 더 빠른 편이다.

펜실베이니아대학의 심리학 교수인 루빈 거Ruben Gur는 20년이 넘도록 뇌의 성별 차이를 연구하고 있다. 표정에 대한 남녀의 반응 차이를 살펴본 연구에서 그는 남자들이 남자의 슬픈 표정보다 여자의 슬픈 표정을 잘 알아보지 못한다는 사실을 발견했다. 여자들은 모든 표정을 남자들보다 훨씬 더 잘 읽어냈다. 거는 "주위 환경과 가족들로부터 언어적 단서와 비언어적 단서를 모두 포착할 수 있어야 한다"면서 "어쩌면 그래서 여자들이 감정에 더 주파수가 맞춰져 있는 것인지도 모른다"고 설명했다. 거는 휴식하고 있는 남자와 여자의 뇌를 촬영해본 결과 남자의 변연계 일부가 더 활발히 활동하고 있음을 발견했다. 당연히 그는 같은 패턴을 나타내는 다른 동물들의 행동을 생각해보았다. "그들의 특징은 감정적인 상황에 행동으로 반응한다는 것이다. 그들은 화가 나면 공격을 하고, 두려울 때는 도망친다." 여자의 뇌에서는 언어 영역과 인접한 띠이랑cingulate gyrus이 더 활발하게 활동하고 있음이 드러났다. "이런 현상은 의사소통을 할 수 있고, 감정적인 상황에 훨씬 더 상징적인 반응을 보일 수 있는 동물에게 나타난다. 복잡한 연구를 하지 않더라도 남자들이 신체적인 행동을 통해 감정을 표출할 가능성이 높은 반면, 여자들은 이야기로 감정을 푼다는 점을 쉽게 알 수 있다."

내 경험상 여자들은 애정을 잃어버리는 것을 더 걱정하는 반면 남자들은 체면이 깎이는 것을 더 걱정하는 것 같다. 애인이나 배우자가 다른 사람과 성관계를 맺었을 때, 여자보다는 남자들이 더 질투를 느낀다. 그러나 애인이나 배우자가 다른 사람에게 애정을 느꼈을 때는 남자보다 여자가 더 질투를 느낀다. 부모와 사회가 아이들을 기르면서 이런 프로그램을 주입한 걸까? 부분적으로는 그렇다. 부모와 사회는 한창 성숙해가고 있는 뇌에 영향을 미친다. 진화심리학의 주장(우리가 사바나에서 수백만 년을 보낸 것이 아닌지도 모른다, 우리의 꾀와 솜씨는 빙하시대에 더 많이 발달한 것인지도 모른다)에 모든 사람이 동의하는 것은 아니지만, 남녀 간의 이런 차이에 대한 진화심리학의 설명은 다음과 같다. 남자들은 한 번 사정하는 정액에 들어 있는 정자만으로도 주위 여자들을 모두 임신시킬 수 있지만 여자들에게는 난자가 몇 개 되지 않으므로, 남자의 경우에는 여러 여자와 관계를 맺는 것이 가장 이롭고 여자의 경우에는 자식을 부양하고 보호해줄 사람을 찾는 것이 가장 이롭다. 나는 우리의 여자 조상들에게도 부정을 저지를 이유가 충분히 있었다고 생각한다. 배우자가 죽어버리는 경우를 대비해서 아이를 기르는 데 도움이 될 수 있는 다른 남자를 예비용으로 마련해두는 편이 유용했을 것이다. 또한 배우자가 병이 심해서 번식을 할 수 없는 상태가 된다면 다른 남자와 어울리는 방법을 통해 유전자를 후세에 물려줄 수도 있었을 것이다. 유전적 다양성은 아마 중요한 안전망이었을 것이다. 만약 여자가 아버지가 다른 자식들을 낳는다면, 자식들은 각각 조금씩 다른 유전자를 물려받을 터이므로 적어도 그중 한 명은 살아남을 가능성이 높아질 것이다. 똑똑한 여자라면 여러 남자들과 친해지려 했을지도 모른다. 그들이 그녀의 자식들을 해치거나 죽이지 않게 하려고. 아이의 아버지가 누구인지 모르는 상태에서 남자들은 모두 그 아이를 지켜줄 필요가 있기 때문이다.

이유가 무엇이든 성적인 충동이 강하고 배우자에게 충실하지 않은 여자들이 더 많은 아이를 낳고, 그중에 더 많은 아이들이 살아남았다. 따라서 그런 성향의 유전자가 후세에 전달되었다. 배우자에게 지극히 헌신적인 남자와 여자들도 더 많은 아이를 낳고, 그중에 더 많은 아이들이 살아남았다. 가능한 한 많은 여자들을 임신시킨 남자들도 남보다 더 많은 아이들을 낳았다. 그들이 굳이 여자 옆을 지키면서 자녀 양육을 도와주지 않는다 하더라도 일단 숫자상으로는 많은 아이들을 낳는 것이 가능했다. 이렇게 해서 서로 반대되는 성적 충동들이 진화했을 것이다. 그래서 현재 남자와 여자는 다행이라는 심정으로 기쁘게 일부일처제를 유지하면서도 만성적으로 부정을 저지른다. 또는 사회가 그런 가치관을 부추긴다고 말할 수도 있을 것이다. 하지만 그것만으로는 역시 뇌 구조의 차이를 모두 설명할 수 없다.

두 개의 반구가 단절된 환자들에 대한 연구에서 도발적인 이론을 만들어낸 혈관외과의 레너드 슐레인Leonard Shlain은 우리가 글을 발명함으로써 남성 신의 지배를 받으며, 여성혐오적이고, 좌뇌 지향적인 문화가 만들어졌다고 주장한다. 그는 "사회 안에서 상당수의 사람들이 글자, 특히 알파벳을 깨우치게 되었을 때 우뇌형 사고방식이 희생되고 좌뇌형 사고방식이 강화된다. 글이 아닌 이미지, 여성의 권리, 여신숭배 등의 쇠퇴를 통해 분명히 나타나는 사실"이라는 가설을 내세운다. 그러나 순전히 글 때문에 여성중심 종교가 남성중심 종교로 바뀌었다기보다는 글이 이런 변화에 중요한 역할을 했다는 것이 그의 주장이다.

좌뇌형 문화의 특징은 무엇인가? 슐레인은 "전체론적이고, 동시적이고, 종합적이고, 구체적인 세계관은 여성적 시각의 근본적인 특징인 반면 선형적, 연속적, 환원주의적, 추상적 사고는 남성적 사고방식의 특징"이라고 주장한다. 그는 인류 역사 속의 주요 문화와 시대를 거슬러 올라가며 우뇌의 지배를 받아 대담하고, 위험을 마다하지 않고, 피에 굶주린 사냥꾼-전사가 종교적 지위와 정치적 지위, 결혼, 사회 전반에 걸쳐 더 다정하고 감수성이 강한 여자들을 제압한 사례들을 제시한다. 그는 이런 현상이 벌어진 직접적인 원인이 좌뇌형 활동인 읽기와 쓰기라고 주장한다. 내가 보기에는 그의 이분법적 사고방식과 그가 제시한 많은 사례들이 조금 괴짜 같다. 문자는 비교적 최근의 발명품이고, 지금도 문자를 사용하는 모계사회들이 존재한다. 전부는 아니지만 많은 포유류 사회에서 수컷들이 지배적인 위치를 차지하고 있으며, 몸집도 암컷들보다 더 크고 힘도 더 세다. 게다가 인류 역사의 여명기에 여신숭배가 성행했다고 해서 반드시 당시 여성들의 지위가 더 높았다고 볼 수는 없다. 이 밖에도 많은 반박이 있을 수 있다.

하지만 그가 매우 중요한 의문에 불을 당긴 것은 사실이다. 한 문화권 전체가 우뇌형이나 좌뇌형이 될 수 있는가? 만약 그렇다면 과연 어떤 과정을 거쳐 그렇게 되는가? 그런 문화는 어떤 모습을 하고 있을까? 사회 전반에 영향을 미치는 프로그램을 뇌에 입력시킬 수 있는 사건이나 발명품은 어떤 것인가? 우리는 자신이 발명해서 사용하고 있는 물건들을 통해 뇌의 신경회로를 바꿔 진화의 방향을 좌우할 수 있는가? 만약 그렇다면 우리는 상인들을 위해 자기도 모르게 인간의 본성을 희생하고 있는 것이 아닌가? 예를 들어, 우리 뇌가 시각을 중시하고 새로운 것을 좋아하기 때문에 우리는 전자매체에 홀려 있다. 시간이 흐르면서 이것이 우뇌와 좌뇌의 균형에 영향을 미쳐 우리의 사회생활과 로맨스에도 그 영향이 나타나게 될까? 이와 관련된 영양 문제도 있다. 우리 조상들이 몹시 먹고 싶어 했지만 잘 구할 수 없었던 지방, 소금, 정제설탕을 최근 쉽게 구할 수 있게 되었는데, 이것이 뇌의 화학적 구성에 영향을 미쳐 결국 우리의 본성까지 바꿔놓게 될까?

뇌는 행동을 결정하지만, 행동 또한 뇌를 결정한다. 불행한 결혼생활에 갇혀 있는 사람은 정신적으로나 신체적으로나 건강을 해친다. 남녀를 막론하고 불행한 결혼생활을 하는 사람은 심장발작에서부터 잇몸질환에 이르기까지 모든 질병에 훨씬 더 잘 걸린다. 부부가 싸우는 장면을 비디오로 녹화한 연구에서는 배우자와 항상 부정적인 말로 언쟁을 벌이는 심장병 환자들이 4년 안에 죽을 가능성이 거의 두 배나 되었다. 또 다른 연구에서는 배우자에게 비난을 들은 파킨슨병 환자들에게서 눈을 깜박이는 증세를 비롯해 여러 가지 증세들이 악화되는 것으로 나타났다. 오리건주에서 15년간 계속된 연구에서는 결혼생활에서 결정권이 약하다고 생각하는 여성들의 사망확률이 높은 것으로 나타났다. 가정불화를 겪는 동안 여성들의 몸은 남성들의 몸보다 상대의 적의와 부정적인 태도를 더 많이 흡수하는 것 같다. 여성들은 울혈심부전증,

류머티스성 관절염으로 인한 관절통증, 면역체계와 내분비계 질병, 고혈압에 더 취약하다. 결혼생활의 스트레스는 특히 여성들에게 해롭게 작용할 수 있다. 이유는 아무도 모른다.

사람의 운에는 유전자도 부분적으로 관여하는 것 같다. 네덜란드 로테르담의 에라스무스메디컬센터가 202명을 대상으로 실시한 장기적인 연구에서는 스트레스 호르몬인 코르티졸의 피해를 완화해주는 유전자를 지닌 사람 18명이 발견되었다. 그 덕분에 그들은 혈중 인슐린, 콜레스테롤, 당 수치가 낮았으며, 동맥경화 환자 비율도 낮았다. 65세 이상의 남녀가 이 유전자를 갖고 있을 가능성이 더 높았는데, 아마도 이 유전자가 당뇨병과 심장병으로부터 몸을 보호해 수명을 늘려주기 때문인 것 같다. 앞 장에서 언급했던 MAOA 연구에서 학대받은 아이들 중 MAOA 유전자의 기세가 약한 남자아이들은 폭력적인 성향을 보였지만, 여자아이들 중에는 그 비율이 낮았다. 그 유전자가 X염색체에 있기 때문이다. 여자아이들은 X 염색체를 두 개 갖고 있으므로 덜 위험한 MAOA 유전자를 적어도 한 개는 물려받을 가능성이 높다.

뇌세포들 사이에 추가로 형성되는 모든 회로들이 정말로 여성들의 기질에 영향을 미쳐 연인과의 말다툼을 두고두고 생각하게 하거나, 과거의 감정적인 일을 다시 떠올리며 모든 일을 다시 되새기고 걱정하다 못해 결국은 우울증까지 걸리게 만드는 것인지도 모른다. 여성들은 인간관계에 더 공을 들이며 안달하는 것 같다. 만약 이것이 저주라 해도 그 덕분에 경험할 수 있는 풍요로운 관계와 감정을 잃어버리고 싶은 사람은 별로 없을 것이다.

24 창조적 정신의 탄생

어느 분야에서든 진정 창의적인 사람이라고 해봤자 비정상적이고 비인간적인 감수성을 타고난 사람에 지나지 않는다. 그들에게는 가벼운 손길이 주먹질처럼 느껴지고, 소리는 소음으로, 불행은 비극으로, 기쁨은 황홀경으로, 친구는 연인으로, 연인은 신으로, 실패는 죽음으로 느껴진다. 잔인할 정도로 섬세한 이들에게 감당할 수 없을 만큼 강렬한 창작, 창작, 창작의 욕구가 덧붙여지면, 그들은 작곡을 하거나 시를 짓거나 책을 쓰거나 건물을 짓는 등 뭔가 의미 있는 것을 창조하지 않는 한 숨이 막혀버린다. … 그들은 반드시 창조해야 한다. 반드시 창작물을 쏟아내야 한다. 우리가 알 수 없는 내면의 묘한 충동 때문에 그들은 창조하지 않는 한 살아도 사는 것이 아니다.

- 펄 벅

예술가들은 태어날 때부터 감각적으로 다른 우주의 사람인가? 독창성은 인류의 진화에 필수적이었지만 우리는 그 대가를 톡톡히 치렀다. 독창성은 사람을 소외시키고 끔직한 고독을 만들어낸다. 하지만 보기 드문 감수성을 찬양하는 예술로 이어지기도 한다. 예술은 괴상한 것을 접해도 괜찮은 것으로 만든다. 예술은 개성이라는 짐으로부터 벗어날 수 있는 피난처를 제공해준다. 런던 유니버시티칼리지의 신경생물학 교수인 세미르 제키Semir Zeki는 "모차르트의 〈돈 지오반니〉는 법정에서 결코 용서받을 수 없는 연쇄 강간범이자 호색가인 남자의 삶에 탁월한 음악을 붙인 것"이라고 단도직입적으로 말하지 않았던가. 만약 신경과학자들이 이런 차이점을 파악해낼 수 있다면? 제키는 예술가들이 그것을 해낼 수 있다고 보는 것 같다. 예술은 변덕스러운 뇌의 투덜거림을 기록하면서 뇌가 사물을 어떻게 인식하는지 우리에게 가르쳐준다. 예술은 여러 형태의 지식이다. 어떤 의미에서 예술가들은 "자기만의 독특한 기법으로 자기도 모르게 뇌를 연구하는 신경학자들"이다. 제키는 예술의 신경학적 기반을 연구하는 신경미학을 꿈꾸고 있다.

예술가들이 생물학적으로 우리와는 다른 사람이라고 생각하거나, 상상력이 화학적인 거품에 불과하다고 생각하면 안 되는 것으로 되어 있다. 지빠귀 한 마리가 전화선 위에 앉아 눈을 가늘게 뜨고 한쪽 눈으로 수수께끼 그림처럼 나를 내려다보는 모습을 발견했을 때, 세포를 들락거리는 소량의 나트륨과 칼륨 또는 도파민이 흘러넘치는 시냅스 이음부 때문에 내가 시각을 인식할 수 있다는 사실을 알고 있다 하더라도 그 기적 같은 새의 모습이 사라져버리지는 않는다. 그런 것을 알고 있어도 나는 여전히 새의 모습에서 눈을 떼지 못한 채 신비를 느낀다. 하지만 내가 그런 감정을 느끼는 것은 지빠귀뿐만 아니라 나트륨에 대해서도 호기심을 느끼는 능력을 갖고 있고, 쉽게 흥분하는 감각을 물려받았기 때문이다.

창의력은 우리 집 가계도 속에서 물결친다. 러시아에서 태어난 내 할아버지는 여가시간에 발명에 몰두했다(등판이 없는 조끼 등 여러 가지 물건을 발명하셨다). 할아버지의 딸인 프리다 이모는 이름을 파리타로 바꾸고 벨리댄서가 되었는데, 여든여섯 살로 세상을 떠날 때까지 무대에 섰으니 어쩌면 최고령 공연기록을 세운 것 같기도 하다. 세월이 흘러 시력이 나빠졌어도 이모는 얼굴을 더 많은 베일로 덮고 여전히 관객들 앞에서 춤을 추었다. 말년에는 뉴저지의 양로원이 이모의 주요 공연무

대였다.

할아버지의 아들들인 루 삼촌과 모리스 삼촌은 전자제품 발명가가 되었다. 한 사람은 반도체 심장박동기를 소형화했고, 다른 한 사람은 항상 하모니카를 가지고 다니며 버스정류장에서 만난 낯선 사람들과 노래를 함께 부르곤 했다. 건축가가 되고 싶었던 내 어머니는 물건을 만들고 디자인하며 평생을 보냈다. 증조할머니에 대해서는 유럽에서 사실 때 조끼에 (앞판에만) 수를 놓아 생계를 이었으며 도미노 게임을 하며 커피를 마시는 남자들에게 각설탕을 팔았다는 것 외에는 거의 아는 것이 없다. 아버지 쪽의 내 사촌들은 뛰어난 음악가가 되었다.

나는 항상 상상의 세계를 여행하며, 내 감각에 의지하고, 말言을 다뤘다. 글쓰기는 내 나름의 축하와 기도지만, 세상을 탐구하고 정돈하는 나의 방법이기도 하다. 한곳에 머무르지 못하는 강렬한 호기심 때문에 나는 어떤 분야에 홀딱 반해서 금방 책을 써내기도 한다. 아마 앞으로 몇 년 동안 나는 감각, 어두운 밤 같은 영혼 또는 인간 본성의 또 다른 측면에 집착하게 될 것이다. 이런 창조적인 허기가 항상 축복이었던 것은 아니다. 나는 이 허기 때문에 오랫동안 가족과 친구들로부터 소외되었다. 그들이 나의 정신적 환상을 이상하게 보았기 때문이다. 유치원 시절에 나는 색깔을 너무 많이 사용해서 나무껍질을 두껍고 질기게 표현한다는 이유로 꾸중을 들었다. 대학 1학년 때는 논리학 강의에서 낙제점을 받았다.

고전적인 삼단논법을 하나 예로 들어보자. "조니에게 박쥐 한 마리가 있다. 모든 박쥐는 파란색이다. 조니의 박쥐는 무슨 색인가?" 이런 질문을 받으면 나는 머릿속이 하얘지곤 했다. 내 추론방식은 이러했다.

"글쎄, 만약 모든 박쥐가 파란색이고 조니에게 개성이 조금이라도 있다면, 자기 박쥐가 조금 달라 보이기를 원하겠지. 파란색은 전통적으로 슬픔의 색, 성모 마리아의 색, 하늘의 색이야. 그러니까 조니는 자기 기분이나 목표를 더 잘 보여주는 색을 원할지도 몰라. 내가 보니까 그림자가 완전히 검은색은 아니던데. 그림자는 파란색이야. 조니가 그림자 색의 박쥐를 갖고 싶어 할까? 파란색은 조명에 따라 쉽게 바뀌는 색이지. 파란색 박쥐가 동틀 무렵에는 생기 없어 보이고, 한낮에는 보석처럼 보일까? 박쥐들은 전부 크기가 똑같나? 박쥐들이 각각 다른 나무로 만들어져서 나뭇결에 따라 어떤 것은 물감을 더 깊숙이 흡수하기도 할까? 그런데 도대체 무슨 파란색이지? 진줏빛이 나는 파란색? 사파이어 색? 빛을 발하는 파란색?" 나는 논리학 강의를 제대로 듣기에는 너무나 이상한 학생이었다.

수학은 내가 말할 수 없는 언어였다. 나중에 조종사 자격증을 딴 뒤에는 둥근 계산자를 이용해서 계산을 할 수 있었다. 나의 열정은 언어를 향하고 있지만, 나는 여러 아이디어를 이리저리 굴려보면서 가능한 한 다양한 시각에서 사물을 바라보고, 관찰 결과를 탈탈 털어서 혹시 어떤 계시 같은 것이 거기서 떨어져 내리지는 않는지 살펴보는 것도 좋아한다. 여기에는 상당한 에너지가 들지만 나는 이것을 일이라기보다 재미있는 정신적 장난이라고 생각한다. 하지만 그냥 재미로 하는 놀이가 아니라 심오한 장난이다. 놀이의 모든 규칙이 존재하지만 커다란 만족감을 안겨주는 초월적인 높이로 그 규칙들을 끌어올린 유동적인 상태. 대부분의 예술가들과 마찬가지로 나 역시 시도 때도 없이 항상 창의력을 발휘하고 싶어 하는 것은 아니다(그렇지 않다면 내가 택배사 직원을 상대하거나 자전거용 공기펌프를 사는 것 같은 일상적인 일을 어떻게 처리할 수 있겠는가?). 하지만 왠지 창의력이 하루하루를 채우고 있는 것 같은 느낌이다.

예술가들의 풍부한 스타일과 기발함은 대뇌피질 어딘가에 자리 잡고 있다. 자세한 감각정보는 항상 나를 매혹시킨다. 태어날 때부터 그랬다. 나는 삶의 파노라마와 복잡성을 즐긴다. 그것은 뇌 속의 화학물질과 전기가 만들어낸 즐거움이다. 그중에는 내가 유전적으로 물려받은 것도 있고, 경험을 통해 생겨난 것도 있다. 나는 타고난 감각주의자다. 나처럼 감각주의자로 태어나는 사람이 많겠지만, 그들 모두가 그 특징을 계속 유지하지는 못할 것이다. 뇌가 신경회로를 계속 손보기 때문이다. 어쩌면 어머니가 나를 임신했을 때 그리고 아버지나 할머니와 매일 싸움을 벌일 때 어머니의 몸을 가득 채웠던 호르몬도 나의 기질에 영향을 미쳤는지 모른다. 할머니는 어머니와 아버지가 결혼한 후 10년 동안 함께 사셨다. 유전적으로 독특한 특징을 지닌 나의 뇌가 어린 시절에 터득한 것과 그 후로 경험한 기쁨, 상처, 사고 등도 나의 기질에 영향을 미쳤는지 모른다. 물론 내가 연인들에게서 흡수한 DNA도 잊어버리면 안 된다.

나는 공감각을 갖고 있지만 소설가 블라디미르 나보코프 같은 익살꾼은 아닌 것 같다. 그는 《말하라, 기억이여》에서 자신의 '색색가지 청각'을 마음껏 발휘한다.

> 영어 알파벳에서 긴 'aaa'는 풍상에 시달린 나무의 색을 살짝 띠고 있다. 하지만 프랑스어의 'a'를 들으면 광택이 나는 흑단이 떠오른

다. 이 검은 (소리의) 그룹에는 딱딱한 'g'(가황처리한 고무)와 'r'(검댕이 묻은 걸레가 찢어지는 모양)도 포함된다. 오트밀 같은 'n', 힘없는 국수가락 같은 'l', 상아로 등판을 댄 손거울 같은 'o'는 하얀색을 담당한다. 내가 프랑스어의 'on'을 발음할 때의 느낌은 혼란스럽다. 이 단어는 작은 잔에 알코올이 가득 찼을 때의 표면장력처럼 느껴진다. 파란 그룹으로 넘어가보면 강철 같은 'x', 뇌운 같은 'z', 쥐쇠의 열매 같은 'k'가 있다. 소리와 모양 사이에는 미묘한 상호작용이 존재하므로, 'q'는 'k'보다 더 갈색에 가깝게 느껴지는 반면 's'는 'c'처럼 밝은 파란색이 아니라 하늘색과 진주색이 묘하게 섞인 색처럼 느껴진다.

나보코프는 이미지의 매듭, 암호 같은 언어 게임, 동음이의어를 이용한 말장난, 새로운 구절을 만들어낼 때의 관능, 문장이 뱀처럼 정신을 감고 오르는 것을 사랑했다. 그의 소설《아다》에서 등장인물들은 5개 국어로 말장난을 즐기는데, 나보코프는 그 내용을 해석해주지 않는다. 이런 문학적 장난꾸러기는 일부 사람들에게 짜증을 불러일으키는 극단적인 공감각이 아니라, 언제든 필요할 때 꺼내 쓸 수 있는 공감각을 지닌 축복받은 사람들인지도 모른다. 소설가 세르반테스는《돈키호테》에서 "펜은 정신의 혀"라고 썼다. 시인 딜런 토머스에서부터 작곡가 니콜라이 림스키코르사코프에 이르기까지 수많은 예술가들이 사용한, 쉽게 이해할 수 있는 공감각은 우리 영혼의 옷장 속에 남은 유아기의 흔적, 뇌가 미처 못 보고 지나쳐버린 뜻밖의 선물인지도 모른다. 가지치기를 하다가 발생한 실수 탓인지 아니면 유전적 돌연변이 때문인지, 뇌의 한 영역이 대개는 무시해버리게 마련인 이웃 영역과 견해를 주고받을 수 있게 되었다. 그 덕분에 뇌는 서로 관련되어 있지 않은 것들을 하나로 합쳐 은유를 만들어낼 수 있게 되었다. 사실 공감각은 예술가들에게서 일곱 배나 많이 나타난다.* 그 관능적인 화려함 속으로 파고들려면 뇌의 분류 능력을 일시적으로 무디게 만들어야 한다. 물론 환각제도 같은 효과를 발휘한다. 일부 환각제는 우리가 꿈꿀 때 사용하는 세로토닌 수용체에 달라붙어 몽롱한 상태를 유발한다. 내가 대학교 2학년이던 1970년대에 LSD, 메스칼린, 아편 같은 약들은 캠퍼스에서 흔히 접할 수 있었다. 나는 호기심에 그것들을 시험 삼아 먹어보았지만 뜻밖에도 재미가 없었다. 이런 약을 먹으면 빨간 커튼이 벽에서 펄럭이는 미국 국기처럼 보일 수 있는 것은 사실이다. 담배 파이프 끝에서 빨갛게 타오르는 불꽃이 벌처럼 꿈틀거리는 듯 보일 수도 있다. 하지만 나는 약을 먹지 않아도 내 맘대로 감각을 그렇게 뒤섞을 수 있었다. 특히 글을 쓸 때가 그랬다. 또한 약을 먹지 않았으니 부작용도 없고, 자제력을 잃어버리지도 않았다. 그런 약들은 나의 감각을 넓혀주기보다 오히려 제한하는 효과를 발휘했다. 공감각을 느낄 수 있는 사람 중에는 나와 같은 경험을 한 사람이 많을 것이다.

창조적인 아이디어는 정신의 연금술을 통해 벼려진다. 뇌는 전기화학적 반응을 통해 아이디어를 만들어낸 다음 또 다른 전기화학적 반응을 통해 그 아이디어에 대해 생각한다. 이런 과정이 거울의 방처럼 끝

——— * 공감각과 공감각을 지닌 유명한 사람들에 대해서는 《감각의 박물학》에서 자세히 설명했다.

도 없이 이어진다. 이것이 순서대로 깔끔하게 진행되는 경우는 드물다. 뇌는 어떤 아이디어를 몇 년 동안이나 창고에 보관하면서 혹시 변한 것은 없는지 가끔 들여다보고, 조금씩 손질을 한 다음 다시 선반 위에 올려놓는다. 그리고 그 아이디어가 여우원숭이처럼 진화한 것 같다는 생각이 들면 다시 선반에서 꺼내 살펴본다. 이때 생각의 거울 속에서 이 아이디어의 원래 형태가 거의 보이지도 않을 만큼 작게 보일 수도 있다. 생각의 거울 속에서는 가장 최근의 영상이 가장 크게 나타나기 때문이다.

우리가 하는 모든 일에서 필수적인 역할을 수행하는 기억은 창의력에도 한몫을 한다. 기억은 예술에서 어떤 역할을 하는가? 내가 직접 경험한 일을 이야기해보겠다. 나는 대개 몇 가지 프로젝트를 한꺼번에 진행하는데, 때로는 그 프로젝트들이 제각기 다른 장르에 속하는 경우가 있다. 하지만 나는 내 정신을 서랍이 많이 달린 선장의 책상처럼 생각한다. 서랍 하나를 열었을 때 나는 다른 서랍의 존재를 잊어버린 채 열린 서랍에만 모든 신경을 집중한다. 몇 분이나 몇 시간이 지난 후에는 그 서랍을 닫고 다른 서랍을 열어 다시 거기에 온 신경을 집중한다. 서랍을 전부 닫고 그 안에 들어 있는 것들을 잊어버린 채 편안히 그 자리를 뜨는 것은 내게 불가능한 일이다. 내가 진행하고 있는 일이 항상 내 머리를 떠나지 않고 나를 쿡쿡 찔러대면서 일상적인 일들을 자신의 목적에 맞게 끌어당기려고 한다. 이것은 일종의 기억작업이다. '혹시 뭔가 관련된 것이 없는지 마음의 눈을 크게 뜨고 잘 살펴봐.' 마치 이렇게 말하는 것 같다. '잠시도 경계를 늦추지 마. 항상 준비하고 있어야 해.' 그래서 나는 내가 쓰고 있는 책이라는 렌즈를 통해 인생을 바라보는 경향이 있다. 내가 쓰는 책들은 포괄적인 기억이 자료조사의 도움을 받아 부리는 재주다. 책을 쓰는 동안에는 모든 관찰, 모든 뉴스, 친구들과 나누는 모든 대화가 인간 조건의 어두운 구석을 밝혀주는 것처럼 보인다.

또 다른 종류의 기억작업으로는 책과 관련된 일을 하고 싶다는 마음이 내킬 때 그 책의 감정적 위치를 찾아가는 것이 있다. 많은 작가들이 이 여행의 속도를 높이기 위해 기억을 이용한다. 음악을 듣거나, 약을 먹거나, 자기가 좋아하는 작가의 글을 읽는 등의 방식으로. 나는 바닥에 미리 떨어뜨려놓은 빵 조각이 있어야만 목적지를 찾아갈 수 있는 사람이 아니다. 목적지에서 타고 있는 모닥불로부터 멀리 떨어지는 법이 없기 때문이다. 나는 책을 쓰는 동안 그리고 책이 제작되는 동안 내내 책이라는 석탄을 뜨겁게 유지한다. 내가 글을 쓰는 동안 계속 석탄에 부채질을 해서 불꽃을 키우는 일은 있어도 불꽃이 식어가도록 내버려두는 경우는 결코 없다. 석탄이 식어도 되는 시기가 올 때까지는 그렇다. 좀 더 평범하게 표현하자면, 작업이 완전히 끝나서 더 이상 책에 온 정신을 빼앗기지 않아도 된다는 확신이 들 때까지는 강력한 집중력과 책에 대한 열정이 줄어들지 않게 계속 유지한다는 뜻이다. 그것은 일종의 극단적인 주의력이다. 그럴 때면 오르간 소리 같은 것이 딱 멈춰버리거나 무거운 문이 천천히 닫히는 소리가 실제로 들리기도 한다. 그 후에 찾아오는 극도의 피로(무슨 이유에서인지 나는 이것을 항상 게으름으로 해석한다) 속에서 나는 마치 영원처럼 느껴질 만큼 오랫동안 숨을 내쉬며 이제 평소의 생활로 돌아갈 수 있겠다는 생각에 커다란 안도감을 느낀다. 이제 세상은 더 이상 한쪽으로 기울어 있지 않다. 무엇이든 이치에 맞는 이야기를 만들어내려고 애쓸 필요도 없다. 열심히 집중하지 않아도 된다. 억지로 힘을 발휘할 필요도 없다. 모든 것이 다 귀찮게 느껴진다. 글을 쓴다는 생각만 해도 속이 메스꺼워진다. 나는 정상으로 돌아왔다는 망상과 피로 속에서 뒹군다.

20여 권의 책을 쓴 후에야 나는 이런 상태가 꼭 필요한 휴식기임을 인정하게 되었다. 나는 목적을 빨리 달성하기 위해 하루도 쉬지 않고 역기를 들어올리는 광적인 타입의 사람이다. 하지만 나는 정기적으로 휴식을 취해야만 근육과 뼈가 더 단단해진다는 사실을 깨닫는다. 발목을 삐듯이 감정을 삘 수도 있다는 사실 또한 배웠다. 좀 더 느슨하게 긴장을 풀고, 필요하다면 몇 달 동안이나 새 책에 손대지 않은 채 빈둥거릴 필요가 있다. 나는 이것을 "우물에 물을 다시 채우는 과정"이라고 그럴싸하게 표현한다. 번역하자면, 의식적으로 주의를 기울이는 것을 줄이고 새로운 기억과 연상을 얻는 과정이다.

이 시기에 나는 대개 시를 쓰며 행복을 느낀다. 이따금 생각날 때마다 써도 되는 것이 시이기 때문이다. 시를 쓰려면 다른 종류의 기억 작업이 필요하다. 우리는 다른 시기나 다른 곳에 존재했던 어떤 것을 현재의 어떤 것과 연결시켜 은유와 직유를 만들어낸다. 나의 실용적인 기억력은 형편없지만(나는 조금 전에 누군가가 한 말이나 몇 년 전에 일어난 사건을 잘 기억하지 못한다) 시각 기억력은 좋은 편이다. 뭔가를 보면 관련된 것들이 재빨리 떠오른다. 잔디밭 위로 불어오는 바람을 보면서 호화로운 식당의 웨이터가 손님이 식사를 마치고 떠난 식탁에서 빵 부스러기를 털어내던 모습이 생각나는 식이다. 저 멀리 나무에 말라버린 씨앗주머니가 매달린 것을 보면 실제로 소리가 들리는 것은 아니지만 어쨌든 작은 호리병박이 흔들리던 소리가 기억난다. 이런 기억작업이 안겨주는 기쁨은 이루 말할 수 없다. 무언의 기쁨. 내가 시를 쓰면서 커다란 기쁨과 만족을 느끼는 것도, 내가 어떤 책에서든 시적인 부분을 가장 좋아하는 것도 모두 이 때문이다. 이런 기억들의 형태가 아무리 다르다 해도, 그것은 분자 수준에서 일어나는 똑같은 반응에 의존하고 있다. 하지만 이들이 사용하는 회로는 각각 다르다. 예를 들어 '활성화 확산spreading activation'이라는 자연스러운 뇌의 활동이 여기에 간여할 수 있다. 많은 단어를 들었을 때 우리는 그것들을 바삐 해석하면서 피질에서 그 단어들의 개념이 저장되어 있는 부위를 활성화하고, 이것이 관련 개념과 단어들로 이어지는 수많은 통로를 활성화한다. 어떤 사람들은 언어를 통해서 뿐만 아니라 시각적으로도 이 과정을 진행시킬 수 있지만, 대부분의 경우에는 이 과정이 자동적으로, 무의식적으로 진행된다. 어쩌면 반半의식적으로 진행되는 경우도 있는 것 같다.

예술가들이 대단히 자기중심적이며 자기애가 강한 사람이라서 주관성을 자양분으로 삼아 활동한다고 생각할 수도 있을 것이다. 틀린 생각은 아니다. 하지만 예술가들은 자신과 거의 상관이 없지만 커다란 영향력을 발휘하는 공적인 기억과 역사적인 기억을 물려받은 사람들이기도 하다. 융은 창의력이 뛰어난 사람들은 모두 모순덩어리라고 말했다. "그는 사생활이 있는 인간인 동시에 비인간적인 창조과정 그 자체다. … 인간으로서는 기분과 의지와 개인적 목적이 있을 수 있지만, 예술가로서는 … 인류의 무의식 속에 들어 있는 영적인 삶을 짊어지고 그 삶의 형태를 만든다."

그래서 예술가들이 태어날 때부터 우리와는 다른 감각의 우주에 속하는 것인가? 나는 그렇다고 생각한다. 왜 그런지는 모른다. 유전일 수도 있고, 일종의 보상일 수도 있고, 뇌의 이상이 낳은 우연한 부산물일 수도 있다. 예술가를 비롯해서 창조적인 일을 하는 사람들은 또한 놀라울 정도의 전문기술을 터득하게 되는데, 이것은 아마도 그들의 집중력이 무척 뛰어나거나 아니면 집착을 유용하게 응용할 수 있다는 뜻인지도 모른다. 나는 후자의 해석이 더 마음에 든다. 창조적인 일을 하는 사람들의 정신은 또한 쓸데없는 일에 집착하거나, 너절한 곳을 찾아들거나, 수렁에 빠져 오도 가도 못하게 되거나, 편협해지거나, 고집스럽게 협조를 거부하거나, 지옥 같은 곤경 속으로 퇴행하거나, 지루한 수다를 한없이 늘어놓기도 한다. 정신은 원래 그런 것이다. 하지만 이것은 요점에서 벗어난 이야기 같다. 정신은 제멋대로 게으름을 피우는 경향이 있다. 아무리 뛰어난 사람의 정신도 마찬가지다. 정신은 균질한 상태를 갈망하고, 결국은 그 상태에 도달한다. 안타까운 일이다. 정신이 상상력이나 통찰력에게 엉덩이를 얻어맞고 스스로 몸을 일으킬 수 있다는 사실이 얼마나 놀라운지. 창조적인 정신을 지닌 사람들이 공통으로 갖고 있는 중요한 재능은 오랫동안 기꺼이 한곳에만 주의를 집중할 수 있다는 것이다. 마치 집 안의 방 한곳에서만 호화로운 파티를 여는 것과 같다. 그 강렬한 집중의 순간을 방해하면 처음에는 그 사람이 혼란에 빠진 것처럼 보일지도 모른다. 그 사람이 언어를 이용한 창조 작업을 하고 있었는지 여부는 중요하지 않다. 갑자기 입을 열어 사교적인 예의에 맞게 대화를 나누려면 갑작스레 정신적 상태를 바꿔야 하기 때문에 혼란스러울 수 있다. 그냥 창조적인 상태를 그대로 유지하면서 그 육중한 무게 아래에서 그와 상충하는 상태, 예를 들면 사교적인 대화 속으로 잠시 외출하는 것이 효과를 발휘할 때도 있다.

기질은 유전될 수 있다. 오른손잡이나 눈 색깔이 유전되는 것과 마찬가지다. 부모에게 재능을 물려받았다고 해서 그 사람이 반드시 그 것을 쓰게 될 것이라고 장담할 수는 없지만 그 가능성이 높아지는 것은 사실이다. 창조적인 재능은 기억력이 아니라 인지 처리 방식의 하나로 활동을 시작한다. 시각적인 면에 더 뛰어난 사람이 있는가 하면, 추상적인 사고에 더 뛰어난 사람도 있다. 그들이 마음속에 새겨둔 기억에는 이런 특수한 재능이 반영되어 있다. 물, 빛, 정원을 몹시 사랑했던 모네는 그 속에서 대부분의 사람이 보지 못하는 섬세한 것들을 음미했다. 음악에 천부적인 재능을 지닌 사람이 자신은 복을 타고났다고 생각할 수도 있지만, 음악이나 문학(또는 수술)에 관한 전문지식을 쌓으려면 그 재능을 자꾸만 사용해야 한다. 체스 선수들을 대상으로 한 유명한 실험들에서는 그들이 체스판을 겨우 몇 초 동안 흘깃 바라보기만 하고도 나중에 모든 말의 위치를 기억해낼 수 있음이 밝혀졌다. 하지만 그들에게 말이 아무렇게나 배치된 체스판을 보여주면 기억이 흔들렸다. 그들이 뛰어난 실력을 갖게 된 것은 완벽한 기억력 때문이 아니라 익숙함 때문이다. 그들은 이미 수천 번이나 체스를 두면서 체스판의 모습을 기억했기 때문에 정보를 의미별로 분류해서 묶어 쉽게 기억해낼 수 있었다. 그 결과 체스판 분석이 신속하게 이루어졌다. 어렸을 때 나는 삼촌이 여러 숫자들을 한없이 길게 늘어놓는 것을 들으면서 감탄하곤 했다. 나는 그 숫자들을 얌전히 받아 적었다. 그러고 나면 삼촌은 그 숫자들을 앞이나 뒤에서부터 암송하곤 했다. 나중에 삼촌은 내게 그 비결을 가르쳐주었다. 그 숫자들은 삼촌이 잘 아는 지하철역들을 의미했다고. 삼촌은 숫자들을 한 묶음으로 정리해 더 쉽게 기억할 수 있었다. 우리는 좋아하는 일을 자주 하게 되고, 그렇게 자주 하다 보면 그 일을 가장 잘하게 된다.

그러나 전문기술에는 함정이 있다. 친숙함 때문에 짜릿함이 줄어든다는 것이다. '아이고, 또야.' 정신은 하품을 하면서 이렇게 말한다. 어떤 것에 통달하는 것이 우리가 원하는 일인지는 몰라도 일단 그 꿈을 이루고 나면 신선함, 순수성, 긴장감, 꿈을 위한 노력이 사라져버린다. 가능성이 눈곱만큼밖에 안 되는 일에 도전할 때 느끼는 만족감도 역시 사라진다. 열정이 사라지고, 신들이 내 몸에 깃든 것 같은 느낌도 사라진다. 똑같은 행동을 해도 예전처럼 높은 곳까지 솟아오를 수 없다. 마약과 같다. 그래서 어떤 사람들은 약의 양을 늘리거나, 도박판의 판돈을 늘리거나, 문제를 더 까다롭게 만들거나, 장애물을 더 높이거나, 더 위험한 산을 골라 오르거나, 훨씬 더 어려운 피아노 소나타 연주를 시도한다. 뭔가를 너무 잘하게 되면 사람들은 그것을 당연하게 생각하기 시작하면서 세세한 점에 신경을 쓰지 않게 된다. 그래서 나는 새로운 것을 배우는 일을 좋아한다. 그러면 모든 감각이 반짝거린다.

요즘은 내가 스스로 놀라운 일을 꾸며낼 수 있다는 것, 굴뚝새 일가의 사생활과 비의 모양과 뇌가 정신이 되는 과정을 연구할 수 있다는 것이 몹시 기쁘다. 대부분의 경우 나는 어디든 호기심이 이끄는 대로 따라갈 수 있다. 이것이 내게는 커다란 행운이다. 이 책을 쓰는 것은 커다란 모험이자 신비로운 여행이다. 모든 책이 다 그렇다. 이 책에서 나는 나를 가장 매혹시키는 것들, 즉 자연과 인간의 본성을 결합시키고 있다. 책을 쓰지 않는 날에는 책이 꿈틀거리면서 나를 잡아당기는 것이 느껴진다. 그래서 곧 책으로 다시 주의를 돌려야 한다는 것을 깨닫는다. 글을 쓰는 것은 등뼈와 나란히 살아가면서 심장을 꿰뚫는 예술이다. 책은 사람들의 시선과 관심을 요구하며 아우성칠 수 있다.

사람은 누구나 다 창조적이다. 다만 각자의 창의력이 남들보다 조금 더하거나 덜할 뿐이다. 사실 나는 창의력이 생태계에서 우리만의 영역이라고 생각한다. 다른 분야에서 대단히 창조적으로 활동하는 사람들을 생각해보자. 수학자들은 훌륭한 해법을 묘사할 때 '아름답다'는 말을 자주 사용한다. 그 말이 무슨 뜻인지 물어봐도 아름다운 대답을 듣지는 못할 것이다. 그 말의 뜻을 정의하기는 어렵지만 이해하기는 쉽다. 어쩌면 그 훌륭한 사람들은 복잡성이 정신을 흥분시키고 질서가 정신에 보상을 주는 것에 반응을 보이는 건지도 모른다. 오랫동안 뛰어난 사람들을 애먹였던 까다로운 문제에서 아무도 반박할 수 없는 간결한 해법을 간파해낼 수 있을 때, 그들은 경외와 안도가 뒤섞인 감정을 느끼는 것 같다. 활기 넘치는 차분함, 마음을 편안하게 해주는 짜릿함이라고 할 수 있다. 그들이 찾아낸 해답은 조각그림 속에 완벽하게 들어맞고, 그렇게 그림이 완성되면 각각의 조각들보다 더 위대한 무엇인가가 모습을 드러낸다.

수학자 앙리 푸앵카레Henri Poincaré에게 아름다움은 바로크가 아니라 고전을 의미했다. 선과 아이디어로 이루어진 간결하고 순수한 것, 모호함이 없는 것. 자연이 항상 그렇게 간결하게 자신을 드러내는 것은 아니지만 가끔 그렇게 자신을 드러낼 때면 심금을 울린다. 창조적인 수학을 한다는 것은 "오래전부터 알려져 있었지만 서로 아무 관련이 없다고 잘못 인식되던 사실들 … 사이에 아무도 짐작하지 못했던 관계가 있음"을 발견하는 것이다. 푸앵카레에게 창조는 선택을 의미했다. 그는 유난히 애를 먹였던 문제의 해법이 떠오른 순간을 생생하게 기억했다.

바로 그때 나는 광업학교의 감독하에 이루어지는 지질학 탐사에 나서기 위해 당시 내가 살고 있던 캉을 떠났다. 여행 덕분에 환경이 바뀌자 나는 내 수학 연구를 잊어버렸다. 쿠탕스에 도착한 우리는 어딘가로 가기 위해 승합마차에 올랐다. 내가 마차 계단에 발을 딛는 순간 어떤 생각이 떠올랐다. 내 머릿속의 어떤 것도 그 생각을 위한 길을 닦아 놓은 적이 없는 것 같은데도 푸크스 함수를 정의할 때 사용했던 변형이 비非유클리드 기하학의 변형과 똑같다는 생각이 떠오른 것이다.

이 갑작스러운 깨달음은 어디서 온 걸까? 펌프에 물을 붓고 기억의 기초를 놓으면서 오랫동안 무의식적으로 애써온 잠재의식 속의 자아에서 온 것이다. 그다음에는 생각의 틀을 형성하고, 추론하고, 그 결과를 확인하는 작업이 이어졌다. 번개처럼 불현듯 깨달음이 찾아오는 데에는 사전작업과 사후작업이 필요하다. 하지만 푸앵카레는 다음과 같이 의미심장한 말을 했다. "그것은 단순히 규칙을 적용해서 고정된 법칙에 따라 가능성이 높은 조합들을 만들어내는 문제가 아니다. … 창조자의 진정한 임무는 이 조합들 사이에서 쓸모없는 것을 제거하거나 애써 쓸모없는 조합을 만들어내는 수고를 피하기 위해 취사선택을 하는 것이다. 이렇게 취사선택을 하는 동안 우리는 지극히 섬세한 규칙을 지침으로 삼아야 한다. … 그들은 공식이라기보다는 느낌에 더 가깝다." 이 '그들'이 의식 속으로 들어올 수 있게 되었을 때 '아하!' 하고 탄성을 지르는 순간이 찾아온다.

그는 미학적인 체로 황금률을 가려내는 상상을 했다. 사람의 마음을 빼앗을 만큼 매혹적인 해법은 반드시 아름답고 유용해야 한다. 위대한 즉흥예술의 경우도 마찬가지다. 비결은 머릿속에 가장 먼저 떠오른 생각이 아니라 가장 좋은 생각을 선택하는 것이다. 이를 위해서는 오랫동안 기술을 갈고 닦으며 가능한 것이 무엇인지 배워야 할 뿐만 아니라, 생각이 자유롭게 흐르도록 내버려두고, 기꺼이 위험을 무릅써야 한다. 영국의 정원 설계사인 거트루드 지킬Gertrude Jekyll은 자신이 "낟알에서 껍데기를 분리하기 위해" 정신적인 체로 "많은 것을 거른다"고 말했다.

창조적인 사람들은 체의 이미지를 자주 사용한다. 그들은 자신의 재능이 많은 해법을 만들어내는 데 있는 것이 아니라, 오로지 가장 좋은 것만 가려내는 필터를 추가로 하나 더 갖고 있다는 데 있다고 생각한다. 이것은 단순한 인간적 환상이 아니라 자연의 기본적인 기법 중 하나다. 식물은 광합성을 해서 만들어진 영양분(당분)을 뿌리로 내려보낸다. 현미경으로나 볼 수 있는 작은 '체'를 통해 세포에서 세포로 차례차례 영양분을 이동시키는 것이다. 우리는 식물 속의 이 조직을 '체'라고 부를 뿐만 아니라, 느낌과 상상으로만 알 수 있는 이 과정을 보완하기 위해 가정과 산업체에서 사용하는 체를 발명하기까지 했다.

세상은 온통 감각으로 이루어져 있다. 한순간은 고사하고 평생이 걸려도 다 인식하지 못할 만큼 많은 감각이 존재한다. 우리 몸은 안으로 들어오는 정보의 바다에 빠져 허우적거리는 대신 갖가지 체를 이용한다. 시상하부는 몸에서 뇌로 전달되는 감각정보를 거른다. 대뇌피질 밑에 있는 미상핵caudate nucleus은 외부의 자극과 생각들을 걸러내는 것 같다. 강박장애는 미상핵이 오작동을 일으켜 생각과 자극을 걸러내지 못하기 때문에 생긴다고 생각하는 사람도 있다. 사람에게는 정신적 체가 필요한데, 다행히도 뇌는 성장하면서 폭포처럼 쏟아져 들어오는 매혹적이고 유쾌한 정보들 중에서 생존에 불필요하다고 판단되는 것, 즉 현재와 미래의 삶에 불필요하다고 판단되는 것을 걸러내는 데 능숙해진다. 우리 몸은 혼란스러운 감각의 우주를 만나 가장 의미 있다고 생각되는 것만 뇌로 보낸다. 오늘은 무엇이 뇌까지 전달될까? 개구리를 지켜보다가 녀석이 눈을 뜬 채로는 먹이를 삼킬 수 없다는 것을 알게 된 것? 수맥을 찾는 사람들은 감각의 흐름이 뒤로 물러나서 땅 밑을 흐르는 물이 만들어내는 미세한 전자기장을 감지해낼 수 있게 되는 또 다른 명상 상태로 빠져드는 것인지도 모른다.

창조적인 정신은 뭔가 새로운 것을 만들어내서 일상생활 속의 감각정보에 덧붙인다. 짜릿한 일이다(때로는 경각심을 불러일으키기도 한다). 창조적인 정신은 필터에게 문을 더 활짝 열라고 종용한다. 그들이 덧붙인 새로운 것은 태양처럼 확실한 사실이 된다. 모든 사상가와 예술가는 백치천재 증후군에 걸린 사람들과 조금 비슷하다. 영혼을 지배하는 재능이 횃불처럼 빛나는 반면, 정신의 다른 부분들은 유치하고 누추하고 평범한 것, 초라함과 자존심으로 이루어진 혹이 될 수 있다. 어쩌면 재능의 무게를 감당하기 위해 일부러 세속적인 삶을 살아야 할지도 모른다. 예를 들어, 어떤 예술가가 공적인 자리에서는 최고의 사람됨을 보여주지만 그렇지 않을 때는 영적인 구두쇠, 정서적인 거식증 환자, 재치보다 남성호르몬이 더 많은 편견덩어리(이 표현은 남자뿐만 아니라 여자에게도 적용된다)에 불과하다는 사실을 알게 되면 우리는 때로 커다란 충격을 받는다. 이보다 더 자주 만날 수 있는 것은 작품에 사람됨이 드러나는 예술가지만, 작품에 그의 모습이 모두 담겨 있는 것은 아니다.

아니, 그의 모습이 대부분 담겨 있는 것도 아니다. 뇌도 그 주인에게는 세상 그 자체지만 세상의 모습을 모두 담고 있는 것도, 대부분 담고 있는 것도 아니다.

PART

5

감정, 이성의 또 다른 얼굴

우리 뇌가 자궁 밖으로 나온 뒤에야 비로소 대부분의 발달과정을 마무리할 뿐만 아니라, 우리 역시 우리의 감각기관을 연장시킨 기술들을 발명해 자신의 몸 바깥에서 진화하는 방법을 찾아냈다. 불행히도 우리 뇌는 이처럼 갑작스러운 돌진의 속도를 따라잡지 못했다. 뇌는 상황에 따라 섬세하고 미묘하게 감정을 조절하지 않는다. 버스를 놓쳤을 때도, 자신이 늙어간다는 사실에 대해서도, 돈을 버는 것에 대해서도, 친구를 잃어버렸을 때도 뇌는 똑같이 걱정한다.

25 감정은 이성보다 빠르다

눈물을 거둬간 사람이 이제 기쁨도 거둬간다,
아무리 봐도 정직한 일 같다.
그들은 정신을 가지고 작업해본 적이 없다,
부유한 남자가 말한다.
하지만 달빛은 '육체를 가지고'라고 말한다.

- 린다 그레거슨, 〈리크 같은 눈〉

앞에서도 말했지만, 우리는 세상을 안정적이고, 일관되고, 예측할 수 있는 곳으로 유지하기 위해 지나친 단순화를 실행한다. 하지만 우리는 바깥세상에 대해 거의 아는 것이 없다. 밖에서 새어 들어온 얼마 안 되는 지식뿐이다. 대개 우리는 스스로를 느끼며 정신이라는 저택들 사이를 방랑한다. 그곳에서는 감정이 이른바 '사실'에 영향을 미칠 수 있고, 기억은 제 친척들과 모이는 경향이 있으며, 생각들이 서로를 놀린다. 분명치 않은 감정을 휘둘러댈 수 있는 방이 아주 많다. 현실 세계와 우리가 그 세계에 관해 받아들이기로 선택한 지식 사이의 간격이 너무 커서 우리는 흔히 실수를 저지르고, 과민반응을 보이고, 미신으로 빈틈을 일부 채워 넣는다. 생각은 얌전한지 몰라도 감정은 여전히 홍적세에 머물러 있다. 감정은 관심을 끌려고 고함을 지르고, 지나가는 사람의 발목을 꼬집는다. 오늘 아침에는 어떤 감정을 느끼게 될까? 사랑? 두려움? 혐오? 슬픔? 놀라움? 행복? 분노? 진화과정 초기에 생각의 지구라트(고대 바빌로니아와 아시리아의 피라미드형 신전-옮긴이)가 생기기 전에 우리는 아무 말 없이 감정으로 움찔거리고, 이를 악물고, 소리를 질렀다. 우리에게 있는 것은 충동과 욕망뿐이었다. 지금도 우리는 변한 것이 없지만 그런 행동을 하는 자신을 증오한다. 자신이 제어할 수 있을 뿐 깨뜨릴 수는 없는 거친 감정들을 증오한다. 대니얼 골먼은《감성지능》에서 다음과 같이 지적했다. "최초의 법이자 최초의 윤리 선언, 즉 함무라비 법전, 히브리의 십계명, 아쇼카 황제의 칙령 등은 감정에 재갈을 물리고 감정을 제압해서 길들이려는 시도로 볼 수 있다." 모든 사회는 감정을 언제 어떻게 제압할 것이며, 누가 그 일을 맡을 것인지에 관한 법률을 고안해낸다. 자녀 양육, 정치, 토지계획 등 실용적인 목적을 위해 우리는 감정과 이성을 각각 별도의 상자에 넣고 이들을 서로 반대되는 것으로 간주한다. 심지어 서로 잔꾀를 부리는 적으로 간주하기도 한다. 하지만 퍼트리샤 처치랜드Patricia Churchland(미국의 뇌과학자이자 철학자-옮긴이)는 "어쩌면 그들은 뇌의 기능 중에서 완전히 다른 종류에 속하는 것이 아닌지도 모른다"면서 "신경체계의 현실 속에서 그 둘은 아마 연속체의 일부일 것"이라고 지적한다.

우리 뇌가 자궁 밖으로 나온 뒤에야 비로소 대부분의 발달과정을 마무리할 뿐만 아니라, 우리 역시 우리의 감각기관을 연장시킨 기술들을 발명해 자신의 몸 바깥에서 진화하는 방법을 찾아냈다. 불행히도 우리 뇌는 이처럼 갑작스러운 돌진의 속도를 따라잡지 못했다. 뇌는 상황에 따라 섬세하고 미묘하게 감정을 조절하지 않는다. 버스를 놓쳤을 때도, 자신이 늙어간다는 사실에 대해서도, 돈을 버는 것에 대해서도, 친구를 잃어버렸을 때도 뇌는 똑같이 걱정한다. 매번 똑같은 방식으로 걱정하는 것은 아니지만 걱정의 강도는 똑같다. 감정의 강도를 조절하는 스위치 같은 것은 없다. 하지만 그런 스위치가 필요하다. 계속 관심을 갖고 지켜봐야 할 필요가 있지만 지나치게 흥분할 필요는 없는 문제들이 있기 때문이다. 또한 이제는 우리가 뭔가를 거부한다고 해서 마을에서 쫓겨나 혼자 힘으로 음식과 살 곳을 찾아야 하는 신세가 되지도 않는다. 여러 면에서 우리는 조잡한 뇌를 정교한 세상에 적용해야 한다. 그래서 우리는 수술도구를 사용해야 할 일에 감정이라는 망치를 사용하는 경향이 있다. 인생이 최고의 스승인 것은 사실이지만 수업료가 비싸다.

우리는 자신에게 친숙한 곳, 즉 스스로 변화를 일으키거나 자신을 방어할 수 있는 곳에서 분노를 느끼도록 진화했다. 그러나 장거리 분노, 즉 지구 반대편의 잠재적인 위험에 대해 분노할 수 있는 자원을 발달시키지는 못했다. 또한 엄청나게 복잡하고 규모가 큰 일은 혼자 힘으로 해결할 수 없다. 친척들의 도움을 받아도 마찬가지다. 상황에 필요한 분노를 느낄 수는 있지만 그것을 유용하게 분출하는 것은 불가능하다. 우리 뇌가 과거 수렵, 채집, 썩은 고기로 연명하던 조상들의 뇌와 똑같다는 사실은 우리에게 커다란 축복인 동시에 저주다. 조상들의 뇌는 우리 못지않게 감정적이지만 훨씬 더 단순했던 당시 세상에는 잘 맞았다.

우리 조상들이 공포를 느끼면 몸속의 아드레날린이 급격히 늘어나고, 조상들은 도망을 치거나 상대에 맞서 싸웠다. 이 두 가지 전략을 통해 그들은 살아남았다. 신체적 위협은 흔히 목숨을 위협했고, 사회적 위협은 작은 부족 내에서만 존재했다. 오늘날 조상들과 똑같은 대응방법밖에 모르는 우리는 혼란스럽고 당혹스러운 두려움(형편없는 수학성적, 자신의 작품에 대한 혹평, 자신이 투자한 주식가격 폭락, 비행기 사고, 상사의 꾸지람)과 씨름하고 있다. 대부분의 사람들은 목숨을 건 투쟁이 아니라 가족들, 이웃들, 직장동료들 사이에서 감정을 분출한다. 흥분했을 때 아드레날린은 여전히 분출되지만 우리는 그것을 원래 목적대로 사용할 수 없기 때문에 오히려 숨이 막힌다. 그동안 우리는 우리 뇌가 도저히 적응할 수 없을 만큼 빠른 속도로 갖가지 곤경을 만들어내고 새로운 거주지를 개척했다. 지금도 마찬가지다. 우리 뇌는 변화를 감당하기보다 세상을 변화시키는 데 훨씬 더 능하다. 우리가 만들어낸 갖가지 스트레스는 진화를 통해 우리가 얻은 재주와 맞아떨어지지 않는다. 우리는 사각형 뇌를 달걀형 세계에 억지로 밀어 넣으려고 애쓰고 있다. 그러니 우리가 고통을 느끼는 것도, 더 이상 앞으로 나아갈 수 없는 것도 무리가 아니다.

우리가 소중하게 생각하는 인간관계 중에는 얼굴이 없는 것이 많다. 우리가 한 번도 만날 일이 없는 사람들, 즉 회사 중역, 공무원, 인터넷 동호회 회원들과의 관계가 그렇다. 나는 매일 원하지 않는 이메일을 받는다. 내게 대학 졸업장을 팔고 싶어 하는 회사에서 보내오는 것이다. 그 회사는 답장 주소를 거짓으로 위장하고, '학생에 관한 질문'이나 '당신의 질문에 대한 답변' 같은 교묘한 제목을 이용한다. 나는 그 이메일을 막으려고 갖은 방법을 다 써봤다. 게다가 나는 이미 학위를 갖고 있으므로 나한테 그런 이메일을 보내봤자 아무 소용이 없다. 그런데도 그들은 계속 사기성 이메일을 보내고 있다. 때로는 포르노를 광고하는 이메일이 들어와서 사람이나 짐승과 섹스를 즐기는 젊은 여자들의 사진을 보여주기도 한다. 어제는 음경의 길이를 늘려주는 약을 광고하는 이메일이 들어왔다. 그런 스팸메일을 보내는 사람들의 전술은 아무리 좋게 말해도 짜증스러울 정도다. 가끔은 정말로 화가 나기도 한다. 이런 문제를 처리하는 것은 우리가 물려받은 뇌의 능력 밖이다. 나로서는 우리 뇌의 기본적인 재주들 중에서 분노를 끄집어내는 것이 최선이다. 분노는 맥박수를 높이고, 아드레날린을 급격히 분출시키며, 손으로 피를 보낸다. 나는 다른 사람들에 비해 분노를 불편해하는 것 같다. 내가 분노했을 때 워낙 심하게 동요하기 때문에 내 뇌는 내가 분노하지 않은 것처럼 행동하곤 한다. 누구나 좋아하는 감정이 있고, 결코 느끼고 싶어하지 않는 감정이 적어도 하나씩은 있다. 나한테는 분노가 그런 감정이다. 나는 분노 때문에 호르몬이 분출되는 것도 싫고, 맥박이 빨라지는 것도 싫고, 시야가 좁아지는 것도 싫다. 아니, 이것만으로는 내가 분노에 대해서 갖고 있는 복잡한 심리적 반감을 모두 설명할 수 없다. 세계적인 차원에서 보면 평범하고 소박한 분노는 전쟁처럼 세계적인 분노를 불러일으키는 일들과 비교될 수 없다. 그러나 사람들이 일상생활에서 마주치는 것, 더 불안하게 느끼는 것은 작지만 격렬한 두려움과 분노다.

감정은 흔히 우리 삶에 어두운 방점을 찍는다. 감정이 성장으로 이어질 수도 있으므로 우리가 항상 감정을 피하기만 하는 것은 아니다. 조지 맥도널드는 《판타스테스》에서 "어떤 종류의 고통스러운 생각을 관리하는 최선의 방법은 어디 한번 날 괴롭힐 테면 괴롭혀보라고 을러대면서 그 생각이 심장을 갉아먹게 내버려두는 것임을 나는 나중에 깨달았다. 그러다 보면 나중에는 그런 생각이 지쳐서 나가떨어지고, 우리는 그래도 사라지지 않는 삶의 일면이 여전히 남아 있음을 알게 된다"고 썼다.

하지만 대개 감정은 의식적인 생각보다 더 빨리 우리를 조종한다. 얼어붙은 도로에서 다른 자동차와 충돌하는 것을 피하려고 급히 핸들을 꺾을 때를 생각해보자. 그런 순간에는 움직임이 흐릿해진다. 사람들, 풍경, 자동차, 중력의 변화, 자동차 경적 소리가 마구 쏟아져 들어온다. 이런 자극들이 뉴런을 자극해서 심장이 마구 날뛰기 시작하고, 호흡이 빨라지고, 몇 년 전에 겪었던 아슬아슬한 사고가 생각난다. 이 기억에는 강렬한 감정이 깃발처럼 매달려 있다. '조심해!' 몸은 이렇게 말한다. '서둘러. 그때는 어떻게 했었지?' 이 모든 일이 한순간에 벌어져서 우리가 두려움이라고 부르는, 뒤집힌 천둥소리 같은 감정이 생겨난다. 두려움은 교통사고만큼이나 빠르고 단순할 수 있지만 동굴 속에 생기는 결정체처럼 천천히 자라날 수도 있다.

몇 년 전에 나는 일본의 외딴 섬에서 등반사고를 겪었다. 그때 나는 조류학자 두 명과 함께 마지막으로 살아남은 짧은꼬리알바트로스를 보러 나선 길이었다. 날개 길이가 180센티미터나 되고, 정수리가 노란색이며, 부리 끝은 파란색인 멋진 하얀 새. 그 섬은 활화산이었으며, 우리 캠프는 구불구불하게 뻗은 10층 높이의 돌계단 위에 위치한 버려진 군대막사였다. 우리를 그곳에 데려다준 낚싯배는 며칠이 지난 후에야 우리를 데리러 돌아올 터였다. 100여 마리쯤 되는 알바트로스들은 섬의 한쪽 끝에만 둥지를 틀고 있었는데, 그곳은 뾰족뾰족한 바위들로 둘러싸인 분지였다. 그 새들의 깃털을 얻기 위해 그들을 사냥하러 나선 사냥꾼들의 탐욕을 이기고 살아남은 것은 돌로 만들어진 요새 같은 그 분지 덕분이었다. 나와 동행한 두 남성 조류학자는 수년에 걸친 등산 경험이 있었을 뿐만 아니라 상체의 힘도 강했다. 그래서 그들은 밧줄 하나에 의지해 자신의 힘만으로 바위를 내려갈 수 있었다. 불행히도 나는 그런 절벽을 내려가야 한다는 이야기를 미리 듣지 못했을 뿐만 아니라 나를 위해 등산장비를 가져온 사람도 없었다. 첫날 나는 근육의 힘을 총동원해 간신히 절벽을 내려갔다. 두 남자가 왜 나한테 미리 준비하라는 얘기를 해주지 않았는지 물어볼 시간은 없었다. 등산수업을 듣고, 역기로 체력을 단련하고, 등산장비를 가져오라는 이야기를 해줬어야 하는 것 아닌가. 두 사람은 틀림없이 내가 등산을 잘한다고 생각한 모양이었다. 아니면 즉석에서 어떻게든 수완을 발휘할 수 있을 것이라고 생각했거나. 두 사람이 왜 그런 생각을 하게 되었을까? 내가 있지도 않은 체력과 의지를 내보였던 걸까? 만약 내가 그랬다면 그것은 위험하기 짝이 없는 허세였다. 하지만 그 순간에는 이런 생각이 하나도 떠오르지 않았다. 그때 갑자기 속도가 빨라진 내 뇌가 가장 중요하게 생각한 것은 어떻게든 살아남아야 한다는 것이었다.

잠을 자고 아침에 일어나니 김이 올라오는 화산지대를 다시 가로질러 갈 힘이 생겼다. 하지만 지나치게 혹사당한 내 근육은 여전히 부르르 떨고 있었다. 나는 발을 대기가 마땅찮은 바위틈에 억지로 발을 집어넣어 발끝의 감각으로 안전하게 발을 디딜 곳을 찾았다. 손과 손목의 근육까지 벌벌 떨리기 시작하자 나는 내 몸에게 어떻게든 버티면서 제 몫을 다해야 한다고 명령했다. 나는 빠르게 또는 느리게 움찔거리는 근육(하얀색과 어두운 색이 섞인 고깃덩어리)이 고무줄처럼 탄력 있게 긴장한 모습을 상상하며 계속 움직였다. 다른 대안이 없었다. 하지만 소용없었다. 모든 근육을 흐르는 전기가 퓨즈를 끊어버리는 것이 느껴졌다. 훈련을 받지 못한 몸을 무작정 을러댈 수는 없었다. 신체훈련은 단순히 근육을 강하게 만들기만 하는 것이 아니라, 그 근육들을 사용하지 않아도 되는 때가 언제이며 육체적인 힘 대신 노하우를 이용해야 할 때가 언제인지 가르쳐주는 역할도 한다. 내 근육에는 암벽 등반에 이용할 수 있는 기억이 전혀 없었다. 허리에 묶은 밧줄을 뻣뻣한 양손으로만 붙잡고 절벽과 평행을 유지하며 내려가는 방법도 몰랐다. 아니, 어쩌면 할 수 있었는지도 모른다. 내 몸의 균형과 각 부위의 각도를 계산할 수 있는 상태였다면. 하지만 두려움이 내 머릿속에서 서서히 미로를 그려나가기 시작했다. 내 앞에서는 두 남자가 마치 거미처럼 바위에 달라붙어 유연하게 움직이고 있었다. 그들은 손과 발을 바꿔가며 바위를 붙들거나, 균형을 다시 잡거나, 바위틈에 발을 집어넣어 몸을 지탱했다.

결국 내 근육이 손을 들어버렸고, 나는 120미터 높이의 절벽에서 떨어졌다. 밧줄을 죽어라 붙든 것이 다행이었다. 그러지 않았다면 틀림없이 죽었을 것이다. 날카로운 바위에 몸이 세게 부딪치는 순간 가슴에서 통증이 사이렌처럼 울부짖기 시작했고 정신이 번쩍 들었다. 누가 뺨을 세게 후려친 것 같았다. 편도체에서 곧바로 명령이 내려오자 두려움이 미로 속에서 뛰어올라 내 눈을 뚫어지게 응시했다. 아드레날린과 노르아드레날린이 내 몸에 흘러넘쳤다. 심장이 두근거리고 혈압이 치솟았다. 내 몸의 구석구석은 또 다른 위험에 대비하며 근육으로 급히 연료를 보내고, 백혈구를 불러 모으고, 동공을 확장시키고, 위장을 비롯해서 당장 꼭 필요하지 않은 장기들의 기능을 정지시키고, 해마에게 반드시 기억해야 할 것을 제공해주었다. 하지만 나는 적과 싸울 수도 없고 도망칠 수도 없었다. 시간이 멈췄다. 이제 어떻게 하지? 튀어나온 바위 위에 쓰러진 채 통증으로 온몸이 마비된 나는 소리쳐 일행을 불러야 하는데 가슴에 힘이 들어가지 않는 것이 이상하다고 생각했다. 나는 천천히, 고통스럽게, 마치 기어가듯이 한 마디, 한 마디를 짜냈다. "다쳤어요."

두 남자의 부축을 받아 나는 어떻게든 새들이 있는 곳으로 내려갈 수 있었다. 나 혼자서는 몸을 움직일 수 없었으므로 두 남자가 검은 화산 모래 속에 구덩이를 파주었고, 나는 그곳에 앉아 몇 시간 동안이나 환상적인 새들을 바라보며 그들의 문화를 연구하고 필요한 것을 기록했다. 모든 감각이 다 마비된 것은 아니었지만 몸을 움직일 때마다 통증이 밀려와서 행동에 제약이 있다는 것을 뼈저리게 의식하고 있었다. 가슴을 제대로 부풀릴 수가 없었기 때문에 호흡도 힘들었고, 웃을 수도 없었으며, 억지로 소리를 짜내서 속삭이듯 말하는 것 외에는 말도 할 수 없었다. 목소리에 감정을 담는 것도 힘들었다. 소리에 감정을 실으려면 허파를 백파이프처럼 이용해야 하기 때문이다. 이건 내가 겪은 최악의 통증이라는 생각에 우울해졌다. 이렇게 아플 수가 있나. 확실히 내 평생 최악의 부상이었다. 정확히 얼마나 심각한 거지?

하지만 또 다른 존재의 층이 마치 빛나는 천처럼 걱정과 근심 위에 내려앉았다. 지구를 반 바퀴나 돌아와 만나게 된 희귀 새들이 구애하는 모습을 지켜보는 동안 갑작스러운 황홀감과 자랑스러움이 내 뼈를 가득 채웠다. (《희귀한 것 중에서도 희귀한 것》에 이 새들과 그때 내가 본 장면을 자세히 묘사해놓았다. 사고 얘기는 거의 하지 않았다.) 알바트로스가 내 상상 속으로 들어온 것은 오래전이었다. 그들은 내 꿈과 백일몽 속으로 날아 들어와 나의 에너지와 의지를 한곳으로 모으고, 당당히 나를 사로잡았으며, 몇 달 동안이나 내 계획의 방향을 돌려놓았다. 그들은 연인이나 아기처럼 뉴런과 신경전달물질의 활동영역까지 깊숙이 들어가 내 삶에 합류했다. 그 새들을 직접 본 적이 한 번도 없었는데도 그들이 내 상상 속에 완전히 둥지를 틀었기 때문에 마침내 그들을 직접 보게 되자 황홀해졌다. 그 순간에는 통증, 걱정, 바깥세상이 전혀 존재하지 않는 것이나 마찬가지였다. 공포가 상상의 힘 아래에서 부서지고 이제 죽지는 않겠다는 생각이 들면서 나는 고통과 기쁨을 함께 느꼈다. 통증은 기쁨을 지워버리지 못했다. 그 둘이 화음 속의 서로 다른 음처럼 나란히 생겨났다. 죽음의 공포가 이 마법을 깨뜨렸을 것 같겠지만 나는 감사한 마음으로 수첩에 다음과 같이 적었다. "샘물을 직접 마실 수 있는데 컵을 쓰고 싶어 하는 사람이 어디 있겠는가?" 나는 깃털이나 돌과 마찬가지로 자연의 일부가 되었고 내 피부는 한껏 늘어나서 그곳의 풍경을 모두 감싸안았다. 그렇게 점점 넓어지는 나의 영역 속에 부족한 것은 하나도 없었다. 몸은 힘든 상황에서 두 손을 들어버렸지만, 내 상상력은 이미 오래전에 오르기 시작한 절벽에 단단히 매달려 있었다. 제러드 맨리 홉킨스(19세기 영국의 시인-옮긴이)는 이 상상 속의 절벽을 다음과 같이 자세하게 묘사했다. "아, 정신이여, 정신 속에는 산이 있다; 추락의 절벽들 / 무섭고, 험준하고, 아무도 상상하지 못한 곳." 나의 작업기억은 임무를 수행했다. 나는 문장을 어떻게 지어야 하는지, 펜으로 종이에 글을 쓸 때 압력을 얼마나 가해야 하는지 기억해냈다. 나는 눈과 귀를 온통 새들에게 집중한 채 경건하게 그들을 관찰했다. 수첩에 나는 이렇게 적었다. "마치 기도처럼 사물을 관찰하는 방법이 있다." 나는 이 느낌을 단단히 고정시키는 데 도움이 될 만한 직유와 은유를 찾기 위해 기억을 뒤졌다. 작업기억은 작업하고, 감각기관은 감각을 느끼고, 나는 의식의 연못 위에 촛불처럼 창의력을 띄웠다. 하지만 내 뇌의 한쪽에서는 죽음을 두려워하고, 내가 일시적으로 일부가 되고 싶어 했던 것의 영원한 일부가 될까 봐 미친 듯이 걱정하는 영혼의 중요한 회의가 열리고 있었다.

그날 하루가 끝난 뒤 두 남자 동료가 내 밧줄을 끌어주었다. 그렇게 절벽을 올라가 휘청거리며 간신히 캠프로 돌아온 나는 혼자 힘으로는 누울 수도 없고 일어설 수도 없었다. 남의 도움 없이는 화장실에도 갈 수 없고 돌아누울 수도 없었다. 그래도 나는 잠에 곯아떨어졌다. 다음 날 동이 튼 직후 여전히 몸을 움직일 수 없었지만 그래도 나아질 것이라는 희망을 안은 채 나는 캠프에 남았다. 두 남자는 새들을 보기 위해 다시 섬 반대편으로 떠났다. 시멘트로 지은 작은 막사의 흙바닥에 몇 시간 동안이나 누워 있으니 땀구멍에 땀이 차오르는 것을 느낄 수 있었다. 얼굴뿐만 아니라 온몸이 다 그랬다. 몸이 부들부들 떨리기 시작했다. 그때까지만 해도 두려움 속에서도 희망을 잃지 않았는데 이제는 덜컥 겁이 났다. 나는 자동적으로 체온계를 찾기 위해 바지와 셔츠 주머니를 뒤졌다. 그러니까 내 머릿속 한쪽 구석에서 그런 일이 벌어졌다는 얘기다. 의식의 전면에서는 하얀 안개가 점점 끼기 시작하더니 의식의 주름 속에 내려앉아 지성의 울타리를 가려버렸다.

주머니를 아무리 뒤져도 체온계는 나오지 않았다. 내 초록색 배낭은 어디 있지? 통증이 번개처럼 나를 강타했기 때문에 나는 허리에서부터 머리까지 아주 조금밖에 움직일 수 없었다. 천천히 바닥을 더듬은 끝에 나는 뻣뻣한 캔버스 천으로 만든 내 배낭의 친숙한 느낌을 찾아냈다. 나는 한 손으로 그것을 끌어당겨 손의 감각만으로 안을 뒤지기 시작했다. 손가락이 물체의 윤곽선을 더듬어 뇌가 그 정보를 해독할 수 있게 해주었다. 마침내 작은 물건들이 들어 있는 미끌미끌한 지퍼백이 손에 잡혔다. 내 손가락과 기억은 이것이 '의약품 가방'이라고 내 의식에게 알려주었다. 나는 여행을 할 때면 항상 항생제, 아스피린, 타이레놀 등 약을 챙긴다. 그 약들은 무게보다 훨씬 더 가치가 있다. 그때까지는 약을 먹을 일이 생긴 적이 없었다. 나는 먼저 체온계를 꺼냈다. 빛이 희미해서 수은주가 간신히 보일 정도였다. 나는 혀 밑에 체온계를 꽂았다. 5분 후에 꺼내보니 체온이 39도였다. 나는 많은 양의 페니실린과 아스피린 두 알을 먹었다. 두려움 때문에 심장이 두근거리기 시작하면서 숨을 쉴 때마다 통증이 더 심해졌다. 1시간 후 다시 체온을 재봤더니 39.5도였다. 이제는 얼음물이 내 주위로 쏟아지고 있는 것 같았다. 나는 플라스틱 병에 든 물을 마시고 아스피린 두 알과 타이레놀 두 알을 먹었다. 점점 진실이 내 의식 속으로 스며들어와 자리를 잡았다. '어쩌면 여기서 죽을지도 몰라. 집에서 멀리 떨어진 이 어둠 속에서 나 혼자.' 환한 문간의 허공에 떠 있는 먼지에 내 시선이 고정되었다. 나는 먼지가 작은 별자리 같은 모양을 만들었다가 흩어지는 것을 지켜보았다. 먼지 뒤에는 햇빛이 쏟아지고 새들로 가득 찬 세상이 있었다. 1시간마다 체온을 재본 결과 체온은 점점 올라가고 있었다. 내가 있는 곳은 고기를 넣어두는 냉동고처럼 추웠다. 조금 있으면 나도 흙바닥만큼, 그다음에는 시멘트만큼 차가워지겠지. 음식과 음료수가 든 상자에 둘러싸여 있다 보니 저승에서 쓸 물건들과 함께 묻힌 이집트인이 된 것 같았다.

밖에서 소리가 들렸다. 짐승인가? 사람? 소리를 지르려 했지만 역시 가슴을 부풀릴 수 없었다. 통증이 몸에 꼭 끼는 갑옷 같았다. 문간의 빛 속에 어떤 형체가 나타났다. 진짜일까? 환상인가? 살려달라는 말을 일본어로 어떻게 하지? 나는 손을 들어올려 내 가슴을 가리킨 다음 주먹을 쥐고 반대 방향으로 주먹을 굴렸다. 막대가 부러지는 모양을 나타내기 위해서였다. 작은 판과 펜이 내 옆에 놓여 있었다. 나는 그 위에 일행에게 보내는 메모를 써서 죽어버린 공기 속으로 내밀었다. 메모가 사라졌다. 그러고 나서 나는 아주 천천히 분명하게 일본어 단어 하나를 말했다. "아호도리." 알바트로스라는 뜻이었다. 이 섬에 알바트로스의 둥지가 있는 곳은 하나뿐이었다. 문간에 서 있던 형체가 증발하듯 사라졌다. 사람이라면 때로 발밑에서 김이 올라오는 화산지대를 가로질러 절벽을 내려가야 할 것이다. 아니, 절벽을 내려가지 않아도 될지 모르지. 아래쪽에 있는 사람들한테 소리를 지르면 되니까. 나는 기진맥진해서 누워 있었다. 누가 정말로 나타나긴 했던 걸까? 누구지? 어디서 온 사람이지? 여긴 사람이 사는 섬에서 남쪽으로 몇 킬로미터나 떨어진 곳인데. 그 사람이 내 일행을 찾을 수 있을까? 찾아낸 다음에는? 그 사람들이 과연 나를 구해줄 수 있을까? 섬을 빠져나갈 길은 없었다. 배는 며칠 후에나 올 예정이었다. 그리고 내가 먹은 약들은 전혀 효과가 없었다.

한기가 내 몸속에서 무거운 쇳덩어리처럼 자리를 잡았다. 눈을 떠보니 빛을 후광처럼 둘러쓴 천사가 문간에서 날개를 펄럭이는 것이 보였다. 천사는 긴 날개와 노란 머리가 있는 하얗고 아름다운 알바트로스로 변신했다. 하지만 다시 천사로 변하더니 허공을 둥둥 떠다니듯이 막사 안으로 들어와 어둠 속으로 사라졌다가 내 옆에 다시 나타났다. 그러고는 또 갑자기 사라져버렸다. 마치 우물에 떨어져 한없이 추락하고 있는 것처럼 시간이 흘러갔다. 그런데 천사가 반짝거리는 노란색 빛을 받으며 문간에 다시 나타났다. 천사는 허공을 둥둥 떠서 내게 나가와 다시 무릎을 꿇었다. 하지만 이번에는 자신의 날개를 한 번에 한 개씩 걷어내서 그것으로 내 몸을 감싸기 시작했다. 타는 듯 뜨거운 느낌이 들었지만 날개의 무게는 느껴지지 않았다. 얼음처럼 차가우면서도 뜨거운 베일이 내 머리를 감쌌다. 천사가 깃털처럼 가볍게 천천히 움직이며 어둠 속에서 희미하게 빛을 내는 것이 느껴졌다. 하지만 천사의 모습이 분명하게 보이지는 않았다.

어떤 형체가 햇빛을 반쯤 가리며 문간을 가로질렀다. 나는 어리둥절한 개처럼 고개를 외로 꼬아 마치 어머니의 뱃속에서 막 나온 갓난아기처럼 보이는 물체를 자세히 보려고 애썼다. 아기의 머리는 땀에 젖어 착 달라붙어 있었다. 그때 새들이 두 가지 방언으로 재잘거리는 소리가 들렸다. 천사가 아니었다. 젊은 일본 여자가 내 옆에 앉아 있었다. 내 가슴에 놓여 있는 것은 얼음이 가득 든 하얀 긴 소매 블라우스였다. 여자가 문간에 있는 형체와 이야기를 하려고 고개를 돌리자 여자의 옆모습이 분명해지기 시작했다. 나는 의식을 잃었다. 시간이 휴대용 컵처럼 쪼그라들었고 두 사람이 내 팔을 각각 어깨에 메고 저 아래 바다를 향해 천천히 바위 계단을 내려갔다.

열이 떨어질 때까지 차가운 날개로 나를 달래준 동굴 속의 천사는 내 상상이었던 걸까? 다행히도 누군가가 전세를 낸 낚싯배가 점심식사를 위해 이 섬에 정박했고, 그 배에 타고 있던 사람 한 명이 바위 계단을 올라가 전망을 보기로 했다. 나를 발견한 그녀는 내 이마를 만져본 다음 10층 높이인 계단을 뛰어 내려가 배에서 얼음을 들고 다시 올라왔다.

그녀는 자신의 하얀 셔츠를 벗어 소매와 몸판에 얼음을 채운 다음 내 가슴과 이마를 감쌌다. 그 덕분에 열이 어느 정도 내려가서 나는 그녀의 배까지 갈 수 있었고, 배에 오른 다음에는 사람들이 그 배의 출발지이자 병원이 있는 가장 가까운 섬까지 밤샘 항해를 위해 벽 속에 움푹 들어가 있는 관 모양의 캡슐형 침상에 나를 눕혔다.

병원에서 나는 내 갈비뼈를 찍은 X선 사진을 빤히 바라보았다. 갈비뼈 세 대가 부러져 있었다. 반으로 부러진 조각들이 위아래로 어긋나 있어서 마치 타오르는 불쏘시개 같았다. 다행히도 갈비뼈가 장기를 찌르지는 않았다. 고열이 났던 것은 폐렴 때문이 아니라 지독한 염증 때문이었다. 의사는 내 가슴 앞에서 손바닥을 펴 원 모양을 그리면서 이렇게 말했다. "안은 괜찮아요." 나는 무언극 배우처럼 몸짓으로 물었다. '가슴에 붕대를 감을 건가요?' "아뇨." 의사가 고개를 저으며 말했다. 그리고 손을 벌리며 어깨를 으쓱했다. '부러진 갈비뼈에 대해 의학적으로 할 수 있는 일이 하나도 없다'는 뜻이었다. 의사는 내게 진통제를 주며 주의를 주었다. "아주 강해요. … 밤에만 드세요."

하루가 채 지나기도 전에 나는 들것처럼 바꿔놓은 비행기 좌석에 누워 미국으로 돌아가고 있었다. 통증은 여전히 지독해서 땀이 비처럼 흘렀다. 통증을 잊기 위해 나는 알바트로스가 공기를 쿠션 삼아 유유히 활강하는 모습을 머릿속에서 영화처럼 계속 돌렸다. 기억의 창고 속에서 나는 알바트로스의 구애를 다룬 자료를 꺼냈다. 녀석들은 스퀘어댄스를 추듯이 인사하며 고개를 하늘로 젖히고 환희에 찬 노래를 불러 구애를 한다. 나는 우리의 탐험여행을 한 장면 한 장면 천천히 돌려보았다. 내 몸은 마법의 등불 속으로 사라져서 주기적으로 나를 찾아올 뿐이었다.

그 시멘트 막사에서 죽음이 내 앞에 바짝 다가왔을 때 열에 들뜬 내 뇌는 천사와 알바트로스를 만들어냈다. 우리는 대개 지금 말하고 있는 사람이 누구인지, 자기 자신인지 아니면 다른 사람인지 안다. 하지만 때로 몸이 감각을 잃어버려서 바깥세상의 정보를 뇌로 전달해주는 대신 뇌 안에서 실제로는 존재하지 않는 느낌을 만들어내는 경우가 있다. 정신분열증 환자들이 목소리가 들린다고 말할 때 그들의 말은 분명한 진실이지만, 그 목소리를 귀로 듣는 것은 아니다. 뇌의 한 부분에서 말이 만들어져 뇌의 또 다른 부분으로 전달되는 것이다. 지금 소리를 내고 있는 사람이 누구인지 파악하는 모니터가 꺼져 있는 셈이다.

뇌로 가는 자극을 차단하면 환각이 꽃을 피운다. 유령이 주로 밤에 나타나고, 으스스한 집의 조명이 희미한 것도 무리가 아니다. 현실의 가장자리를 조금 흐릿하게 만들고, 일상적으로 주의를 돌리던 것에 더 이상 주의를 돌리지 않고, 주위 환경으로부터 시각적으로 물러나면 자극을 빼앗긴 뇌가 여러 가지 광경과 소리들을 부글부글 만들어내기 시작한다. 사실 뇌도 어쩔 수 없어서 하는 짓이다. 뇌는 아무것도 없는 진공상태를 지극히 싫어하는데다 태어나는 순간부터 줄곧 바깥세상을 모니터해왔다. 뇌는 쉽게 지루해하며, 혼자 놀기 선수다. 세상을 흐릿하게 만들면 뇌는 자기만의 마음의 극장을 만들어낸다. 외상후스트레스장애 환자들이 경험하는 회상은 다르다. 이 회상은 편도체의 축복을 받고 머릿속에 각인된 살아 있는 기억이며, 마치 방금 폭발한 폭탄의 파편처럼 너무나 현실적이기 때문에 계속 주인을 공포로 몰아넣는다.

나는 미국으로 돌아온 후 나를 도와준 여자에게 하얀 셔츠 한 벌을 보내며 헤아릴 수 없는 감사의 뜻을 표했다. 그녀는 다채로운 무늬가 그려진 종이접기용 종이를 답장과 함께 보내왔다. 그 종이는 마치 작은 만국기처럼 봉투 속에 들어 있었다. 나는 겁에 질린 내 뇌가 그녀를 날개 달린 존재로 만들어냈다는 이야기는 그녀에게 밝히지 않았다.

때로 정신은 친숙하고 위안이 되는 이미지를 붙들고 자신을 지탱한다. 극단적인 감정이 계속 추상적인 상태로 남아 있으면 우리는 한층 더 겁에 질린다. 자신의 힘으로 상황을 통제할 수 없어서 머리가 어질어질해지기 때문이다. 이럴 때, 즉 친숙한 것과의 접촉이 무엇보다도 중요할 때 에드워드 모건 포스터가 이야기한 "유일한 접점"이 새로운 의미를 얻는다. 나 같은 사람에게는 알바트로스가 친숙한 것이었다. 그때 나는 반년째 알바트로스 연구에 집착하고 있었고, 그들의 움직임을 며칠씩 직접 관찰하곤 했다. 천사는 그보다 덜 친숙했지만, 크리스마스가 가까운 시점이었으므로 서구사회 도처에서 천사들의 모습이 등장하고 있었다. 매년 봄 카피스트라노로 돌아오는 제비들처럼 이맘때쯤이면 천사들도 이렇게 집단이동을 한다. 내 목숨을 구해준 그 일본 여성은 처음에 크리스마스 분위기를 돋우는 천사로 보였지만 잠시 후 알바트로스로 변신했다. 둘 다 깃털이 있는 하얀 날개를 갖고 있다. 그녀는 하얀 긴소매 블라우스를 입고 있었는데, 고열 때문에 제정신이 아니던 내 뇌는 허공을 둥둥 떠다니는 세상 속에서 가끔 저 혼자 가만히 있다고 생각한 것 같다. 나는 목숨이 위험할 수도 있다는 사실을 알고 있었다. 그때 천사와 알바트로스가 나를 달랬다. 이것은 상상력이 혼란 속으로 쭉 뻗어나가서 해안까지 길을 만들어주는 방파제 역할을 한다는 것을 보여준다. 이 방파제가 뻗어 있는 바다는, 예를 들어 정신분열증 환자들의 머릿속처럼 혼란스럽게 파도가 이는 바다가 아니다. 머릿속에서 속삭이는 악마의 목소리를 듣지 않으려면 자기가 앉아 있는 의자나 신고 있는 신발처럼 현실적인 것에 정신을 집중하는 방법이 있다. 하지만 지금 내가 말하는 바다는 죽음이 임박했다는 공포를 받아들이고 친숙한 것을 모두 잃어버려 마비된 정신이다.

그렇게 되면 공포가 감각을 일깨우고 상상력이 두 가지 일을 한다. 때로는 이 두 가지 일을 번갈아가며 하기도 한다. 하나는 공포가 엄청나게 커질 때까지 공포를 증폭시켜 점점 더 정교하게 다듬는 것이고, 다른 하나는 깨어난 감각을 뒤져 특정한 감각에 집중하는 한편 다른 정보는 차단해버리는 것이다. 철학의 한 분야인 현상학은 이 선천적인 능력을 이용해서 어떤 대상을 배경으로부터 분리시켜 그것이 정신적 공간 속에서 밝게 빛나며 떠다니게 한다. 물론 공포에 질린 몸은 어떤 의도를 지닌 생각보다 훨씬 더 빨리 이 작업을 해낼 수 있다. 의식이 이것을 알아차리지 못하는 경우도 많다. 하지만 항상 그런 것은 아니다. 때로 우리는 자세한 감각정보, 예를 들어 뒤집어지기 직전인 돛단배 옆의 파도 위에서 이글거리는 햇빛 같은 것을 날카롭게 의식한다. 정신은 매우 값비싼 화폐인 '주의'를 기울인다. 이처럼 짧은 순간이나마 어떤 감각을 움켜쥐고 거기에 정신을 집중하는 동안 일시적으로 공포가 가라앉고 몸은 시급히 처리해야 하는 일들을 할 수 있게 된다. 위험에 직면했을 때는 또한 무엇이든 자세한 정보가 중요하다. 거기에 구원의 열쇠가 들어 있을지도 모르기 때문이다. 모든 감각을 동원해 눈앞에서 벌어지는 일을 더듬어보면, 지나치게 친숙해서 이미 오래전에 의식의 다락방 속에 처박아두었던 것들이 새롭게 느껴진다. 그래서 우리는 먼지를 털어 새삼스러운 눈으로 그것을 바라본다. 어쩌면 그것이 목숨을 구해 줄지도 모른다.

두려움이 공포로 증폭되는 순간이 언제일까? 앞일을 예측할 수 없다는 불안감이 덧붙여지는 순간이 언제일까? 자신이 죽을지도 모른다는 사실을 깨닫는 순간이 언제일까? 체면을 잃는 일 같은 것 때문에 사람이 겁에 질릴 수 있을까? 아니면 예측할 수 없는 폭력이나 위험만이 공포를 불러일으키는 걸까? 어린 시절의 공포(예를 들어 부모와 헤어질지도 모른다는 본능적인 공포)와 어른들의 공포는 어떻게 다를까? 아니 정말 다르기는 한 걸까? 공포의 증폭은 어떤 역할을 할까? 다시 말해서, 과거에 공포의 대상이었던 것을 지금 다시 보면 또다시 공포에 질릴까?

우리는 거짓으로 연출된 공포 앞에서도 겁에 질린다. 다른 사람들과 마찬가지로 나 역시 영화를 보다가 아주 폭력적인 장면이 나오면 눈을 가린다. 공장에서 찍어낸 것 같은 진부한 공포영화들, 그러니까 살인자가 주로 혼자 사는 독신 여자들만 노리는 영화를 볼 때는 그렇지 않다. 하지만 폭력이 만화처럼 우스꽝스럽게 느껴지는 수준을 넘어 현실적인 공포를 만들어내는 영화를 볼 때는 다르다. 나는 영화 제작자들의 '봉'이다. 나는 영화가 우리 한번 겁에 질려보자며 거짓으로 공포를 꾸며낸다는 것을 알고 있다. 영화 속 폭력이 진실이 아니라는 것, 즉 할리우드의 촬영장에서 가짜로 만들어낸 장면이라는 것도 알고 있다. 그런데도 나는 이런 지식을 자물쇠처럼 이용해서 상상력을 잠가버릴 수 없다. 가짜 공포가 자물쇠를 따고 공포를 안긴다. 나는 친구들에게 이렇게 속삭인다. "내가 봐도 되는 장면이 나오면 말해." 올더스 헉슬리의 소설 《루덩의 악마》를 원작으로 한, 고문 장면이 난무하는 영화를 볼 때 나는 거의 대부분 손으로 눈을 가리고 있었다. 최근 나는 샘 페킨파의 영화 〈어둠의 표적〉을 보았다. 1970년대에 이 영화가 처음 발표되었을 때 많은 사람들이 공포와 혐오를 느꼈다. 날것 그대로의 폭력이 영화에서 뿜어져 나왔기 때문이다. 지금은 슬로모션으로 진행되는 이 영화의 폭력 장면이 오늘날의 영화, 텔레비전, 신문 속 폭력에 비해 거의 점잖게 느껴질 정도다. 즘은 폭력이 면도날처럼 날카롭고 상세하게, 그리고 빠르게 묘사된다. 약과 마찬가지로 공포도 몸에 익숙해지면 더 이상 놀랍지 않다. 옛날에는 타는 듯 뜨겁게 느껴졌던 것이 지금은 그냥 따뜻할 뿐이다. 우리가 받아들일 수 있는 공포의 양이 점점 늘어났기 때문에 지금은 엄청나게 야만적인 장면을 연출해야만 의도대로 공포를 불러일으킬 수 있다.

하지만 윌프레드 오언 같은 시인이 쓴 전쟁시를 읽으며 그가 목격한 전쟁이라는 지옥을 상상하는 것은 완전히 다른 경험이다. (비록 종국에는 전쟁이 얼마나 무의미한 것인지 깨닫게 된다 하더라도) 시인이 그 지옥의 의미를 이해하려고 애쓰며 숙고 끝에 어느 정도 소화를 시켜서 정형화된 양식으로 내놓은 그 간접적인 공포에는 여러 층의 완충재가 달려 있다. 그 과정에서 공포는 언어의 애완동물이 된다. 으르렁거리기는 하지만 끈에 묶여 있다. 희석시키고, 재정의하고, 설득할 수 있는 것. 이것만으로도 충분히 공포에 재갈을 물릴 수 있다. 사실 이렇게 재갈을 물리고 나면 그 공포에 대한 기억이 본능적인 것에서 언어적인 것으로, 느낌에서 무시해도 괜찮은 것으로 변할 수 있다.

때로 상상력은 공포가 반드시 필요한 것이고 우리가 그 공포를 견딜 수 있다고 설명함으로써 공포를 손질하거나 재정의한다. 예를 들어,

성경 속 이야기들에서 폭력이 정화, 구원, 성인 추대, 부활로 이어지는 순간이 그런 것이다. 전쟁 때 사람들이 애국심을 발휘하는 순간도 마찬가지다. 어떤 병사의 턱에 창이 관통하는 잊을 수 없는 장면을 포함해서 온갖 살육 이야기로 가득 찬《일리아드》를 생각해보라.《오디세이》만큼 시적이지고 않고 마술적이지도 않은《일리아드》는 기본적으로 젊은이들에게 전시戰時의 적절한 행동을 가르치기 위해 만들어진 모험 이야기다. 젊은이들이 이미 널리 알려진 전쟁의 공포와 얼굴을 마주하거나, 심지어 그 공포를 바라기까지 하는 것이 이상적이었다.《일리아드》를 통해 전쟁의 공포를 접한 그들은 그 느낌을 결코 잊어버리지 않을 것이다. 그리고 기억은 전쟁의 공포에 맞서는 것을 영웅적인 행위로 머릿속에 저장해놓을 것이다. 그들이 전쟁터에서 무엇과 맞닥뜨리건 그것은 다른 사람들이 전쟁터에서 품위를 지키며 살아남았다는 이야기를 다룬 잔혹한 전쟁 이야기 속에 포함될 것이다.

우리 같은 베이비붐 세대는 어린 시절에 매일 누런 콧물을 줄줄 흘리는 못된 녀석들과 만나는 것 같은 공포를 경험했다. 초등학교 때 방공훈련을 하면서 폭탄이 떨어지는 경우에 대비해 책상과 탁자 밑에 웅크리고 있었던 경험을 어떻게 잊을 수 있을까? 우리는 책상과 탁자가 핵폭탄으로부터 우리를 보호해줄 것이라고 믿고 싶었다. 핵폭탄이 무엇인지 우리는 잘 몰랐지만 우리 부모들은 핵폭탄을 무엇보다 무서워했으며, 핵폭탄은 날이 갈수록 점점 더 무섭게 묘사되었다. 핵폭탄은 눈을 뜰 수 없을 만큼 강렬한 죽음의 상징이었다. 자세한 설명은 하나도 없었다. 그것은 그저 포스터에 묘사된 공포였다. 얼굴도 없고, 예측할 수도 없고, 추상적이라서 무서운 공포. 우리가 상상할 수 있는 공포가 상상조차 할 수 없는 공포보다 더 무서운 걸까? 천만에.

하지만 오늘날 우리가 기능 장애를 일으키고 있는 지구촌 가족의 일원으로서 현실 속에서는 아닐망정 스크린에서 목격하고 있는 폭력과 비교하면 그 시절이 순수해 보인다. 우리는 생생한 공포가 담긴 장면과 소리에 노출되어 있기 때문에 그것들이 기억 속으로 뚫고 들어와 단단히 박힌다. 폭탄이 터지면서 순식간에 목숨을 잃는 장면들이 동원된 추상적인 공포의 아이콘 같은 것은 없다. 현대의 공포에는 이빨이 있어서 상대를 죽이기 전에 먼저 물고 뜯는다. 우리는 온갖 공포의 증상들을 피학적으로(원한다면 미신적이라고 해도 좋다) 상상할 수 있으며, 상상력은 거친 모래밭에서 진주처럼 뒹굴기를 좋아한다.

우리는 이미지에 미친 시대를 살고 있지만 대부분의 경우 삶을 지배하는 것은 언어다. 그런데 언어를 분석하는 데는 시간이 든다. 언어는 너무 추상적이어서 뇌가 한꺼번에 꿀꺽 삼킬 수 없다. 마음의 눈으로 언어의 내용을 다시 상상해봐야 한다. 반면 이미지는 시각적인 주먹과 같다. 미처 피할 시간도 없이, 다른 상상을 해볼 여유도 없이 이미지가 갑자기 면전에 나타난다. 누군가 다른 사람의 입맛에 맞게 양념된 기성품 공포 때문에 때로 우리는 속이 메슥거린다. 요즘의 이미지는 먼 옛날의 모습을 형편없이 복사해놓은 것도 아니다. 이미지들이 워낙 진짜 같아서 우리의 감정은 폭탄을 맞은 것처럼 날아가버리고 새로운 기억회로가 만들어진다. 언젠가 그 이미지를 다시 보게 되면 그 기억회로가 더욱 강화된다. 어떤 장면은 한참 시간이 흐른 후에도 고통스럽게 느껴진다.

대중매체에 폭력이 범람하고 재치가 제자리를 빼앗긴 지금 우리는 다른 사람들의 고통을 무기력하게 지켜볼 수밖에 없다. 오늘 아침에 텔레비전 뉴스가 참을 수 없는 고통을 내 거실에 들여놓았다. 당장 캘리포니아로 달려가서 산불 피해자들을 위로해야 하는 것 아닐까? 중동으로 날아가서 폭격을 맞은 사람들을 도와줘야 하는 것 아닐까? 또 다른 채널에서는 진짜(같은) 경찰과 진짜(같은) 성범죄자가 나오는 프로그램이 방영되고 있었다. 나도 무서워해야 하는 것 아닐까? 변연계가 잔뜩 주눅이 들어서 냅다 달아나는 것도 무리가 아니다. 내가 TV를 보며 공포와 두려움과 분노를 느끼고 있을 때 내 뇌를 PET로 촬영했다면, 혈액 흐름이 혼란해진 모습이 나타났을 것이다. 뭐라고 이름 붙일 수 없는 죄가 나를 짓누르는 것 같았다. 그렇게 엄청난 죄책감을 치료할 방법은 없다. 그 죄책감을 무시해버리는 것 외에는. 실제로 우리는 그렇게 한다. 그래서 다른 사람의 고통에 점점 무감각해진다.

대중매체에 등장하는 폭력이 실제로도 폭력 사건을 일으킨다는 것을 보여주는 연구가 무려 1,000건이 넘는다. 어린아이일수록 대중매체의 영향을 더 많이 받는다. 어린이들은 현실과 상상, 과거와 현재, 가끔과 항상을 잘 구분하지 못하기 때문이다. 하지만 어른들 역시 취약하다. 특히 이미 불안을 느끼고 있거나 우울해하는 사람들이 그렇다. 두려움, 공포, 위험, 폭력을 담은 이미지들은 좌뇌보다 우뇌를 더 세게 강타한다. 따라서 이미 우뇌의 지배를 많이 받고 있는 사람들은 좌뇌가 만들어내는 이야기들로도 진정시킬 수 없을 만큼 심한 충격을 받을 수 있다.

집에 앉아서 또는 동네에서 폭탄이 터지는 모습을 목격했으므로 우리는 굶주린 스라소니처럼 우리 뒤를 밟는 누군가의 번득이는 눈을 항상 경계하는 사냥감이 되어버렸다. 이를 통해 우리는 별로 인정하고 싶지 않은 사실을 떠올린다. 우리가 먹이사슬의 최정상을 차지하게 된 것은 다른 동물보다 빠르거나 강하거나 뛰어나서가 아니라 순전히 우연 때문이었다는 것 그리고 인간들의 숫자가 더 많거나 역사가 더 길어서 먹이사슬의 정상에 앉게 된 것이 아니라는 것이다. 우리는 마음으로 모든 것을 만들어낸다. 우리가 느끼는 공포 중에서 중요한 자리를 차지하고 있는 한 부분은 생물학적 공포 시스템에서 유래한 것이다. 그 시스템은 우리가 이른바 문명단계에 도달하기 전부터 우리를 이끌어준 민감한 방아쇠다. 먼 옛날 인류는 풀이 갑자기 구부러지지는 않는지, 바위에 발톱이 긁히는 소리가 들리지는 않는지 항상 신경을 곤두세웠다. 우리 몸의 생리적 구조는 위험의 징조가 조금만 나타나더라도 재빨리 엄청난 반응을 보일 준비를 갖추고 있다. 위험과는 거리가 먼 것을 찾고 싶어 하는 욕구와 함께.

26 낙관적인 뇌와 비관적인 뇌

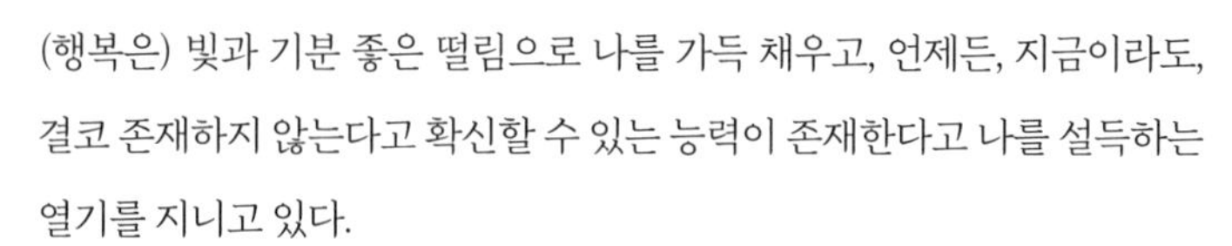

(행복은) 빛과 기분 좋은 떨림으로 나를 가득 채우고, 언제든, 지금이라도, 결코 존재하지 않는다고 확신할 수 있는 능력이 존재한다고 나를 설득하는 열기를 지니고 있다.

- 프란츠 카프카, 《일기 1910》

우리는 행복에 대해 아는 것이 별로 없다. 행복은 우리가 언제나 찾고 싶어 하며 영원히 그 곁에 머물고 싶어 하는 궁극의 오아시스다. 행복은 유행병처럼 번져나가지 않고, 힘의 균형을 바꿔놓지도 않으며, 울타리를 녹여버리지도 재산을 짜내지도 않는다. 그래서 행복은 뉴스가 되는 경우가 드물고, 행복을 주제로 삼아서는 연구비를 따내기도 어렵다. 얄궂게도 우리는 사랑하는 사람들이 행복하기를 바라면서도 주로 행복의 부재를 연구대상으로 삼는다.

이미 오래전에 받았어야 할 찬사, 건조한 열기, 잘 익은 살구, 풍족함, 굉장한 섹스, 누군가에게 선택받는 것 등 색다른 경험에 현혹되었을 때 우리는 가벼운 발작처럼 행복을 느낀다. 사랑에 빠져 허우적거릴 때처럼 엄청난 발작 같은 행복도 있다. 행복은 우리가 애써 찾지 않을 때 나타날 수 있다. "지금 생각해보면 그때가 가장 행복한 시절이었어." 아마 이렇게 말하는 사람도 있을 것이다. 그때가 정말로 행복한 시절이었을까? 아니면 기억이 그 시절에 달콤한 설탕을 뿌려놓은 것일까? 프루스트의 말처럼 이미 잃어버린 낙원이나 추억 속의 낙원만이 유일한 낙원인 것일까? 아니면 파스칼의 말처럼 미래의 행복에 대해 꿈꿀 때가 가장 행복한 걸까? 행복이 폭포처럼 쏟아질 수 있을까, 아니면 우리가 이미 사라져가고 있는 찰나 전의 과거와 빛나는 현재를 비교할 때처럼 행복은 오로지 순간에만 존재하는 걸까? 단조롭기 그지없는 날에도 기쁨이라는 달콤한 재난이 열대의 섬처럼 떠다닐 수 있다. 때로 자그마한 행복의 조각들이 서로 손을 맞잡으면 의심으로 가득 찬 뇌는 이렇게 자문한다. '내가 지금도 행복한가? 그래, 지금도 행복하다. 확인해보는 게 좋겠어. 내가 지금도 행복한가? 그런 것 같아. 잠깐, 지금은 조금 전만큼 완전히 행복하지 않아. 좋았어, 다시 행복해졌군.' 뇌의 독백은 이런 식으로 계속된다. 기분이 부리는 이 유쾌한 술수들은 하루라는 줄에 꿰어진, 눈에 보이지 않는 구슬이 된다.

우리 헌법에는 행복을 소유할 권리가 보장되어 있지 않다. 다만 행복을 '추구'할 권리가 명시되어 있을 뿐이다. 우리는 열띠게 행복을 추구한다. 항상 안전한 방법만 쓰지는 않는다. 우리가 반드시 행복을 추구해야 한다고 믿고 있다는 사실은 우리 자신과 행복의 덧없음에 대해 많은 의미를 내포하고 있다. 사람이 뭔가를 뒤쫓는다는 것은 그것이 손에 잘 잡히지 않는다는 뜻이다. 수사슴, 요정, 별, 사랑처럼. 우리는 거칠고 위험한 동물을 뒤쫓듯이 행복의 뒤를 쫓는다. 행복이 왜 위험할까?

행복이 느닷없이 우리에게 달려들며 완전히 반대의 것으로 변할 수 있기 때문이다. 행복의 부재가 행복의 존재보다 더 강렬할 수 있고, 행복은 부재 속에 항상 존재하기 때문이다. 행복은 만족감을 불러일으키고, 그것이 타성으로 이어지기 때문이다. 하지만 어떤 사람들은 신체적으로나 정신적으로 소용돌이 속에 빠져 있을 때 가장 커다란 행복을 느끼기도 한다. 대부분의 사람들은 조용할 때, 그러니까 숨죽인 조용함이 아니라 고요를 느낄 때 가장 커다란 행복을 느낀다. 뭔가가 없는 상태, 즉 문제가 없거나 흥분하지 않았을 때가 아니라 명료하고 차분한 기분이 머리를 가득 채울 때 가장 커다란 행복을 느낀다. 그런데 그런 기분은 오래 지속되지 않는다. 사람들은 행복을 고정된 것, 최후의 목표로 삼고 그 뒤를 쫓는다. 그런 사람들은 목표에 도달하고 나면 곧바로 내리막길을 만날 수 있다.

행복이 위험한 것은 간발의 차이로 우리 손을 피해 달아나는 경향이 있기 때문이다. 시인 로버트 브라우닝은 이 점을 이해하고 있었다. "사람은 반드시 잡을 수 없는 것을 향해 손을 뻗어야 한다, / 그렇지 않으면 천국이 무슨 소용이겠는가?" 행복이 위험한 것은 어느 정도 시간이 흐른 후 상해버리는 경향이 있기 때문이다. 행복한 상태에 익숙해지면 우리는 그것을 당연하게 생각해버린다. 여기서 권태와 행복의 감소까지는 거리가 얼마 되지 않는다. 위스콘신주의 오시코시 에어쇼에서 무더운 8월의 어느 날 스무 명의 낙하산 묘기를 보고 나면 "또 낙하산이야?"라는 말이 입에서 절로 나올 것이다. "행복이 사람을 게으르고 메마르게 만드는 것은 분명합니다. 완벽함이 때로 매우 권태로워질 수 있으며, 단테의 낙원에서 살아가는 것이 우리에게는 참을 수 없는 일이 될 것이라는 점에도 의심의 여지가 없습니다." 지크문트 프로이트는 1933년 10월 5일에 자신의 환자인 시인 힐다 둘리틀에게 보낸 편지에 이렇게 썼다. "그런데도 우리는 서로에게 행복과 만족감 등 온당치 않은 것들을 기원합니다."

행복은 삶에 뭔가를 덧붙여주는 걸까, 아니면 빼앗아가는 걸까? 행복은 더 나은 상태로 변화한 것에 대한 반응으로 생기는 상대적인 상태일까? 몸이 항상성을 되찾고 나면 뇌가 행복감이라는 보상을 내려주는 걸까? 일을 잘 했다며 황금색 별을 주는 것처럼? "행복은 평형이다." 극작가 톰 스토퍼드는 이렇게 말했다. "자세를 바꾸면 … 우리는 몸의 균형을 다시 잡아 세상을 바라보는 시각을 그대로 유지한다. 세상이 자세를 바꾸면 우리도 자세를 바꾼다."

우리는 생명이 없는 화학물질들로 이루어진 생명체라는 특이한 운명을 지니고 있다. 이것이 문제의 핵심이다. 어렸을 때 우리는 자신이 신경 쓰지 않는 것은 중요하지 않다는 것을 배운다. 만약 우리가 어떤 것에 신경을 쓴다면 두려움이 내가 옛날에 읽은 SF소설 속의 슈퍼컴퓨터처럼 엄청나게 커질 수 있다. 소설 속에서 반짝이는 회로들을 모아 수십 년에 걸쳐 커다란 컴퓨터를 만들어낸 열성적인 과학자들은 그 기계의 스위치를 켜자마자 이렇게 물었다. "신이 존재하는가?" 컴퓨터는 우렁찬 목소리로 대답했다. "지금이 존재한다."

정신은 망각을 도와주는 신기한 기계들을 넣어두는 벽장을 갖고 있다. 우리는 행복해지기 위해 잊어버린다. 잊어버리지 않으면 고통스러운 과거의 잔해가 햇빛 밝은 행복의 섬을 오염시킬 것이다. 이 섬에서 우리는 근심이라는 상어들이 한없는 식욕을 충족시키기 위해 어른거리고 있는 여울 속의 그림자들을 무시해야만 행복하게 살아갈 수 있다. 우리는 행복한 기억을 편애한다. 모든 기억이 한때는 감각과 느낌이었으므로, 현재와 과거를 이어주는 다리를 피할 길이 없다. 이 다리는 항상 열려 있으며, 다리 위에서는 자동차들이 서로 부대끼며 양방향으로 오간다. 때로 우리는 무서운 곳을 향해 슬프게 차를 몰기도 한다. 2년 전에 돌아가신 아버지 옆에 몇 달 전 어머니가 나란히 묻힌 공동묘지 같은 곳. 슬픔은 기억을 체로 걸러 기묘하게 배열한다. 어머니가 너무나 보고 싶을 때 내 정신은 좋은 추억을 향해 손을 뻗는다. 내게 목욕하는 법을 가르치던 어머니(제일 깨끗한 곳을 제일 먼저 씻어라), 다리털을 없애는 법, 눈썹 다듬는 법, 하이힐을 신고 걷는 법, 주름을 방지하는 법(베이비오일로 화장을 지워라)을 가르쳐주시던 어머니. 나중에는 어머니가 나더러 화장법과 머리 손질법을 가르쳐달라고 하시더니, 마지막에는 점점 악화되는 건강을 유지하는 데 도움이 되는 방법도 가르쳐달라고 하셨다.

나는 이런 추억들을 감각으로 느낀다. 하지만 하늘에서 떨어지는 눈을 커다란 장난감으로 생각했던 어린 시절의 흥분과 마찬가지로 그냥 느낄 뿐이다. 어머니가 돌아가실 때 나는 어머니 곁에 없었다. 하지만 나는 어머니가 행복한 추억 속에서 마지막 시간을 보냈을 것이라고 믿고 있다. 모르핀을 비롯한 여러 약물이 그 추억에 불을 밝혀주고 변연계가 감정의 색깔을 입혀주었을 것이다. 어머니는 십중팔구 메릴랜드주의 크리스필드에서 보낸 어린 시절로 되돌아갔을 것이다. 어머니의 과거 속에 등불처럼 매달려 있던 마법의 시간, 어머니가 진한 그리움을 안고 자주 이야기하던 시절로. 어머니는 생애의 마지막 해에 이르러서야 비로소 당신이 늙었음을 인정하셨지만, 그나마도 노파의 몸에 갇힌 젊은 아가씨 같은 기분이라고 한탄하신 것이 전부였다. 여든두 살에 급성 백혈병에 걸렸는데도 어머니는 친구분들에게 자신이 아프다는 이야기를 전혀 하지 않으셨다. 친구들이 멋진 남자를 소개해주지 않을까 봐. 어머니는 독신자 무도회를 찾아다녔으며, 여전히 매혹적으로 보이고 싶어 했고(매혹적이라는 말이 어머니에게는 세상 전부와도 같았다), 여전히 여행을 좋아했으며, 마치 십대 소녀처럼 애인을 만드는 데 집착했다. 어머니는 아련한 표정으로 나와 내 남동생이 다시 어려졌으면 좋겠다고 자주 말씀하셨다. 우리가 어렸을 때가 훨씬 더 좋았다면서. 나이 많은 노인이 된 어머니 입장에서는 그 때가 정말로 황금시절처럼 느껴졌을 것이다. 힘들었지만 행복했던 시절. 그때는 어머니도 젊고 예뻤으며, 우리는 어머니를 숭배하고 사랑하는 살아 있는 장난감이었다. 어머니는 힘들었던 일들은 기꺼이 잊어버리셨다. 행복해지려면 반드시 잊어야 했다.

타고난 낙천주의자인 어머니는 자신이 스스로 성공을 일구어냈다며 어떤 시련도 당신을 막을 수 없다고 믿었다. 자신을 탓하는 일도 드물었다. 어머니는 과거를 행복하게 기억하기로 마음먹었다. 그리고 계속 바쁘게 활동하면서 쉬지 않고 사람들과 어울렸다. 어머니는 스스로 행복한 삶을 '선택'했다. 자신이 어떤 어려움에도 굴하지 않는 낙관적인 사람이라고 믿었다. 어머니의 낙천적인 기질은 대부분 외할아버지에게서 물려받은 것이다. 어느 유전자 하나를 행복 유전자라고 꼭 집어 말할 수는 없지만 사람들은 적어도 가벼운 행복을 느낄 수 있는 기질을 타고난다. 이런 기질은 살아남기 위해 희망을 잃지 않고 계속 활동해야 했던 우리 조상들을 지탱해주었다. 쌍둥이 연구 결과들은 유전적인 요인이 행복감에 무려 50퍼센트나 영향을 미친다는 것을 보여준다. 유전자에 따라 낙천성, 새로운 경험을 잘 받아들이는 태도, 사교성 등 어머니가 갖고 있던 여러 특징들이 나타날 수 있다. 그리고 이 특징들이 행복감을 더 많이 만들어낼 수 있는 방식으로 결합한다. 하지만 앞에서 말했듯이, 어머니는 매일 적극적으로 행복을 추구한 분이기도 했다.

펜실베이니아대학의 심리학 교수인 마틴 셀리그먼Martin Seligman의 주장처럼 행복은 학습될 수 있다. 무력감과 똑같다. 셀리그먼은 '긍정적인 심리학'과 공식적인 행복 연구를 위한 연구소를 설립했다. 밝은 면을 찾는 것, 긍정적인 설명을 선호하는 것, 행복감을 안겨줄 수 있는 일을 의도적으로 하는 것, 더 많이 노는 것, 즐거운 일을 선택하는 것, 낙천성과 희망을 키우는 것, 행복을 추구하는 것 등은 우리가 행복한 사람으로 변신하기 위해 실천해야 하는 것들이다. 어머니는 이렇게 말씀하시곤 하셨다. "슬플 때는 누구나 슬퍼질 수 있어. 중요한 건 슬플 때도 행복해지는 거야!" 쉬운 일은 아니다. 게다가 고백하건대, 어머니의 말씀이 짜증스럽게 들린 적도 한두 번이 아니었다. 내 감정이 진정임을 인정하지 않는 것 같아서였다. 하지만 어머니에게는 어머니가 젊었을 때 유행하던 노래 가사처럼 "긍정적인 것을 강조하는 것"이 효과를 발휘했다. 그래서 어머니는 승패를 잊어버리고 그저 기쁨을 키우라고 말하는《나는 작은 우주를 가꾼다》를 좋아하셨다. 나는 어느 해 여름에 목이 부러져서 깁스를 한 상태로 이 책을 읽었다. 그때 나는 수술이 잘못돼서 몸이 마비될지도 모른다는 불안감에 사로잡혀 있었다. 하지만 매일 나는 행복한 기분으로 잠에서 깨어 머릿속으로 양손을 비비며 이렇게 말했다. "아이고, 오늘은 또 뭘 배우게 되려나?" 나는 글을 쓰면서 이때만큼 행복했던 적이 없다. 그때 내 삶은 자연 연구, 놀라움, 신비, 경이로 가득했다. 경이는 아주 부피가 큰 감정이다. 경이가 가슴을 가득 채우면 다른 것이 들어설 자리가 남지 않는다.

1994년에 64개국에서 실시된 행복 연구에서는 외향적이고 건강한 기혼자들이 주로 자신의 삶을 행복하다고 평가하는 것으로 나타났다. 나라별로 보면 스칸디나비아 국가들의 국민들이 가장 커다란 행복을 느끼고 있었다. 이 연구의 행복 평가기준에 평화, 경제발전, 정부의 안정성, 계급의식 최소화, 현대성, 양성평등이 포함되어 있었기 때문인지도 모른다. 여기에 국가의 의료보장제도와 퇴직자를 위한 혜택을 덧붙이면 삶의 구조적 스트레스가 많이 완화된다. 그래도 어떤 사람들은 여전히 불만에 싸여서 모케타이든morketiden에 무릎을 꿇고 우울증에 빠져들었다. 모케타이든이란 일조량이 너무 적어서 생활리듬이 무너져 버리는 시기를 말한다. 이때 사람들은 극도의 정서불안을 경험하게 된다. 때로 사람들은 얼음으로 뒤덮인 지평선을 집으로 삼겠다며 기름이 다 떨어질 때까지 지평선을 향해 스노모빌을 몰기도 했다. 하지만 대부분의 사람들은 강한 만족감과 편안함을 느끼고 있었다.

만약 내가 스칸디나비아에서 산책을 한다면 1킬로미터를 걸을 때마다 더 많은 미소를 만나게 될까? 내면에서부터 우러나와 얼굴을 빛으로 가득 채우는 자연스러운 미소. 부드럽게 터져 나오는 진정한 미소는 사람이 짓고 싶다고 해서 지을 수 있는 것이 아니다. 아이오와대학의 신경과학 교수인 안토니오 다마시오Antonio Damasio는 우리가 거짓 미소를 지을 때 다른 메커니즘, 다른 신경회로를 사용한다는 사실을 밝혀냈다. 자연스러운 행복감에는 전두피질과 시상하부가 간여한다. 다마시오는 이렇게 지적한다. "좌측 운동피질이 손상된다면, 얼굴 오른쪽이 마비될 것이고 따라서 얼굴이 불균형한 모습으로 변한다. 그러면 미소를 지으려고 할 때마다 얼굴 반쪽만 호응할 것이다." 하지만 정말로 재미있는 농담을 들었을 때는 얼굴에 저절로 주름이 잡히면서 미소가 만들어진다. "이때는 피질이 손상되기 전에 자연스러운 미소를 지을 때처럼 얼굴 양쪽이 모두 상당히 고르게 움직인다."

행복한 기질은 유전자의 선물일까? 위스콘신대학의 뇌 촬영 연구소에서 심리학과 정신의학을 가르치는 리처드 데이비드슨Richard Davidson은 두 종류의 기질을 가진 사람들을 연구하고 있다. 한 집단은 시련과 스트레스에 더 약하고, 쉽게 좌절하며, 불행한 기분에 빠져드는 사람들이고, 다른 한 집단은 실망을 하거나 재앙을 만나더라도 재빨리 털고 일어나며, 우울해지는 경우가 비교적 적고, 전반적으로 희망을 잃지 않는 낙천적인 사람들이다. 데이비드슨은 PET와 fMRI를 이용해서 사람들이 행복한 그림과 슬픈 그림을 보고 있을 때의 뇌 움직임을 관찰했다. 그가 보여준 그림은 아기를 귀여워하는 어머니의 모습과 외모가 심하게 손상된 어린이의 모습을 각각 담은 것이었다. 적응력이 강한 낙천적인 사람들의 뇌에서는 좌측 전전두피질이 더 밝게 빛났으며 편도체의 활동은 억제되었다. 스트레스에 취약하고 부정적인 생각에 쉽게 빠지는 사람들의 뇌에서는 편도체가 활동을 개시하고 우측 전전두피질의 활동이 활발해졌다. 하버드대학의 심리학 교수이며 10년이 넘도록 일단의 어린이들을 연구하고 있는 제롬 케이건Jerome Kagan 역시 행복한 어린이와 어른들의 뇌에서 좌측 전전두피질이 활성화되는 경향이 있음을 발견했다. "반면 수줍음이 많고, 성격이 심각하며, 아무래도 덜 행복해 보이는 어린이들의 뇌에서는 우측 전두엽 부위가 더 활발하게 활동하는 경향이 있다." 그렇다면 태어날 때부터 우뇌가 지배적인 역할을 하는 아이는 슬픔에 잠겨 평생을 보낼 운명인 걸까? 케이건은 어쩌면 "특정한 성향은 타고나는" 것인지도 모르지만 "그것이 결정적인 역할을 하지는 않는다"는 가설을 내놓았다. 훌륭한 부모, 친구, 학교, 환경이 갖춰지면 타고난 성향을 완전히 없앨 수는 없어도 개선할 수는 있다. "본인이 타고난 성향에 맞서 싸우는 것이 중요하다." 성량이 풍부한 콘트랄토 목소리를 타고난 사람은 훌륭한 가수가 될 수 있겠지만, 그런 유전자 없이 태어난 사람이라도 노래에 열정을 갖고 열심히 노력한다면 그에 못지않은 실력을 발휘할 수 있다. 케이건은 "어린 아이들의 뇌는 아직 얼마든지 바뀔 수 있는 상태라서 경험의 영향을 많이 받는다"고 말한다. 자궁 안에 있을 때나 유아기 초기의 결핍 상태만 영향을 미치는 것은 아니다. 부모, 태어난 순서, 타고난 문화적 배경, 세계적인 사건, 역할모델, 형제자매의 성격, 사랑하는 사람들의 죽음, 질병, 충격적인 경험, 유전, 운 등 많은 요인들이 평생에 걸쳐 행복감에 강한 영향을 미칠 수 있다.

행복에 반드시 유머가 필요한 것은 아니지만 행복과 유머가 나란히 존재하는 경우가 많다. 재미를 결정하는 것은 대개 부조화, 원래 친숙하던 것이 어떤 상황에서는 어색하게 보이는 것, 뒤죽박죽 혼란스러운 상태다. 이런 유머 중에서 내가 좋아하는 사례 몇 가지를 소개해보겠다. 먼저 린든 존슨 대통령의 농담 하나. 그는 자기가 죽은 후에도 활발한 정치활동을 할 수 있게 텍사스에 묻어주었으면 좋겠다는 농담을 던졌다. 한편 몰리 아이빈스(미국의 칼럼니스트 겸 유머작가 – 옮긴이)는 고집불통 정치인이 폭언으로 가득 찬 연설을 끝낸 뒤 그 연설이 재미있었느냐는 질문을 받고 건조한 목소리로 이렇게 대답했다. "독일어 원전으로 들었을 때가 더 좋았어요." 어떤 정치인에 대해 "그 사람이 조금만 더 똑똑했다면, 우리가 그 사람한테 물을 타야 했을 것"이라고 말한 사람도 아이빈스였던 것 같다. 몇 년 전 나는 아칸소대학에 갔다가 그 지역 사투리를 듣고 아주 재미있어 한 적이 있다. 나는 아칸소주 남부에 유명한 온천이 있다는 것을 알고 있었으므로, 나를 초대한 사람에게 이렇게 물었다. "이 근처에도 온천spa이 있나요?" 그는 잠시 어리둥절한 표정을 짓더니 마침내 이렇게 물었다. "소련 스파이를 말하는 건가요?" 스티브 마틴은 소설에서 어리석기 짝이 없는 행동과 뛰어난 지성을 조화시킨다(내가 아주 좋아하는 부분이다). 그의 소설《불만에 찬 전직 사전편찬자》에 등장하는 남자는 랜덤하우스 출판사에서 32년 동안 사전편찬 작업을 하다가 해고당한다. 1999년판 사전에서 '양고기mutton'의 뜻이 다음과 같이 정의되어 있는 것이 발견되었기 때문이다.

> mut-ton(mut'n), n. [중세영어, 고대영어의 mouton, moton에서 유래, 중세 라틴어의 multo, multon-에서, 원래 어원은 켈트어.]
>
> 1. 다 자란 양의 고기. 2. 손가락이 네 개인 장갑. 3. 방전된 뮤온 두 개. 4. (영국) 7톤. 5. 반란을 일으키는 사람. 6. 개를 입는 것. 7. m셔츠나 m블라우스를 잠그는 장치. 8. 솜털이 있는 여성용 속옷. 9. 머리모양이 매력적이며 박테리아에 대해 저항력이 있는 아메바. 10. 부메랑을 약하게 던지는 것. 11. 바지 속에 있는 모든 종류의 혹(속어). 12. 벙어리장갑 100켤레. 13. 외계인에게 몸을 지배당한

지구인. 14. 우주에서 가장 작은 입자. 너무 작아서 거의 보이지 않을 정도임. 15. 손을 크게 베인 상처. 16. 수다쟁이가 마구 떠들어대는 것. 17. 내 아내는 나를 지지해준 적이 한 번도 없다. 18. 내가 평생 동안 일을 했는데도 아내에게는 충분하지 않았던 것 같다. 19. 내 자식들은 나를 일밖에 모르는 얼간이로 생각한다. 20. 건축에서 형편없는 아이디어. 21. 네가 이걸 정의해봐, 이 멍청아. 22. "어쩌고"라고 말하면서 손가락을 입술에 대고 엉엉 우는 것. 23. 나를 아는 사람이 하나도 없는 바닷가로 여행가고 싶다. 24. 내가 바닷가를 걷고 있을 때 아름다운 여자가 내 옆을 지나갔으면 좋겠다. 25. 그 여자가 걸음을 멈추고 내게 직업이 뭐냐고 물을 것이다. 26. 나는 사전을 편찬한다고 말할 것이다. 27. 그러면 그녀는 "어머, 야성적이시네요"라고 말할 것이다. 분명히 한 마디도 빼먹지 않고 이대로 말할 것이다. 28. 그러고 나서 나더러 이제 시작된 지 1분이 된 우리의 관계를 정의해보라고 할 것이다. 나는 못하겠다고 할 것이다. 하지만 그녀는 "저를 위해서 지금 이 순간을 정의해주세요, 제발요"라고 말할 것이다. 29. 나는 그녀를 보면서 "양고기"라고 말할 것이다. 30. 그녀는 졸도할 것이다. 내가 약간 스페인 억양을 넣어서 그 말을 할 테니까. 나는 스페인 억양을 잘 흉내낸다. 31. 나는 그녀의 손을 잡을 것이고, 그녀는 내가 자신의 손가락에서 결혼반지를 만지고 있음을 눈치챌 것이다. 나는 그녀에게 남편이 어떤 사람이냐고 물을 것이다. 그녀는 "랜덤하우스의 거물"이라고 말할 것이다. 32. 나는 그녀를 내 호텔 방으로 데려가 사랑의 의미를 가르쳐줄 것이다. 33. 나는 심술이 나서 아메리칸 헤리

티지 사전을 꺼내 그 단어의 모든 뜻을 읽어줄 것이다. 34. 그리고 랜덤하우스 사전에서 내가 집필한 부분 중 내가 가장 좋아하는 단어들의 정의를 몇 개 읽어줄 것이다. 'the'(일단 한번 읽어보면 안다)와 'blue'(일단 한번 읽어보시라. 'nanometer'라는 단어를 사용하면 안 된다). 35. 나는 옥스퍼드 영어사전에 나와 있는 사랑의 여섯 번째 정의를 따라 그녀와 사랑을 나눌 것이다. 36. 우리는 메뉴를 찾아보지도 않고 탈리올리니(파스타의 일종-옮긴이)를 룸서비스로 주문할 것이다. 37. 나는 그녀를 다시 바닷가로 데려다주고, 우리는 작별인사를 할 것이다. 38. 이메일의 횡설수설. 39. 15와트짜리 형편없는 전구가 달린 독서용 램프. 유럽 사람들이 쓰는 것과 같다.
참고: a. muttonchops: 얼굴이 있는 양고기를 저미는 것. b. muttsam: 바다에 떠 있는 양. c. muttonheads: 랜덤하우스 사람들.

'개를 입는 것'이라는 6번째 뜻에 이르렀을 때 나는 정신없이 웃기 시작했다. 뿐만 아니라 그날 하루 종일 살아서 꿈틀거리는 똥개mutt를 뒤집어쓴 모습이 떠오를 때마다 수시로 웃음이 터졌다. 그날 저녁식사 때 친구들과 카레를 먹으면서 나는 이 즐거움을 함께 나누려고 했다. 그런데 친구 세 명 중 한 명만 유머를 알아차리고 나처럼 정신없이 웃어대기 시작했다. 다른 친구들은 우리가 배를 쥐고 웃어대는 모습을 보고 취미 한번 별나다며 어리둥절한 표정을 지었다. 그 사건 하나만을 근거로 나는 유머가 주관적인 것이라는 결론을 내렸다.

여러분이 나와 비슷하다면 사람들이 웃음을 터뜨릴 때 처음으로 농담을 한 사람이 누구이고, 혹시라도 그 자리에 그 농담을 이해한 사람이 있다면 그것이 어떤 종류의 농담이었는지, 그리고 언제 웃음이 터져 나왔는지 궁금해할 것이다. 영국 허트포드셔대학의 학자들은 여러 나라에서 인기 있는 농담들을 수집해 세상에서 제일 웃기는 농담을 선정했다고 주장한다. 그 농담은 이런 것이다. 숲 속에 있던 두 사냥꾼 중 한 명이 쓰러진다. 호흡이 멈춰버린 것 같다. 눈동자도 위로 말려 올라가서 흰자위밖에 보이지 않는다. 그와 동행한 사냥꾼이 휴대전화를 꺼내 응급구조대에 전화를 건다. 그는 응급구조대 교환원에게 숨 가쁜 소리로 이렇게 외친다. "제 친구가 죽었어요! 어떻게 하죠?" 교환원이 말한다. "진정하세요. 제가 도와드릴게요. 우선 친구분이 죽었는지부터 확인하도록 하죠." 잠시 침묵이 이어지더니 총소리가 들린다. 사냥꾼이 다시 전화기에 대고 말한다. "이제 됐어요. 그 다음에는요?"

걷잡을 수 없이 웃음이 터져 나오지는 않지만 이 정도면 나쁘지 않다. 놀라움과 어처구니없음이 적절히 배합되어 재미있게 느껴진다.

하지만 대부분의 경우 웃음은 유머와 거의 아무런 상관이 없다. "웃음에는 어두운 면이 있는데, 우리는 그것을 너무 성급하게 간과해버린다." 심리학자인 로버트 프로바인Robert Provine은 이렇게 말한다. "콜럼바인고등학교에서 총기난사사건을 저지른 아이들은 학교 안을 돌아다니면서 친구들에게 총질을 할 때 웃고 있었다." 웃음은 사람들 간의 어울림과 더 많이 관련되어 있다. 우리는 함께 웃으면서 공통의 경험이라는 세계에 발을 들여놓는다. 특히 사랑하는 사람들과 함께 웃을 때 더욱 그렇다. 그래서 부모와 아이들이 서로 간지럼을 태우며 웃음을 터뜨리는 것이다. 침팬지들도 잘 웃는다. 하지만 녀석들은 우리처럼 숨을 내쉬며 웃지 않고 숨을 들이쉬며 웃는다. 녀석들은 남이 간지럼을 태워주는 것도 무척 좋아한다. 웃으면 왜 기분이 좋아지는 걸까? 엔도르핀 때문에? 숨이 가빠지면서 산소가 쏟아져 들어오기 때문에? 스트레스 호르몬이 잠잠해지기 때문에? 이유가 무엇이든 그 덕분에 놀이가 즐거워진다. 놀이는 교사이자 관계의 접합자로서 중요한 역할을 한다.

사람들이 웃음을 터뜨리는 이유가 무엇일까? 남이 못된 장난을 치는 것을 보고 재미있어서? 다른 사람의 불행이 즐거워서? 엘윈 브룩스 화이트Elwyn Brooks White는 "고난이 유머작가들을 살찌운다"고 빈정댔다. 구애를 하거나 장난스레 싸우는 시늉을 하는 것이 재미있어서? 마음에서 우러나오는 웃음을 웃을 때 사람들은 이를 드러낸다. 보통은 공격성을 나타내는 행동이다. 웃을 때는 눈이 가늘어지고 몸이 흔들린다. 심지어 발작이나 경련처럼 보이는 경우도 있다. 웃을 때의 표정을 보면 히죽 웃는 얼굴과 입이 찢어져라 하품할 때 얼굴의 중간쯤 된다. 싸울 때 사람들은 눈에 날을 세워 적을 노려본다. 온몸은 딱딱하게 긴장한 상태다. 웃을 때는 공격에 취약해진다. 어쩌면 사랑하는 사람과 함께 있을 때나 전쟁놀이를 할 때 웃음이 괜히 공격적인 척하는 도구로 사용되는 것인지도 모른다. '복수한답시고 날 죽이면 곤란해. 이건 다 장난이니까.' 웃음을 통해 이런 뜻을 전달하는 셈이다. 어쩌면 진화과정에서 웃음이 생겨난 것은 친밀함, 애정, 신뢰, 서로 비밀스레 공유하고 있는 기분을 강화하기 위해서인지도 모른다.

어느 날 의사들이 어떤 여자의 뇌를 수술하다가 실수로 안와 전전두피질을 건드렸더니 여자가 갑자기 웃음을 터뜨렸다. 그 후 과학자들은 농담, 특히 짤막한 농담을 들을 때 이 부위에 반짝 불이 들어온다는 사실을 알게 되었다. 다트머스대학의 신경과학 교수인 윌리엄 M. 켈리

William M. Kelley의 연구팀은 TV 시트콤 〈사인펠드〉를 피실험자들에게 보여주면서 그들의 뇌를 조사했다. 웃기는 장면이 나왔을 때 MRI 영상에는 애매모호한 것을 해결하는 작업과 관련된 좌반구의 한 영역이 갑자기 활발해지는 모습이 나타났다. 켈리에 따르면, 그로부터 몇 초가 지나자 양쪽 반구에서 감정, 기억과 관련된 다른 부위들이 활발해졌다고 한다. 웃음은 정신적인 휴식을 위해 생겨난 것일까? 뇌가 비논리적인 상황을 이해할 수 있을 때까지 활동을 늦추고 차분히 생각에 잠길 수 있도록 하기 위해서?

고고학자인 스티븐 미슨Steven Mithen은 비슷한 맥락에서 네안데르탈인과 그 전의 원시인들에게 유머감각이 없었다는 결론을 내렸다. 그들의 뇌가 서로 다른 영역의 여러 요소들을 한데 모을 수 없었기 때문에 유머를 느낄 수 없었다는 것이다. 인지적인 조화가 이루어지기 전이었으므로 그들은 어처구니없는 상황을 전혀 이해하지 못했을 것이다.

나는 유머가 멧돼지 무리의 등에 올라앉아 있다고 생각한다. 웃음을 설명하는 길이 단 하나뿐일 것 같지는 않다. 우리가 웃음을 터뜨리는 일 중의 대부분은 별로 재미있지 않기 때문이다. 우리는 창피할 때, 불안할 때, 불편할 때 웃음을 터뜨린다. 대화의 분위기를 바꾸려고 웃음을 터뜨릴 때도 있다. 냉소적인 웃음도 있고 조소도 있다. 우리는 반갑게 인사를 하거나 작별인사를 할 때도 웃음을 터뜨린다. 놀랐을 때, 이성에게 작업을 걸 때도 웃음을 터뜨리고, 그냥 순전히 기뻐서 웃기도 한다. 그리고 동맹을 맺고 싶을 때도 웃는다. 반면 유머는 웃음과 달리 인간만이 지니고 있는 독특한 특징인지도 모른다. 하지만 다른 포유류 동물들 중에도 열성적으로 놀이를 즐기는 녀석들이 많다. 놀이는 감각을 날카롭게 다듬어주고, 근육의 힘을 강화하고, 몸놀림을 훈련할 수 있게 해주며, 녀석들이 성체가 됐을 때를 대비해서 미리 연습을 할 수 있게 해준다. (《심오한 놀이》에서 놀이의 세계를 자세히 다뤘으므로 여기서는 놀이에 대해 더 이상 이야기하지 않겠다.)

심지어 새끼 쥐들도 놀이를 할 때 가늘고 높은 소리로 찍찍거린다. 다 자란 쥐들이 그런 소리를 내는 경우는 많지 않다. 일부 과학자들은 이것이 쥐의 웃음이라고 보고 있다. 웃음은 많은 동물들이 공유하고 있으며 오래전에 변연계에 의해 만들어진 오래된 도구인 것 같다. 사람들은 어떤 문화권에 살고 있든 모두 웃을 줄 안다. 그러나 무엇보다 눈에 띄는 것은 남이 웃는 것을 보거나 들은 적이 한 번도 없는 시각장애인과 청각장애인 아이들도 자연스럽게 웃을 수 있다는 점일 것이다. 재미는 그 자체로서 보상이 되며 동물들에게 훌륭한 안내자가 된다. 천사 같으면서도 악마 같기도 한 진화는 부끄러운 기색 하나 없이 재미와 고통을 이용해 자신의 창조물들을 훈련시킨다. 웃음은 상대의 무장을 해제해버리기도 하고 가르침을 주기도 하지만 기분을 좋게 만들어주기도 하기 때문에 우리는 웃음이 금기일 때조차 웃음을 터뜨린다. 어쩌면 코미디 클럽처럼 희미한 조명이 밝혀진 웃음 소굴이 있는지도 모른다.

이제 웃음이 미끄러지듯 지나가는 변연계로 눈을 돌려보자. 변연계가 웃음과 관련되어 있다는 것은 두꺼비와 도마뱀도 웃을 수 있다는 뜻일까?(물고기, 양서류, 파충류에게도 변연계가 존재한다-옮긴이) 나는 웃는 악어를 본 적이 없다. 어린이들을 위한 책을 쓸 때 항상 이빨이 다 드러나도록 미소 짓는 악어에 대해 쓴 적은 있지만. 항상 웃고 있는 내 단골 치과의사의 뇌에서는 시상하부가 아주 활발히 활동하고 있음이 틀럼없다. 커다란 소리로 터져 나오는 웃음에는 시상하부(해마, 편도체, 시상하부 등이 변연계에 속한다-옮긴이)가 관련되어 있는 듯하다. 그는 농담을 들었을 때, 십중팔구 의사소통과 섬세한 얼굴근육 조절을 담당하는 뇌 회로를 이용할 것이다. 사람에게 잘 발달되어 있는 이 회로들 덕분에 우리는 말도 할 수 있고 웃을 수도 있다. 처음에는 놀이와 간지럼 태우기를 통해 웃음을 얻던 우리는 우스갯소리를 만들어냈다. 다윈은 우스갯소리가 일종의 심리적인 간지럼이라고 생각했으며, 시어도어 라이크 Theodore Reik는 경계심을 느낄 필요 없는 충격이라고 생각했다. 우리는 이 기본 설계도를 바탕으로 다른 사람들, 사랑하는 사람들, 가족들과 함께 가장 행복한 순간에 함께 웃음을 터뜨리고 장난을 친다.

행복에 웃음이 반드시 필요한 것은 아니다. 세상사 때문에 가슴이 아픈 것은 다른 사람에게나 일어나는 일이라는 생각과 편안함만 있으면 된다. 우리 인간들의 경우에는 그렇다. 우리는 생각의 풍선을 감정에 매달아놓는다. 동물적인 행복은 자아인식이 없어도 가능하다. 햇볕 쬐기spanieling가 좋은 예다. 나는 겨울마다 즐기는 햇볕 쬐기를 다음과 같이 정의한다.

> spaniel v (스패니얼과 중간 크기로 자라는 여러 품종의 개에서): 추운 겨울날 창문을 통해 햇빛이 들어오는 곳을 찾아 그 따스함 속에서 양탄자 위에 동그랗게 누워 개처럼 게으르게 꾸벅꾸벅 졸다. "일을 시작하기 전에 한 시간쯤 햇볕을 좀 쬐어야겠어." 그녀가 말했다.

PART

6

언어, 세상을 인식하는 가장 강력한 도구

언어 덕분에 우리는 언어로 된 기억을 갖게 되었고, 그 덕분에 어떤 것을 직접 경험하지 않고도 배우거나 기억할 수 있게 되었다. 마법이 따로 없다. 글쓰기나 그와 비슷한 여러 활동 덕분에 우리는 고운 돌가루처럼 한없이 펼쳐지는 매일매일의 일들을 이제 애써 기억하지 않아도 된다. 우리는 목록을 만들고, 메모를 하고, 분류를 한다. 책을 통해 다른 사람의 정신, 자아, 결정적인 순간을 들여다볼 수도 있다.

27 언어 없이도 생각할 수 있는가?

어쩌면 우리는 이런 말을 하려고 여기 있는 것인지도 모른다. 집,
다리, 샘, 문, 물주전자, 과일나무, 창문 …
이것들이 꿈도 꿀 수 없을 만큼 강렬하게
이런 말을 하려고 …

- 라이너 마리아 릴케, 〈아홉 번째 비가〉

언어학자들이 즐겨 말하는 것처럼 아기들은 처음부터 세상의 시민으로 태어난다. 고층건물이 우뚝우뚝 솟아 있는 곳에서 태어나든, 툰드라에서 태어나든, 잭해머나 기관총의 세계에서 태어나든, 케추아족으로 태어나든, 프랑스인으로 태어나든 상관없다. 최고의 이민자인 아기들은 부모의 언어를 배울 준비를 모두 갖추고 태어난다. 아기들의 뇌는 아주 유연해서 거의 모든 것에 적응할 수 있다. 무엇이든 그들이 듣는 언어는 그들의 삶에서 결코 지워지지 않는 일부가 되어 나중에 지식을 깨우치고 남에게 자신을 알릴 때 사용하게 될 말을 제공해준다. 만약 집에서 사용하는 언어가 두 개라면 아기들은 2개 국어를 구사하게 될 것이다. 내 조카 중 하나는 3개 국어를 구사한다. 브라질 출신인 그 아

이 어머니가 처음부터 아이에게 영어와 포르투갈어로 이야기를 했고, 나중에 둘이 함께 이탈리아어를 배웠기 때문이다. 2개 국어를 구사하는 아이는 두 언어의 규칙 중에서 하나를 더 좋아하게 될 수밖에 없는데, 이것이 아이에게는 보너스가 된다. 일찍부터 뇌가 대상에 초점을 맞추고 구분하는 법, 중요하지 않은 것을 무시해버리는 법, 말이 때로 매우 변덕스럽다는 점을 배울 수 있기 때문이다.

우리 외할아버지는 폴란드어, 독일어, 히브리어, 러시아어, 이디시어, 영어, 집시어(루마니아어 방언) 등 7개 언어를 유창하게 구사하셨다. 동유럽의 농촌 출신인 할아버지와 그 형제들은 어렸을 때 달걀과 농작물을 팔기 위해 시골을 돌아다녔다. 그때 할아버지는 아주 어렸기 때문에 언어를 쉽게 배울 수 있었다. 어떻게 배웠느냐고? 할아버지가 만난 사람들은 할아버지의 부모님과 마찬가지로 읽고 쓸 줄도 모르고, 문법 규칙도 몰랐다. 하지만 할아버지는 어렸을 때 여섯 개 언어의 복잡한 문법을 재빨리 흡수했다. MRI를 이용한 연구들은 유아들이 모국어 외에 또 다른 언어를 배우는 경우 브로카 영역에서 모국어를 배울 때와 똑같은 부위를 사용한다는 사실을 보여준다. 뇌의 입장에서 보면 모두 하나의 언어인 것이다. 하지만 아이가 나이를 더 먹으면 새로운 언어를 배우는 것이 어려워져서 브로카 영역의 다른 부위들이 동원된다. 우리 할아버지는 청년기 초기에 미국으로 건너와서 영어를 배우셨기 때문에 항상 외국인처럼 영어를 발음하셨다.

아기들은 생후 약 6개월부터 모국어의 특별한 소리들을 가려듣기 시작한다. 입술을 약간 오므리고 발음해야 하는 독일어의 ü, 미국식 영어로 street를 발음할 때 약간 새된 소리를 내는 e 등이 그런 발음이다. 첫돌이 되기 전에 아기들은 어순을 분석하고, 문장과 소리 패턴을 기억할 수 있다. 그들은 언어의 뜻을 이해하기 훨씬 전에 익숙한 소리들로 이루어진 서커스를 배운다. 모든 소리가 아기들에게는 이국적인 모음과 통통 튀는 리듬으로 이루어진 것처럼 들린다. 아기들의 첫 옹알이는 전 세계 어디서나 똑같지만, 그 옹알이가 점차 모국어로 변해간다. 날 때부터 듣지 못하는 아기들은 손으로 옹알이를 한다. 하지만 지구상에서 우리만 옹알이를 하는 것은 아니다. 새와 원숭이도 옹알이 같은 소리를 낸다는 사실은 그런 소리가 언어보다 훨씬 더 일찍 발전했음을 시사한다. 어쩌면 애정을 호소하거나 엄마를 부르기 위해 생겨난 소리인지도 모른다. 만약 그렇다면 뜻을 알 수 없는 소리를 내고 싶다는 자연스러운 충동에서부터 언어가 꽃을 피우게 되었을 가능성이 있다. 뇌의 가장 뛰어난 재주 중 하나는 바로 스펀지처럼 빠르게 언어를 흡수하는 능력이다. 생후 몇 년 동안 뇌는 무척 유연한 상태로 스스로를 바삐 구성해나가기 때문에 거의 언어를 들숨처럼 들이마신다고 할 수 있다.

아기들의 임무는 귀엽게 구는 것이다. 어른들의 사랑과 보호를 받기 위해서다. 귀여워지려면 큰 눈과 둥근 얼굴에서부터 순진함에 이르기까지 아이다운 특징들이 필요하다. 언어를 배우면서 저지르는 실수들은 귀여움 척도에서 아주 높은 점수를 차지한다. 점수가 워낙 높아서 일부러 귀여운 척하는 어른들이 가끔 아기 흉내를 내며 발음과 문법을 틀리기도 할 정도다. '콘스턴트 리더'라는 이름으로도 알려져 있는 도로시 파커가 감상적인 어린이 책에 대해 쓴 한 줄짜리 서평은 아주 유명하다. "콘스턴트 위더가 인상을 치푸려따."

아이들은 누가 일부러 가르치지 않아도 말을 듣는 것만으로 문법을 터득한다. 그리고 문법의 기본적인 규칙들을 아무데나 마음대로 적용한다. 영어의 복수複數 규칙이 좋은 예다. 대개 우리는 명사에 s를 붙여 복수를 만든다. spouse의 복수는 spice가 아니다. 개인적으로 나는 그렇게 하는 편이 더 좋다고 생각하지만. 아이들은 규칙의 예외보다 규칙을 먼저 배우기 때문에 모든 것에 s를 붙여 복수를 만든다(spoons, cars, mouses, foots, gooses). 그런데 이것이 너무나 귀엽게 들린다. 너무 귀여워서 어른들은 아이들을 안아주고 같이 수다를 떨면서 더 많은 말을 가르쳐준다.

인간의 언어라는 것이 얼마나 기적 같은지. 하지만 벌새가 정글의 나무들 사이를 요리조리 통과하고, 산과 바다를 가로질러 날 수 있는 능력을 타고나는 것이나 블러드하운드(영국산 경찰견-옮긴이)가 수천 가지 냄새를 구별할 수 있는 능력을 지니고 태어나는 것도 기적 같기는 마찬가지다. 언어는 우리의 깃털이자 발톱이다. 진화과정에서 각각의 생물에게 가장 이로운 특징이 발달하게 마련이므로 언어의 복잡한 규칙을 해독할 수 있는 능력이 우리의 유전자 속에 각인되어 있다. 말을 하는 데 필요한 도구와 기술을 갖춘 동물은 많다. 심지어 우리가 오래전부터 인간만이 갖고 있는 독특한 해부학적 축복이라고 생각했던 특징(말을 할 수 있도록 후두의 위치가 낮아진 것)이 고라니나 꽃사슴에게서도 발견될 정도다. 하지만 고라니나 꽃사슴에게는 글자, 소리, 단어를 무한히 조합할 수 있는 능력이 없다. 우리는 말을 하면서 이러한 조합을 만들어낼 수 있다. 마치 자연이, 음 … 거의 모든 것에 대해 조합의 기술을 발휘하듯이. 여러분은 체를 몇 가지 방식으로 사용할 수 있는가? 눈目의 형태는 몇 가지나 되는가? 과학적으로 따지면 이런 것을 수렴진화라고 할 수 있겠지만, 사실 이 현상은 신축성, 의지, 실험에 대한 열정 덕분이다. 효과를 발휘하는 것이 승리를 거둔다. '한번 시도해보는 것'은 겉으로 드러나지 않은 자연의 신조이고 우리의 활기찬 모토다.

인간 아기는 대부분의 새끼 새가 노래를 배우는 것과 똑같은 방식, 즉 어른들을 흉내 내는 방식으로 언어를 배운다. 새와 마찬가지로 우리에게도 뇌의 특별한 언어영역과 학습에 딱 맞는 때가 있다. 새와 아이를 고립된 곳에서 기른 다음 노래와 언어를 들려주면 그 새와 아이는 노래와 언어를 완전히 터득하지 못할 것이다. 어른이 되어서 언어를 배우는 데는 몹시 힘이 든다. 슬로바키아에 1년간 교환학생으로 가 있는 친구 아들이 집으로 보낸 다음의 편지 내용에는 슬로바키아어를 배우려는 똑똑하고 의지력 강한 열여덟 살짜리 청년의 모험 이야기가 담겨 있다.

1. 성性 - 많은 언어가 그렇듯이 내가 말하는 단어의 성에 따라 형용사도 변화한다. 남성일 수도 있고, 여성일 수도 있고, 심지어 중성(또는 내가 흔히 하는 말처럼 난소를 떼어낸 것)일 수도 있다. 그래서 형용사마다 세 가지 어미가 존재한다. 그런데 그것만으로는 충분하지 않았는지 과거형도 성에 따라 변화한다. 슬로바키아어에서는 기본적으로 동사, 명사, 형용사에 모두 성이 있다.

2. 불완전동사와 완전동사 - 이걸 어떻게 설명해야 할지 잘 모르겠다. 아직 나도 감을 잡지 못했기 때문에. 기본적으로 이것은 규칙적으로 되풀이되는 행위와 한 번으로 끝나는 일을 구분하는 역

할을 하지만, 실제로는 더 복잡하다. 불행히도 동사의 종류가 워낙 많기 때문에 동사가 어떨 때 완전동사이고 어떨 때 불완전동사인지 구분하기 어렵다. 불완전동사를 완전동사로 만들려면 접두사를 붙이거나, 어떻게든 어미를 길게 만들거나, 어미를 살짝 변화시켜야 한다. 아니, 어미가 더 짧아지는 경우도 있다. 변화 패턴이 있기는 하지만 그보다 더 중요한 것들이 엄청나게 많다. 예를 들면….

3. 발음 – 너무 어렵다기보다는 우리 발음과 완전히 다르다. 몇 가지 글자를 예로 들면, æ, ö, Ë, ù, û, · , Ì, È, (tm), ”, Ù, Ú 등이 있다. 단어를 몇 개 예를 들어보면, ‘k’, ‘zmrzlina’, ‘klúč’, ‘prst’, ‘vždy’, ‘dlhý’ 등이 있다. 이것들이 흔하게 쓰이는 단어냐고? 이 단어들의 의미는 ‘(누군가의 집)으로’, ‘아이스크림’, ‘열쇠’, ‘손가락’, ‘항상’, ‘오래’다. 나는 매일 이 단어들을 전부 다 사용하는 것 같다(아이스크림은 아닐 수도 있다). 꼭대기에 여러 가지 표시가 붙은 모음들이 장음이라는 얘기를 했던가? 예를 들어 ‘a’와 ‘ · ’는 똑같은 소리지만, 둘 중 하나를 길게 발음해야 한다. 부드러운 자음에 대해서는 얘기했던가? d. t. n. l이 e나 i 앞에 오거나 꼭대기에 여러 가지 표식이 붙어 있으면 부드러운 자음이 된다. 다시 말해서 끝에 ‘yuh’라는 소리를 덧붙이는 것과 같다. 해보려고 애쓸 필요는 없다. 애써봤자 소용없으니까.

4. 복수 – 단어의 성과 맨 마지막 글자에 따라 복수형이 달라진다.

어떤 것은 무지 이상하고 임의적인 형태를 띠기도 한다. 예를 들어 눈과 귀의 복수형에 해당하는 단어가 그렇다. 하지만 영어도 이 점에서는 마찬가지다. person-people처럼. 사족: 귀ear의 복수형은 영어로 표현하자면 earses에 해당한다. 내가 묵고 있는 집 아들들의 친구들에게 귀의 복수형이 왜 다르냐고 물었더니(경고: 슬로바키아 십대들에게 슬로바키아어 문법에 대해 물어보면 안 된다), 그것이 영어의 pants와 같다고 대답했다. 그래서 내가 "아냐, 그렇지 않아. 영어에서는 ear를 단수로도 쓸 수 있어"라고 했더니 그들은 "pants랑 같다니까"라고 말했다. 내가 "그런 게 아니라니까"라면서 다시 설명해주었더니 그들은 "pants랑 같다니까"라고 말했다. 그 말을 얼마나 듣기 싫은지. pants랑은 다르다.

5. 단어가 너무 많다. 어떤 사람들은 영어도 마찬가지라고 하지만 내 생각은 다르다. 내가 맞고 다른 사람들이 전부 틀렸다. 그것뿐이다. 가위로 자르는 것과 칼로 자르는 것을 표현하는 단어가 각각 다르다면 그건 지나친 거다.

6. 격 - 이것이야말로 굉장하다. 전치사(with, to, in, about, onto, from 등)만 왔다 하면 무조건 명사의 어미가 바뀐다. auto(자동차)를 예로 들어보자. auto는 auta, aute, autom, autoch, autov, autom, autami로 변화한다. 복수형은 aut이다. 그래서 어려운 거다. 게다가 만약 이 단어가 동사의 주어라면 격이 또 달라진다. 따라서 전치사가 전혀 없을 때의 격도 있을지 모른다. 내가 뭘 하나

빠뜨린 것 같은데, 뭐, 이건 그냥 이 정도로 해두면 되겠지.

어쨌든 이런 문제들과는 상관없이, 사람들 말로는 내가 말을 아주 빨리 배우고 있다고 한다. 우리 마을에서 로터리 모임이 열린 주말까지는 내가 배운 게 별로 없었던 것 같다. 그때 우리는 커다란 승합차에 타고 있었는데 나는 뒷좌석에 앉아 있었다. 다른 학생 두 명이 나한테 좀 늦을 것 같다는 메모를 보내와서 나는 진행자에게 슬로바키아어로 그 말을 전했다. 그랬더니 차 안이 갑자기 조용해졌다. 마침내 내 옆에 앉아 있던 미국인 여자애가 나더러 "너 미워"라고 말했다. 하지만 솔직히 말해서 내가 슬로바키아어를 잘 못하는 게 내 잘못은 아니지 않은가. 난 그저 한번 잘 해보겠다고 결심을 다지고 있을 뿐이다. 억지로 슬로바키아어를 배우지 않으려고 노력하는 편이 더 힘들 것이다. 나는 어디를 가든 항상 그 일을 생각하면서 사람들에게 이것저것 물어본다.

이 아이의 편지는 어렸을 때 언어를 배우는 것이 얼마나 쉬운지, 그리고 그 마법의 시기 너머에 얼마나 커다란 시련이 도사리고 있는지를 웅변적으로 보여준다. 언어는 너무 어려워서 오로지 아이들만 제대로 배울 수 있다.

우리는 사물에 이름을 붙이고 분류할 때, 미묘한 차이를 구분할 때, 관련된 것들을 한 묶음으로 묶을 때, 끝없는 목록을 작성할 때 언어를 사용한다. 하지만 언어를 이용해서 그릇된 분류, 그릇된 구분, 그릇된 통합을 하는 경우도 있다. 뭔가를 말로 표현하는 순간 이렇게 잘못된 결과가 나올 가능성이 있다. 예를 들어, 호르헤 루이스 보르헤스는 어떤 논픽션 작품에서 "중국의 어떤 백과사전"을 언급하는데, 거기에는 동물들이 다음과 같이 분류되어 있다.

> (a) 황제의 것 (b) 미라로 만든 것 (c) 훈련받은 동물 (d) 젖먹이 돼지 (e) 인어 (f) 전설의 동물 (g) 길 잃은 개 (h) 여기의 분류기준에 속하는 동물 (i) 미친 듯이 몸을 떠는 동물 (j) 셀 수 없이 많은 동물 (k) 매우 섬세한 낙타털 붓으로 그린 동물 (l) 기타 등등 (m) 방금 꽃병을 깨뜨린 동물 (n) 멀리서 보면 파리를 닮은 동물.

"방금 꽃병을 깨뜨린" 동물이라는 분류기준이 상상조차 할 수 없을 만큼 희한한 것은 아니다. 이런 분류기준은 얼마든지 있을 수 있다. 우리도 때로 이에 못지않게 터무니없는 기준으로 사물을 분류한다. 나는 어느 날 사전을 훑어보다가 '단 한 번 기록에 남아 있는 어구'라는 희한하기 짝이 없는 분류기준을 발견했다. 이미 죽어버린 어떤 언어로 작성된 모든 문서에 딱 한 번만 등장하는 어구를 가리키는 말이었다. 그리고 얼마 지나지 않아 내 애인이 나더러 도대체 어느 행성에서 왔느냐며, 그 행성에는 나 같은 사람이 더 있느냐고 물었다. 나는 점잔을 빼면서 대답했다. "아니, 난 단 한 번 기록에 남아 있는 어구와 같은 사람이야." 인간들은 말을 이용해서 단 하나만 속하는 분류기준을 만들어내는 것을 몹시 좋아한다. 이것의 반대는 어떤 것의 일부로 전체를 상징하는 제유提喩다. 대부분의 욕이 여기에 속한다. 제유 중에는 사람들 사이에 널리 통용되는 것도 있고, 그 말을 쓰는 사람 혼자만 의미를 이해하는 것도 있다. 언젠가 내 친구가 "가슴근육을 기다리고 있다"는 말을 한 적이 있다. 꽃밭에 거름을 뿌리려고 고용한 대학의 근육질 미식축구 선수들을 기다리고 있다는 뜻이었다. 적어도 그 날만은 그들의 가슴근육이 그들의 전부였다.

항상 모든 것을 단순화하는 뇌가 말로 저장할 가치가 있다고 판단하는 정보가 얼마나 되는지 생각해보면 그저 놀라울 따름이다. 땅 1에이커에 대개 약 5만 마리의 거미가 살고 있다는 정보를 내가 꼭 알아야 할까? 어쩌면 그럴지도 모른다. 나는 5만 마리나 되는 거미들을 직접 만나본 적이 없지만, 다리가 많은 그 녀석들이 내 장미를 괴롭히는 진디들을 먹어치울 만큼 배가 고팠으면 좋겠다는 생각을 할 수 있을 정도의 일반적인 지식은 갖고 있다. 영어에서 -dous로 끝나는 단어가 네 개(hazardous, tremendous, horrendous, stupendous)밖에 되지 않는다는 사실을 내가 꼭 알아야 할까? 아마 몰라도 될 것이다. 하지만 모든 것을 분류하려고 드는 내 뇌는 이 사실에 주목하며 호기심을 느낀다.

언어가 없어도 생각을 할 수 있을까? 물론이다. 위의 내용을 쓰면서 나는 내 생각과 꼭 맞는 단어를 찾아내려고 여섯 번이나 글쓰기를 중단했다. 나는 매번 여러 단어와 구절을 시험해보기도 하고, 두어 개의 문장을 고쳐 쓰기도 했다. 네바다대학의 러스 헐버트Russ Hurlburt는 학생들에게 호출기를 주고 호출기가 울리는 그 짧은 순간에 머릿속에 떠오르는 것을 모두 적으라고 했다. 그 결과 사람들이 호출기가 울릴 때 언어로 구성된 생각을 하는 경우는 놀랍게도 겨우 32퍼센트밖에 되지 않았다. 온갖 이미지가 머릿속을 가득 채우는 경우가 25퍼센트였고, 뭔가 분명한 생각을 하고 있지만 말로 표현할 수 없는 경우도 25퍼센트였다. 나머지는 통증이나 다른 감정을 느끼는 경우였다. 우리의 인생에서, 아니 적어도 네바다대학에 다니던 그 학생들의 삶에서 정신이 말없이 혼자 콧노래를 부르는 시간이 많다는 사실에 주목하라. 학생들에게 머리에 떠오르는 것을 시도 때도 없이 종이에 적도록 한 결과 당사자들도 모르고 있던 온갖 집착이 드러났다(대개 그들은 어떤 대상에 대한 분노나 걱정을 그냥 잊어버리는 편을 택했기 때문에 자신이 그것에 집착하고 있음을 인식하지 못했다). 대부분의 경우 우리는 자신이 무슨 생각을 하는지 생각하지 않으며, 생각에 언어를 동원하지도 않는다. 유령처럼 희미하게 떠돌아다니는 생각을 우리가 감시하기 시작하면 그제야 생각이 형태를 갖춰 눈에 보이게 되는데, 이 과정에서 주로 언어가 동원된다.

언어 덕분에 우리는 언어로 된 기억을 갖게 되었고, 그 덕분에 어떤 것을 직접 경험하지 않고도 배우거나 기억할 수 있게 되었다. 마법이 따로 없다. 글쓰기나 그와 비슷한 여러 활동 덕분에 우리는 고운 돌가루처럼 한없이 펼쳐지는 매일매일의 일들을 이제 애써 기억하지 않아도 된다. 우리는 목록을 만들고, 메모를 하고, 분류를 한다. 책을 통해 다른 사람의 정신, 자아, 결정적인 순간을 들여다볼 수도 있다. 모든 것을 기억하려고 애를 쓰는 대신 우리는 다른 일에 주의(와 수많은 뉴런과 시냅스)를 돌릴 수 있게 되었다. 그래서 새로운 게임을 만들어내기도 하고 아이디어를 생각해내기도 한다. 대부분의 경우 우리는 자신의 느낌이나 생각을 말로 표현한 뒤에야 비로소 확실히 알게 된다. 말은 때로 꿈틀거리는 아이디어를 시야 속으로 끌어내는 집게나 생각의 초점을 맞출 수 있게 해주는 렌즈처럼 작용한다. 걷잡을 수 없이 쏟아져 나오는 감정에 덮개를 씌우고 그물처럼 기억을 훑기도 한다. 우리에게 넓은 시야가 필요할 때 상황을 정리하고 필요한 부분을 강조할 수 있는 틀을 만들어주기도 한다. 손에 잘 잡히지 않는 개념을 잡아내는 훌륭한 손잡이 역할도 한다. 사회적인 동물인 우리는 다른 사람들과 말을 교환하고, 의미를 협상하며, 말을 화폐처럼 사용한다. 말은 우리가 생각하는 것의 등뼈를 이룬다. 말로 구성되지 않은 생각을 할 수는 있지만 그것을 말로 정리하지 않는 한 자신이 무엇을 생각하는지 알아차리기 어렵다. 생각이 그냥 둥둥 떠서 멀어져가는 것처럼 느껴질 뿐이다. 말을 섬세하게 다듬는 것은 곧 생각을 섬세하게 다듬는 것이다. 하지만 그러다 보면 둥근 구멍에 사각형 못을 억지로 집어넣는 꼴이 될 때가 많다. 그래서 원래 생각하던 것이 아니라 말로 표현할 수 있는 것만 말하게 된다. 우리는 마치 그림에 여러 번 붓질을 하듯이 묘사나 설명을 통해서 또는 여러 이미지를 뒤섞어서 또는 말에 감정을 실어서 이런 문제를 고치려고 한다. "제발 나를 위해서 그렇게 해줘"라는 말을 애원하듯 할 때와 뚝뚝 끊어서 할 때는 의미가 완전히 달라진다. 어제 나는 한 친구에게 《프로이트 분석하기: H.D.의 편지》라는 책을 권해주었다. 그 친구가 이 책을 아주 좋아할 것 같아서였다. 친구는 내게 고맙다면서도 약간 날카로운 감정을 목소리에 실었다. 흔히 들을 수 있는 그런 목소리를 표현하는 말은 없지만 그 목소리는 이런 뜻이다. '아이고, 또 할 일이 생긴 거야? 벌써 머리 꼭대기까지 일이 가득 찼는데. 거기다 책 한 권을 더 얹으라고? 아무리 내가 좋아할 만한 책이라고 해도 전혀 반갑지 않아. 하지만 진짜 괜찮은 책인 것 같기는 하네. 게다가 네가 기껏 생각해서 추천해준 건데 거절하기도 싫고.' 어조 하나로 이 모든 뜻을 전달할 수 있다.

말은 또한 이해를 방해하기도 한다. 예를 들어 처벌과 보상은 무한히 복잡한 미끼와 억제책을 표현하는 말치고 지나치게 차분한 느낌을 준다. 언어 덕분에 우리는 기억 속에서 처벌과 보상의 현실을 맛보지 않고도 이 단어들을 입에 담을 수 있다. 물론 원한다면 처벌이나 보상을 경험한 사례들을 기억해낼 수는 있지만 반드시 그럴 필요는 없다. 우리는 그 기억들을 정신의 창고 속 선반에 단단히 밀봉된 깡통처럼 보관해 둘 수 있다. 깡통 속의 내용물은 단단한 뚜껑에 가려 잘 보이지 않는다. 이런 선천적인 재주 덕분에 정신은 또 다른 재주를 부릴 수 있다. 강도 사건을 목격하고 범인의 인상착의를 글로 적는 사람은 나중에 범인에 대해 잘못된 기억을 갖게 될 가능성이 훨씬 높다. 사람들은 말로 표현할 수 있는 것보다 훨씬 많은 것을 볼 수 있다. 하지만 나중에 범인의 얼굴을 떠올리려 하면 자신이 직접 본 모습이 아니라 진술서에 쓴 내용을 기억하게 된다. 언어가 실제로 눈으로 본 광경을 뭉개버리는 현상을 '언어의 장막verbal overshadowing'이라고 부른다. 삶에는 말로 표현할 수 없는 일들이 많기 때문에 모든 일을 완벽하게 기록할 수 없다. 하지만 언어가 기억의 영리한 조수 노릇을 하는 경우도 분명히 있다. 이런 경우에는 어떤 기억을 생생히 떠올릴 수 있을 만큼 정확한 단어를 찾아내는 것이 신성한 탐색이 된다.

사람들이 열심히 일을 복잡하게 만들 때마다 나는 놀라움을 금할 수 없다. 언어 그 자체가 이미 충분히 복잡하지 않은가? 그렇지 않은 모양이다. 집집마다 자기들끼리 쓰는 특별한 말을 고안해낸다. 가족들이 학교나 직장에서 이런저런 속어들을 집으로 가져오고 거기에 텔레비전이나 노래 가사에 나오는 말이 덧붙여지면 자기들끼리만 통하는 말이 생겨난다. 독특한 말은 그 말을 쓰는 사람들을 하나로 묶어준다. 하지만 나는 여기에 동기가 하나 더 있다고 생각한다. 살아 있다는 느낌을 표현하려는 끝없는 욕구. 뇌는 이런 느낌을 자신과 다른 사람들에게 어떻게 전달할까? 가능한 한 많은 술수를 쓰되, 그중에서도 한 가지 술수를 특별히 애용하는 것이 유일한 방법이다.

28 은유가 만들어낸 세계

"부인, 만약 제가 무고한 사람들을 마구 죽이고 있는 헤롯이라 해도 부인의 혼란스러운 상상을 생각해보기 위해 행동을 멈출 것입니다."

- 크리스토퍼 프라이, 〈화형을 면한 여인〉, 3막

언어학자인 벤저민 리 워프Benjamin Lee Whorf는 유행으로 따지자면 현재 한물 간 사람이다. 그는 때로 의심스럽고 괴상한 연구방법을 사용하지만 수세대 전부터 지금까지 영향을 미치고 있는 언어에 대한 급진적인 주장을 내놓았다. 주류에서 벗어난 말썽꾸러기들을 대할 때면 흔히 그렇듯이, 사람들은 그의 사상을 모두 한데 뭉뚱그려서 간단히 폐기해버리거나 재구성해서 다른 이름을 붙이는 경향을 보인다. 대학시절에 워프의 글을 처음 읽었을 때, 나는 19세기 말과 20세기 초의 물리학자들의 글뿐만 아니라 이미지즘 시인들의 작품도 읽고 있었다. 이미지즘 시인들은 폭발적인 한순간을 예술적으로 묘사하면서 상대성, 뭔가를 안다는 것의 의미, 뭔가를 느낄 때의 모양 같은 것에 매료되어 있었다. 이 세 가지 특징이 모두 같은 시기에 생겨나서 서로 결합해 매혹적인 열매를 맺었다.

현재의 언어학 이론이라는 여울목을 항해하는 것은 잘하는 사람들에게 맡기고, 나는 여기서 워프와 가석방 상태의 언어를 잠깐 돌아보겠다. 워프는 안내서이자 입문서인 유명한 저서《언어, 생각 그리고 현실》에서 가우스, 보른, 하이젠베르크, 플랑크의 저작에서 많은 아이디어들을 빌려다가 함께 꿰매서 언어가 속임수이며 환상이라는 주장을 내놓았다.

1800년대 초에 카를 프리드리히 가우스Carl Friedrich Gaus는 과학적인 관찰에 통계적으로 접근하는 방법을 제안했다. 단 한 번의 관찰 결과만을 이용하는 대신 여러 번의 관찰 결과를 그래프로 표시하자는 것이었다. 가우스의 그래프에서 신선한 것은 그래프의 중심이 믿을 만한 평균치가 아니라 불확실한 범위의 불확실한 중심에 불과하다는 점이다. 간단히 말해서 그것은 "끊이지 않고 이어지는 매체 위의 상대적인 위치라는 연속성의 개념"이다. 이 따옴표 안의 말은 워프의 것으로서, 알아차리기가 매우 어렵지만 지울 수 없는 뉘앙스의 스펙트럼을 가리키고 있다. 이 스펙트럼에는 아이디어에서 아이디어로 우리를 이끄는 뉘앙스들이 들어 있다. 워프는 이 개념의 활주에 '연결'이나 '연상'보다 더 잘 들어맞는 단어를 찾아 헤맸다. (결국 그는 '관계rapport'라는 단어를 사용했다.)

그는 아이디어들이 메아리처럼 울려 퍼진다고 설명한다. 아이디어가 펄쩍 뛰어오르는 일은 없다. 만약 우리가 어떤 문장 안에서 '위'를 생각하고 있고 위를 향하는 동작이 이루어지면 "'위'라는 아이디어는 일종의 동네가 되고, 우리는 그 동네를 떠난다." 워프는 한 언어를 출입구로 삼아 모든 언어에 공통적인 개념들을 찾아내려 했다.

당시 워프의 생각은 대담하게 보였지만 사실 그는 당시의 물리학과 발을 맞추고 있었다. 그는 우리가 관찰할 수 있는 세상이 관찰자가 부정확한 만큼 불분명하다고 믿었는데, 물리학자인 막스 보른Max Born도 역시 같은 믿음을 갖고 있었다. 보른은 인식의 주체가 인식의 대상과 도저히 풀 수 없을 만큼 얽혀 있으며, 삶의 원래 단위는 우리의 감각이라는 레이더망이 도저히 닿을 수 없는 곳에 자리 잡고 있다고 주장했다. 한편 베르너 하이젠베르크Werner Heisenberg는 한창 불확정성원리를 정리하던 중이었다. 어떤 것도 항상 정확히 똑같은 모습으로 존재할 수 없다는 것이 불확정성원리다. 이 원리에 따르면 우리가 순간순간 인식하는 것은 위치와 속도의 대략적인 추정치일 뿐이므로 우리는 그 어떤 사건도 확신을 갖고 설명할 수 없다. 이처럼 실수가 발생할 가능성이 높아지자 절대적인 지식을 찾을 수 있을 것이라는 희망의 흔적조차 사라져버렸다. 과학은 실제로 답을 찾아내는데도. 따라서 워프가 언어의 상대성이론을 만들어냈을 때 물리학에서도 이와 비슷한 움직임이 탄탄한 근거를 바탕으로 한창 진행되고 있었다.

워프의 가설은 기본적으로 세 가지 방향으로 뻗어 있다. 1) 우리가 말하는 언어가 세상에 대한 우리의 반응을 결정한다. 2) 서구식 생활방식은 우리가 말하는 방식이 빚어낸 산물이다. 3) 언어는 과학과 마찬가지로 경험을 분석하고 정돈한다. 그는 밀접한 관계가 있을 법한 주위 학문들을 샅샅이 뒤지는 데 특히 뛰어났다. 미묘한 관련성을 찾아내는 그의 솜씨는 신기할 정도였다. 이런 능력 덕분에 언어도 과학과 마찬가지로 일련의 냉혹한 약속이라는 그의 직관이 옳다는 것을 확인할 수 있었다. 아인슈타인은 참으로 편리하게도 세상이 인간 과학자들이 발명한 규칙에 따라 돌아가는 것 같다는 말을 몇 번이나 했다.

워프는 막스 플랑크Max Planck의 파동-입자 이론에도 반응을 보였다. 플랑크는 자신이 만들어낸 양자이론의 추론 결과로서 빛(또는 기타 복사선)이 도형-배경(동일한 그림을 보면서 어디에 초점을 맞추는가에 따라 검은 바탕에 하얀 컵이 그려져 있는 것처럼 보이기도 하고, 하얀 바탕에 두 사람의 옆모습이 검은색으로 그려진 것처럼 보이기도 하는 현상에서 시선의 초점이 맞춰진 부분이 도형이고 그렇지 않은 부분은 배경-옮긴이)이라고 설명했다. 여기서 입자는 파동의 일부이기도 하다. 빛은 총구에서 튀어나가는 총알인 동시에 총소리라고 할 수 있다. 워프는 여기에 언어학적 의미와 형이상학적 의미가 숨어 있음을 간파했다. 그는 플랑크의 이론과 아인슈타인의 이론을 전적으로 받아들인 덕분에 호피족(미국 애리조나주에 주로 거주하는 인디언 부족-옮긴이) 언어의 문법을 파헤치는 데 딱 맞는 맥락을 찾아낼 수 있었다. 그는 호피족 언어에는 '속도'와 '신속한'이라는 단어가 존재하지 않으며, 정도를 나타내는 단어들이 이 단어들의 뜻과 가장 가깝다고 주장했다. 또한 생각을 비롯한 모든 사건은 반향적인 영향을 미치며, 동사가 지나치게 많은 것은 삶이 얽히고설킨 과정들의 합이라는 것을 보여준다고 주장했다. 어쩌면 그는 호피족을 실제로 방문하는 대신 문자로 적힌 문법만을 보고 이런 주장을 한 것인지도 모른다. 그러나 이런 연구방법은 그의 사상에 썩 잘 들어맞았다. 그는 인도-유럽어족처럼 기계적으로 혼합된 언어와 화학적 화합물 같은 언어(누트카족이나 쇼니족[모두 북미 인디언 부족이다-옮긴이])를 대비시킨 개념을 만지작거렸다. 그는 "우리는 언어를 단순히 표현의 기술로 생각하는 경향이 있다"면서 "언어가 무엇보다도 먼저 줄줄이 이어지는 감각적인 경험을 분류하고 정돈한 것이며, 그 결과로 특정한 세계질서가 만들어진다는 점을 깨닫지 못한다"고 말했다. 워프는 모든 학문이 기생충처럼 언어를 사용하고 있으므로 어쩌면 그냥 무시해버렸을지도 모르는 사실들을 우리가 사용하는 구문 때문에 하는 수 없이 학문의 수단으로 받아들인다고 추론했다. 그리고 그 덕분에 그냥 주는 대로 받겠다는 체념이 아니라 도전적인 탐구정신이 생겨난다고 보았다. 그는 언어 때문에 우리가 어떤 물리적 대상에 이름을 붙이기 위해 그 대상을 형체가 없는 것과 있는 것으로 나눌 수밖에 없다고 말했다(예를 들어 어떤 그릇 속에 든 내용물을 논할 때에도 '우유 한 잔', '빵 한 조각', '시간의 한순간'처럼 그릇이나 내용물의 형태를 함께 말하는 것). 또한 시간 감각도 구문의 제한을 받기 때문에 우리가 '저장'할 수 있는 양量이 되어 특히 '속도 신드롬'과 자연을 단조로운 것으로 보는 터무니없는 시각이 생겨난다고 말했다.

인간이 스스로에게 강요하는 임의적이고 기계적인 논리가 학문과 사회를 지배하고 있다고 생각한 워프는 언어를 해부하면서 그 논리의 대안을 찾고자 했다. 때로 그는 모든 추상적인 명사의 복합적인 유령이라고 할 수 있는 의미를 찾아 헤매고 있다고 주장했으나, 처음부터 자신을 유혹하던 보편적인 개념의 강둑에 그냥 안착하곤 했다. 공간적이지 않은 것을 공간적으로 설명하는 우리의 습관이 그런 개념의 한 예다.

나는 또 다른 주장의 '가닥'을 '움켜쥔다.' 그러나 그것의 '수준'이 '내 머리를 넘어서는' 것이라면 내 생각은 '방황'하면서 그것의 '흐름'을 '놓쳐버릴'지도 모른다. 그래서 그가 '말하고자 하는 요점에 이르렀을' 때 우리는 서로 '동떨어진' 견해 때문에 '폭넓은' 의견 차이를 보인다.

이런 생각을 하다보니 워프가 살아 있었다면 조지 레이코프George Lakoff와 마크 존슨Mark Johnson의 책 《삶으로서의 은유》를 좋아했을 것 같다는 생각이 든다. 언어학자인 레이코프와 철학자인 존슨 역시 개념의 강둑을 찾아 헤매고 있다. 두 사람은 새로운 은유가 새로운 현실을 만들어내므로 뇌가 물리적 경험을 바탕으로 "어떤 경험을 또 다른 경험의 관점에서" 이해하기 위해 은유를 만들어낸다고 주장했다.

예를 들어, 우리 몸이 그릇이므로 우리는 세상이 그릇으로 가득 차 있다고 상상하며 계속 사물의 뚜껑을 열어 그 안을 들여다보려고 애쓴다. 그래서 우리는 대화를 '열고', 문제에 '푹 빠지고', 사랑에도 '빠지고', 우울증에서 '벗어나고', '충만한' 삶을 바란다. 우리 뇌의 또 다른 습관으로는 시각과 촉각을 동일시하는 것("그녀에게서 눈을 뗄 수 없다"), 아이디어를 천연자원으로 생각하는 것("아이디어가 다 떨어졌다"), 사물을 인간적인 시각으로 이해하는 것("현재 우리의 가장 큰 적은 인플레이션이다"), '크다'를 '중요하다', '더 많다', '더 낫다'로 간주하는 것("그 사람의 자리가 아주 크다"), 사랑을 여행으로 보거나("우리 관계는 어디에도 도달하지 못할 것 같다") 물리적인 힘으로 보는 것("그들은 서로의 인력에 끌렸다"), 친밀함을 영향력과 동일시하는 것("호메이니와 가장 가까운 사람이 누구인가?"), 사물이 어떤 바탕으로부터 생겨난다고 보는 것("우리나라는 자유를 갈구하는 마음에서 태어났다"), 감정을 물리적인 현상으로 보는 것

("어머니의 죽음이 그에게 커다란 타격이 되었다"), 이해와 보는 것을 동일시하는 것("내 관점에서는 그것이 다르게 보인다") 등 수없이 많다.

앞에서 이야기했던 '위'라는 동네로 다시 돌아가서, 우리는 공간적인 은유로 세상에 대한 자신의 기본적인 신념들을 정리한다. 서구문화에서 행복은 위를 향하고 슬픔은 아래를 향한다. 의식은 위 무의식은 아래, 더 많은 것은 위 더 적은 것은 아래, 미래의 일은 위, 높은 지위도 위, 좋은 것도 위, 미덕도 위, 합리적인 것도 위, 활동적인 것도 위, 수동적인 것은 아래, 우울한 것도 아래다. (레이코프와 존슨은 남자가 위고 여자가 아래라는 말은 하지 않는다.) 두 사람은 뇌가 즐겨 사용하는 은유들을 요약한 자신들의 빈틈없고, 매혹적이고, 너무나 그럴듯한 주장이 촘스키 추종자들을 비롯해서 이른바 '객관성의 신화'에 빠진 사람들을 자극할 것이라는 점을 흔쾌히 인정한다. 여기서 '객관성의 신화'란 우리와는 상관없는 진실이 사물에 내재되어 있다는 믿음을 말한다. 두 사람은 '주관성의 신화'에도 반대하지만, '객관성의 신화'를 반대할 때만큼 열정적이지는 않다. 어쨌든 두 사람은 이 두 가지 신화의 혼합을 선호한다. 모든 진실은 협상의 결과물이며, 뇌는 은유를 통해 협상한다. 은유의 단계에서 주위 환경과 문화는 신념을 구분하는 여러 가지 범주들을 우리에게 강요하고, 우리는 끊임없이 바뀌면서 삶의 다양한 측면들을 일부러 감추기도 하고 오히려 더 강조하고 정돈해서 결국 참을 만하게 만들어 주기도 하는 개인적인 은유를 통해 자신을 정의하고 또 정의한다.

서구의 과학, 철학, 언어학은 발견되기만을 기다리고 있는 절대적인 진리가 세상에 흩어져 있다고 수백 년 동안 가르쳤다. 과학이 효과를 발휘하는 것은 사실이 아닌가? 우리 인간들은 자기 위로에 매우 뛰어나다. 하지만 은유는 그냥 장식적인 언어가 아니다. 만약 그랬다면 사람들이 은유를 그토록 무서워하지 않을 것이다. 최근 나는 어떤 문학상 심사위원으로 일하면서 이 점을 다시 되새겼다. 우리가 다룬 장르가 논픽션이었기 때문에 역사책, 정치학 서적, 철학 서적, 과학책, 순문학, 심리학 서적, 회고록 등이 우리의 심사 대상이었다. 나와 함께 작품들을 심사한 두 명의 동료는 내가 추천한 모든 책의 문장이 너무 '복잡하고', '자의식 과잉이고', '진부하다'고 생각했다. 그래서 그들은 이 작품들이 주제보다 "책 자체에 관심이 쏠리게 만든다"면서 모든 산문 문체는 반드시 '명확하고', '명료하고', '자신을 드러내지 말아야' 한다고 보았다.

화려한 언어는 일부 사람들에게 위협적이다. 그 사람들은 화려한 문체를 일종의 에로티시즘(드러내놓고 언어로 장난을 치는 것=자기 몸을 가지고 노는 것), 추가적인 에너지 소비(더 많이 느껴야 하므로) 등과 연결시키는 것 같다. 내 생각은 다르다. 왜 삶을 단조로운 것으로 만들어버려야 하는가? 단조로운 삶이 삶에 대한 우리의 경험과 더 잘 들어맞는가? 그렇지는 않은 것 같다. 단조로움은 우리에게서 삶의 질감을 빼앗아간다. 언어는 인생이라는 여행에서 길동무가 되어줄 수많은 단어들을 우리에게 제공해준다. 하지만 우리가 부주의하게 단어들을 잃어버리고 있기 때문에 어휘가 점점 줄어들고 있다. 대부분의 미국인들은 겨우 수백 개의 단어만 사용한다. 절약정신에 적합한 장소는 언어의 저장고가 아니다. 우리는 자신의 감정, 과거의 감정, 자신이 느낄 수 있는 것을 자세히 설명할 때 언어의 도움을 받는다. 언어에서 피가 모조리 빠져나가버리면 삶의 경험도 힘을 잃고 창백해진다. 그냥 말을 잃어버리는 수준이 아니라 모든 것이 마비상태에 빠지는 것이다. "이 장미에서 좋은 냄새가 난다"는 말을 들을 때와 "이 장미에서 뜨거운 코코아 냄새가 난다"거나 "이 장미에서 바이올린에 바르는 송진 냄새가 난다"는 말을 들을 때 우리가 느끼는 감정은 천지차이다.

'산문 문체는 반드시 자신을 드러내지 말아야 한다!'는 원칙은 버지니아 울프, 토머스 칼라일, 월터 페이터, 존 러스킨, 토머스 드 퀸시, 주나 반스, 블라디미르 나보코프, 이디스 시트웰, 허먼 멜빌, 제임스 조이스, 라이너 마리아 릴케, 호르헤 루이스 보르헤스, 존 던, 오스카 와일드, 마르셀 프루스트, E. B. 화이트, 토머스 브라운 경, 윌리엄 포크너, 사뮈엘 베케트 같은 작가들의 반짝이는 문체를 배제해버린다. 이런 작가들은 이 밖에도 수없이 많다. 생생한 문체와 거기서 엿보이는 상상력, 풍부한 추측, 통찰력, 주관성이야말로 그들의 기술이며, 진리에 관한 독특한 시각을 보여준다. 다른 예술 분야 중에서 '자신을 드러내지 않는다'는 말이 찬사가 되는 분야가 있는가? 예술이란 원래 평범한 것을 초월하고, 사람들의 시선이 자신에게 쏠리게 하고, 예술적인 기교를 명함처럼 내보이게 마련이다. 전체를 다 이해할 수 없는 대상을 밝게 비춰주는 것이 바로 예술이다. 이것은 은유가 뛰어난 능력을 발휘하는 분야이기도 하다.

예술가들이 아무것도 없는 상태에서 풍부한 은유를 창조해내는 것은 아니다. 그들은 세상을 풍부하게 인식한다. 하지만 우리는 모두 매일 무의식적으로 헤아릴 수 없이 많은 은유를 사용하며 감정과 아이디어를 이어주는 중요한 다리를 만든다. 공기 중의 물기가 응축해서 빗방울이 되려면 먼지 입자가 필요하듯이 은유에는 인식이 필요하다. 정신은 본능적인 육체 속에 살면서 언어의 추상성에 기대고 있기 때문에 생각을 구현하고, 생각이 느껴지게 만들고, 몸이 쉬고 있을 때조차 세상을 탐색할 수 있는 도구가 필요하다. 은유를 통해 생각은 마음의 눈으로 그려볼 수 있는 행동이 된다. 이 과정이 워낙 빨리 진행되기 때문에 우리는 이것이 정교한 '만약에' 게임이라는 것을 거의 깨닫지 못한다. 만약 내가 갑자기 깜짝 놀라서 나뭇가지로 날아가는 까마귀를 그려본다면? 까마귀가 뻣뻣하게 날갯짓을 하면서 급상승할 때 만약 내가 눈을 깜빡거리며 녀석의 움직임을 쫓는다면? 그러면 순간순간 녀석이 허공중에 얼어붙은 것처럼 보일 것이다. 만약 내가 녀석의 긴장감, 속도, 각도를 동시에 알아차린다면? 만약 나중에 내가 땅에서부터 하늘까지 까마귀의 급상승 경로를 따라 판자조각을 놓는다면? 어쩌면 그것을 비상飛上의 계단flight of stairs(원래는 '층계참과 층계참 사이의 계단'을 뜻하는 말이다 – 옮긴이)이라고 불러도 될 것이다. 사다리를 오를 때처럼 한 단마다 걸음을 멈추고 한 단계 더 높은 곳으로 몸을 끌어올릴 수도 있을 것이다. 그러고서 나중에 어떤 여자가 스타킹을 신다가 스타킹 올이 풀려버리고 말았다(ladder, '사다리'라는 뜻과 '양말의 올이 풀리다'라는 뜻이 있음 – 옮긴이)는 이야기를 할 수도 있을 것이다.

그렇게 하려면 자세한 부분들을 많이 파악해서 결정적인 것을 선택하고, 다른 것과 공통점이 있는 부분만을 골라낼 필요가 있다. 주의를 기울이고, 필요한 것을 감지하고, 그렇지 않은 것을 걸러내는 작업을 한꺼번에 해야 하는 것이다. 우리는 항상 전혀 힘들이지 않고 이 작업을 해낸다. 어떤 사람들은 이 작업에 더 공을 들이기도 한다. 여기에 감정을 싣는 사람도 있다. 그런 경우에는 이 '만약에' 게임이 정말로 복잡해진다. 만약 아버지가 소리를 질렀을 때 내 기분을 내가 기억해낸다면? 내가 그 기억에 푹 빠져서 그때 내 감각기관이 느꼈던 것을 끌어낸다면? 만약 내가 비슷한 감각을 찾아내기 위해 촉각으로 경험한 것들을 뒤진다면? 그렇게 뒤지던 중 내가 양배추 샐러드를 만들다가 날카로운 강판에 손가락이 걸렸던 때의 기억 앞에서 멈칫한다면? 어쩌면 몸을 움찔하면서 아버지의 목소리가 신경에 거슬렸다(grate, '강판에 갈다'와 '귀에 거슬리는 소리'라는 뜻이 있음-옮긴이)고 말할지도 모른다.

모든 사람이 언어를 생생한 그림처럼 경험하는 것은 아니다. 대부분의 사람들은 자세한 부분을 대충 넘어간다slur. 나는 'grate'라는 단어를 보거나 말할 때마다 움찔거린다. slur라는 단어를 생각하고 타자로 칠 때 내 눈에는 나일론 그물이 허공에서 윤곽이 흐릿해질blurred 정도로 빠르게 움직이는 모습이 보인다. 그리고 blurred라는 단어를 타자로 칠 때 내 눈에는 젖빛 유리frosted glass가 보인다. frosted라는 단어를 타자로 칠 때에는 얼음과 눈으로 된 턱수염을 달고 있는 겨울의 얼굴이 보인다. 내가 이런 것들을 급박하게 느끼는 것은 아니다. 이런 것들이 내 생각의 전면을 차지하고 있지도 않다. 하지만 그들은 항상 내 생각 속에 존재한다. 마치 마음속의 속삭임이나 눈앞을 휙 스쳐 지나가는 광경처럼. 정신은 총천연색 슬라이드 같은 단어들을 재빨리 살펴보고 상징으로 이용한다. 언어의 막 뒤에서 벌어지는 그 슬라이드 쇼를 어떤 사람들은 남들보다 선천적으로 더 잘 알아차린다. 하지만 누구나 그 슬라이드 쇼에 주의를 기울이는 법을 배울 수 있다. 왜 언어의 막이 쳐져 있는 걸까? 뇌의 대부분이 무의식 상태를 유지하는 것과 똑같은 이유 때문이다. 그렇게 하지 않으면 우리가 중뿔나게 나서서 일을 망쳐버릴 것이다.

그래서 우리는 대신 언제나 자기기만을 부추긴다. 우리는 새의 날갯짓 사이에 생기는 공간을 볼 수 있으며, 실제로 본다. 의식은 흐름이 아니라 스타카토다. 우리는 정보를 자그마한 다발로 묶어 인식한다. 우리의 주의력에는 쉽게 구멍이 뚫린다. 하지만 우리는 조각조각 끊어지지 않고 물의 흐름처럼 이어지는 세상을 원한다. 그러지 않으면 세상을 견딜 수 없을 것이다. 물론 종잡을 수도 없을 것이다. 그래서 우리는 끼움쇠를 집어넣어 틈을 메운다. 우리는 말이 품고 있는 사회적 역사나 감각적 진실을 생각하지 않은 채 편안하고 붙임성 있게 말을 한다.

은유는 주위 환경의 이러저러한 면들을 이해할 때 뇌가 가장 즐겨 사용하는 방법 중 하나이며, 우리가 세상에 뛰어들어 다음에 무슨 일이 일어나는지 관찰하는 방식으로 세상을 발견한다고 우리에게 가르쳐준다. 뇌가 뛰어난 것은 아무 관련이 없어 보이는 것들 사이의 공통점을 찾아내고, 그러한 통찰력을 시급히 해결해야 하는 다른 수수께끼에 적용할 수 있다는 점이다. 뇌는 유추를 통해 활기를 띤다. 이 과정을 인식하면서 짜릿한 흥분을 느끼는 사람도 있고, 두려움을 느끼는 사람도 있다. 절대적인 진리를 믿고 싶어 하는 욕구가 이런 반응을 좌우한다. 우리가 모르는 것을 밝혀주기 위해 뇌가 우리의 지식에 의존해 거의 알아차리기 힘들 만큼 섬세하게 은유를 이용할 때가 얼마나 많은지 부정하고 싶어 하는 욕구도 이런 반응을 좌우한다.

29 언어도 진화한다

시는 이성이 존재하는 가운데 꾸는 꿈이다.

- 토마소 체바

모든 언어는 시詩다. 단어 하나하나는 작은 이야기며 의미의 숲이다. 우리는 말을 할 때 단어들의 그림 같은 어원을 무시해버린다. 만약 누군가가 계단flight of stairs을 이야기할 때마다 까마귀의 모습이 떠오른다면 대화를 이어나갈 수 없을 것이다. 하지만 말은 정신의 강력한 도구다. 우리는 살면서 경험하는 혼란을 말로 선명하게 정리한다. 넘쳐흐르는 감정을 말로 가둔다. 잘 떠오르지 않는 기억을 말로 구슬린다. 교육을 할 때도 말을 사용한다. 우리는 "상황에 딱 맞는 말을 찾아내려고" 애를 쓴 후에야 비로소 자신의 생각, 느낌, 소망을 알아차린다. 심지어 자신이 어떤 사람인지도 그제야 알게 된다. 말은 무엇으로 구성되어 있는가? 숨은 은유, 이미지, 행동, 성격, 농담으로 구성되어 있다. 로

마인들은 상대의 눈에 비친 자신의 모습을 보면서 pupil('학생'이라는 뜻과 '눈동자'라는 뜻이 있음-옮긴이)이라는 단어를 만들어냈다. 이 단어의 뜻은 '작은 인형'이었다. '난초orchid'라는 이름은 고환을 뜻하는 그리스어 단어에서 유래했다. '팬지pansy'의 어원은 '생각'을 뜻하는 프랑스어 pensée다. 팬지꽃이 생각에 잠긴 얼굴처럼 보였기 때문이다. '축복bless'은 원래 희생제물을 드릴 때처럼 피로 붉게 물들이는 것을 뜻했다. 따라서 '신께서 당신을 축복하시길'이라는 말을 문자 그대로 해석하면 '신께서 당신을 피로 목욕시키시길'이 된다. '냉대cold shoulder'라는 말은 중세 유럽에서 만들어졌다. 남의 집에 지나치게 오랫동안 머무르는 사람에게 (뜨거운 음식 대신) 소의 차가운 어깨살을 내놓은 데서 유래한 것이다. 이렇게 차가운 음식을 몇 끼쯤 먹고 나면 손님도 주인의 뜻을 알아차렸다. '창문windows'이라는 말은 옛날 스칸디나비아 사람들이 겨울에 문을 꼭꼭 닫아걸고 지붕에 낸 구멍('눈目')으로 환기를 한 데서 유래했다. 바람이 그 구멍을 드나들며 갖가지 소리를 내는 바람에 그 구멍이 vindr auga, 즉 '바람의 눈wind's eye'으로 불리게 되었고, 영국인들이 이것을 'window'로 변형시킨 것이다.

우리는 현실 세계와 나란히 존재하는 상상의 세계에 살고 있다. 아무리 조잡한 말이라도 또는 아무리 단순한 말이라도 우리 삶을 지탱해주는 중요한 시를 품고 있다. 이미지와 환상으로 직조된 이 마음의 천이 방패처럼 우리를 지켜준다. 어떤 의미에서, 아니 모든 의미에서 이 마음의 천은 충격 흡수제다. 삶이 지금 아무리 고달프게 보일지라도 만약 우리가 삶에 마음의 천을 씌우고, 삶을 정리하고, 비슷한 것들을 한데 묶고, 정신적인 쿠션을 만들어내지 않았다면 지금보다 훨씬 더 고달

팠을 것이다. 도저히 손을 쓸 수 없을 만큼. 인간들의 가장 놀라운 점 중 하나는 삶을 시적으로 바꿔놓고 싶어 한다는 것이다. 그저 몇몇 사람들이 시를 즐겨 읽거나 쓰는 것, 감정이 고조됐을 때 많은 사람들이 시적으로 변하는 수준에서 그치는 것이 아니라 전 세계 어디서나 모든 사람이 나이를 막론하고 자신의 삶을 이야기할 때면 저절로 시적으로 변한다. 그들은 일상의 언어 속에 숨어 있는 시적인 요소를 이용해서 문제를 해결하고, 자신의 욕망을 전달하고, 심지어 자기 자신과 대화를 나누기도 한다.

새로운 말을 만들어낼 때도 사람들은 시적인 표현을 사용한다. 말싸움이 '정신없이 빙글빙글 돈다'고 표현하거나, 순진한 사람을 가리켜 '아무것도 모른다clueless'고 말하는 식이다. 시간이 흐르면 사람들은 이런 표현의 어원을 잊어버리거나, 무시해버리기로 한다. 배관공은 물이 새는 파이프에 개스킷gasket을 사용하겠다고 말하지만, 개스킷이라는 단어가 처녀막이 손상되지 않은 소녀를 뜻하는 옛 프랑스어 garçonette에서 유래했다는 사실은 모른다. 우리는 세련된 식당에서 도자기porcelain 접시로 식사를 하지만, 매끈하고 광택이 나는 도자기가 오래전 프랑스에서 발명되었을 때 누군가가 유머감각을 발휘해서 도자기가 암퇘지의 음문만큼 매끈하다고 표현했다는 사실은 모르고 있다. 우리는 도덕scruple을 지킬 때 발을 전혀 생각하지 않지만 이 단어는 무게의 가장 작은 단위였던 작은 돌을 의미하는 라틴어 scrupulus에서 유래했다. 따라서 양심적인scrupulous 사람은 너무나 예민해서 신발 속에 아주 작은 돌이 하나만 들어 있어도 화를 내는 사람이다. 이렇게 우리는 자기도 모르는 사이에 시인이 된다.

이것은 뇌의 수많은 습관 중 하나에 불과하다. 특히 아무 관련이 없어 보이는 것들 사이에서 관련성을 찾아내는 것. 내가 '관련이 없어 보인다'는 표현을 쓴 것은 거미줄처럼 얽혀 있는 지상의 삶에서는 모든 것이 서로 관련되어 있기 때문이다. 석영과 대학 수영선수가 서로 다른 것은 사실이다. 하지만 이 둘에게는 많은 공통점이 있다. '석영quartz'이라는 단어를 처음 만들어낸 사람이 빛처럼 맑고 다채롭지만 바위처럼 위험한 노래로 남자들을 유혹하던 '사이렌'(quartz의 어원)을 생각했다는 사실은 말할 필요도 없다. 누가 다그치면 사람들은 석영과 대학 수영선수를 서로 연결시킬 방법을 찾아낼 것이다. 어쩌면 물을 통해 둘을 연결시킬 수 있을지도 모른다. 수영장은 몇 가지 화학물질이 첨가된 물을 가둬놓은 곳이다. 사람의 몸도 대체로 그렇다. 석영도 마찬가지다. 액체(빛)가 쏟아지듯 통과하는 것도 같다. 아니면 사람의 표정 변화와 각도에 따라 변하는 석영의 모습을 대비시킬 수도 있다. 아니면 둘 다 어두운 곳에서 아주 작은 크기로 생겨나 점점 커진다는 점을 지적할 수도 있다. 우리는 결정체가 자란다는 생각을 거의 하지 않지만 결정체가 자라는 것은 사실이다. 아기가 자라 변호사가 되고 용접공이 되듯이 결정체도 자란다. 그렇지 않다면 우리가 아기와 결정체에게 모두 '자란다'는 단어를 사용할 리가 없다.

우리가 말을 새로 만들어내는 것은 주로 은유적인 거울 속에 자신의 모습을 그려보기 위해서라는 생각이 가끔 든다. 우리 인간들을 파악하기는 쉽지만 속속들이 알기는 어렵다. 우리는 식물을 심고 가꾸기 때문에 자궁에 심어진 씨앗이 점점 자라는 것을 상상하며 아기를 일종의 작물로 생각할 수 있다. 우리는 기계를 만들기 때문에 몸을 기계처럼,

심지어 공장처럼 쉽게 그려볼 수 있다. 우리는 컴퓨터를 사용하기 때문에 뇌의 '신경망 배선'을 상상하고, 사람들과 사귀는 것을 '네트워킹'으로 보고, 각자가 지닌 재주를 '소프트웨어'로 표현한다.

아무리 애를 써도 사물을 자세히 들여다보면 볼수록, 그것이 야생화든 열병이든, 언어가 점점 더 단편적으로 변한다. 언어는 우리에게 가장 필요한 곳, 즉 마음과 기억과 감정의 변방에서 제 기능을 발휘하지 못한다. 시인들은 융합(은유), 다리(직유) 등 여러 장치들을 이용해서 이 문제를 해결한다. 문화권 전체도 마찬가지다. '인터넷 서핑'이라는 표현이 좋은 예다. 컴퓨터 '바이러스'도. 시간이 흐르면 이 표현들이 수많은 사람의 입을 옮겨 다니면서 다른 단어로 진화해 그 뒤에 원래 숨어 있던 시를 가려버릴 것이다. 뇌가 뛰어난 것은 시를 이용해서 세상을 향해 한다는 점이다. 우리는 상징을 낳고, 화석의 시를 읊는다. 그렇다 해도 눈먼 사람에게 태양을 어떻게 설명하겠는가? 그 방법을 아는 말의 대가가 한 사람 있었다.

30 셰익스피어의 뇌는 어떻게 다른가?

(그는) 진짜 우주의 속성, 우리 모두가 살고 있는 신성하고, 마법 같고, 무섭고, 황홀한 현실을 이해했다.

- 클라이브 스테이플스 루이스

셰익스피어의 희곡에 등장하는 인물들의 이름을 딴 장미로 작은 테마 정원을 구상하던 나는 피처럼 새빨간 다크 레이디에서부터 창백한 얼굴에 홍조를 띤 줄리엣에 이르기까지 선택의 대상이 수십 명이나 된다는 사실을 깨닫고 깜짝 놀랐다. 셰익스피어는 자신이 만들어낸 인물들이 값비싼 꽃으로 변신하는 것을 개의치 않을 것이다. 하지만 낚시용품을 만드는 회사의 이름이 셰익스피어 낚시용품이라니? 셰익스피어 바느질 세트는 또 어떤가? 셰익스피어 자석 시집은? "서부 최고의 진정한 유령마을"이라는 뉴멕시코의 셰익스피어는? 셰익스피어나 그의 작품에서 이름을 따온 식당, 모텔, 서점, 미용실, 가정용품, 자잘한 소품도 부지기수다. 수많은 독자의 찬탄은 셰익스피어도 기쁘게 받아들일 것이다. 사실 그 자신이 소네트에서 그의 사랑이 시 속에 영원히 살아 있을 것이고, 그 시는 영원히 사랑받을 것이라는 내용을 자주 쓰지 않았던가. 하지만 셰익스피어 식품이나 셰익스피어 욕실용품이라니? 방문자들이 가장 좋아하는 작품을 뽑는 인터넷의 셰익스피어 사이트들은 어떤가? 그의 신비로운 일생과 장엄한 작품과 관련된 자료만을 소장한 도서관들은? 이런 것을 보면 셰익스피어도 틀림없이 잠시 멈칫할 것이다.

예술적인 천재성에 관한 한 그를 따를 사람이 없다는 주장은 보편적인 진실로 받아들여지고 있다. 셰익스피어가 이 단순한 주장을 듣는다면 기쁨, 두려움, 매혹을 동시에 느낄 것이다. 역사를 통틀어 영국의 모든 작가들과 셰익스피어 사이에는 아주 커다란 간격이 있다. 셰익스피어처럼 글을 쓸 수 있는 사람은 아무도 없었다. 스타일리스트로 유명한 브라우닝이나 나보코프도 마찬가지였다. 그의 뇌에 남들과는 다른 화려한 부분이 있었음이 분명하다.

인간이 처한 상황을 누구나 알아볼 수 있게 그리고 재미있으면서도 심오하게 표현할 수 있을 만큼 세상에 친숙하지만, 아무도 흉내 낼 수 없는 방식으로 그런 표현을 해낼 만큼 남다른 뇌였을 것이다. 셰익스피어의 감각 레이더망은 뭔가 달랐다. 아무 관련이 없어 보이는 것들을 은유의 연금술로 녹여 결합시키는 능력도 남달랐다. 통찰력이라는 칼을 한꺼번에 몇 개씩 들고 묘기를 부리는 능력도 남달랐다. 사실 그가 살던 시대에는 어휘가 몇 개 되지 않았다. 그에 비하면 현재의 어휘는 기하급수적으로 늘어난 것이다. 하지만 그의 재능에는 많은 단어가 필요하지 않았다. 단어는 인간이 만든 것이라서 아무리 단순한 사람도 빠지게 마련인 복잡한 곤경이나 우리의 삶을 도저히 제대로 표현해 주지 못하기 때문이다. 단어는 세상의 혼돈 속에 떠 있는 작은 형체들이다. 단어는 항상 다루기 어렵고 변변치 못하다. 그냥 단순히 파란색이기만 한 것은 없다. 그냥 단순히 걷기만 하는 사람도 없다. 우리에게 적절한 표현이 가장 필요할 때 언어는 우리를 실망시킨다. 단어가 감정들 사이의 틈새로 빠져버린다. 단어를 겹쳐 놓으면 그 틈새 중 일부를 덮을 수는 있다. 작가들, 특히 시인들이 전통적으로 해온 작업이 바로 그것이다. 은유는 니트로글리세린(폭탄의 원료-옮긴이)처럼 스스로 불이 붙는다. 은유는 무해한 것 두 가지를 한데 붙여 폭발적인 것을 만들어낸다. 살면서 경험하는 모든 일에 대해 각각 단어를 하나씩 만드는 대신 우리는 이미 갖고 있는 단어들을 새로운 방식으로 사용한다. 그렇게 매혹적인 해결책을 찾아내다니, 우리 뇌는 얼마나 영리한가.

중요한 것은 셰익스피어가 이 작업을 그 누구보다 정확하게 해냈다는 점이다. 그는 소문을 "추측, 질투, 억측이 부는 / 파이프"(《헨리 4세》에 나오는 말-옮긴이)라고 묘사했다. 키스는 "굶주린 뱀이 얼어붙은 물을 만났을 때처럼 / 위안이 되지 않는 것"(《티투스 안드로니쿠스》 3막에 나오는 말-옮긴이)이 되었다. 《리처드 2세》에서 왕은 "시간을 세는 시계"로 변신해서 "내 생각은 분分이고, 한숨과 함께 삐걱거린다"고 말한다.

단순히 그의 감각이 유난히 날카로웠다거나(실제로 날카로웠지만), 그가 인간의 본성을 끈기 있게 자세히 살펴봤다는(실제로 자세히 살펴봤지만) 뜻만은 아니다. 그의 일반기억general memory, 즉 오랫동안 한 가지 일에 유용하게 몰두할 수 있는 능력(여기서 중요한 것은 '유용하게'라는 부분이다. 아마 그는 쓸데없이 한 가지 일에 몰두하는 능력도 갖고 있었을 것이다)이 뛰어났음이 틀림없다. 이는 소란의 와중에서도 정신을 집중할 수 있고 단어와 감각적인 기억을 재빨리 찾아내서 이미지로 사용할 수 있는 재능, 신선하고 새로운 아이디어를 향해 열려 있는 뇌를 의미한다. 그의 성격에도 틀림없이 이런 특징들이 포함되어 있었을 것이다. 창의력을 발휘하려면 항상 이런 특징이 필요하기 때문이다. 끈기, 수완, 모험을 두려워하지 않는 자세, 내면의 우주를 외부로 표현하려는 절박한 욕구, 자신의 삶뿐만 아니라 시대의 삶을 살 수 있는 능력, 일반적인 지식이 많고 힘이 강해서 특정한 현상이나 문제에 그 지식과 힘을 적용할 수 있는 정신, 놀라움을 느낄 수 있는 능력, 열정, 이미 많은 것을 알고 있는 어른이 됐으면서도 아이처럼 천진한 경이를 느낄 수 있는 능력. 이 모든 특징들 외에도 수많은 것들이 한데 합쳐져서 이른바 '영감'의 순간이 생겨나는 과정은 정신의 커다란 수수께끼이자 개가 중 하나다.

그가 살던 시대에는 궁정의 희곡작가로 살아가는 것이 위험한 일이었다. 엘리자베스 1세와 제임스 1세를 위해 그의 작품들이 공연되었으므로 그는 말조심을 해야 했다. 나는 예전에 팜비치의 한 상점 진열창에서 "조심하라. 당신이 오늘 밟은 발가락이 내일 당신이 입을 맞춰야 하는 엉덩이와 연결되어 있을지도 모른다"는 문구가 수놓인 베개를 본 적이 있다. 셰익스피어라면 이 문구를 틀림없이 이해했을 것이다. 하지만 족쇄가 채워진 자연스러움은 창의력이 사용하는 상투적인 수단이다. 뇌가 예술을 창조할 때 가장 선호하는 방식 중 하나인 것이다. 따라서 그림은 액자 틀에 맞춰져 있고, 교향곡과 시는 엄격한 규칙을 따른다. 항상 정치적인 족쇄만 존재하는 것은 아니다. 때로는 예술의 수단 자체에 한계가 있는 경우도 있다. 예를 들어 유화물감은 반드시 특정한 방식으로 섞어야 하며, 그림을 말릴 때도 특유의 방식을 따라야 한다. 기술이 변하면 한계가 변하는 경우도 있다. 휴대용 유화물감이 등장한 것처럼. 또한 사회가 채우는 족쇄도 있다.

예를 들어 셰익스피어의 시대에는 중매결혼이 여전히 대세였다. 하지만 많은 사람들이 중매결혼에 반대하기 시작했다. 셰익스피어의 희곡들은 누구와 결혼할 것인지를 둘러싼 소란으로 가득 차 있다. 연애결혼을 선호하는 등장인물들은 배우자를 고를 권리를 주장하며 불만을 토로한다. 가장 유명한 작품인 《로미오와 줄리엣》은 셰익스피어가 작품화하기 전에 이미 여러 문화권과 장르에서 다루어진 고전적인 이야기였다. 나중에 레너드 번스타인도 여러 사람들과 힘을 합쳐 이 유명하고 진부한 이야기를 현대식으로 각색한 〈웨스트사이드 스토리〉를 만들었다.

그들은 줄리엣을 다른 작품에서보다 더 어린 소녀로 묘사했다. 열세 살의 아름다운 베로나 소녀가 자신이 꿈꾸던 강렬한 관능의 화신인 소년을 만나는 것이다. 그 소년은 열정의 화신이며 사랑 그 자체와 사랑에 빠져 있다. "사랑은 한숨의 증기가 만들어낸 연기야."(1막 1장 190행) 그는 친구 벤볼리오에게 이렇게 말한다. 로미오는 공격할 곳을 찾아 헤매는 번개다. 그리고 로미오의 선언처럼 "줄리엣은 태양"(2막 2장 3행)이다. 그가 줄리엣을 만나는 순간 이 희곡에는 감정의 폭풍이 몰아치기 시작한다. 이 이야기를 다룬 모든 작품들은 두 귀족가문의 대결, 그 자식들의 금지된 사랑을 바탕으로 하고 있다. 셰익스피어의 작품에서는 우연, 운명, 훌륭한 극작 솜씨 덕분에 두 사람이 만나서 슬프지만 별처럼 반짝이는 운명을 맞게 될 '불행한 연인'이 된다. 작품 전체에서 사용된 번개와 화약의 이미지는 이 상황이 얼마나 일촉즉발인지, 그들의 사랑이 얼마나 눈부신지, 그리고 삶 그 자체가 어떻게 잠깐 동안 나타났다 사라지는 불꽃처럼 타오르는지를 계속 일깨워준다. 애정과 갈망이 가득한 달밤의 발코니 장면에서 두 사람은 달빛과 별빛 아래에서 사랑 때문에 한숨을 내쉬고, 빛과 어둠이 공존하는 세상에서 생기를 뽐내며 그 어떤 구절보다도 아름다운 대사들을 내뱉는다.

연극 연출을 하는 내 친구가 최근에 전쟁으로 폐허가 된 보스니아에 관한 뉴스를 보다가 《로미오와 줄리엣》을 새로운 시각으로 바라보게 되었다고 말했다. 이 작품이 사실은 불행한 연인들에 관한 이야기가 아니라는 사실을 갑자기 깨달았다는 것이다. 이 작품은 폭력적인 문화 속에서 자라는 아이들의 이야기였다. 그래서 그는 캔자스시티에서 셰익스피어 축제가 열렸을 때 이 작품을 그렇게 연출했다. 셰익스피어는 서로를 지탱하며 서 있는 다층적인 의미들 속을 넘나드는 아슬아슬한 작품을 써내는 데 뛰어난 사람이었으므로 두 가지 해석이 모두 그럴듯하게 들린다.

셰익스피어의 뇌를 또 다른 시각에서 바라보면 그가 플롯을 만들어내는 데는 그리 능하지 않았다고 할 수 있다. 그는 일단 만들어진 플롯을 정교하게 다듬는 데는 뛰어났지만 대부분의 경우 역사적인 소재에서 플롯을 빌려왔다. 내가 알기로 플롯을 짜는 데에는 슬프게도 특별한 정신구조가 필요하다. 누가 내게 이미 만들어진 플롯을 주면 나는 아주 신이 나서 그 플롯을 정교하게 다듬을 것이다. 나더러 오랫동안 여러 구절들을 만들어내라고 해도 나는 기쁘게 작업할 것이다. 나더러 어떤 몸짓을 묘사하거나, 장면을 설정하거나, 아이디어를 발전시키거나, 다른 사람의 심리를 탐구해보라고 하면 나는 소매를 걷어붙일 것이다. 하지만 나더러 작품 속에서 지금 방을 가로지르고 있는 사람이 어디서 왔느냐고 묻는다면 나는 아무 대답도 못할 것이다. 그 답을 만들어내려면 기계적으로 다른 과정을 거쳐야 하기 때문이다. 이 작업을 쉽게 하려면 뇌가 약간 다른 방향으로 기울어져 있어야 한다. 오로지 돈벌이만을 위해 만들어진 조잡한 작품들이 좋은 예다. 이 1차원적인 책들은 문학과는 아무런 상관이 없지만 때로는 눈부시게 뛰어난 플롯을 선보이기도 한다.

문장은 차곡차곡 쌓인 예술가의 성격에서 흘러나온다. 셰익스피어의 신념이 실제로 무엇이었는지는 알아내기 어렵다. 그의 등장인물들이 서로 모순적인 태도를 보이기 때문이다. 나도 모노드라마나 극시를 써본 적이 있지만 시인들이 그런 작품을 쓰고 싶다는 충동을 이기지 못하는 데에는 이유가 있다. 그중 몇 가지만 꼽아보자. 때로 우리는 이제 겨우 시험 단계인 감정을 탐색하고, 그 느낌을 고통스럽고 열정적으로 알아보되 돌이킬 수 없는 결과를 맞지 않기 위해서 열정적인 독백을 쓴다. 내가 도저히 설명할 수 없는 이유 때문에 작가들은 군중 속에서 혼자 있고 싶다는 욕구를 자주 느끼며, 모노드라마라는 가면을 씀으로써 그 욕구를 훌륭하게 충족시킨다. 일종의 복화술인 셈이다. 우리는 분노나 짝사랑 같은 감정에 푹 빠져서 실제로 범죄를 저지르거나 범죄를 저지르는 상상을 할 수 있다. 정치적으로 위험한 말을 하는 사람도 있다. 그러면 마음 놓고 파격적으로 행동할 수 있으니까. 하지만 자신의 감정이 거짓으로 만들어낸 것, 어릿광대의 공연을 위해 만들어진 헛소리에 불과하다고 치부해버릴 수도 있다.

문장은 또한 세상을 꿰뚫는 도구이기도 하다. 일상생활을 꿰뚫고 모험으로 가득 찬 사파리를 즐기는 것과 같다. "아, 이 더럽고 더러운 몸이 녹아버렸으면"(《햄릿》 1막에서 햄릿이 차라리 죽고 싶다는 심정을 토로하는 장면에서 나오는 독백 – 옮긴이)이라는 구절을 만들어낸 사람은 아마 워윅셔의 호수에서 얼음이 녹는 광경은 물론 돼지고기가 서서히 썩어가는 광경도 보았을 것이다. 이 구절은 무심결에 나온 말이다. 교육을 잘 받은 남자가 (항상 아버지인 왕의 초상화를 들고 다니며 아버지에게 집착하는 젊은 왕자가 되는 대신) 차라리 아무것도 아닌 사람이 되고 싶다는 갈망을 표현한 구절이다. 이 구절에 담긴 에너지는 영혼이 증발해버릴 수도 있음을 알면서도 자신의 영혼을 개방했던 셰익스피어 같은 사람에게서 나온 것이다.

자아를 낭비하는 것은 무서운 일이다. 자아는 자신의 일생을 들여다볼 수 있는 렌즈다. 죽음을 통해서든, 예술적인 상상력을 통해서든 기꺼이 자아와 헤어지려 하는 사람은 거의 없다. 셰익스피어는 감정이입과 굴복의 고수였으며, 매일 눈에 보이는 인간적인 드라마에 자신을 넘기고, 자신이 이러저러한 말이나 행동을 하면 어떤 기분이 될지 생각하곤 했다. 그는 군중이 되었다. 사람이 이런 과정을 마음대로 좌우할 수 있거나, 어느 날 갑자기 그냥 한번 시도해볼 수 있는 일은 아닐 것 같다. 그는 아마 어린 시절부터 남몰래 자신이 다른 사람이 된 상상을 자주 했을 것이다. 그가 왜 자아로부터 탈출해야 했는지, 그것을 왜 재미있어 했는지 나로서는 짐작할 수 없다. 대부분의 사람들은 '나'라는 한 마디 단어에서 떨어져 나오려 하지 않을 것이다. 우리의 유일한 소유물은 결국 '나'뿐이기 때문이다. 셰익스피어는 인간적인 현상들을 음미했다. 인간들은 그가 가끔 작품에서 빌려 쓰던 흥미로운 감각 덩어리였다. 셰익스피어는 당당함과 겸손함을 같은 비율로 섞어서 자아를 벗어나 다른 사람의 자아 속으로 슬그머니 들어가서 그 사람의 감각에게 질문을 던지고, 그 느낌과 감각정보를 최고의 언어로 다듬어냈다. 그가 "생각할 가치도 없는 하찮은 일에 덤벼드는 사람"(《겨울 이야기》에서 방랑자이자 좀도둑인 아우토리코스를 묘사한 말－옮긴이)이라는 결정적인 구절을 생각해낼 때까지 아우토리코스 같은 사람을 몇 명이나 만났는지 궁금하다.

셰익스피어는 수줍음의 용기를 갖고 있었다. 그는 모든 것을 자기 것으로 빨아들여 곰곰이 생각한 후에야 비로소 맥베스, 포샤, 프로스페로의 입에 말을 안겨주었다. 물론 살아가면서 자신의 것을 그토록 많이 내놓으려면 엄청난 자신감이 필요하다. 《바틀릿의 친숙한 인용구》 중에서 무려 60여 쪽을 채우는 업적과는 거리가 먼 다른 작가들의 모든 노력을 수포로 돌릴 만한 독창적인 구절을 언제나 손쉽게 꺼내 보일 수 있다는 자신감이 있어야 하는 것이다. 또한 결과가 어떻게 되든, 리어 왕이 코델리아의 죽음을 슬퍼하며 그녀의 시신 곁에서 "안 돼, 안 돼, 안 돼, 안 돼, 안 돼"라고 한탄할 때처럼 기분이 한없이 추락하게 될지라도, 극단적인 감정을 기꺼이 경험하려는 의욕이 있어야 한다. '안 돼'라는 말을 다섯 번이나 반복하는 것은 굉장한 일이다. 이 단어 하나하나는 일종의 단두대와 같은 기능을 한다. 셰익스피어도 이 대사를 쓰면서 틀림없이 엄청난 고통을 느꼈을 것이다. 이것은 개인의 파멸을 자세히 들여다보는 작가의 얼어붙은 울음소리다.

결국 햄릿은 호레이쇼에게 자신의 모습을 세상 사람들에게 똑바로 알려주기를, 자신의 모습을 정확하게 그려주기를 간청한다. 천국에는 자신을 위해 그 일을 해줄 서기가 없음을 그는 알고 있다. 또한 당시에는 대중매체라는 것도 존재하지 않았다. 남은 것은 입에서 입으로 전해지는 소문뿐이다. 셰익스피어가 소네트에서 예고했듯이, 입소문은 수백 년 동안 그를 위해 훌륭하게 봉사해왔다. 셰익스피어의 특정 작품에 나오는 대사들이 모두 여기저기서 인용되었다거나, 아니면 조지 버나드 쇼가 《헨리 5세》에 관해 한 말처럼 이 작품이 5막으로 된 국가國歌라고 평가하는 것만으로는 부족하다. 모든 작품에서 그의 정신은 독창적인 관용구와 같다. 그의 뇌에는 다른 사람들과는 달리 뭔가 굉장한 것이 있었다.

그의 상상력은 특정한 리듬과 패턴을 선호했다. "시간의 둑과 여울목"(《맥베스》에 나오는 말 – 옮긴이)이라는 표현은 그가 소중히 생각했던 리듬 중 하나를 잘 보여준다. '무엇의 무엇과 무엇'이라는 리듬이다. 생각해보면 이것이 말을 둥글게 꼬아 은유를 구축하는 방법임을 알 수 있다. 예를 들어, "터무니없는 운명의 새총과 화살"("사느냐 죽느냐, 그것이 문제로다"라는 유명한 대사가 나오는 《햄릿》 3막의 대사 – 옮긴이)이라는 표현에서 불안정한 인간 궁수가 소유한 물건들(새총과 화살)은 그들이 초래할 수 있는 재난을 암시한다. 이 구절은 곧이어 다음과 같이 말한다. "좋아, 이제 운명과 궁수를 교환하자." 이 대사를 듣는 사람은 먼저 새총과 화살이라는 단어를 듣고 사람, 즉 궁수의 모습을 그리다가 추상적인 것(운명)의 등장으로 인해 깜짝 놀란다(이 대사는 영어로 'the slings and arrows of outrageous fortune.' 즉 새총과 화살이라는 말이 운명보다 먼저 나온다 – 옮긴이). 운명은 이제 친숙하면서도 으스스한 인간의 모습을 획득했다. 이 한 구절 속의 단어들은 모두 스치듯이 빠르게 지나가버리지만, 우리 뇌는 땀 한 방울 흘리지 않고 이 이미지의 궤적을 따라간다. 그리고 우리는 커다란 감동을 받는다. 셰익스피어는 미신적인 힘에 우리가 이미 보았던 또는 어쩌면 소유하고 있는지도 모르는 사나움을 얹는데 성공했다.

셰익스피어는 전혀 마음이 동하지 않는 듯하지만, 브라우닝이나 스윈번 같은 시인들이 훌륭하게 사용한 다른 리듬도 있다. 단장격 리듬이 사람이 걸을 때의 자연스러운 리듬인지는 몰라도 무미건조한 시 속의 분위기를 깊이 탐구해볼 수 있는 사람이 몇 명이나 될까? 셰익스피어의 생각에는 독특한 운율이 있다. 그가 창조한 인물들 중 일부는 소네트 형식으로 혼잣말을 한다. 운문이라는 엄격한 형식을 이용해서 강렬한 감정을 정돈하는 것은 매력적이다. 셰익스피어는 틀림없이 단어 선택에 많은 노력을 기울였을 것이다. 직업 작가들이 모두 그렇다. 특히 무시무시한 마감시한을 지켜야 하는 작가들이라면 더욱더. 하지만 셰익스피어의 정신은 운문으로 스스로를 매혹시켰던 것 같다. 그가 가장 좋아하던 리듬들이 일종의 믿을 만한 주문 역할을 한 것은 아닌지 궁금하다. 정신이 한곳에 초점을 맞출 수 있게 해주고, 빵을 사거나 친구들과 허튼소리를 늘어놓을 때 필요한 뒤죽박죽 세속적인 생각들을 없애버리고, 그를 또 다른 정신의 왕국으로 감쪽같이 채가는 주문 말이다.

셰익스피어는 자기가 얼마나 남다른지 알고 있었을까? 아마 알고 있었을 것이다. 한가로이 잡담을 나눌 때도 사람들은 자신이 무엇을 느끼고 보는지 이야기하며 세상이 자신과 자신의 감수성을 어떻게 건드리는지 드러낸다. 셰익스피어는 자신이 얼마나 이질적인 존재인지 알고 있었을 것이다. 인간이라면 누구나 알고 있는 친숙하고 인간적인 면

모도 있지만, 또한 다른 사람들과 자신이 몹시 다르다는 사실을. 비범한 존재로 살아가는 것이 그에게는 특권이자 짐이었을 것이다. 모든 것을 남보다 더 많이 할 수 있다는 것. 더 많이 듣고, 보고, 느끼고, 냄새 맡고, 상상하는 것. 그래서 어쩌면 더 많이 상처받고, 흥분하고, 분노하는 것. 그의 상상은 어떤 질감을 갖고 있었을까? 그의 뇌 지도를 작성해보면 답을 알 수 있을까? 만약 그가 지금 살아 있다면, 과학자들이 그의 정신이라는 거대한 산을 탐구할 수 있을까? 그들은 그 산에서 과연 무엇을 찾아낼까? 뇌의 여러 부위에서 나온 상관없는 이미지들을 쉽게 연결시킬 수 있을 만큼 보기 드물게 풍부한 신경회로, 은유의 재료들을 발견하게 될까? 우리 뇌는 지나치게 많은 신경회로들을 만들어낸 다음 심하게 가지를 쳐내지만, 어쩌면 그의 뇌에서는 가지치기가 훨씬 약하게 이루어졌는지도 모른다. 그래서 그의 뉴런들이 여전히 무성한 덤불 같은 모양을 하고 있었는지도 모른다.

셰익스피어라는 사람의 참모습을 알고 싶어 여전히 좀이 쑤시던 나는 최근 아이비리그에 속하는 한 대학의 셰익스피어 전문가에게 전화를 걸어 어떤 셰익스피어 전기가 믿을 만하냐고 물었다.

“이런, 저는 셰익스피어라는 사람 자체나 그의 작품에는 관심이 없어요.” 그녀가 말했다.

“그렇군요.” 나는 충격이 가실 때까지 잠시 가만히 있다가 다시 말을 이었다. “사람 자체나 그의 작품에는 관심이 없다면, 셰익스피어의 어떤 점에 관심을 갖고 계시는 거죠?”

“교회법에 대한 정치적 반응이죠.” 그녀가 단호하게 말했다.

“그럼 지금 가르치는 분야도 그것인가요?”

"그럼요."

"사람 그 자체나 작품이 아니라?" 나는 가능한 한 중립적인 말투로 이 질문을 던졌다. 진심으로 그녀의 대답을 듣고 싶었기 때문이다.

"그래요!" 그녀가 답답하다는 듯이 대답했다. 왜 못 알아듣느냐는 듯한 목소리였다.

내가 그녀에게서 뭔가 정보를 얻고 싶다면, 아무래도 내 이상한 질문을 사과해야 할 것 같았다. "음, 죄송합니다. 글을 쓰는 사람들이 어떤지 아시잖아요. 저는 셰익스피어의 작품이 너무 마음에 들기 때문에 그 사람에 대해 좀 더 알고 싶어요." 그녀는 셰익스피어 시대의 법정 문서를 중점적으로 참고한 전기를 추천해주었다. 유용한 제안이었다. 하지만 전화를 끊고 나서 나는 셰익스피어의 작품을 깔끔하게 정리된 정치이론 연대기로만 접하게 될 학생들에게 커다란 연민을 느꼈다. 마치 신성한 것이 모독당하고 있는 것 같은 느낌도 가슴 속 깊은 곳에서 끓어올랐다. 셰익스피어를 신으로 생각해서 그런 것이 아니다. 사실 그는 위험을 무릅쓰고 대부분의 사람들보다 더 인간적인 사람이 되려고 했다. 내가 그런 감정을 느낀 것은 그가 자연의 경이였기 때문이다.

PART

다시, 뇌라는 미지의 세계를 향해

우리가 600만~700만 년 전에 가까운 친척인 침팬지로부터 갈라져 나와 자기만의 정신적 장난과 폭력성을 만들어냈다는 것. 여기에는 더 길어진 어린 시절과 성적인 성숙 지연뿐만 아니라 대담하기 짝이 없는 언어 능력도 포함된다. 이 세 가지 특징만으로도 우리는 헤아릴 수 없이 많은 차이를 갖게 되었다. 하지만 침팬지, 보노보, 오랑우탄에 대해 더 많이 알게 될수록 우리는 그들이 우리와 한 가족임을 더욱 실감하고 있다.

31 뇌는 어떻게 생겨났는가?

우리가 깃들 수 있는 경외의 정령….

- 에드워드 허시, 〈악마와 천사〉

갑옷 안에 들어 있는 충동과 자가 조언 덩어리, 우리가 뇌라고 부르는 그것은 원시의 바다에서 척수 위에 불룩하게 올라앉은 신경 덩어리로부터 비롯되었다. 그보다 훨씬 오래전에는 청록색 조류藻類가 지구를 지배했다. 그들이 세상에 준 선물은 세포였다. 에너지원과 의지력이 눈에 보이지도 않을 만큼 작은 공간에서 서커스를 벌이듯 움직이는 세포는 어찌나 대단한 성공작이었는지 지금도 퓨마에서부터 호두에 이르기까지 모든 생명체의 근간이 되고 있다. 세포의 천재성은 광합성의 발명을 통해 빛을 발했다. 약 24억 년 전, 세포는 자신의 몸 안에 태양열 발전소를 지어 주위의 것들을 소화하며 그 과정에서 유독성 기체인 산소를 배출하기 시작했다. 이 폐기 가스는 반투명의 띠 속에서 부글거렸다. 시간이 흐르자 청록색 조류가 지구를 뒤덮었고 바다 곳곳이 산소로 가득 차서 부글거렸다. 이제 더 이상 갈 곳이 없어진 거품들이 자유롭게 둥둥 떠올라 광석의 찌꺼기처럼 생긴 하늘에 생기를 불어넣었다. 마침내 하늘에서 못된 구름들이 엷어지고 파란색이 드러났다. 수소는 풍선처럼 둥실둥실 우주공간으로 날아갔지만 그보다 무거운 산소는 고향에 남았다.

한편 산소의 유독성에 면역성을 지니고 있는 생명체들에 수억 년에 걸쳐 진화의 손길이 닿았다. 그 생물들 중 일부는 자기들의 DNA를 개방해서 기꺼이 진화에 협력했다. 그들 중에 뇌가 있는 생물은 없었다. 하지만 지금 돌이켜 생각해보면, 그들은 영리하고, 창의적이고, 야심만만하고, 수완이 좋았던 것 같다. 이른바 '성취'를 이룩하기 위해서는 반드시 뇌가 필요하지 않을까? 아니면 우리의 뛰어난 지능이 임의적인 돌연변이로 우연히 생겨난 변변찮은 도구인 것 같다고 감히 인정해야 할까? 우리가 지혜를 모르는 단세포생물의 사생아에 불과하다고? 모든 뉴런과 피부 조각은 지금도 원시시대의 그 개척자들과 닮았다. 그렇게 머리가 깨이지 않은 생물들이 걸어온 길이 정말 매혹적이다. 심지어 경이롭기까지 하다. 하지만 어쩌면 이런 생각을 하는 내가 유난한 것인지도 모른다. 아무리 점잖게 말해도 우리는 그 옛날 청록색 조류가 뀐 방귀 덕분에 존재한다.

만약 살아가는 데 반드시 뇌가 필요한 것이 아니라면, 우리 뇌는 왜 생겨났을까? 많은 바다 생물은 먹잇감이 자기 쪽으로 밀려오거나 자신이 닿을 수 있는 거리 안으로 들어올 때까지 기다려야 했다. 그보다 대담한 녀석들은 냄새를 안내자로 삼아 이리저리 떠돌면서 먹잇감을 사냥하고, 짝을 찾고, 위험의 냄새를 감지하기 시작했다. 냄새는 가능성을 만들어내고, 갈망에 불을 붙이고, 위험을 고조시켰다. 따라서 일상생활이 더 복잡해졌다. 냄새를 이용하면 사냥꾼과 사냥감을 재빨리 감지할 수 있었기 때문에 냄새는 더욱 전성시대를 누렸으며, 여기에 다른 감각들이 합류했다. 그리고 시간이 흐르자 이 조직이 부풀어올라 대뇌 반구가 되었다. 냄새가 워낙 성공을 거뒀기 때문에 그 감각을 바꿀 필요가 거의 없었다. 그래서 후각은 지금도 원시의 바다에서 활동할 때와 거의 비슷하다. 우리는 지금 공기의 바닷속에서 움직이지만 코가 냄새를 흡수해 그것이 연기 냄새인지 인동덩굴 냄새인지 뇌에게 알려주려면 반드시 냄새 분자가 용액으로 변해야 한다. 운동중추와 연결되어 있는 다른 감각들도 과거와 마찬가지로 임무를 수행한다. 뇌가 점점 크고 정교해짐에 따라 마디, 혹, 둔덕이 생겨났다. 감각을 통합하는 시상, 감정적인 편도체, 기억을 돕는 해마, 몸의 기본적인 요구와 욕구를 조절하는 시상하부. 이들은 (우연히도 서로 인접한 곳에 위치해 있기 때문에) 하나로 뭉쳐 변연계라는 두 번째 무의식 엔진이 되었고, 우리가 거의 알아차리지 못한 희미한 느낌들을 일깨웠다.

시간을 앞으로 빨리 돌려보면 중요한 테마들이 속속 나타난다. 갖가지 생명체들이 생명의 오페라에서 미래에 맡게 될 역할을 따내기 위해 오디션을 치르며 깃털과 프릴로 몸을 장식하고 새로운 신체부위와 의상을 만들어낸다. 커다란 뇌를 시험하는 녀석이 있는가 하면, 작은 뇌를 시험하는 녀석도 있다. 그런데 둘 다 승리를 거뒀다. 뇌가 작은 동물들은 독창성이 별로 필요하지 않은 서식지에서 번성했다. 뇌가 큰 동물들은 임기응변과 수수께끼를 푸는 재주를 이용해 변덕스러운 서식지

환경에 용감히 맞섰다. 그들은 살아남아 널리 퍼져나갔다. 생존능력이 강한 녀석들이 짝짓기 때 인기가 좋아서 유전자를 퍼뜨릴 수 있었기 때문이다. 동물이 진화하는 것은 단순히 환경에 적응하기 위해서만은 아니다. 유전자를 퍼뜨리려면 반드시 옆에 있는 친구 녀석을 이기고 짝짓기에 성공해야 한다. 다윈의 말처럼 적자생존은 사실 가장 섹시한 녀석이 살아남는다는 뜻이다.

플로리다 중부의 해먹 고지에서 발견되는 희귀한 곤충인 스크럽그래스호퍼를 생각해보자. 스크럽그래스호퍼 수컷의 성기는 열에 들뜬 암컷을 감질나게 만들기 위해 빠르게 진화한다. 성기에 작은 가지 몇 개가 추가로 생겨나는 경우도 있다. 암컷은 이 가지들을 좋아하기 때문에 이것이 있는 수컷과 짝짓기를 한다. 따라서 그들의 후손도 가지를 만드는 유전자를 갖게 된다. 가지가 왜 그토록 섹시한 걸까? 글쎄, 우선 가지를 못 본 척 그냥 지나치기가 힘들다. 만약 자신이 이미 짝짓기를 했다고 철석같이 믿는 암컷이라면 구애를 하느라 시간과 기운을 낭비할 필요가 없을 것이다. 따라서 수컷이 유창한 말솜씨나 신선한 외모로 암컷의 관심을 끌 수 있다면 그녀와 짝짓기를 할 수 있을 것이고, 그녀는 다른 수컷들을 물리칠 것이다. 바로 이 때문에 성기를 꾸미는 온갖 자잘한 장식들이 생겨났음은 말할 필요도 없다. 이런 장식품으로는 털뭉치, 작은 갈고리, 안팎을 뒤집을 수 있는 빳빳한 주머니, 반대 방향으로 뻗어 있는 여러 개의 손잡이 등이 있다. 이들은 암컷의 성욕을 충족시켜 짝짓기의 성공을 보장해준다는 점에서만 쓸모가 있을 뿐이다. 그 외에는 아무런 쓸모가 없는 장식품에 지나지 않는다. 우리의 진화과정에서도 아마 비슷한 일들이 몇 번 일어났을 것이다. 입술 모양에서부터 심리게임에 이르기까지. 우리는 가능한 한 최고로 섹시한 뇌를 만들어냈다. 내놓을 수 있는 패가 몇 개 되지 않을 때 '섹시함'은 생존을 위한 도구가 된다. 목숨을 부지해주는 새로운 행동들은 우연히 나타나 집단 전체로 퍼져나가고, 후손에게까지 전달된다.

갖가지 위험과 욕망이 흩어져 있는 환경의 압박으로 인해 우리 뇌는 순전히 혼자 힘으로 새로운 영역을 개척했다. 수십억 개의 뇌세포들이 생각을 만들어내는 주름진 대도시, 신피질이 바로 그것이다. 수많은 세포들이 종횡으로 연결되어 있을 뿐만 아니라 때로는 멀리까지 손을 뻗어 다른 뉴런과 접촉하기도 한다. 이렇게 해서 망아지처럼 마구 날뛰는 정신의 기본구조가 마련된다. 그 아래쪽 깊숙한 곳에서는 오래전부터 존재해온 뇌가 설화 속에 등장하는 지하감옥의 괴물처럼 땀을 흘리고 수고하면서 언제든 기회만 생기면 짓궂고 성가신 이성과 예의를 만들어낸다.

신피질 덕분에 우리는 이마가 높고 넓어졌다. 새로운 뇌조직이 폭발하듯 성장하면서 머리뼈를 밖으로 밀어냈기 때문이다. 뇌는 끊임없이 변이하면서 자의식이나 추상적인 생각 등 많은 전략들을 시험하는 동시에 학습과 기억에 효과를 발휘했던 모든 것을 단단히 붙들어두었다. 그렇게 옛것과 새것, 빌려온 것을 한데 결합시켜 마침내 지금의 크기로 부풀어올랐다. 현재 우리 뇌의 크기와 모양은 신경학자인 리처드 레스택Richard Restak의 생생한 표현처럼 "낡아서 쭈글쭈글해진 권투 글러브"와 비슷하다.

삶은 짜증과 교훈을 주었다. 우리는 다양한 먹잇감을 사냥했지만 많은 사냥감이 반격을 시도했다. 어떤 녀석들은 우리를 피해 다니며 시야에서 벗어나버리기도 했다. 한편 우리보다 훨씬 더 좋은 장비를 갖춘 육식동물들은 우리 뒤를 부지런히 쫓아다녔다. 우리는 근육의 힘으로 사냥감을 이길 수 있는 경우가 거의 없었기 때문에 꾀를 동원했다. 함정을 고안하고 무기를 만들었다. 다양한 음식을 먹고 다양한 곳에서 사는 우리는 꾀바르고, 창의적이고, 안목이 날카롭고, 쉽게 놀라고, 유연하고, 선천적으로 호기심이 많아야 했다. 대부분의 먹잇감이 우리보다 수영을 잘하거나 뜀박질을 잘했으므로 우리는 예측이라는 느린 기술과 문제를 파악해서 대책을 결정하는 빠른 기술을 터득했다. 경쟁자들과 대결하거나 사회의 위계구조를 절묘하게 다룰 때는 꾀와 직관이 필요했다. 우리의 새로운 뇌는 협동하는 법, 판단력, 웃는 법, 예배드리는 법, 사랑하는 법, 조롱하는 법을 배웠다. 뇌는 최고의 망상가가 되었으며, 세상을 지켜보면서 동시에 활동 중인 자신의 모습을 지켜보는 자신을 또다시 지켜보는 궁극의 엿보기 기술자가 되었다.

진화를 유전적인 구명조끼, 즉 우리가 새로이 만들어가는 것이 아니라 물려받은 것으로 생각하기 쉽다. 각각의 세대가 냄비를 휘저어 물리적, 사회적, 심리적 환경을 바꿔놓기 때문에 우리는 항상 인류의 진화에 손을 대고 있다. 계획적으로 손을 대는 경우도 있고(도시, 산업, 의약품), 좋은 의도로 시작한 일에서 위험한 부산물(공해, X선)이 생겨나는 경우도 있다. 좋은 의도로 시작한 일이 얼마나 많은 쓰레기를 뒤에 남겨놓는지 알고 나면 충격을 금할 수 없다. 어떤 사람들은 여기서 짜릿한 흥분을 느낀다. 그래서 고통을 줄이기 위해서뿐만 아니라 즐거움이나 과시를 위해서 세상을 급격히 바꿔놓기도 한다. 하지만 그러는 중에도 우리는 계속 진화하면서 환경에 적응한다. 우리 뇌는 생명이 진행하는 실험 중 하나일 뿐이다. 이 실험 못지않게 가능성이 희박해 보이는 다른 실험들이 많이 있다. 그 실험들의 결과가 어떨지 우리는 모른다. 실험의 구성요소를 전부 파악하지도 못한다. 하지만 우리는 우리가 지금 이곳에 존재하고 있음이 기적이나 다름없다는 사실에 깜짝 놀라 대초원 들쥐와 오존층에서부터 앉은부채(산지의 응달에서 자라는 여러해살이 풀-옮긴이)와 인간에 이르기까지 온갖 것들을 주시하려 애쓰고 있다.

32 인간의 마음에 대한 이론들

우리는 우리가 도저히 알 수 없는 어떤 것이다.

- 마이클 아이겐, 《정신분석적인 신비주의자》

지구상에서 의식을 갖고 있는 생명체는 우리뿐인가? 이 질문에 대답하려면 먼저 인간의 의식을 정의해야 한다. 그런데 내가 앞에서 말했듯이, 이에 관해 상충하는 이론들이 수없이 많다. 애리조나대학의 철학교수 데이비드 차머스David Chalmers는 '쉬운' 의식문제, 즉 기억의 저장이나 주의 기울이기 같은 인지적 기능을 이해하는 문제와 '어려운' 문제, 즉 인지적 기능들이 의식을 만들어내는 이유를 찾아내는 문제를 구분한다. 하지만 쉬운 문제조차 어렵기 때문에 이 두 종류의 문제를 풀기 위해 과학계, 심리학계, 철학계 최고의 두뇌들이 힘을 모으고 있다.

스티븐 미슨은 6,500만 년 전에 쥐와 비슷한 우리의 먼 조상이 갖고 있던 밀랍 같은 회색 덩어리에서부터 많은 포유류와 일부 영장류와 여러 원시인들의 머리 꼭대기에서 진화하던 둥근 덩어리 그리고 현재의 우리가 사랑하는 정신의 고통에 이르기까지 뇌의 역사를 분석한다. 그는 이 역사적인 드라마가 펼쳐지는 동안 뇌가 고도로 전문화된 다양한 지능을 발전시켰다고 대담하게 주장한다. 이 지능들은 우리가 상상하기 어려울 만큼 절대적으로 서로 단절되어 있었다. 따라서 서로의 존재를 인식하지 못한 그들은 서로 의논을 하거나 자신의 재주와 관찰 결과를 널리 퍼뜨릴 수 없었다. 그들은 선천적인 감각의 도움으로 먹이가 되는 풀을 찾아다니고, 날씨를 읽고, 사냥감의 흔적을 쫓았다. 기술적인 재주 덕분에 세상의 재료들을 다듬어 돌도끼처럼 유용한 물건도 만들 수 있었다. 강력한 사회적 지능은 자꾸만 모양이 변하는 인간관계의 협곡에서 우리를 안내해주었다. 각각의 지능은 점점 시야를 넓혀 생존 가능성을 높여주었으며, 이를 위해서는 힘들게 머리를 쓰는 일에 통달해야 했다. 불행히도 인지장벽이 이 지능들을 서로 떼어놓고 있었기 때문에 뇌는 한 부위에서 터득한 기술로 다른 부위의 문제를 해결할 수 없었다. 이 느슨한 집합체는 수천만 년 동안 살아남았지만 우연한 돌연변이로 인해 마치 다른 세상에서 온 것 같은 재능, 즉 지능들끼리 서로 협동하는 재능을 지닌 희한한 개체들이 태어났다. 이런 개체들은 숫자는 얼마 되지 않았지만 번성하면서 더 많은 상대와 짝짓기를 할 수 있었고, 새끼들을 더 훌륭하게 보호했다. 그리고 새끼들은 지능들을 통합하는 유전자를 물려받았다. 뇌의 여러 영역이 서로에 대해 알게 되자 협동이 가능해졌다. 물론 간혹 서로의 일에 쓸데없이 간섭하는 경우도 있었다. 미슨은 "서로 분리된 전문적인 지능들 안에 '갇혀' 있던 지식"을 통합하는 것이 의식의 역할이라고 보고 있다. 이처럼 각자가 지닌 노하우, 관찰 결과, 경험 등을 서로 나눌 수 있게 됨에 따라 뇌의 한 부위가 터득한 전술이나 재주를 다른 부위도 이용할 수 있게 되었다. 그리고 이처럼 서로 아무 관련이 없는 것들을 한데 모으는 재주를 통해 유추, 은유, 언어가 태어났다.

이 정신적 합병이 처음에는 서서히 진행되었을 것이다. 그러나 시간이 흐르면서 점점 속도가 붙어 아무도 멈출 수 없는 수준이 되자 뇌는 유연성과 창의성과 힘을 새로이 얻게 되었다. 금속을 불에 달궈 접은 다음 망치로 두드리고 다시 불에 달궈 접은 다음 망치로 두드리는 과정을 무수히 반복해서 얇지만 강한 검을 만들어내는 일본의 기술처럼, 뇌도 여러 부위를 한데 접고 그 부위들 사이의 상호작용 기능을 내장하게 되면서 다재다능해졌다. 도구에 대한 지식을 친척에게 알려줄 수도 있고 돌을 다루던 기술을 뼈나 사슴 뿔 같은 다른 재료에도 사용할 수 있게 된 것이다. 기술을 담당한 지능은 자연에 대한 관찰 결과를 이용할 수 있게 되었을 때, 동물들의 발자국 속에 빗물이 고이는 것을 보고 이런 생각을 했을 것이다. '저걸 이용해서 물을 운반할 수도 있겠어.' 원시시대의 조상들이 지금의 우리와 같은 추론 능력을 갖고 있지는 않았을 것이다. '햇빛에 구워진 흙은 소량의 물을 품을 수 있다. 난 물을 운반하고 싶다. 그러니까 흙을 가져다가 햇빛에 구운 다음 거기에 물을 채워야지. 그러면 물을 가지고 다닐 수 있을 거야.' 하지만 지능들을 섞는 방식이 아무리 단순하다 해도 지금 자기가 하고 있는 일이나 이러저러한 행동 또는 새로운 도구 디자인에 대해 생각할 수 있는 능력이 필요하다. 때로는 이 모든 것들을 한꺼번에 생각할 필요도 있다. 미슨은 이런 '인지적 유동성cognitive fluidity' 덕분에 예술, 종교, 복잡한 생각, 생각에 대한 생각이 가능해졌을 뿐만 아니라 필연적인 일이 되었다고 주장한다.

인지과학자인 질 포코니에Gilles Fauconnier와 마크 터너Mark Turner는 미슨의 인지적 유동성 주장을 지지한다(그들은 인지적 유동성을 '인지적 혼합cognitive blending'이라고 부른다). 하지만 그와 생각이 다른 부분이 몇 가지 있다. 그들은《우리가 생각하는 방식》에서 "정신은 키클롭스(그리스 신화에 등장하는 외눈박이 거인-옮긴이)가 아니다. 정신은 하나 이상의 '나'를 갖고 있다"면서 "정신은 세 가지, 즉 정체감, 통합 능력, 상상력을 갖고 있으며, 이것들은 서로 떼려야 뗄 수 없는 관계가 되어 긴밀하게 협동한다"고 썼다. 그들은 변화하는 뇌가 복잡한 정신적 공간들을 혼합하기 시작했을 때 언어와 현대적인 정신이 서서히 생겨났다고 믿고 있다. 그 후 언어는 "통합을 촉진하는 시스템"이 되었다.

포코니에와 터너의 말을 내 나름대로 해석하면 다음과 같다. 영화〈사브리나〉에서 한 무자비한 사업가에 대해 다음과 같은 대사가 나온다. "그 사람은 도덕은 벽에 그린 그림이고, 윤리관은 러시아 돈인 줄 알아." 이 이중의 말장난을 이해하려면 벽화가 무엇이고, 도덕이 무엇이고, 윤리관이 무엇이고, 루블화(러시아의 화폐 단위-옮긴이)가 무엇인지 알아야 한다. 그리고 이 지식을 모두 합쳐 '그 사람은 냉혹하다'는 의미를 찾아내야 한다. 하지만 이 말을 듣는 순간 우리는 이 신랄한 말장난이 재미있다고 생각한다. 내가 보기에 이것은 정말이지 놀라운 재주다. 아무리 평범한 사람도 지식을 통합해서 의미를 만들어내는 데 천재적인 능력을 발휘한다는 사실에 우리는 마땅히 경이를 느껴야 한다.

이보다 더 단순한 인지적 혼합은 더 유추적이며 훌륭한 금언이 된다. 에머슨의 다음과 같은 말이 좋은 예다. "예술은 질투심 많은 정부情婦

다." "석탄은 휴대가 가능한 날씨다." "수레를 별에 매어라." "재치는 스스로 호감을 이끌어낸다." 만약 내가 "사랑의 저택에는 방이 많다"고 말한다면, 대부분의 사람들이 그 저택의 모습을 그려보고 각 방들의 크기, 장식, 온도, 목적이 다양하다는 점을 이해할 것이다. 복잡한 인지적 혼합을 만들려면 서로 모순되는 정신적 공간을 이리저리 뒤섞으면서도 그 과정에서 동요를 느끼거나 그 과정을 의식해서는 안 된다. 모든 일은 막 뒤에서 이루어진다. 우리 정신에는 관객에게 모습을 드러낼 필요는 없지만 바삐 움직이는 무대 담당자자 같은 존재, 즉 무의식이 있다. 그 존재가 눈에 보이지 않는다는 사실이 틀림없이 생존에 도움이 되었을 것이다. 그렇지 않았다면 무의식이 우리 삶에서 그토록 커다란 역할을 할 리가 없다. 무대를 혼란스럽게 만들 필요가 없다. 하지만 포코니에와 존슨은 "그 때문에 인지과학은 정신적인 능력들이 무엇을 감추기 위해 만들어졌는지 밝혀내는 데 바로 그 능력들을 사용해야 하는 어려운 처지가 된다"고 말한다.

철학자 퍼트리샤 처치랜드에 따르면, 신경통로 덕분에 우리가 자신의 몸과 생각을 다층적으로 감시할 수 있다고 한다. 이때 우리가 경험하는 것은 초자연적인 현상이 아니라 뇌 조직이 한창 활동하고 있다는 느낌일 뿐이다. 처치랜드는 "일련의 능력들"이 "자신이 살아온 삶, 현재 몸에 대해 느끼고 있는 것 … 공간과 시간 속에서 자신의 위치, 사회질서 속에서 자신의 위치, 다른 인간이나 인간이 아닌 존재들과의 관계" 같은 정신적인 관심사와 물리적인 몸을 모두 그려낼 수 있다고 생각한다. 예를 들어, 몸이 굶주림에 시달릴 때 뇌는 수많은 물리적, 사회적 시나리오를 상상으로 만들어내서 재빨리 행동방침을 선택한다. 그러고 나서 처치랜드가 에뮬레이터라고 명명한 것에게 이 결정을 알리면 에뮬레이터는 결과를 고려해보고 그에 상응하는 반응을 보인다. 이 과정을 통해 계획이 수정된다면 에뮬레이터는 바뀐 계획이 빚을 결과를 다시 판단한다. 이런 식으로 주거니 받거니 하는 과정이 반복되면서 시간이 흐르다 보면 현실적인 해결책이 모습을 드러내고, 몸에 그 정보가 전달된다. 그러면 몸은 그 계획을 실행에 옮긴다. 처치랜드는 이 과정을 다음과 같이 요약했다. "간단히 말해서 회로들이 세상의 것들을 고려해서 자가 시뮬레이션을 만들어낸다. 하지만 적어도 사회적 동물인 우리에게는 다른 '자아들'의 시뮬레이션이 수반되는 경우도 있다. 만약 내가 분노를 드러내면 저 생명체는 어떻게 할까? 만약 내가 저 생명체의 뒤를 쫓는다면 녀석은 어떻게 할까? 만약 내가 저 생명체를 먹으려 한다면?"

잡다한 신경회로와 뇌의 시스템을 한데 모아 통합시키는 해석자에 관한 가자니가의 이론도 대단히 매력적이다. 조용히 감각을 인지하는 것만으로는 만족하지 않는 좌반구가 이야기를 들려주겠다고 고집을 부리기 때문에 우리는 자신이 합리적인 사람이며 자유의지로 행동하고 있다는 환상을 가질 수 있다. 가자니가는 좌반구의 해석자가 "자기성찰 능력과 거기에 수반하는 모든 것 … 우리의 행동, 감정, 생각, 꿈에 대해 끊이지 않고 이어지는 이야기를 촉발한다. … 해석자는 개인적인 본능들이 담긴 가방 속으로 삶에 관한 이론들을 가져온다"는 결론을 내렸다. 뇌가 자아인식을 만들어내는 것은 "과거의 우리 행동에 대한 이런 이야기들이 우리의 의식 속에 배어들고, 우리에게 자전적 기억을 주기" 때문이다.

캘리포니아대학 버클리 캠퍼스의 철학교수인 존 설John Searle은 의식을 물리적인 동시에 비물리적인 것으로 본다. 의식은 뇌가 만들어낸 상태지만 의식이 만들어질 때까지의 여러 과정들을 단순히 합한 것보다 더 커다란 존재라는 것이다. 신경과학자들은 이것을 '창발emergence'이라고 부른다. 개인적으로 나는 시너지 같은 단어를 쓰는 편이 더 낫다고 생각한다. Emergence(이 문장에서는 '출현'으로 해석해야 할 듯하다 – 옮긴이)는 해질 무렵 하늘에 맴도는 박쥐들을 가리키는 전문용어로 이미 쓰이고 있기 때문이다. 박쥐의 출현. 정신의 창발. 이것이 은유의 기능을 발휘하는 것 같다. 설은 "뇌에서 진행되는 과정들이 의식적인 경험을 일으킨다"고 말한다. 하지만 "의식은 뇌가 뿜어내는 액체 같은 것이 아니다. 의식적인 상태는 뇌가 처해 있는 상태라고 할 수 있다. 액체 상태나 고체 상태에서 물이 별도의 물질로 변하지 않는 것처럼, 의식도 별도의 것으로 변하지 않은 채 뇌가 처해 있는 상태가 될 수 있다." 그는 의식이 다른 상태로 바뀔 수 없는 것은 신비한 존재라서가 아니라 너무나 주관적인 존재이기 때문이라고 생각한다. 나의 개인적인 경험이 다른 사람의 개인적 경험으로 바뀔 수 없다는 뜻이다.

스티븐 코슬린은 "의식은 진공 속에서 뜨거운 필라멘트가 발하는 빛과 같다. 빛을 만들어내는 물리적 현상을 빛 그 자체와 동일시할 수는 없다"고 말한다. 뇌가 일을 할 때마다 의식이 동반되는 것은 아니다. 예를 들어 우리는 생존과 관련된 중요한 결정을 내릴 때 그 과정을 의식하는 경우가 매우 드물다. 기억 속에 저장해놓은 패턴을 의식하는 경우도 드물다. 하지만 그 패턴들 덕분에 사물을 재빨리 식별할 수 있다. 코슬린은 의식이 일종의 감독관, 품질 검사관으로 발전해서 뇌가 올바르게 작동하고 있는지 검사하는 역할을 하게 되었다고 말한다. 이런 역할을 하려면 반드시 항상 긴장을 늦추지 말고 균형과 평형과 일관성에 예민하게 반응해야 한다. 혹시라도 신경들이 멈칫거리는 경우에는 의식이 그 변화를 알아차린다.

뇌의 여러 부위에 자리 잡고 있는 뉴런들은 같은 자극에 반응할 때 기억 속의 연상들을 통해 하나로 묶여 같은 진동수(약 40Hz)로 진동한다. 코슬린은 의식과 이러한 동조 사이의 관계가 음악의 화음과 그 화음을 구성하는 개별적인 음 사이의 관계와 같다고 생각한다. 개별적인 음이 없다면 화음은 생겨날 수 없을 것이다. 하지만 화음을 개별적인 음들로 변형시킬 수도 없다. 조화로운 화음도 있고 불협화음도 있으며, 악기의 조율이 잘못되어 이상한 소리가 날 수도 있다. 의식이 처음부터 그런 목적을 위해 발전한 것은 아닐지 몰라도, 다른 일을 맡도록 되어 있는 뇌의 여러 구조물들로부터 기회를 놓치지 않고 서서히 발전해나온 것은 사실이다. 의식을 구축하기 위해 뇌의 여러 구조물들이 동원된 것이다. (코슬린은 코가 냄새를 맡기 위해 생겨났지만, 안경을 걸치는 데도 이용될 수 있음을 예로 들어 이를 설명한다.) 전기적인 패턴을 연구하는 학자들은 사람들이 자신의 지각을 의식할 때 동조 현상이 널리 퍼지는 것을 발견했다. 그러나 무의식적으로 정보를 받아들일 때는 그런 현상이 나타나지 않았다. 뇌가 아무 문제 없이 매끄럽게 기능을 발휘하는 한 우리는 삶에 전념할 수 있고, 뇌는 우리의 의식 아래에서 음악을 연주한다. 하지만 신경 화음의 진동이 잘못되기 시작하는 순간 불협화음이 생기고, 이것이 우리를 자극한다. 그래서 우리는 자신의 의식상태를 의식하게 된다. 갑자기 강렬한 감정을 느끼면 화음 속에 전혀 어울리지 않는

음이 끼어들 수 있다. 이론적으로는 이런 현상이 생기면 우리는 뇌를 다시 안정시키기 위해 수단과 방법을 가리지 않는다.

지금까지 설명한 것은 서로 경쟁하는 무수한 이론들 중 일부에 불과하다. 의식과 관련해서 많은 생각을 하게 만드는 책들이 많다. 뒷부분의 더 읽어야 할 것들에 내가 특히 커다란 자극을 받은 책들을 몇 권 열거해놓았다. 우리에게 의식이 있다는 사실이 실험적으로 증명된 적은 지금까지 한 번도 없다는 것을 잊으면 안 된다. 우리는 그저 개인적인 경험을 통해 의식이 있다는 것을 직관적으로 알고 있을 뿐이다. 돌고래가 회고록을 쓸 수도 없고 침팬지 말을 유창하게 구사하는 통역사도 없으므로 다른 동물들의 의식에 관해서는 제한적인 정황증거밖에 없다. 하지만 그런 증거가 아예 없는 것은 아니다. 모든 포유류에게는 대뇌피질이 있으므로 아마 의식도 있을 것이다. 기본적인 자아의식, 즉 세상과 별도로 존재하는 자신이 지금 여기에 존재하고 있다는 의식을 가진 동물들은 많다. 심지어 자신의 몸과 기분을 의식하는 것처럼 보이는 동물들도 있다. 우리는 모두 진화과정 초기에 만들어진 요소들, 즉 통증, 즐거움, 두려움, 굶주림, 유대감, 주기적으로 변화하는 의식 상태와 무의식 상태를 공유한다. 우리는 다른 동물들을 농민으로, 우리 자신을 영주로 생각하며 환상에 젖어 있지만, 행운의 유산과 풍요로운 왕국은 공통의 것이다.

33 동물에게도 의식이 있는가?

"뇌는 아주 평범한 물건이야. 땅 위를 기어 다니든, 미끈미끈한 바닷속에서 살금살금 움직이든 겁 많은 녀석들은 전부 뇌를 갖고 있어!"

- 위대한 마법사 오즈가 허수아비에게, 〈오즈의 마법사〉

여름의 기세가 한풀 꺾이면 벌새들이 떠나간다. 어쩌면 그래서 벌새들이 사라진 것이 그토록 커다란 상실감으로 다가오는 것인지도 모른다. 나는 진주빛으로 반짝이며 소란을 떨던 녀석들을 매일 그리워할 것이다. 밤이면 어둡게 변한 녀석들이 제자리에서 뭉그적거리며 한꺼번에 일곱 번이나 열 번씩 꿀을 들이마시면서 한 번 꿀을 마실 때마다 칼처럼 날카로운 부리를 들어올리기 위해 뒤로 물러나던 모습도 그리울 것이다. 녀석들은 그렇게 천천히 꿀을 삼킨 다음 마지막으로 한 번 더 꿀을 마시기 위해 꽃으로 곧장 다가선다. 나는 자연이 우리에게 보낸 이 작은 사절들을 그리워할 것이다. 녀석들은 우리처럼 인심이 후하고, 여름마다 보석 같은 모습으로 우리의 삶을 가득 채운다. 작년에는 어른이 된 벌새들이 9월 5일에 갑자기 떠나버렸다. 마치 기차 시간에 늦기라도 한 것처럼. 올해에는 벌써부터 안절부절못하는 것으로 보아 더 일찍 떠날 듯싶다. 호르몬이 소리 없이 녀석들의 뇌를 찔러대며 녀석들을 동요시킨다. 녀석들은 절박한 굶주림에 시달리며 언제라도 길을 떠날 준비를 갖춘다.

녀석들이 시간을 인식하는 것은 아닐 것이다. 자기들이 어디로 가는지도 모를 것이고, 꿀을 흠뻑 품은 정글 속 꽃들의 모습을 미리 그려볼 수도 없을 것이고, 자기가 본 것을 그리 많이 기억하지도 못할 것이다. 그런데도 녀석들은 우리보다 훨씬 더 훌륭한 솜씨로 길을 찾아간다. 새의 뇌는 추가로 뉴런들을 얻으면서 필요없는 것들을 없애버린다. 하지만 없어지는 뉴런보다 새로 자라나는 뉴런이 더 많다. 아이들의 뇌도 흡사하다. 작업할 대상이 너무 적을 때보다는 너무 많을 때 일이 더 쉽게 마련이므로 많은 잎을 만들어내서 가지치기를 하듯이 뇌의 모양이 잡혀간다. 벌새의 뇌든 아이들의 뇌든 모두 똑같다. 그런데 놀랍게도 각각의 뇌는 가지치기를 해서 어떤 모양이 되어야 하는지 잘 알고 있다.

하지만 우리와 달리 새들은 현재의 문제를 해결하기 위해 과거를 조사할 필요가 없다. 모든 동물이 그렇듯이 그들도 감각을 느끼지만, 대부분의 경우 그 감각에 대해 생각해볼 필요가 없다. 몸이 터득한 지혜가 본능과 반사작용을 통해 그들을 이끌어주기 때문이다. 다람쥐는 3년 전에 도토리를 묻어놓은 장소를 기억할 필요가 없다. 올해 도토리 50개를 묻어놓은 장소만 기억하면 된다. 어쨌든 본능은 가장 그럴듯한 장소로 녀석을 이끈다. 각각의 동물은 자신의 특수한 상황에 딱 맞는 뇌를 발달시켰다. 하지만 그들에게도 의식이 있을까?

우리와 가장 가까운 친척인 침팬지의 뇌는 어떨까? 침팬지들은 깊은 감정을 느끼기도 하고, 전략과 계획을 짜기도 하고, 놀라울 정도로 추상적인 생각도 할 수 있으며, 슬픔과 기쁨을 느끼기도 하고, 어느 정도 감정이입도 가능하고, 남을 속이거나 유혹할 수도 있고, 웃을 수도 있고, 사람처럼 환상을 좇으며 순화되지는 않을망정 삶의 압박을 분명히 의식할 수도 있다. 그들은 우리와 마찬가지로 강한 가족적 유대와 다양한 성격으로 인해 축복과 짐을 동시에 걸머지고 있다. 무모한 녀석도 있고, 규율을 엄격하게 지키는 녀석도 있다. 기쁠 때는 환성을 지르고, 슬플 때는 침울해진다. 녀석들이 우리처럼 정신상태에 대해 한없이 추론을 거듭하며 안절부절못할 것 같지는 않다. 그들은 다만 우리와 다른 꿈을 꿀 뿐이다. 아마 우리가 생각에 대해 생각하는 능력, 자기가 아는 것과 모르는 것을 구분하는 능력, 다른 사람의 생각을 추측하는 능력, 자신의 감정을 다른 사람에게 투사하는 능력, 다른 사람들도 나와 같은 생각을 갖고 있을 것이라고 생각해버리는 능력, 개념과 행동에 대해 말하는 능력 등을 신경회로 속에 짜 넣기 전에 꾸던 꿈과 상당히 비슷한 꿈일 것이다. 그래서 우리가 인형에서부터 개에 이르기까지 모든 것을 의인화하고 싶어 하는 것인지도 모른다. 우리는 너무나 외롭기 때문에 때로 다른 동물, 특히 반려동물도 인간처럼 정밀한 정신을 갖고 있을 것이라고 생각해버린다. 우리는 다른 사람의 마음에 자신을 투사할 수 있기 때문에 인형, 바다, 태양, 바람, 다른 동물, 식물, 화산, 조각상, 지형지물 등 세상 만물에 인간의 마음을 부여하는 경향이 있다. 그러고 나면 우리가 도저히 참을 수 없는 우리의 특징들을 모두 그들의 것으로 돌릴 수 있다.

혹시 우리가 서로 생각보다 더 가까운 친척이 아닐까? 우리는 감정적인 유산과 지적인 유산의 상당부분을 침팬지와 공유하고 있으며, 유전자의 약 95퍼센트도 침팬지와 똑같다. 언어 유전자 FOXP2도 마찬가지다. 다만 이 유전자가 침팬지에게서는 조용하고 인간에게서는 난장을 치고 있는 것이 다를 뿐이다. 이 유전자를 침팬지와 우리가 공유하고 있다는 것은 약 20만 년 전 우리의 공통조상이 존재했다는 뜻이다. 이 공통조상은 아마 으르렁거리는 소리, 휘파람 소리를 비롯해서 사회생활을 하는 데 필요한 여러 소리를 낼 수 있었을 것이다. 인간의 경우에는 FOXP2 유전자의 변형이 진화하면서 말을 정교하게 다듬고 언어능력의 발달에 커다란 힘을 실어주어 언어가 인간들 사이로 급속히 퍼지게 되었다. 침팬지와 인간을 살펴본 한 연구에서는 유전적으로 인간보다 침팬지에 더 가까운 사람이 몇 명 있는 것으로 드러났다! (내가 여자 친구에게 이 이야기를 해주었더니, 그녀는 옛날에 만나던 남자 중에도 틀림없이 그런 사람이 하나 있었다고 단언했다.)

나는 지금 머릿속으로 사람의 얼굴과 침팬지의 얼굴을 나란히 그려보고 있다. 우리가 유전적으로 그토록 가깝다는데, 외모는 어찌 이토록 다른 것일까? 라이프치히의 막스 플랑크 연구소에 근무하는 스반테 페보Svante Paabo는 인간과 침팬지의 뇌 활동을 비교해보았다. 우리 뇌의 크기는 침팬지 뇌의 두 배이지만 크기를 제외하면 기본적인 구조는 똑같아 보인다. 가족적인 유대감을 지키는 것에서부터 자기보다 지위가 높은 사람에게 아부하는 행동에 이르기까지 사회생활의 특징 중에도 같은 것이 많다. 파보는 유전자 발현칩gene expression chip이라는 도구를 이용해서 침팬지의 유전자와 인간의 유전자가 놀라울 정도로 다른 행동을 보인다는 사실을 밝혀냈다. 간과 혈액 샘플 속에 들어 있는 인간과 침팬지의 유전자는 비슷한 행동을 보였지만 뇌에서는 행동의 양상의 급격히 달라졌다. 인간의 유전자가 뇌에서 훨씬 더 많은 단백질 제조를 승인했던 것이다. 바로 이 때문에 우리의 뉴런은 정신없이 바쁘게 움직인다. 이것이 어떻게 해서 정신적 차이, 뭔가를 동경하는 능력, 사랑을 잃었을 때 마치 팔다리를 잃어버린 것처럼 통증을 느끼는 현상 등을 만들어내는지는 그저 추측할 수밖에 없다. 하지만 이 연구 결과는 우리가 이미 알고 있던 것을 확인해주었다. 우리가 600만~700만 년 전에 가까운 친척인 침팬지로부터 갈라져 나와 자기만의 정신적 장난과 폭력성을 만들어냈다는 것. 여기에는 더 길어진 어린 시절(우리 인생의 거의 3분의 1을 차지한다)과 성적인 성숙 지연뿐만 아니라 대담하기 짝이 없는 언어 능력도 포함된다. 이 세 가지 특징만으로도 우리는 헤아릴 수 없이 많은 차이를 갖게 되었다. 하지만 침팬지, 보노보(피그미침팬지), 오랑우탄에 대해 더 많이 알게 될수록 우리는 그들이 우리와 한 가족임을 더욱 실감하고 있다.

거울을 들여다보면 거기에 낯선 얼굴이 보일지도 모른다. 아버지나 어머니의 얼굴 또는 갑자기 주름이 지거나 햇볕에 탄 얼굴. 거울 속에서 이런 얼굴을 보며 겁이 날지라도 우리는 그 사람을 찾기 위해 거울 뒤를 살펴보지는 않는다. 불행히도 뇌손상을 입은 소수의 사람들을 제외하면 우리는 거울이라는 얼어붙은 연못에 비친 그 모습이 바로 자신이라는 것을 알고 있다. 거울에 자신을 비춰보는 것이 대단히 강렬한 경험이기 때문에 우리는 이것을 정신의 중요한 습관을 상징하는 은유로 만들었다. '너 자신을 알라'는 말도 똑같은 모호성을 바탕으로 삼는다. 우리가 보기에는 자의식을 시험하는 고대 신화 속의 이 테스트가 아주 평범한 일이지만 이 시험을 통과할 수 있는 동물들은 거의 없다. 생후 두 살 무렵이 될 때까지는 인간의 아기들도 마찬가지다. 거울 시험은 생물의 자의식을 판단하는 황금률이 되었다. 침팬지는 거울에 비친 자신의 모습을 알아본다. 돌고래 역시 알아본다는 보고도 있다.

범고래는 사냥, 의사소통, 사회생활을 위해 다른 문화적 전통을 발달시켰다. 보르네오 오랑우탄은 파리채를 만들어 쓰고, 나뭇잎을 장갑이나 냅킨으로 사용하며, 서로 실력을 겨루는 게임을 하고, 여러 물건을 성적인 장난감으로 사용하고, 손이나 나뭇잎을 구부려 소리를 조절할 수 있다. 이런 행동이 집단마다 다르게 나타나므로 학습을 통해 터득한 행동임이 분명하다. 다른 동물 중에도 기본적인 문화를 발달시킨 녀석들이 있다.

추상적인 생각이 상한선임은 분명하다. 다른 동물들 중에 '부끄러움 속에서 수백 번 감사의 뜻을 전한다'는 표현을 곰곰이 생각해볼 수 있는 녀석이 있을까? 아마 없을 것이다. 하지만 추상적인 추론을 할 수 있는 동물은 많다. 우리가 보기 드문 존재가 된 것은 우리의 정신이 다른 동물들과 엄청나게 다르기 때문이 아니다. 우리 정신은 그저 몇 가지 일을 다른 동물보다 더 할 뿐이다. 다시 말해서, 우리는 자의식이 더 많고, 추론을 더 많이 하고, 말을 더 많이 하고, 걱정을 더 많이 하고, 추상적인 생각을 더 많이 하고, 발명을 더 많이 하고, 계산을 더 많이 하고, 분석을 더 많이 하고, 감정이입을 더 많이 하고, 문제를 더 많이 해결하고, 감정을 더 많이 느낀다. 그 결과 우리는 상징과 이야기로 이루어진 자아의식을 갖게 되었다. 우리만의 독특한 특징은 다른 동물에 비해 민첩한 정신이지만, 세상에는 영리하고 감정이 있는 동물들에 관한 이야기가 많다.

우리는 왜 중간에서 갈라져 나와 유전적으로 독자적인 길을 걷게 된 걸까? 어쩌면 변화의 씨앗은 바이러스였는지도 모른다. 유전학자들은 우리 유전자 중 거의 절반이 '쓰레기 DNA'라는 것을 밝혀냈다. 이 DNA들은 수백만 년 전에 바이러스가 우리 몸속에 심어놓은 것인지도 모른다. 분자진화학자이며 조지아대학의 교수인 존 맥도널드John McDonald와 국립보건원의 킹 조던King Jordan은 여러 영장류에서 147개의 전이인자transposon(염색체들 사이를 돌아다닐 수 있는 바이러스성 DNA) 일족을 연구했다. 그 결과 인간에게서는 전이인자가 발견되었지만, 침팬지에게서는 발견되지 않았다. 인간과 침팬지가 갈라진 것은 바이러스의 DNA 조각이 인간의 염색체를 침범해 일부 유전자와 거기서 생산되는 단백질에 손을 댔기 때문인지도 모른다. 아니면 그 DNA 조각들이 엄청난 혼란을 일으키고 변화를 널리 퍼뜨려 인간의 게놈 전체를 바꿔놓은 것인지도 모른다. 맥도널드는 "우리는 DNA가 반드시 우리를 위해 봉사할 것이라고 생각하지만, 게놈 중 대다수는 우리가 수행하는 기능과 직접적으로 관련되어 있지 않다. 우리는 그저 커다란 그림의 일부일 뿐"이라고 말한다. 몸을 훔쳐가는 도둑들이 그려져 있는 그림이다. 그 도둑들은 자기네 DNA를 우리 몸에 끼워넣어 미묘하지만 엄청나게 진화의 방향을 바꿔놓았다. 우리가 수백만 년 전에 침팬지에게 안녕을 고했는지는 몰라도 우리는 결코 순혈종이 아니다. 우리는 잡다한 세포의 집합이며, 다양한 생명체들의 운명으로 이루어진 조각보다.

쓰레기 DNA가 사실은 쓰레기가 아니라 우리가 아직 정체를 제대로 파악하지 못한 유전자 스위치, 소음기, 조절기일 가능성도 있다. 가짜 유전자처럼 아주 귀찮은 물건일 수도 있다. 시간이 흐르면 '게놈의 어두운 부분'인 이 쓰레기 유전자들이 어떻게 우리를 풍요롭게 하고 미혹시키는지, 그리고 어떻게 우리를 독특한 존재로 만드는지 틀림없이 밝혀질 것이다.

우리가 다른 동물들과 몇몇 동기, 감정, 본능을 공유하고 있는 것은 사실이다. 따라서 그렇지 않은 척하는 것은 말이 되지 않는다. 두려움, 호기심, 성욕, 굶주림, 사회적 접촉, 방어본능, 물건을 저장하고 비축하는 행동, 지위 추구, 지배, 기쁨, 애정과 보호본능, 고통과 위험을 피하는 것, 몸을 꾸미는 행동, 놀이, 공격성, 운동, 수용, 상대를 달래고 복종하는 행동, 가족에 대한 충성, 편안하고 차분한 것에 대한 욕망 등은 인간과 동물에게서 모두 발견된다. 우리가 진실과 지식을 찾기 위한 탐색이라며 높이 평가하는 것을 다른 동물들은 탐구적인 호기심으로 받아들일지도 모른다. 우리가 자유라고 부르는 것을 다른 동물들은 자원과 자극과 짝을 찾기 위해 집을 떠나고 싶어 하는 강렬한 본능으로 경험할지도 모른다. 많은 동물들(과 일부 식물)은 음악을 비롯해 여러 가지 기초적인 방법들로 의사소통도 할 수 있다.

보르네오의 청개구리 수컷은 나무를 악기로 이용한다. 녀석들은 물이 반쯤 찬 구멍이 나 있고, 웅덩이에 반쯤 잠긴 나무를 골라 달빛 속에서 암컷들을 유혹하는 노래를 부른다. 이 밤의 콘서트를 처음 시작할 때, 개구리는 목소리를 올렸다가 내리기를 반복하면서 공명이 잘 되는 소리를 찾아낸 다음 소리의 길이를 길고 짧게 조절하면서 커다란 소리로 진심을 다해 일정한 패턴의 노래를 부른다. 녀석은 마음에 꼭 드는

음을 찾아낼 때까지 여러 음을 시험해보고, 음의 반향을 분석하고, 완벽한 소리가 날 때까지 소리를 조절한다. 내가 보기에는 작곡을 하는 것과 똑같다. 스웨덴 룬트대학의 비요른 라드너Bjorn Lardner도 나와 같은 생각이었다. 그는 청개구리를 연구하면서 녀석들에게 구멍 하나에 반쯤 물을 채운 피리 등 여러 관악기를 주고 반응을 살펴보았다. 수컷 개구리가 노래를 부르기 위한 준비작업을 시작할 때 라드너가 구멍 속의 수위를 변화시키면, 개구리는 바뀐 소리에 맞춰 노랫소리를 변화시키면서 공명이 잘 되는 소리를 찾아냈다. 오늘 아침에 나는 라드너의 조언에 따라 샤워 도중에 콧노래를 부르며 보르네오 청개구리 흉내를 냈다. 여러 개의 음을 시도한 끝에 샤워실 안을 울리는 소리를 찾아낸 것이다.

이제 양서류 중의 멋쟁이 건달인 아모롭스 토르모투스 개구리 이야기를 해보자. 중국 안후이성에 사는 이 화려한 녀석들은 덤불 속에서 아름다운 소리로 개굴거리며 즉석에서 수많은 노래를 지어낸다. 학자들이 이 녀석들의 노래를 12시간 동안 녹음해 분석한 결과 수컷들이 부르는 노래가 제각각 다르다는 놀라운 사실이 발견되었다. 게다가 자신이 이미 했던 노래를 다시 반복하는 녀석도 없었다. 녀석들이 갖가지 황홀한 목소리로 재빠르게 지어내는 다양한 노래들은 새, 고래, 영장류의 노래와 매우 흡사하다.

하지만 음악만으로는 충분하지 않다. 어떤 사람들은 동물들이 진정한 언어를 말하면서 그 상징적 의미를 다층적으로 이해할 수 있어야만 비로소 의식이 생긴다고 주장한다. 예를 들어 상징에 대한 생각이라는 상징성이 그 상징에 대한 지속적인 사색에 어떤 영향을 미치며, 그것이 신경망을 어떻게 변화시켜 앞으로도 그런 생각을 선호하게 만드는

지 생각할 수 있는 능력이 있어야 한다는 것이다. 따라서 그들은 추론을 할 수 없는 동물에게는 의식이 없다는 결론을 내린다. 하지만 우리가 하는 생각들도 대부분 의식적이지 않다. 그런데도 우리는 결정을 내리고, 목적에 따라 행동하며, 굳이 머리로 생각하지 않고도 자동차 운전처럼 복잡한 일을 해낸다.

어떤 사람들은 우리가 세상을 주관적이고 현상적으로 경험할 수 있는 유일한 동물이라고 주장한다. 자연 서식지에서 동물들을 자세히 관찰해본 사람이라면 우리가 그들보다 더 감수성이 강하다는 식의 인간중심주의가 틀린 것임을 잘 알 것이다. 나는 다람쥐도 분명히 세상을 주관적이고 현상적으로 경험한다고 생각한다. 녀석들의 습관과 판단력을 오랫동안 관찰해보고 내린 결론이다.* 대부분의 야생동물과 달리 다람쥐는 상대를 똑바로 바라보며 시선을 피하지 않는다. (녀석들이 상대를 똑바로 바라본다고는 했지만 툭 튀어나온 녀석들의 눈은 측면도 동시에 볼 수 있다.) 녀석들이 음식을 씹을 때면 원래 잘 움직이는 뺨이 많이 움직이고 긴 수염이 움찔거린다. 수염은 감각기관이라서 다람쥐들은 먹이를 먹으며 수염을 통해 공기, 눈, 바람, 비를 느낀다. 어쩌면 그것이 먹는 즐거움을 더해주는 것 같기도 하다.

어느 날 나는 무리를 지배하다가 어린 녀석들에게 쫓겨난 수컷 다람쥐가 다른 다람쥐들이 대부분 식사를 마친 후에 천천히 들어오는 모습을 보았다. 녀석은 조심스레 움직였으며, 집 근처로 다가오지 않았다.

——— 나는 〈내셔널 지오그래픽〉에 제출하기 위해 다람쥐를 연구했으며, 《가느다란 실》에 그 과정을 자세히 기록해놓았다.

사방이 탁 트인 곳에 있어야 더 쉽게 도망칠 수 있기 때문인 것 같았다. 녀석은 마치 무아지경에 빠진 듯한 모습으로 열매 몇 개를 천천히 먹었고, 그동안 다른 다람쥐들은 으르렁거렸다. 마침내 한 다람쥐가 녀석을 공격하자 녀석은 히코리나무 묘목 위로 뛰어올랐다. 녀석의 등에 털이 빠진 부분이 더 커진 것 같았다. 녀석이 밤사이에도 공격을 받았던 것일까? 녀석의 성격 변화는 놀라울 정도였다. 과거에 한동안 녀석들이 먹거나 저장해둘 열매가 그리 많지 않았던 적이 있었다. 녀석은 그 열매를 모두 차지했으며 다른 다람쥐들이 열매를 노리고 살금살금 다가올 때마다 싸움을 벌였다. 그런데 이제는 녀석의 움직임이 둔해졌고 녀석은 겁에 질려 항상 긴장하고 있는 듯했다. 녀석은 무리의 외곽으로 이동해서 나무로 올라가 가지 위에 멍하니 널브러져 있다가 다른 다람쥐들이 자리를 떠난 후에야 먹이를 먹으러 내려왔다. 인간이라면 우울증에 걸렸다고 할 만한 행동이었다.

나는 다람쥐를 연구하는 동안 위기관리 전화상담 일을 같이 하고 있었는데, 다람쥐와 인간이 비슷한 일로 고통받고 있다는 생각이 들었다. 자원부족, 애정결핍, 낮은 지위 같은 것들. 그 밖에도 잘 드러나지 않는 비슷한 점들이 헤아릴 수 없이 많았다. 예를 들어 수컷 다람쥐들은 친한 암컷들과 자주 어울려 다녔다. 번식기가 다가오면 암컷들은 평소에 어울리던 수컷들을 받아들여 짝짓기를 한다. 암컷들이 친구를 짝짓기 대상으로 선호한다고 말할 수도 있다. 수컷들은 암컷들의 이런 성향을 알고 이용한다. 녀석들이 암컷과 친구가 될 때부터 미리 이런 전략을 생각하는 걸까? 우리처럼 미리 계획을 짜지는 않는다. 하지만 우리의 추론 방식이 의식이라는 것의 유일한 형태인 것 같지는 않다. 자의식, 사회적 이성, 기분 변화, 뚜렷이 구분되는 각자의 성격, 주관적이고 현상적인 경험만을 따진다면, 의식을 갖고 있다고 볼 수 있는 동물이 많다.

도시에 있는 커다란 동물원의 우리에서 몇 번이나 탈출했던 수컷 오랑우탄 푸만추를 어떻게 생각해야 할까? 당연히 동물원 생활에 싫증이 난데다 호기심이 많았던 푸만추는 동물원 안을 여기저기 돌아다니며 사람들의 무리를 지켜보곤 했다. 녀석은 어떻게 몇 번이나 우리를 탈출했을까? 동물원 직원들은 비디오카메라를 설치해서 마침내 그 비밀을 알아낼 수 있었다. 푸만추는 사람들이 주위에 있을 때는 직선으로 편 클립을 윗입술 아래에 숨겨두었다가 사람들이 사라지면 클립을 적당히 구부려 열쇠를 딴 다음 밖으로 나왔다. 그러고는 나중에 또 쓸 수 있도록 클립을 다시 펴서 입속에 숨겼다. 교도소 생활에 싫증이 나서 머리가 살짝 이상해진 인간이 감옥에서 탈출할 때 할 만한 행동 같지 않은가? 푸만추는 무엇보다도 자기 몸이 인간들의 눈에 어떻게 비치는지 의식하고 있었음이 틀림없다. 그러니 클립을 입속에 숨기면 사람들이 보지 못한다는 것을 알게 된 것이 아니겠는가. 녀석은 누군가가 자신에 대해 생각할 것이라는 생각을 할 수 있었을 것이다. 또한 자신이 뭔가 해서는 안 되는 일을 하고 있다는 것도 알고 있었을 것이다. 의식이 없다는 동물이 이 정도면 머리를 상당히 많이 쓴 것이다.

우리는 도구를 쓸 줄 아는 생물이 우리뿐이라고 생각했다. 하지만 앞에서 말했듯이, 침팬지, 보노보, 오랑우탄도 도구를 사용하는 모습이 관찰된 바 있다. 게다가 영장류만 도구를 사용하는 것도 아니다. 예를 들어 2002년 8월 9일자 〈사이언스〉에는 뉴칼레도니아 까마귀들이 도구를 사용한다는 이야기가 실렸다. 어떤 암컷 까마귀는 철사를 구부려 갈고리 모양으로 만든 다음, 그것을 이용해 파이프 안에서 (음식이 들어 있는) 통을 낚시하듯 꺼내 학자들을 깜짝 놀라게 하기도 했다. 캐나다 레스브리지대학의 신경과학 교수인 제니퍼 매더Jennifer Mather는 문어도 도구를 사용하며 놀이를 즐긴다는 연구 결과를 내놓기도 했다. 의약품을 찾아낸 동물도 많다. 내가 가장 좋아하는 사례 중 하나는 살충제 효과를 내기 위해 노래기로 몸을 문지르는 꼬리감는원숭이다. 녀석들은 노래기 즙을 몸에 칠한 다음 마치 술병을 선물하듯이 이웃에게 노래기를 넘겨준다. 곤충학자이자 화학생태학자이며 코넬대학 교수인 토머스 아이스너Thomas Eisner는 노래기가 벤조퀴논을 분비한다는 사실을 발견했다. 벤조퀴논은 세척제 겸 살충제 효과를 낸다. 워낙 많은 야생동물이 의약품을 이용하고 있기 때문에 이 주제만을 연구하는 동물생약학zoopharmacognosy이라는 분야가 따로 있을 정도다.

감정이입처럼 우리가 자랑스러워하는 감정은 어떤가? 나는 브라질의 강우림에서 바닥에 흩어진 나뭇잎들을 깔개 삼아 조용히 앉아서 TV 연속극을 연상시키는 황금사자타마린원숭이들의 드라마를 지켜보던 기억을 결코 잊지 못할 것이다. 가부키 배우처럼 얼굴이 아름다운 이 원숭이들은 점점 사라지고 있는 희귀동물이다. 녀석들은 본능에 대단히 충실하며, 고등한 사고능력이 없어도 복잡한 사회생활을 영위한다. 내가 녀석들을 지켜보는 동안 어떤 어미원숭이와 사춘기에 이른 딸 원숭이가 그 딸의 어린 동생들의 충성심과 새로 등장한 수컷을 놓고 격렬한 싸움을 벌였다. 타마린원숭이의 뇌와 우리의 뇌는 엄청나게 다르지만 녀석들은 인간과 흡사한 행동을 한다. 마치 상대의 행동을 예상하고, 원인과 결과를 예측하며, 행동의 동기를 직관으로 알아낼 수 있는 것처럼 군다. 감정이입을 위해서는 반드시 우리처럼 생각하는 능력과 의식이 필요한 걸까?

많은 포유류 동물들이 감정이입을 어느 정도 경험한다. 특히 사회생활을 하는 동물들이 감정이입을 경험하는 것은 충분히 이해할 수 있는 일이다. 나는 오스트레일리아 본드대학의 심리학 교수인 마이클 라이버스Michael Lyvers가 감정이입의 효용을 훌륭하게 설명했다고 생각한다. 그가 《사이키》에 썼듯이, 사회생활을 하는 동물들은 감정이입을 통해 진화과정에서 커다란 이점을 누린다. 녀석들이 서로의 생각을 읽고 행동을 결정하는 데 감정이입이 도움이 되기 때문이다.

> 감정이입의 능력이 없는 생물은 … 사회적 집단 안에서 다른 개체들에게 부적절한 대응을 하는 경우가 많을 것이며, 다른 개체들이 당연히 세상을 주관적으로 경험하거나 '느끼지' 못할 것이라고 생각할 가능성이 높다(어쩌면 정신질환자들도 다른 인간과 인간이 아닌 동물을 이런 식으로 인식하는지 모른다).

가장 단순한 형태의 감정이입은 "원숭이 식의 흉내내기" 학습에 도움이 된다. 특별한 거울 뉴런들이 이 무언극을 거들어주며, 뇌 촬영을 통해 감정이입 현상 중 일부를 관찰할 수 있다. 어떤 원숭이가 공을 던지는 다른 원숭이를 지켜볼 때 뇌에서 환하게 밝아지는 부위는 녀석이 직접 공을 던질 때 밝아지는 부위와 같다. 어쩌면 우리는 다른 분야에서와 마찬가지로 이 분야에서도 진화의 선물을 더 정교하게 다듬었을 뿐인지도 모른다.

다른 동물들도 우리와 마찬가지로 의식이라는 정신적 환상을 갖고 있을까? 그들은 이런 정신적 환상을 가질 수 없다. 의식이라는 말은 우리가 우리 자신에게만 적용하기 위해 만들어낸 말이다. 우리가 잘 아는 의식은 우리 것뿐이기 때문이다. "그대와 나뿐, 나는 그대를 잘 모르겠네"라는 속담이 생각난다. 사실 동물은 고사하고 다른 인간들의 머릿속에서 나와 같은 서커스가 벌어진다는 사실조차 믿기가 어렵다. 생각이라는 곡예가 그만큼 개인적이고 독특한 것 같아서. 세상에 하나뿐인 것 같아서.

34 인간의 독특한 뇌에 바치는 찬사

> 우리는 수많은 연인과 부족, 우리가 삼킨 것들의 맛, 마치 지혜의 강물에 뛰어들 듯이 뛰어들어 헤엄쳤던 육체, 나무를 오르듯이 올라갔던 여러 인물들, 동굴에 숨듯이 숨겼던 두려움들을 품은 채 죽는다. 내가 죽은 후 이 모든 것들이 내 몸에 표시로 남았으면 좋겠다. 나는 그런 표식들을 믿는다. 자연이 그려놓은 지도. 건물에 부자들의 이름을 새기듯이 지도에 이름이 새겨지고 싶어서만은 아니다. 우리는 공동의 역사이며 공동의 책이다. 우리는 한 가지 취향이나 경험만을 추구하지 않는다. 오로지 내가 원한 것은 지도가 없는 땅을 걸어보는 것뿐이었다.
>
> - 마이클 온다체, 《잉글리시 페이션트》

뇌는 인류의 지도에서 여전히 미지의 땅이며, 보물과 괴물들이 숨어 있다는 설화 속 세계다. 하지만 우리는 이 땅의 지도를 그리면서 이 땅의 생태계에 대해 하나하나 알아가기 시작했다. 호기심과 필요성 사이의 틈새를 잇기 위해 우리는 두개골을 열지 않고도 속을 들여다볼 수 있는 방법들을 만들어냈다. 가장 최근에 개발된 fMRI 사진들은 마치 추상화처럼 아름답고, 갖가지 형태와 색깔이 짜릿한 파노라마처럼 펼쳐진다. 그 사진들은 또한 정신을 눈으로 보게 되었다는 점 때문에 아름답다. 그 사진들이 곧 기분의 부분적인 스냅사진임을 깨닫고 그 안에 내포된 의미들을 음미하는 순간, 여러 차원에서 아름다움이 어렴풋이 고개를 내민다. 그래, 이것이 고통의 파편이구나. 그 사진들을 보며 우리는 자기도 모르게 이렇게 중얼거릴지도 모른다. 그래, 질투가 이렇게 생겼구나. 사실 모든 음악이 바로 기분의 스냅사진이 아닌가? 뇌 검사를 한 번 하는 동안 기억이 되살아난 사건을 설명하려면 소설책 한 권이 필요할지도 모른다. 신비함과 암시가 이미지의 아름다움에 덧붙여진다. 정신이라는 움직이는 모자이크에 덧붙여지듯이.

하늘에서 아래를 굽어보는 장난꾸러기 정령처럼 우리는 PET, MRI, fMRI, MEG 같은 것들로 뇌의 뚜껑을 열고 안을 들여다볼 수는 있지만, 그래봤자 멀리서 몰래 뇌를 엿보는 구경꾼일 뿐이다. 기계들이 우리에게 알려줄 수 있는 것에는 한계가 있다. 종양을 찾거나 뇌졸중의 흔적을 추적할 때 기계들은 훌륭한 척후병이 된다. 뇌의 활동을 이해하기 위한 실험에 이 기계들을 사용할 때는 기계가 오류를 범하거나 한쪽으로 치우친 결과를 보여줄 가능성이 높아진다. 과거의 최신 눈들(확대경이나 X선 같은 것들)을 대신해서 우리가 새로 만들어낸 이 기계 눈들도 언젠가는 시대에 뒤떨어진 기술이 될 것이고, 뇌에서 전기가 갑자기 발생하고 갖가지 화학물질들이 부글거리는 모습을 시시각각 보여주는 기계들이 그 자리를 대신할 것이다. 현재 우리는 벨벳으로 감싼 상자에 핀으로 붙여놓은 나비를 연구하는 인시류 학자와 조금 비슷하다. 나비는 아름다울 뿐만 아니라 우리에게 많은 것을 가르쳐주지만, 무리로부터 떨어져나와 홀로 존재하고 있다.

이 책의 곳곳에서 나는 뇌 촬영기술을 이용한 연구들을 언급했다. 두개골 안에 잡혀 있는 아름다운 포로가 우리의 육중한 기계들을 요리조리 피해 다니는 경우가 많기 때문에 이런 연구들은 절대적이라기보다는 희미한 암시에 가까운 결과를 보여준다. 우리는 뇌가 사과나 어떤 사람의 얼굴을 생각할 때, 단어를 읽을 때, 웃을 때, 냄새를 맡을 때, 이성적인 추론을 할 때, 통증을 예상할 때, 도덕적인 딜레마와 씨름할 때, 발가락을 움직일 준비를 할 때, 욕망을 느낄 때, 지나치게 활동적일 때, 질병의 특징을 밝혀낼 때 어떻게 움직이는지 정확하고 분명하게 지도를 작성하려고 노력하고 있다. 우리는 뇌의 혈류, 포도당과 산소에 대한 갈망, 방사성이나 자성 등을 측정한다. 뇌의 특정 부위에 불이 환하게 켜지는 것을 보면서 우리는 조금씩 단서를 얻는다. 하지만 현관의 불이 켜져 있다고 해서 집 안에 누가 있는지 반드시 알 수 있는 것은 아니다. 뇌 지도 작성에 관한 한 "우리의 지식은 비행기에서 창밖을 내다보는 수준과 비슷하다." 스탠퍼드대학의 신경과학 교수인 윌리엄 뉴섬William Newsome은 이렇게 설명한다. "여기저기 흩어져 있는 도시들의 불빛이 보인다. 우리는 도로, 철로, 전화선이 그 도시들을 이어주고 있다는 것을 안다. 하지만 도시 내부와 도시들 사이에서 벌어지는 사회적, 정치적, 경제적 상호작용, 즉 제대로 기능하는 사회의 특징들에 대해서는 거의 알아낼 수 없다." 나는 이 비유가 마음에 든다. 또한 남극대륙 상공의 오존층에서 구멍이 발견되었지만 반드시 남극대륙의 얼어붙은 사막이 그 구멍을 만들었다고 생각할 수는 없다는 점도 명심해야 한다. 그 구멍이 끊임없이 역동적으로 변화하는 사회적 기후와 유동적인 기후작용 속에 얽혀 있는 전 세계적인 사건들의 관계망 때문에 생겼음을 알려주는 단서도 없다.

따라서 뇌 지도는 완벽하지 않다. 그래도 뇌에 관해 놀라운 통찰력을 제공해주는 것은 사실이다. 특히 여러 가지 기법들을 함께 결합시켰을 때 더욱 그러하다. 기계마다 장단점이 다르기 때문이다. PET(양전자방사단층촬영)는 방사성 입자를 이용해서 뇌의 혈류를 3차원 영상으로 보여준다. MRI(자기공명영상)는 안정적인 자기장과 전파 펄스를 몸에 쏟아부어 훨씬 더 자세한 영상을 만들어낸다. fMRI(기능성 자기공명영상)는 활동성 뉴런의 산소 수준을 측정해서 영상을 만들어낸다. 그리고 MEG(자기뇌파검사)는 뉴런들이 순간마다 변하면서 퍼뜨리는 미약한 자기장을 잡아낸다. 컴퓨터는 이 기계들이 측정한 결과에 색을 입힌다. 임의적으로 결정된 색은 온도 차이를 분명히 나타내기 위해 인간들이 고안한 도구다. 망원경으로 본 영상의 화려한 색깔들도 마찬가지다. 육안으로 보면 모든 물체가 검은색, 흰색, 회색으로 보인다. 과학자들은 우리 감각에 맞게 컴퓨터 데이터에 색을 입힌다. 우리 감각이 색을 좋아할 뿐만 아니라 깊이와 거리를 가늠할 때 색에 의존하기 때문이다. 우리가 본능적으로 빨간색과 노란색을 열기와 동일시하고, 파란색과 초록색을 차가운 것과 동일시하는 것을 보면 참으로 신기하다.

아름다움은 정신이 만들어내는 환상이므로, 굳이 그럴 필요가 없더라도 우리가 이미지들을 감각적이고 아름답다고 생각하는 것이 잘 어울린다. 무더운 여름밤에 울어대는 매미들은 우리를 기쁘게 하기 위해 진화과정에서 일부러 그런 소리를 만들어낸 것이 아니다. 초음파의 영역에 청각이 맞춰져 있는 매미들은 우리가 듣는 소리를 아예 듣지 못하지만 그들의 목소리는 우리를 기쁘게 해준다. 살아 있는 뇌의 컬러 스냅사진이 우리를 기쁘게 해주는 것처럼.

뇌 촬영을 통해 알게 된 짜릿한 진실 중에는 대화치료와 약물이 똑같이 강한 효과를 발휘할 수 있다는 사실도 있다. 왜곡된 사고방식을 바꾸면 뇌도 변한다. 뇌를 변화시키면 왜곡된 사고방식도 일부 바뀐다.

하지만 모두 바뀌는 것은 아니다. 정신분열증을 비롯한 일부 질병들은 이런 치료에 저항한다. 하지만 예를 들어 심술궂은 생각과 충동을 걸러내는 데 필수적인 역할을 하는 뇌 부위의 이상으로 생기는 것으로 짐작되는 강박장애에는 인지행동치료가 효과를 발휘한다. 심리치료는 심화학습에 의존하며, 모든 종류의 학습은 뇌를 변화시킨다. 뇌 촬영 결과는 변화과정을 스냅사진처럼 찍어 이 사실을 확인해준다. 에릭 캔들이 해삼의 신경계에 관한 고전적인 연구를 통해 증명했듯이, 모든 동물은 새로운 것을 학습했을 때 새로운 단백질을 만들어낸다. 그리고 이 단백질이 새로운 신경회로를 만들어낸다. 누군가와 대화를 나누는 것으로도 뇌의 기능을 뒤흔들어놓을 수 있다. 많은 경우 우울증 약을 먹는 것은 대화치료를 통해 반드시 기억해야 할 중요한 것들이 제공되는 바로 그 시점에 새로운 기억을 저장하는 데 도움이 된다. 뇌가 한창 활동하는 모습을 살펴보기 위해 뇌 촬영을 이용하면 치료의 효과를 파악할 수 있다. PET를 이용한 연구에서는 환자들이 우울증 약을 복용하든 심리치료를 받든 상관없이 증세가 호전됨에 따라 뇌가 똑같은 변화를 보인다는 사실이 밝혀졌다.

우리는 뇌를 원하는 만큼 자세히 들여다볼 수 없지만 호기심 많은 사람들이 개발해낸 기계들을 이용해서 뇌의 내부를 살짝 엿볼 수는 있다. 나는 토론토에 있는 베이크레스트 노인병센터의 캐슬린 오크레이븐Kathleen O'Craven과 MIT의 낸시 캔위셔Nancy Kanwisher가 계획한 뇌 촬영기술 이용방식이 마음에 든다. 어떤 사람이 장소를 생각하고 있는지 누군가의 얼굴을 생각하고 있는지 약 85퍼센트 정도 알아맞힐 수 있게 된 그들은 뇌졸중 때문에 말을 할 수 없게 된 환자들의 정신세계 속으로 비집고 들어가려 애쓰고 있다.

뇌 촬영기술은 의료와 수술을 위한 진단 보조도구로서 그리고 복잡하게 얽힌 뇌 속의 황야에서 길을 알려주는 안내자로서 얼마나 도움이 되는지 모른다. 내 생각에 뇌 촬영기술을 이용하는 것은 우주에서 찍은 지구의 영상을 보는 것과 조금 비슷한 것 같다. 우리는 우주에서 찍은 바다의 모습을 바라보면서 바다에 존재하는 여러 가지 패턴과 색깔, 그리고 사방을 배회하며 돌아다니는 기후시스템에 대해 많은 것을 알아낼 수 있다. 하지만 우주라는 물고기는 파도 속에 여전히 숨어 있다.

나는 살인자들의 뇌를 살펴본 일련의 영상에 특히 흥미를 느끼고 있다. 연쇄살인범의 뇌를 들여다본다면, 해골 밑에 뼈 두 개를 교차시켜 놓은 그림 같은 죽음의 상징으로 가득 찬 틈새들이 발견될까? 아니면 이편이 훨씬 더 걱정스럽기는 하지만 연쇄살인범의 뇌도 다른 사람의 뇌와 똑같다는 사실을 알게 될까? UCLA의 심리학 교수인 에이드리언 레인Adrian Raine은 유죄판결을 받은 살인범들의 뇌를 촬영해서 범죄행동의 생물학적 원인을 찾고 있다. 위에서 뇌를 굽어보는 PET는 빨강과 노랑(대단히 활성화된 부분), 또는 파랑과 초록(별로 활성화되지 않은 부분)으로 뇌의 신진대사 활동을 생생히 보여준다. 레인은 "살인자들도 인생의 99퍼센트에 해당하는 기간에는 우리와 똑같은 사람이라는 점"을 우리가 잊어버리고 있다면서 "나머지 1퍼센트의 기간 동안 발생하는 비극적인 행동들이 그들과 우리를 갈라놓는다. … 어쩌면 뇌의 구조와 기능 역시 그들과 우리를 갈라놓는 역할을 하는지도 모른다"고 설명한다. 그는 "많은 살인자들의 뇌를 조사한 결과 그들의 뇌가 정상적인 사람들과는 기능적으로 다르다는 것을 보여주는 … 최초의 증거"를 발견했다고 믿고 있다. 그의 연구 결과는 도발적이다. 살인자들의 좌반구는 정상인들에 비해 덜 활동적이고, 우반구는 더 활동적이다. 그들의 뇌를 PET로 검사해보면 전전두피질, 편도체, 뇌량, 해마에 '특징'이 나타난다. 뿐만 아니라 레인은 약탈적 살인자와 감정적인 살인자, '훌륭한' 가정 출신 살인자와 '나쁜' 가정 출신 살인자의 뇌에 뚜렷한 차이가 있음을 발견했다. 생물학적인 특징에 사회적 요인이 영향을 미치는 걸까? 뇌의 두 반구를 이어주는 분주한 섬유 고속도로인 뇌량과 관련해서 그럴듯한 시나리오가 하나 있다. 학대를 일삼는 부모가 젖먹이 아이를 마구 흔들어대면 뇌량을 구성하는 섬유가 약해질 수 있는데, 이 때문에 두 반구 사이의 의사소통이 원활히 이루어지지 못하면 우반구의 부정적인 감정들을 좌반구가 억제하지 못한다. 여기에 뇌의 다른 이상증세들(공격적인 성향, 이성적인 추론 능력 부족, 무모함, 자제력 부족, 정신적 유연성 부족 등)이 덧붙여지면 치명적인 결과가 생길 수 있다. 레인의 경고처럼 이런 연구 결과는 도덕적, 정치적, 법적으로 심각한 딜레마를 만들어낼 수 있다. 이를테면 이런 것이다. "만약 뇌의 결함 때문에 폭력적인 범죄를 저지를 가능성이 높아진다면, 그리고 뇌의 결함을 초래한 원인이 당사자의 능력으로 어쩔 수 없는 것이라면, 그에게 범죄에 대한 모든 책임을 물을 수 있을까?" 미래의 남편, 제자, 직원에게 뇌 검사 결과를 제출받아 살펴본 결과 그 사람이 온화한 사람이라는 주위의 평판에도 불구하고 뇌에서 범죄자와 비슷한 이상이 발견되었다면? 뇌 지도들이 보관된 도서관이 없기 때문에 우리는 무엇이 정상인지(정상의 영역은 대개 대단히 넓다), 또는 살인자의 뇌를 가진 사람들 중 평화주의자가 될 수 있는 사람이 몇 명이나 되는지 정확히 알 수 없다. 또한 '정상적인' 비정상

(난독증 환자들의 좌반구도 정상인에 비해 덜 활동적이지만, 그들 중에 폭력적으로 변하는 사람은 거의 없다)이라는 문제 외에도 레인이 언급한 불편한 진실, 즉 폭력적인 성향을 보이는 사람들 중 대부분이 신경학적으로 정상이라는 사실을 무시할 수도 없다. 어쨌든 정신적인 지문이라고 할 수 있는 뇌 지도를 많이 작성해서 모으다 보면 온갖 종류의 단속과 편견이 생겨날 가능성이 있다. 뇌 촬영이 모든 수수께끼를 다 해결해주지는 못한다. 결함이 하나도 없거나 윤리적으로 모호한 문제가 아주 없는 것도 아니다. 하지만 뇌 촬영기술은 이미 많은 성과를 올렸으며, 정신의 산맥을 계속 탐구하면서 아름다운 풍경들을 보여주고 있다.

뇌 연구가 위대한 발견의 시대를 맞이하고 있기는 하지만, 아직도 많은 것이 파도 속에 숨어 있다. 하지만 우리는 의문을 품을 줄 알고, 감각기관을 연장하는 방법을 발명해낸 동물이다. 자신을 연구하는 동물이며, 걱정할 줄 아는 동물이다. 너무나 쉽게, 너무나 자주 거짓말을 하는 동물이기도 하다. 인간이라는 짐승의 몸속 어딘가에서 꿈이 만들어지고, 예술이 창조되고, 로맨스가 펼쳐진다. 특별히 단순하거나 효율적인 방식으로 이런 일들이 이루어지는 것은 아니다. 우리가 평생 동안 교통신호가 바뀌기를 기다리는 시간을 모두 합하면 평균 2주일이나 된다. 우리는 모든 것에 감정을 입힌다. 우리는 정성과 공을 들일 줄 아는 동물이다. 풍선껌 냄새가 나는 펜, 혀 피어싱, 파란 장미, 오렌지-스타푸르츠-카모마일 차 등 수많은 감각적인 물건들을 발명한 것도 우리다. 우리는 살아가면서 '남성 기계톱 악대 행진' 같은 구경거리를 즐긴다. 이 악대는 매년 이타카 축제의 퍼레이드에 참가하고 있다('볼보 발레단'도 그렇다).

우리는 다양한 직업이름도 만들어낸다.

꼰대교사, 마약상, 동물 전문배우, 수족관 관리자, 색상 관리자, 악어-가위 담당자, 달걀 냄새감별사, 매춘부, 수정 전문가, 개 사료 반죽 전문가, 마초(유대인이 유월절에 빵 대신 먹는 음식. 성경에 '무교병'이라고 번역되어 있다 – 옮긴이) 제빵기 전문가, 소음제거 전문가, 쿠키 깨뜨리기 전문가, 무임승차꾼, 물고기 뒤집기 전문가, 팬티스타킹 사타구니 마무리 기계 담당자, 성숙도 확인자, 바다 거품 키스 만들기, 뜻 모를 말 정리 전문가, 가슴 누르기, 바나나 성숙실 관리자, 자동 덩어리 만들기 관리자, 조롱 전문가, 엉덩이살 톱장이, 파나마모자 기름 바르기 전문가, 연철공, 연동 진동기 담당자, 조개 분류자, 무화과 세척 담당자, 소동꾼, 소매 진동 마무리 담당자, 정보 탈취자, 이파리 빨기 담당자, 가루로 본뜨기, 모피 두드리기, 압착 롤러 담당자, 고양이 쫓기, 머리 조각가, 턱뼈 부수기 전문가, 스컹크 가죽 가공 전문가, 크레용 품평가, 견본 관리자, 앞치마 긁기, 고리를 끼워 냅킨 접기 전문가, 기요틴 담당자, 서커스 곡예사, 좌약 찍어내기 담당자, 주소불명 우편물 담당자, 봉봉크림 데우기 담당자, 킹메이커, 부활절 토끼, 키스 섞기, 베갯잇 뒤집기, 어머니 수리공.*

——— 2만 5,000여 개의 직종이 수록되어 있는 미국 노동부의 《직업이름 사전》에 따르면 여기에 열거된 직업들은 모두 현재 미국에 존재하고 있다.

화가 데이비드 호크니가 "우리는 세상을 재창조할 수 없다. 새 세상을 어디다 두겠는가? 지금 세상 옆에?"라고 지적했음에도 우리는 세상 전체를 재창조할 수 있다는 순진한 믿음을 버리지 않는다. 우리는 자신을 이해하고, 받아들이고, 오래도록 자신의 존재를 남기려고 애쓴다. 우리가 화려한 치장을 즐기는 것 자체가 흥미로운 의문의 대상이다. 사실 번식을 위해 졸업무도회에 반드시 호박단 드레스를 입고 가야 하는 것도 아니고, 팬티스타킹이나 라켓볼이나 코넬대학의 거대한 헤라클레스 조각상에 인류의 생존이 걸려 있는 것도 아니다. 자동차 범퍼용 크롬으로 조각된 헤라클레스 조각상은 벌거벗은 모습으로 코넬대학의 잔디밭을 굽어보고 있는데, 매년 봄이 되면 학생들이 헤라클레스의 성기에 화려한 콘돔을 씌워놓는다. 우리가 화려한 치장을 즐기는 것은 매일 생사를 건 결정을 내릴 필요가 없는 세상에서 우리 뇌가 돌아가고 있기 때문일까? 우리가 치장을 즐기는 것은 더 소박했던 시절에 맞춰져 있는 진화과정 중에 무엇이든 화려하게 치장하는 데서 강렬한 기쁨을 느끼게 되었기 때문일까? 우리가 화려한 치장을 즐기는 것은 우리가 알 수도 없고 손을 댈 수도 없으며 결국은 우리를 죽음으로 이끌게 될 미지의 힘이 버티고 있는 제멋대로인 우주에서 우리가 칼자루를 쥐고 있다는 환상을 강화하기 위해서일까? 우리가 치장을 즐기는 것은 번식을 둘러싼 경쟁 때문일까? 머리가 빨리 돌아가는 사람이 살아남아 자식을 기르게 될 가능성이 더 높기 때문에? 우리가 치장을 즐기는 것은 한 가지 테마를 바탕으로 여러 가지 변주를 만들어내는 것이 자연의 기본적인 성질이며, 한 가지 것이 얼마나 다양하게 이용될 수 있는지 알아보는 것이 자연의 습관이기 때문일까(눈目을 생각해보라)? 우리가 치장을 즐기는 것은 자원을 교환하기 위해서일까? 우리가 치장을 즐기는 것은 여러 사물들을 더욱 분명하게 구분하고, 분리시키기 위해서일까? 우리가 치장을 즐기는 것은 죽음의 기세를 억누르기 위한 미신적인 조치로서 삶 속에서 더 커다란 공간을 차지하기 위해서일까? 우리가 치장을 즐기는 것은 조개가 살을 긁는 모래알을 감싸기 위해 진주층을 분비하듯이 삶이 힘들게 느껴질 때 자신을 위로하기 위해서일까? 우리가 치장을 즐기는 것은 그냥 재미로 즐기는 감각기관의 스포츠 같은 것일까? 이런 식으로 우리가 치장을 즐기는 이유가 될 만한 것을 꼽자면 한이 없다. 우리가 그 어떤 이유도 증명할 수 없기 때문이다. 어쩌면 이 모든 이유들이 제각각 어느 정도씩 영향을 미치는 것인지도 모른다. 우리가 치장을 즐기는 이유를 화려하게 상상해보는 것 또한 그 자체로서 즐거운 일이다.

우리 뇌는 변변치 못하고 부정확하지만 바로 이것이 뇌의 강점이다. 우리는 질서를 구축하려고 애쓰지만 진화과정은 그렇지 않다. 진화는 여러 부위들을 덧붙이거나, 만지작거리거나, 재활용한다. 진화는 괴짜가 됐든 뭐가 됐든 제대로 기능을 발휘하는 것들을 좋아한다. 진화는 최고의 것보다 편안한 것을, 정확한 것보다 빠른 것을 선택한다. 따라서 최종적인 결과가 완벽하지는 않지만 필요한 기능을 수행하는 데는 아무 문제가 없다. 창조적인 해법으로 따지자면 뒤죽박죽인 편이 깔끔한 편보다 훨씬 더 많은 가능성을 품고 있다. 그래서 정밀기계가 감당하지 못하는 일을 간단한 기계장치들이 문제없이 수행해내기도 한다. 나는 어른이 된 후에 어린 소년 같은 크리스마스 소원을 빈 적이 있다. 그 결과 화학 실험실과 세 가지 조립세트를 선물로 받았다. 각각 미국제, 영국제, 독일제였다. 미국제 세트에는 페인트를 칠하지 않은 금속 부품들이 들어 있어서 사용자가 마음 내키는 대로 아무렇게나 대충 조립할 수 있었다. 영국제 세트는 그보다 좀 더 세련된 것이라서 색이 칠해진 부품이 일부 포함되어 있었다. 독일제 세트는 아름다운 디자인에 각 부품들이 훌륭하게 만들어져 있었지만, 반드시 좋기만 한 것은 아니었다. 그토록 정밀한 제품으로 조립을 하려면, 실제로 작업에 착수하기 전에 설계도부터 만들어야 할 판이었으니까.

그토록 상상력이 풍부하고, 생각이 많고, 통찰력이 있고, 논리적이고, 창조적인 우리 뇌의 활동을 일종의 '정보처리'과정으로 치부하는 것은 너무 냉정하게 들린다. 어쩌면 불경스럽다는 느낌이 들지도 모른다. 정보처리라는 말은 컴퓨터 작업을 지칭할 때 가장 많이 쓰이는 말이다. 우리는 뉴런처럼 켜졌다 꺼졌다 하는 기본 기술을 바탕으로 컴퓨터 두뇌를 만들었다. 하지만 우리는 뭔가를 창조할 때 우리가 아는 것을 바탕으로 할 수밖에 없다. 그것이 제한된 지식이라 해도 어쩔 수 없다. 뇌의 동시성, 병렬처리 능력, 주관적인 피드백, 비논리적이고 감정적인 소란 그리고 가끔 나타나는 아무 이유 없는 현상들은 아무리 정교한 컴퓨터라도 도저히 흉내 낼 수 없다. 컴퓨터가 몇 가지 작업을 뇌보다 더 훌륭히 수행하는 것은 사실이지만 대개는 기능이 떨어진다. 우리는 스스로 만들어낸 창조물들의 한계로 인해 퇴보하기보다는 그들의 재능 덕분에 더 넓어진다. 앞에서 물질의 훌륭함에 찬사를 보낼 때 언급했듯이, 어쩌면 정보처리는 우리가 생각하는 것처럼 단순한 작업이 아닐지도 모른다. 어쩌면 정보처리는 우리가 수행하는 탐색과 탐구의 영혼이며, 살아 있는 우리가 창조해낸 생명 없는 기계들조차 제한적이고 초보적으로나마 훌륭히 수행할 수 있는 작업인지도 모른다. 뇌처럼 살아 있는 시스템은 깔끔하지 못하고 부정확하지만 다양한 접근방식을 시도하는 데 더 뛰어난 능력을 발휘한다. 뇌는 변덕스럽지만 더 유연하다. 대부분의 뇌가 학습능력이 뛰어나고 패턴을 잘 찾아내지만, 기본적인 수학문제를 풀 때는 컴퓨터는 물론이고 전자계산기의 상대조차 되지 못한다. 논리적인 면에서도 뇌의 기능은 한심하다. 대부분의 사람들은 수많은 시행착오를 거치면서 갖가지 창피를 겪은 후에야 어렵게 그 사실을 배운다. 정밀한 기계와 달리 뇌는 항상 정확할 필요가 없다. 기능을 발휘하는 데 무리가 없는 수준만으로도 충분한 경우가 많다. 비록 기능을 못하는 것처럼 보이다가 갑자기 뛰어난 능력을 보이는가 하면, 순전히 도박을 하듯 일을 수행한다 하더라도 괜찮다. 유연한 뇌는 하는 짓이 엉성한 것처럼 보여도 성공작이다. 정밀한 뇌는 컴퓨터다. 완벽한 뇌는 존재하지 않는다.

제러드 맨리 홉킨스의 말이 맞다. 뇌에는 '아무도 상상하지 못한,' 머리가 빙빙 돌 만큼 어지러운 마음의 절벽들이 있다. 월러스 스티븐스Wallace Stevens의 말이 맞다. 몸의 욕구를 충족시키기는 쉬워도 정신을 충족시키는 것은 불가능하다. 우리는 눈송이가 잘게 찢어진 냅킨 조각처럼 떨어지는 것을 지켜보며 호랑이처럼 사납던 마음이 부드러워진다. 빗소리는 마치 새끼 쥐의 웃음소리처럼 들린다. "정신은 그 자신의 아름다운 포로다." E. E. 커밍스는 사랑의 감옥에 갇혀 있을 때 이런 글귀를 썼다. 정신이 물질이므로 우리는 마음을 가진 중요한 존재다. 우리는 작은 손도끼처럼 단어들을 사용한다. 대안적인 세상들을 널리 보여준다. 눈에 보이지 않는 것들을 찾아다닌다. 학문이라는 예술을 연습한다. 가객과 현자들이 항상 말했듯이, 우리는 여러 개의 꿈을 꾼다. 밤에

꾸는 꿈은 그중 하나일 뿐이다. 이것이 좋은 일인지 나쁜 일인지는 모르겠지만, 우리는 자연이 자신에 대해 생각할 수 있는 도구, 항상 써먹을 수 있는 뇌가 되었다.

감사의 말

꽃이 만발한 정원에서 혼자 힘으로 꽃을 피우는 식물은 없다. 몇 년 동안 계속 성장해온 이 책도 마찬가지다. 이 책은 많은 손길을 요구했지만, 항상 내 호기심에 자양분을 주고 내게 경이를 안겨주었다.

딱 알맞은 때에 나를 지원해준 존 사이먼 구겐하임 재단에 감사한다.
신경과학자인 마이클 S. 가자니가, 래리 R. 스콰이어, 바버라 핀레이, 그리고 심리학자인 해리 시걸에게 특별히 감사한다. 모두들 고맙게도 내 원고를 읽고 부족한 점을 지적해준 사람들이다. 데이나 뇌 연구연합, 특히 데이나 출판사의 제인 네빈스는 내게 많은 시간과 정열을 할애해주었다. 이 출판사의 출판물과 온라인 자료 또한 커다란 도움이 되었다.

친구들과 사랑하는 사람들의 도움, 위로, 격려가 없었다면 이 책을 쓸 수 없었을 것이다. 특히 월터 앤더슨, 필립 브롬버그, 앤 코스텔로와 존 코스텔로, 톰 코스텔로, 휘트니 채드윅, 마거릿 디터, 퍼시스 드렐, 토머스 아이스너, 리베카 고딘, 리 크래비츠, 진 맥킨, 브렌다 피터슨, 스티븐 폴스키, 윌리엄 새파이어, 데이바 소벨, 폴 웨스트에게 진심으로 감사한다. 나의 훌륭한 대리인인 버지니아 바버와 편집자 사라 맥그래스의 조언에도 감사하고 있다.

이 책의 내용을 바탕으로 한 짤막한 에세이들이 〈퍼레이드〉, 〈파르나소스: 시 리뷰〉, 〈오〉, 《뇌를 노래하는 시인》에 먼저 선보인 바 있다. 또한 이 책의 내용을 소개하는 글이 2003년 11월 7~28일에 뉴욕주 이타카에서 큐레이터 리베카 고딘이 마련한 전시회 '성숙: 여성 예술가들이 바라본 노화'에 (CATSCAN 및 수채화 작품과 함께) 전시된 바 있다.

더 읽어야 할 것들

Chapter 1 뉴런이라는 정글 속의 뇌

라벨의 아름다운 곡 〈죽은 왕녀를 위한 파반느(Pour une Infante Défunte)〉는 흔히 〈죽은 아기를 위한 파반느(Pavane for a Dead Infant)〉로 잘못 번역된다. 파반느는 춤곡인데, 라벨은 이 곡을 1899년에 피아노곡으로 처음 써서 드 폴리냑 공작부인에게 바쳤다. 대부분의 지휘자가 이 작품을 죽은 아이를 위한 우울한 탄식으로 해석해 연주하는데, 이럴 때 이 곡이 풍부한 감정을 자아내는 것은 사실이지만 원래 라벨이 쓴 곡은 더 빠른 템포의 춤곡이었다. 그는 1910년에 이 곡을 교향곡으로 편곡했으며, 대부분의 사람들이 이 교향곡 버전을 놀라운 역작으로 평가한다. 1912년에 라벨은 한 인터뷰에서 엄청난 인기를 끈 이 곡에 대해 비판적인 입장을 취하면서 이 곡이 성공한 것은 제목에서 연상되는 "굉장한 의미들" 때문이라고 말했다.

Chapter 2 진화의 과정에서 얻은 것과 잃은 것

"오 멋진 신세계 / 놀라운 사람들이 사는 곳." 윌리엄 셰익스피어, The Tempest, V, i, 183.

Chapter 3 과묵한 우뇌, 수다스러운 좌뇌

우뇌와 좌뇌의 뉴런들조차 서로 다르다. 어쩌면 그래서 우뇌와 좌뇌의 기억이 다르게 형성되는 것인지도 모른다. 일본 후쿠오카 큐슈대학의 이토 이사오 연구팀은 생쥐의 우뇌에 있는 뉴런의 끝에 달린 수상돌기에 특정한 타입의 NMDA(학습과 기억에 중요한 역할을 한다)가 더 몰려 있는 것을 발견했다. 좌뇌에서는 이 NMDA가 뉴런의 저부에 더 몰려 있었다. Science, vol. 3000, p. 990.

William Gass, *Tests of Time* (New York: Knopf, 2002), p. 27.

Michael S. Gazzaniga, 'The Split Brain Revisited,' *Scientific American*, 2002년 8월 31일자, pp. 27~31.

우리 뇌의 능력이 좌뇌와 우뇌의 차이에서만 나오는 것은 아니다. 고등 영장류를 비롯한 다른 동물들에게서도 좌우뇌의 차이가 발견된다.

Chapter 4 의식이 부리는 마술

캘리포니아대학 샌프란시스코 캠퍼스의 신경과학 교수 Benjamin Libet이 간질 때문에 뇌수술을 받는 사람들을 시험한 유명한 실험이 있다. 뇌세포는 통증을 느끼지 못하는데다 수술 도중에 환자가 반드시 깨어 있어야 하므로, 환자들은 Libet의 질문과 손가락 움직임에 반응을 보일 수 있었다. 그가 환자의 손을 만졌을 때, 환자가 그 자극을 느끼는 데는 약 0.5초가 걸렸다. 그런데 손에서 오는 자극을 처리하는 체지각피질이 있는 회백질을 직접 만졌을 때도 환자가 자극을 느끼는 데 역시 0.5초가 걸렸다. 뇌가 새로운 소식을 곳곳에 전달하는 데는 시간이 걸린다는 뜻이다.
이와 관련된 다른 실험에서 Libet은 학생들의 머리에 전극을 씌우고 마음이 내킬 때마다 한쪽 손을 움직여보라고 한 다음, 그들이 손을 움직이기로 결심한 시간을 정확하게 기록했다. EEG 검사 결과 학생들이 결정을 내리기 전에 뇌파의 활동이 나타났다. Libet은 이 시험을 수백 번이나 되풀이했지만 항상 이처럼 놀라운 결과를 얻었다. EEG 검사에는 항상 먼저 대뇌피질이 활성화되고, 약 0.5초 후에 손을 움직이겠다는 충동이나 결심이 인식되며, 다시 0.2초 후에 실제로 손이 움직이는 것으로 나타났다. 결과보다 원인이 먼저 나와야 하는 것 아닌가? 따끔거림이나 간지럼 같은 자극이 의식에 도달할 때까지 약 0.5초가 걸릴 수 있으므로 정신은 자극과 의식이 동시에 발생하는 것처럼 느껴지도록 실제보다 0.5초 일찍 작동한 척하는 것이다.
Libet은 의식이 뇌를 감시하다가 필요한 경우 충동과 행동 사이의 0.2초 동안에 개입할 수 있는 형태로 발달했다고 믿고 있다. 의식이 이처럼 뇌의 결정에 간섭하려면 뇌에게 주도권을 선취당하지 않아야 할 것이다.

Michael S. Gazzaniga, 'The Interpreter Within: The Glue of Conscious Experience,' *Cerebrum* 1m no. 1 (1999년 봄), 68~78.

자의식과 작업기억, 열매를 따는 여인. Larry Squire와의 통화내용.

Kevin N. Laland, 영국 케임브리지대학. Bruce Bower, 'Evolutionary Upstarts,' *Science News* 162 (2002년 9월 21일자), 186.

William James: Writings 1902~1910 (New York: Library of America, 1988)에 실린 William James의 에세이 'The Dilemma of Determinism,' pp. 536~38 참조.

Chapter 5 의식과 무의식의 협동

Sigmund Freud, *The Standard Edition of the Complete Psychological Works of Sigmund Freud*, James Strachey 편집, 번역 (London: Hogarth Press, 1953~1974).

Guy Claxton, *Hare Brain, Tortoise Mind* (Hopewell, N.J.: Ecco Press, 1997), p. 49.

Amy Lowell, *Hare Brain, Tortoise Mind*, p. 60에서 재인용.

Alfred North Whitehead, *Hare Brain, Tortoise Mind*, p. 15에서 재인용.

Chapter 6 뉴런들의 대화법

Francis Crick, *The Astonishing Hypothesis* (New York: Simon & Schuster, 1994), p. 103.

겸손해지는 생각 하나. 우리의 유전자는 약 3만 5,000개밖에 되지 않으며, 그중 많은 유전자를 생쥐, 곤충과 공유하고 있다. 벌레의 유전자는 1만 8,000개, 파리의 유전자는 1만 3,000개이다. 우리만큼 유전자가 많은 식물도 있다. 유전자에 웜뱃이든 인간의 어린아이든 생물의 뇌를 구축하는 청사진 격인 DNA가 들어 있는데, 그렇게 적은 유전자가 어떻게 인간처럼 복잡한 생물을 만들어낼 수 있는 것일까? 생명은 기민하다. 중요한 것은 게놈의 크기가 아니라 창의력이다. 적당한 숫자의 유전자를 가져다가 그들의 작동방식과 시기와 위치를 바꾸면 해부학적 구조와 행동이 엄청나게 다른 생물이 생겨난다. 일부 유전자는 다양한 동물에게서 똑같이 발견되지만, 분자로 이루어진 코치들이 그들에게 압박을 가해 다른 방식으로 발현되게 한다. 자연은 경제적인 것을 좋아하므로, 유전자도 어린이들이 갖고 노는 블록 장난감처럼 다양한 모습으로 바뀔 수 있다. 똑같은 못과 버팀목을 가지고 익벽을 만들 수도 있고, 배를 만들 수도 있고, 탁구대를 만들 수도 있다.

과거에 우리는 유전이라는 측면에서만 유전자를 생각했다. 순간마다 펼쳐지는 우리의 드라마와 감정에서 유전자가 수행하는 역할을 제대로 이해하지 못한 채 나선형으로 둘둘 말린 청사진에 불과하다고만 생각한 것이다. 환각에서부터 직장(直腸)에 이르기까지 우리와 관련된 모든 것, 우리가 새로 깨닫는 지식과 우리가 만드는 노래, 이 모든 것이 유전자에게 어느 정도 신세를 지고 있다. 유전자는 사람들이 각자 타고나는 성질처럼 애매모호한 것이 될 수도 있고, 육손이의 여섯 번째 손가락처럼 구체적으로 모습을 드러낼 수도 있다. 각각의 유전자는 대개 삶이라는 모루 위에서 벼려지는 신경회로와 일대일로 대응하지 않는다.

오만한 유전자들은 단백질 제조를 명령하고, 단백질은 모양에 따라 행동이 달라지므로 반드시 올바른 모양으로 접혀야 한다(잘못 접힌 단백질이 알츠하이머병을 비롯한 여러 질병을 일으키는 것으로 짐작된다). 단백질은 다른 단백질을 만나면 하늘에서 떨어지는 빗방울처럼 모양이 변한다. 그리고 이렇게 모양이 변하면 그 단백질의 목적도 달라진다. 그래서 비슷한 유전자를 가진 여러 동물이 매우 다른 모습을 하고 있는 것이다.

단백질의 종류는 아마 수없이 많을 것이다. 단백질을 만드는 것은 아미노산이다. 편광 속에서 전자현미경으로 보는 아미노산의 모습이 얼마나 아름다운지. 파스텔 색조의 피라미드형 결정체들이 생명의 통로를 따라 자그마한 천막처럼 차분하게 늘어서 있다. 보석 같기도 하고 바싹 마른 것처럼 보이기도 한다. 우리는 아미노산이 생기 있게 움직이는 모습, 서로 충돌하고 공모하면서 생명체의 행동을 구축해 나가는 모습을 볼 수 없다. 안내서가 있다면 도움이 될 것이다. 하지만 인간의 단백질 지도를 만들어낸 사람은 아직 없다. 단백질을 완벽히 이해한 사람도 없다. 단백질의 운명을 알아내기 위해 정말로 필요한 것은 이동용 지도이지 조각상처럼 꼼짝 않고 있는 것들의 목록이 아니다. 우리는 타고난 여행자들이므로 머지않아 지도의 윤곽을 잡게 될 것이다. 우리는 이미 산, 대륙, 해저, 물이 방울방울 떨어지는 커다란 강의 시발점, 도시, 신체장기, 달의 바다의 지도를 만들었다. 유전자 지도도 만들었다. 단백질 지도가 만들어진다면 우리의 지도 도서관에 큰 힘이 될 것이다.

Svadoda, Gan, Jaime Grutzendler 외, 'Long-Term Denritic Spine Stability in the Adult Cortex,' *Nature* 420 (2002년 12월 19/26일), 812~816.

일리노이대학의 연구팀이 쥐를 가지고 실험을 해본 결과, 풍요로운 환경에서 친구나 장난감 등의 감각적인 자극을 경험하며 성장한 쥐의 시냅스가 다른 쥐들에 비해 25퍼센트 증가했으며, 기억을 담당하는 부위의 뉴런도 더 많았다. 'Gray Matters: The Arts and the Brain,' Dana Alliance for Brain Initiatives and National Public Radio가 제작한 라디오 프로그램, 2002년 9월.

만약 사람이 각각의 신경회로에 1초씩만 할애한다 해도 모두 합해 3,200만 년이 걸릴 것이다. Floyd E. Bloom 외, *The Dana Guide to Brain Health* (New York: Free Press, 2003), p. 11 참조.

체내의 전기에 관해서: "뉴런의 막에는 정지전위가 있다. 전압은 대개 약 -70밀리볼트(내부 대 외부)이다. 세포체에서 이 전압을 양성에 더 가깝게(예를 들어 -50밀리볼트) 만드는 변화가 일어나면 세포가 신호를 방출할 가능성이 높다. 전압을 음성에 가깝게 만드는 변화가 일어나면 세포가 신호를 전혀 방출할 수 없게 된다." Crick, *Hypothesis*, pp. 97~98.

Salvador Dali라면 뇌에 세포들로 이루어진 유연한 기둥들이 있다는 사실을 알고 좋아했을 것이다. 수직으로 늘어선 이 세포들은 함께 활동하며 다른 곳에서 온 소식을 전달하는 등 여러 가지 임무를 수행한다. 이 기둥들 중 하나, 즉 감각피질은 신체적 감각을 처리한다. 또 다른 기둥인 운동피질은 자발적인 운동을 일으킨다. 혀, 발, 손가락처럼 바삐 움직이는 신체 부위들은 더 많은 공간을 필요로 한다. 이 기둥들이 이오니아 양식일까, 도리스 양식일까, 코린트 양식일까? 그들은 살아 있는 물질들의 가장자리가 삐죽삐죽 튀어나오고, 나긋나긋한 주름이 피 때문에 분홍색을 띠고 있는 달리 양식이다.

Chapter 7 뉴런의 운명을 결정하는 신호들

E. M. Cioran, *A Short History of Decay*, Richard Howard 번역 (New York: Viking, 1975), p. 105.

우울증 치료제가 기억과 학습에 핵심적인 역할을 하는 해마에서 새로운 세포의 성장을 촉진할 수 있다. 우울증 약을 먹은 후 우울증 증세가 사라질 때까지 약 한 달이 걸리는 이유가 이것인 것 같다. 세포가 자라는 데 필요한 기간이 한 달이기 때문이다. René Hen, Science 301 (2003), 805 참조. Fred H. Gage, 'Brain, Repair Yourself,' *Scientific American*, 2003년 9월호, pp. 47~53도 참조.

Crick, *Hypothesis*, p. 104.

Floyd E. Bloom 외, The Dana Guide to Brain Health (New York: Free Press, 2003).

Crick, *Hypothesis*, p. 92.

다중작업 MRI 연구를 이끈 것은 카네기멜런대학의 Center for Cognitive Brain Imaging에서 활동하는 심리학자 Marcel Just였으며, 이 연구 결과는 *NeuroImage*, 2002년 8월 1일자에 소개되었다.

어떤 젊은 여성이 동물들의 주의력에 관한 이야기를 내게 해주었다. "내가 여섯 살 때, 친가쪽 아니면 외가쪽 식구들이 크리스마스를 맞아 우리 집에 모인 적이 있었다. 우리 부모님과 우리 자매는 대개 할아버지 할머니와 함께 크리스마스를 보냈지만, 이때는 플로리다와 텍사스에 사는 숙모와 삼촌들까지 우리 집으로 왔다. 당시 두 살이던 우리 집 고양이 해리는 매일 스쿨버스 정류장까지 나와 함께 가서 내가 버스에 타는 것을 보고는 혼자 모험을 즐기며 돌아다니곤 했기 때문에 그렇게 많은 사람들과 함께 있는 것에 익숙지 않아서 크리스마스 날 아침에 집 밖으로 도망쳐 창문 너머로 우리가 선물을 주고받는 모습을 오랫동안 지켜보았다. 결국 해리는 감시를 그만두고 어디론가 가버렸다. 그런데 얼마 되지 않아 녀석이 안으로 들어오고 싶어서 현관문을 긁어대는 소리가 들렸다. 아버지가 문을 열어주자마자 해리는 내가 선물을 풀 때 앉아 있던 자리로 곧장 뛰어갔다. 해리는 나를 위해 스스로 마련한 선물인 작은 새 한 마리를 입에 물고 있었다. 나는 너무 기뻐서 으쓱해졌다."

Hegel, Donnel B. Stern, *Unformulated Experience: From Dissociation to Imagination in Psychoanalysis* (Hillsdale, N.J.: The Analytic Press, 1997), p. 63에서 재인용.

존스 홉킨스의 몇몇 학자들이 뉴런이 주의를 집중하는 과정을 연구하고 있다. 원숭이들에게 두 가지 시각적 임무를 수행하게 한 결과, 한 임무에서 다른 임무로 옮겨갈 때마다 뇌의 관련 부위에서 뉴런들이 '합창단'처럼 한꺼번에 신호를 쏘아 보냈다. 아마도 이른바 '집중'이라는 현상을 일으키거나, 감각기관에서 들어오는 다른 정보를 누를 수 있을 만큼 강렬한 신호를 만들어내기 위해서인 듯하다.

Chapter 10 뇌 속에 자리 잡은 종교

J. Gordon Melton, *Encyclopedia of American Religion*, CNN.com의 보도, 2003년 1월 31일.

Chapter 11 아인슈타인의 뇌

Albert Einstein, 'The World As I See It,' *Living Philosophies* (New York: Simon & Schuster, 1931), pp. 3~7.

Einstein의 뇌는 현재 뉴저지주 프린스턴에 있는 메디컬센터의 병리과에 보관되어 있다.

Chapter 13 기억은 어떻게 만들어지는가?

Science News, 2002년 6월 22일자, vol. 161, p. 389에 발표된, 신체적 학대가 인지능력에 미치는 영향에 관한 연구.

"오래된 기억들은 기억이 여러 번 복원되면서 피질의 시냅스 변화가 축적되어 생기는 것이다." Joseph LeDoux, *The Synaptic Self* (New York: Touchstone, 1996), p. 107.

Steven Rose, *The Anatomy of Memory*, James McConkey 편집 (New York: Oxford University Press, 1996), p. 57.

Carl Gustav Jung, *Modern Man in Search of a Soul*, W. S. Dell과 Cary F. Baynes

번역 (London: Routledge and Kegan Paul, New York: Harcourt Brace and Company). The Creative Process, Brewster Ghiselin 편집, p. 237에서 재인용.

Chapter 14 뇌가 펼치는 화려한 카드섹션

선제적인 기억상실에 대해서는 Steve Madis, 'Forget Your Pain,' *BrainWork* (2003년 5월/6월) 참조.

무의식적인 기억과 어떤 일이 어떻게 일어났는지를 아는 것을 가리켜 때로 암묵적(implicit) 기억 또는 절차적(procedural) 기억이라고 한다.

Jeff Victoroff, *Saving Your Brain* (New York: Bantam, 2002), p. 29.

Chapter 15 망각하는 뇌, 노화하는 뇌

George MacDonald, *Phantastes* (Grand Rapids, Mich.: Wm. B. Eerdmans Publishing Co., 2000), p. 7.

말이 혀끝에 걸려 기억나지 않는 현상. Deborah M. Burke 외, 'Learning, Memory and Cognition,' *Journal of Experimental Psychology*, 2002년 11월호 참조.

awning이라는 단어를 떠올렸을 때, 나는 나도 모르게 어떤 실험의 일부를 재현한 셈이 됐다. 사람들에게 특정한 단어들을 외우게 한 다음 나중에 그 단어들을 얼마나 기억하고 있는지 시험한 실험이었다. 말이 혀끝에 걸려 나오지 않는 사람들에게 발음이 비슷한 단어들의 목록을 보여주자, 언어 능력이 자극을 받아 쉽게 기억나지 않는 단어를 기억해낼 확률이 25~50퍼센트까지 높아졌다.

Spencer Nadler, *The Language of Cells* (New York: Random House, 1997).

Fred Cohen, 캘리포니아 대학 샌프란시스코 캠퍼스. Sandra Blakeslee, 'In Folding Proteins, Clues to Many Diseases,' *The New York Times*, 2002년 5월 21일자, F1에서 재인용.

Eric R. Kandel과 Larry R. Squire, *Memory: From Mind to Molecules* (New York: Scientific American Library, 1999), p. 102.

신경생물학자인 Karel Svaboda의 연구팀은 Cold Spring Harbor에서 살아 있는 뇌에서 기억이 형성되는 과정을 연구하고 있다. 그들은 유전공학을 이용해 뉴런이 초록색 형광을 발하는 단백질을 생산하도록 만들어진 쥐의 뇌에서 수염이 감지하는 것에 민감하게 반응하는 부위 위에 작은 창문을 설치했다. 그리고 한 달 동안 이 어린 생쥐들을 관찰하며 그들의 뇌에서 반짝이는 초록색 빛의 움직임을 카메라로 기록했다. 그 결과 생쥐들이 주위를 탐색하고, 놀이를 즐기고, 새로운 것을 배워나감에 따라 뉴런에 자그마한 돌기들이 솟아나는 것이 관찰되었다. 어떤 돌기는 몇 시간도 안 돼서 사라져버렸지만, 몇 달 동안 계속 남아 있는 돌기도 있었다. Svaboda는 이 돌기들이 새로운 시냅스를 만드는 것 같다고 보고 있다. 유용한 돌기는 계속 남아 있고, 유용하지 않으면 시들어서 사라져버린다. 오랫동안 생명을 유지하는 돌기들이 장기기억을 뇌에 새기는 역할을 할 가능성이 있다. 돌기들이 쉽게 나타나고 쉽게 사라진다는 사실이 놀랍다. "뉴런들은 끊임없이 대안적인 형태를 탐색하면서" 매일 스스로를 만들었다 부수며 새로운 신경회로를 만든다.

이와 관련해서 뉴욕대학에서 실시된 또 다른 실험에서 신경생물학자인 Wen-Biao Gan의 연구팀은 생쥐의 뇌에서 돌기가 생겨나는 과정을 연구하던 도중, 돌기들 중 96퍼센트가 적어도 한 달 동안 생명을 유지한다는 사실을 밝혀냈다. 오랫동안 사라지지 않는 기억을 뇌에 새기기에 충분한 기간이다. Gan은 이렇게 설명한다. "열 살짜리 아이가 하나의 정보를 저장하는 데 1,000개의 신경회로를 사용한다고 가정하면, 그 아이가 여든 살이 되었을 때에도 상황이 어떻게 바뀌었든 그 신경회로 중 4분의 1이 여전히 살아 있을 것이다. 그래서 우리가 어렸을 때 경험한 일들을 여전히 기억할 수 있는 것이다."

Chapter 16 꿈과 기억의 수수께끼

뉴욕시의 록펠러대학에서 꿈을 연구하는 Jonathan Winson은 다음과 같은 가설을 세웠다. "유아기의 렘 수면이 특수한 기능을 수행하는 것 같다. 현재 가장 앞서 있는 이론에 따르면, 렘 수면은 신경의 성장을 자극한다. 유아기에 렘 수면의 목적이 무엇이든 상관없이, 내 생각에는 약 두 살이 되면 … 렘 수면이 해석적인 기억이라는 기능을 담당하게 되는 것 같다. … 나중에 경험을 통해 반드시 비교해보고 해석해야 하는 현실세계라는 개념이 생겨나는 것이다." 'The Meaning of Dreams,' Scientific American 특집판, 'The Hidden Mind,' 2002년 봄/여름호, p. 60.

같은 자료, p. 54.

신경과학자인 Bruce McNaughton은 전극 100개를 쥐의 해마에 부착하고 쥐의 움직임을 관찰하며 쥐가 돌아다니는 장소에 따라 독특하게 나타나는 뇌파를 기록했다. 그런데 렘 수면 중에 쥐가 돌아다닌 장소의 순서대로 이 뇌파가 똑같이 반복되었다. 그러나 비렘 수면기에는 뇌파의 순서가 지켜지지 않았다. 이는 렘 수면 중에 일화적인 기억이 만들어지고, 다른 기억들은 비렘 수면 중에 만들어질 가능성이 있음을 시사한다. 또한 해마가 수면 중에 하루 동안 발생했던 뇌파를 계속 다시 돌리면서 뇌에게 그 패턴을 가르칠 가능성이 있음을 시사한다.

Chapter 17 왜곡되는 기억들

이번 장의 제목은 할리우드에서 영화 제작자로 활동한 경험을 기록한 Lynda Obst의 회고록에서 따왔다.

뇌 검사를 이용한 거짓말 탐지 연구. 아이오와주 페어필드에 있는 Brain Finger-printing Laboratories의 수석연구원 Lawrence Farwell과 Lockheed Martin의 연구원 John Norseen. The New York Times Magazine, 2001년 12월 9일자, p. 82에 보도된 내용.

Chapter 18 감정이 기억에 미치는 영향

Jorge Luis Borges, *Labyrinths* (New York: New Directions, 1988), p. 106.

2003년 2월에 콜로라도주 덴버에서 열린 American Association for the Advancement of Science 연례회의에서 Vermont에 본부를 둔 National Center for Post-Traumatic Stress Disorder의 Matthew Friedman 소장이 Fort Bragg에서 Green Beret들을 상대로 실시한 일련의 실험 결과를 발표했다. 그는 다양한 수준의 공포에 병사들을 노출시켰다. 현실과 흡사한 시련에 오랫동안 노출된 병사들은 다른 사람들 같으면 심리적인 상처를 입을 만큼 강한 공포에 사로잡혔다. 그러나 병사들의 혈액을 분석해본 결과 뉴로펩티드 A의 농도가 유난히 높은 것으로 드러났다. 뉴로펩티드 A는 스트레스를 줄일 뿐만 아니라, 운 좋게도 이 물질을 많이 생산할 수 있는 사람들의 경우에는 외상후스트레스장애를 예방해주기까지 한다고 짐작되는 뇌 속의 화학물질이다. 내가 보기에는 머지않아 군대가 신병들을 뽑을 때 엘리트 부대원이 되기 위한 훈련을 기꺼이 받을 수 있을 만큼 뉴로펩티드 A 농도가 높은 지원자들만 가려내게 될 것 같다.

"대개 우리는 충격적인 경험을 포함해서 감정적으로 의미심장한 사건들에 주의를 기울인다. 이런 사건들은 편도체를 활성화하므로 해마와 대뇌피질에 외현기억 explicit memory(장기기억의 일종 – 옮긴이)으로 저장된다. 그러나 편도체가 지나치게 활성화되면 해마의 활동이 정지되어 서술기억이 형성되지 못한다는 증거가 일부 존재한다. 대부분의 사람들이 충격적인 경험을 생생하게 기억하지만, 간혹 무의식적인 형태로만 존재하는 이유가 이것인 것 같다." 'Memories Lost and Found

- Part II,' *The Harvard Mental Health Letter* 16, no. 2 (1999년 8월), 2.

Steven A. Mitchell, *Can Love Last?* (New York: W. W. Norton, 2002), p. 199.

'From Instantaneous to Eternal,' *Scientific American*, 2002년 9월호, pp. 56~57.

Chapter 19 냄새, 기억 그리고 에로스

Marcel Proust, *The Complete Short Stories of Marcel Proust*, *Joachim Neugroschel* 번역 (New York: Cooper Square Press, 2001).

Marguerite Holloway, 'The Ascent of Scent,' *Scientific American*, 2001년 12월 28일자.

Chapter 20 자아를 만드는 것들

Mitchell, *Can Love Last?*, p. 36.

Virginia Woolf, *Orlando* (New York: Harvest Books, 1993), p. 207.

rapture와 ecstasy의 차이. rapture는 문자 그대로 마치 육식동물에게 잡힌 사냥감처럼 "힘에 사로잡힌 상태"를 의미한다. 초월적인 황홀경(rapture)의 발톱에 붙들린 사람은 꼼짝도 하지 못한 채 공포가 느껴질 만큼 높은 곳까지 끌려 올라간다. 고대 그리스인들은 대개 이러한 느낌이 악의와 위험을 미리 알려주는 것이라고 생각했다. rapture와 뿌리가 같은 단어들로는 rapacious, rabid, ravenous, ravage, rape, usurp, surreptitious 등이 있다. 하늘에서 순식간에 하강해 먹잇감을 잡아채는 맹

금류는 raptor라고 불린다. 폭력적인 힘에 사로잡힌 사냥감은 하늘로 끌려 올라가 결국 파멸을 맞는다.

ecstasy도 열정에 사로잡힌 상태를 의미하지만, 관점이 약간 다르다. rapture가 수직적인 단어라면, ecstasy는 수평적인 단어다. rapture는 높은 곳을 나는 듯한 기분이고, ecstasy는 지상에서 경험하는 느낌이다. 무슨 이유에서인지 고대 그리스인들은 서 있는 상태를 나타내는 상징에 집착했으며, 이 이미지를 바탕으로 수많은 생각, 느낌, 대상을 설명했다. 그 결과 오늘날 우리가 사용하는 단어들 중에는 사물이 서 있는 장소나 방법과 관련된 것들이 많다. stanchion, status, stare, staunch, steadfast, statute, constant 등이 그런 예다. 그러나 stank(서 있는 물), stallion(마구간에 서 있는), star(하늘에 서 있는), restaurant(방랑자를 위해 서 있는 장소), prostate(방광 앞에 서 있는) 등 뜻밖의 단어들도 수백 개나 된다. 그리스인들에게 ecstasy는 자아 밖에 서 있는 것을 의미했다. 그것이 어떻게 가능할까? 실존적인 공작을 통해서 가능하다. 기원전 3세기에 아르키메데스는 이렇게 선언했다. "내게 서 있을 곳을 주면, 내가 지구를 움직이겠다."(아르키메데스가 지레의 원리를 설명하면서 한 말 – 옮긴이) 사람은 ecstasy를 지렛대로 삼아 자신의 마음으로부터 튀어나온다. 평범한 자아로부터 자유로워진 사람은 다른 장소, 즉 몸과 사회와 이성의 경계에 서서 자신이 알고 있던 세상이 멀리(먼 곳에 서 있는 한 점)에서 점점 작아지는 것을 지켜본다.

뇌와 관련된 법적, 윤리적 딜레마. 'Neuroethics: Mapping the Field,' 학술회의 회의록, 2002년 5월 13~14일, 캘리포니아 주 샌프란시스코 (Washington, D.C.: Dana Press, 2003) 참조.

Chapter 21 면역체계가 만드는 또 다른 자아

Shunryu Suzuki, 'Posture,' *Zen Mind, Beginner's Mind* (New York: Weatherhill, 1970).

침입자를 모으는 특수한 면역세포는 랑게르한스 세포라고 불린다.

Gerald N. Callahan, *Faith, Madness, and Spontaneous Combustion* (New York: St. Martin's Press, 2002), pp. 10, 11, 15.

Chapter 22 성격은 만들어지는가, 태어나는가?

Martha Denckla, 'Men, Women, and the Brain,' PBS, WETA 제작, Washington, D.C., Dana Alliance for Brain Initiatives에서 원고 제공.

전두엽절제술 전문의의 말. Edward Shorter, *A History of Psychiatry: From the Era of the Asylum to the Age of Prozac* (New York: John Wiley and Sons, 1977), p. 228에서 재인용.

협동의 화학적 보상. 애틀랜타 에모리대학의 Clinton Kilts가 실시한 MRI 연구. *Brain in the News*, 2002년 7월 31일자, p. 4에 보도.

'미완성 동물.' 이 주제에 대한 훌륭한 논의를 *The Healing Brain*, Robert Ornstein과 David Sobel 공저 (Cambridge, Mass.: Malor Books, 1999), p. 133에서 찾아볼 수 있다.

Henry Miller, *Tropic of Capricorn* (New York: Grove Press, 1961), p. 220.

'아이는 어른의 아버지.' William Wordsworth, 'My Heart Leaps Up.'

Ellen Ruppel Shell, 'Interior Designs,' Discover, 2002년 12월호, p. 51.

Louis Cozolino, *The Neuroscience of Psychotherapy* (New York: W. W. Norton, 2002), pp. 16, 26~27, 49.

세로토닌 유전자에 관한 연구. 런던 킹스칼리지의 Terrie Moffitt 연구팀. Science, vol. 301, p. 386에 보도.

LeDoux. John Fauber, 'World on the Brain Gives Scientists More Insight into Human Body,' *Milwaukee Journal Sentinel*, 2002년 7월 8일자, p. G1에서 재인용.

UCLA 의대에서 임상심리학과 행동과학을 가르치는 Allan N. Shore가 1995년에 로스앤젤레스에서 열린 American Psychological Association, Division of Psychoanalysis 봄 회의에서 행한 기조연설.

Richard E. Nisbett, *The Geography of Thought: How Asians and Westerners Think Differently...and Why* (New York: Free Press, 2003).

옥시토신. Josie Glausiusz, 'Wired for a Touch,' *Discover*, 2002년 12월호, p. 13.

Chapter 23 남자의 뇌와 여자의 뇌

Dylan Thomas, 'If I were tickled by the rub of love,' *Collected Poems* (New York: New Directions, 1957), p. 13.

Leonard Shlain, *The Alphabet Versus the Goddess* (New York: Viking, 1998), p. viii.

여러 연구들을 요약한 보도. Sharon Lerner, 'Good and Bad Marriage, Boon and Bane to Health,' *The New York Times*, 2002년 10월 22일자, p. F5.

Elisabeth F. C. van Rossum이 이끈 로테르담 연구. *Diabetes*, 2002년 10월호에 보도.

The Complete Plays of Sophocles, Sir Richard Claverhouse Jebb 번역 (New York: Bantam Classic Edition, 1967), p. 131.

Turhan Canli가 이끈 SUNY-스토니브룩과 스탠퍼드대학의 연구. *Proceedings of the National Academy of Sciences*, 2002년 7월 23일자에 보도.

여성 뇌의 신경회로. Paul Recer, AP, 2002년 7월 22일. 'News from the Frontier,' *Brain Work*, 2002년 7월-8월호, p. 7에도 보도.

여성과 공감각. Richard Cytowic, 'Touching Tastes, Seeing Smells - and Shaking Up Brain Science,' *Cerebrum* 4, no. 3 (2002년 여름), p. 8.

Ruben Gur, 펜실베이니아대학 심리학 교수, 'Men, Women and the Brain'의 원고에서. PBS, WETA 제작, Washington, D.C., Dana Alliance for Brain Initiatives에서 원고 제공.

Maureen Dowd, 'Men: Too Emotional?' *New York Times*, 2002년 7월 24일자.

예일대학의 Sally Shaywitz 박사와 Bennet Shaywitz 박사가 소년, 소녀들을 대상으로 실시한 MRI 실험.

Canli 외, *Proceedings of the National Academy of Sciences*, 2002년 7월 23일자.

Chapter 24 창조적 정신의 탄생

Henri Poincaré, 'Mathematical Creation,' *The Creative Process* (Berkeley, Calif.: University of California Press, 1984), p. 24.

Semir Zeki, 'Artistic Creativity and the Brain,' *Science Magazine* 온라인. Zeki는 런던 유니버시티칼리지의 신경생물학 교수이며, Wellcome Department of Cognitive Neurology를 다른 사람들과 함께 이끌고 있다.

정신분열증 환자들의 해마나 대뇌피질에서 뉴런들이 잘못된 곳에 위치하고 있다고 주장하는 연구 결과가 있는가 하면, 정신분열증 환자들이 흥분성 뉴런이 너무 많고 필터의 기능이 뒤떨어지기 때문에 너무 많은 감각이 쏟아져 들어와서 정신을 차리지 못한다고 주장하는 연구 결과도 있다. 프랑스 에브리에 있는 Genset S.A.에서 유전학자인 Daniel Cohen의 연구팀은 뇌세포의 NMDA 수용체의 활동에 끼어들어 신경전달물질인 글루타민산염의 흐름을 방해해서 환각과 혼란을 일으키는 것으로 보이는 단백질을 생산하는 두 개의 유전자를 발견했다. 이 두 개의 유전자를 모두 가진 사람은 정신분열증에 걸릴 위험이 더 높은데, 이 유전자는 영장류에게만 특별히 나타나는 것 같다. 만약 부모 중 누구도 이 유전자를 갖고 있지 않다면 그 자식이 정신분열증에 걸릴 가능성은 겨우 1퍼센트 정도밖에 되지 않는다. 부모 중 한쪽이 이 유전자를 갖고 있다면, 자식이 정신분열증에 걸릴 가능성은 13퍼센트이다. 양부모가 모두 이 유전자를 갖고 있다면, 이 가능성은 35퍼센트로 올라간다. 정신분열증의 소인이 유전성을 띠고 있음은 분명하지만, 그것이 곧 파멸을 의미하지는 않는다. 똑같은 유전자를 공유하고 있는 일란성 쌍둥이의 경우에도, 쌍둥이 한 명이 정신분열증에 걸렸을 때 나머지 한 명이 같은 병에 걸릴 확률은 30~50퍼센트밖에 되지 않는다. 정신분열증 증세를 촉발하는 데는 스트레스가 모종의 역할을 하는 것 같다. 대부분의 정신분열증 환자들(85퍼센트)은 담배를 많이 피우는데, 이것이 일종의 자가치료 역할을 하는 듯하다. 뇌 촬영 영상을 보면 니코틴이 정신분열증 환자들의 뇌에서 무력화되어 있는 부위를 활성화한다는 것을 알 수 있다. 이것이 생각의 초점을 맞추는 데 도움이 될 수 있다. 우리가 정상적으로 살아가려면 갖가지 배경감각을 반드시 걸러내야 하지만, 정신분열증 환자들은 이를 잘 하지 못한다. 흡연은 이러한 배경잡음 중 일부를 차단하는 데 도움이 되는 것 같다. Brain in the News, 2003년 2월호, p. 2.

Chapter 25 감정은 이성보다 빠르다

Linda Gregerson, 'Eyes Like Leeks,' Waterborne (Boston: Houghton Mifflin, 2002), pp. 2~3.

Patricia Churchland, 'Neuroconscience: Reflections on the Neural Basis of Morality,' 2002년 5월 13~14일에 샌프란시스코에서 열린 'Neuroethics: Mapping the Field' 회의에서 한 발언, p. 48.

Heinrich Heine, '인생은 최고의 스승이지만, 수업료가 비싸다.'

Gerard Manley Hopkins, 'No Worst,' *Gerard Manley Hopkins*: The Major Works (New York: Oxford University Press, 2002), p. 167.

Chapter 26 낙관적인 뇌와 비관적인 뇌

"많은 연구 결과에 의하면, 우리는 행복한 기억에 대해 편향성을 갖고 있다." 다양한 조건(모든 감각이 차단된 방에서 둥둥 떠 있는 상태도 포함)하에서 실시된 여러 연구들에 대한 개괄적인 설명을 보려면, W. Richard Walker, John J. Skowronski, Charles P. Thompson, 'Life Is Pleasant - and Memory Helps to Keep It That Way!' *Review of General Psychology* 7, no. 2 (2003), 203~210 참조.

Antonio Damasio, Richard Davidson, Jerome Kagan. 'Gray Matters: Emotions and the Brain,' Nationa Public Radio, Dana Alliance for Brain Initiatives와 공동 제작, 2000년 3월에서 재인용.

Theodore Reiks, *Surprise and the Psycho-Analyst* (New York: Dutton, 1937), p. 63.

Robert Browning, 'Andrea del Sarto' (1855), 1. 97, Selected Poems (New York: Penguin, 2001), p. 101.

Steven Johnson, 'Laughter,' *Discover*, 2003년 4월호, p. 64.

Robert Provine, *Laughter: A Scientific Investigation* (New York: Penguin, 2000).

Sylvia H. Cardoso, 'Our Ancient Laughing Brain,' Cerebrum 2, no. 4 (2000년 가을).

B. Knutson, J. Burgdorf, J. Panksepp, 'Anticipation of Play Ellicits High-Frequency Ultrasonic Vocalization in Young Rats,' *Journal of Comparative Psychology* 112 (1998), 65~73.

William M. Kelley, 다트머스대학의 신경과학 교수. Seinfeld의 시청자들 중 자원자를 대상으로 실시한 MRI 연구.

2002년 11월 10일을 전후해서 1주일 동안 플로리다 주 올랜도에서 열린 Society for Neuroscience 회의에서 발표된 뇌 촬영 연구 데이터.

하버드대학의 심리학 교수 Daniel M. Wegner의 말. John Horgan, 'More than Good Intentions: Holding Fast to Faith in Free Will,' *The New York Times*, 2002년 12월 31일자, p. F3에서 재인용.

Chapter 27 언어 없이도 생각할 수 있는가?

브로카 영역과 이중언어 습득에 관한 연구. Judy Foreman, 'The Evidence Speaks Well of Bilingualism's Effect for Kids,' Los Angeles Times, 2002년 10월 7일자, p. 1.

"놀라울 정도로 어린 나이부터 언어학습을 시작할 수 있다……" 'Gray Matters: The Developing Brain,' Dana Allaince for Brain Initiatives와 National Public Radio 제작, 2000년 참조.

Tom Costello가 슬로바키아에서 보낸 이메일을 그의 어머니 Ann Costello가 내게 보여주었다.

Jorge Luis Borges, *Selected Non-Fictions*, Eliot Weinberger 편집 (New York: Viking Press, 1999), p. 231.

Russell Hurlburt, 'Telling What We Know: Describing Inner Experience,' *Trends in Cognitive Neurosciences* 5, no. 9 (2001년 9월호), 4000~4003.

Chapter 28 은유가 만들어낸 세계

Benjamin Lee Whorf, Language, Thought and Reality, John B. Carroll 편집 (Cambridge, Mass.: MIT Press, 1973), pp. 55~56, 146~148.

George Lakoff와 Mark Johnson, *Metaphors We Live By* (Chicago: University of Chicago Press, 1980), pp. 193, 234.

Chapter 31 뇌는 어떻게 생겨났는가?

"우리가 깃들 수 있는 경외의 정령." Edward Hirsch, *The Demon and the Angel* (New York: Harcourt, 2002), p. 2.

24억 년 전: 지구에 산소가 풍부한 대기가 생기는 데 걸린 시간. David Catling, 'A Breath of Fresh Air,' *Seti Institute News*, 2002년 2/4분기, vol. 11, no. 2, p. 3 참조. 이 기간을 약 35억 년으로 추정하는 사람도 있다. 지구의 나이가 46억 살이므로 지구상에 생명체가 일찌감치 출현했으며, 기회의 창이 좁았다는 뜻이 된다. Catling은 다음과 같이 말했다. "산소는 신진대사에 쓰이는 최고의 에너지가 안정성을 얻어 자유로이 떠다니는 대기 중의 기체가 되게 만든다. … 지구에 산소가 포함된 대기가 생기는 데 20억 년쯤 시간이 더 걸렸더라면, 우리는 생겨나지 못했을 것이다."

그래스호퍼: 사라질 위기에 처한 플로리다 중부의 관목지에 위치한 Highland Hammock and Archbold Research Station에서 코넬대학의 신경생물학 겸 화학생태학 교수인 Thomas Eisner와 나눈 대화.

Richard Restak, 'The Great Cerebroscope Controversy,' Cerebrum 2, no. 2 (2000년 봄), 24.

Chapter 32 인간의 마음에 대한 이론들

Michael Eigen, *The Psychoanalytic Mystic* (London과 New York: Free Association Books, 1998), p. 17.
Patricia Churchland, 'Neuroconscience: Reflections on the Neural Basis of Morality,' 2002년 5월 13~14일에 샌프란시스코에서 열린 학술회의 'Neuroethics: Mapping the Field'에서 발표한 내용 중에서.

Steven Mithen, *The Prehistory of the Mind* (London: Thames and Hudson, 1996), p. 194.

Stephen M. Kosslyn과 Olivier Koenig, *Wet Mind: The New Cognitive Neurosci-ence* (New York: Free Press, 1992), p. 432.

Gilles Fauconnier와 Mark Turner, *The Way We Think* (New York: Basic Books, 2002), pp. 15, 33~34.

Chapter 33 동물에게도 의식이 있는가?

Richard Conniff, 'Monkey Wrench,' *Smithsonian*, pp. 97~104.

Michael Lyvers, Psyche 5, no. 31 (1999년 12월). 본드대학 심리학과, Gold Coast QLD 4229, Australia.

'게놈의 어두운 부분'에 대해 더 알고 싶다면 W. Wayt Gibbs, 'The Unseen Genome: Gems Among the Junk,' *Scientific American*, 2003년 11월호, pp. 47~53 참조.

Michael Pollan, 'An Animal's Place,' *The New York Times Magazine*, 2002년 11월 10일자.

Eugene Linden, *The Octopus and the Orangutan* (New York: Dutton, 2002).

A. A. S. Weir, J. Chappell, A. Kacelnik, 'Shaping of Hooks in New Caledonian Crows,' *Science*, 2002년 8월 9일자.

Graziano, Yap, Gross, 'Coding of Visual Space by Premotor Neurons,' *Science*, 1994년 10월 24일자, pp. 1054~1057.

Larry R. Squire, *Neuron*, 2003년 4월 10일자.

우리는 침팬지와 95퍼센트의 유전자를 공유하고 있다. California Institute of Technology의 Roy Britten, *Proceedings of the National Academy of Sciences*에 발표한 연구 보고서. 'Chimps: Not Such Close Relatives,' The Week, 2002년 10월 11일자, p. 24에서 재인용. Britten은 특수 컴퓨터 프로그램을 이용해서 인간과 침팬지의 유전자 중 78만 개의 염기쌍을 비교한 결과, 침팬지와 인간의 유전자가 99퍼센트 동일하다는 과거의 추정치에 비해 서로 어긋나는 염기쌍이 훨씬 더 많다는 결론을 내렸다.

침팬지의 지능과 감정: Jane Goodall, 'Essays on Science and Society: Learning from Chimpanzees: A Message Humans Can Understand,' *Science*, 1998년 12월 18일자, pp. 2184~2185.

Chapter 34 인간의 독특한 뇌에 바치는 찬사

Michael Ondaatje, *The English Patient* (New York: Knopf, 1992), p. 261.

Adrian Raine, 'Murderous Minds: Can We See the Mark of Cain?' *Cerebrum* 1, no. 1 (1999년 봄), 15~30.

Jonathan Cohen, 'Just What's Going on Inside That Head of Yours?' Sandra Blakeslee와의 인터뷰, *The New York Times*, 2000년 3월 14일자, p. F6.

뇌 지도 작성 기법은 매혹적이다. Dana Alliance for Brain Initiatives는 이런 기법에 관한 훌륭한 지침서인 *Brain Facts: A Primer on the Brain and Nervous System*을 온라인으로 제공하고 있다. www.dana.org.

강박장애가 유해한 생각과 충동을 걸러내는 데 필수적인 부위인 미상핵의 기능장애로 인해 발생한다고 생각하는 사람들이 있다.

UCLA 의대의 Lewis Baxter가 실시한 PET 연구. Richard A. Friedman, 'Like Drugs, Talk Therapy Can Change Brain Chemistry,' *The New York Times*, 2002년 8월 27일자, p. F5에 보도.

KI신서 9776

마음의 연금술사

1판 1쇄 인쇄 2021년 9월 17일
1판 1쇄 발행 2021년 10월 6일

지은이 다이앤 애커먼
옮긴이 김승욱
펴낸이 김영곤
펴낸곳 (주)북이십일 21세기북스

출판사업부문 이사 정지은
정보개발본부 본부장 이남경
정보개발팀 김지영 이종배
해외기획실 최연순
마케팅1팀 배상현 한경화 김신우 이나영
영업1팀 김수현 최명열
제작팀 이영민 권경민

출판등록 2000년 5월 6일 제406-2003-061호
주소 (우 10881) 경기도 파주시 회동길 201(문발동)
대표전화 031-955-2100 **팩스** 031-955-2151 **이메일** book21@book21.co.kr

* 이 책은 2006년에 출간된 《뇌의 문화지도》의 개정판입니다.

ISBN 978-89-509-9627-7 03400